섹스,
폭탄
그리고
햄버거

이 도서의 국립중앙도서관 출판시도서목록(CIP)은 e-CIP 홈페이지(http://www.nl.go.kr/ecip)와
국가자료공동목록시스템(http://www.nl.go.kr/kolisnet)에서 이용하실 수 있습니다.
(CIP제어번호: CIP2012000562)

섹스, 폭탄 그리고 햄버거
SEX BOMBS BURGERS

전쟁과 포르노, 패스트푸드가 빚어낸 현대 과학기술의 역사

피터 노왁 지음 | 이은진 옮김

문학동네

이안, 그레그, 리처드와 찰리를 위해

모든 것은 기원을 가지고 있다

—우리 삶을 구성하는 사물의 내력들

우리가 지금 즐기고 있는 모든 것들은 자기만의 내력을 가졌다. 이 내력에 대해 조곤조곤 이야기를 들려주는 것이 바로 문화사에 관한 책이다. 그러므로 문화사를 읽는 묘미는 현재에 대한 궁금증에서 시작한다. 인류가 만들어놓은 거대한 지식의 네트워크를 종횡무진 오가는 저자를 만난다는 것은 문화사에 관심을 가진 독자에게 행운이다.

선분으로 흩어져 있던 지식들이 하나로 엮이어 오롯이 드러나는 광경은 경이롭다. 새로운 것은 낡은 것에서 나오지만, 그렇다고 낡은 것을 그대로 두면 새로운 것이 되지 않는다. 이 책의 저자는 이 사실을 잘 알고 있는 부류에 속한다고 하겠다. 기술과 문화의 관계

를 한 줄로 꿰며 달려나가는 이 책은 익히 알려져 있는 사실을 새롭게 재배치하여 몰랐던 사실들을 부각시키는 전략을 채택한다.

이 책이 주장하는 것은 간단하다. 현재를 만들어내고 있는 인류 문명의 자산이 실은 포르노, 전쟁, 패스트푸드라는 '나쁜 것들'을 통해 발전했다는 사실이다. 엉뚱해 보이는 이런 생각은 저자가 동원하는 다양한 역사적 사례들을 통해 구체적인 설득력을 획득한다. 저자가 제시하는 세 범주는 각기 독립적이라기보다 상호 관련성을 맺고 있는 것이다. 포르노의 선정성을 강화하는 카메라렌즈가 본래 전쟁 물품이라는 지적이나, 맥도날드 햄버거가 본래 군용식량을 조리하고 저장하는 기술을 활용한 제품이라는 통찰은 흥미를 끌기에 충분하다.

면밀하게 분류하진 않았지만, 저자는 발전의 근원에 '욕구'를 둔다는 점에서 자연주의적인 태도를 견지하고 있다. 포르노, 전쟁, 패스트푸드에 드리운 '자연의 흔적'을 추적해서 보여주는 셈인데, 이런 방식의 접근은 영미권 베스트셀러에서 흔히 발견할 수 있는 명쾌함을 선사한다. 사실 알고 보면 우리가 의식하지 않고 즐기는 어떤 것에 이러저러한 자연의 원리가 감춰져 있다.

아무튼, 이런 방식과 유사하게 문화사를 일별하면서 이야기를 끌고 나가는 책으로 『총, 균, 쇠』를 들 수 있다. 그런데 이 책도 역시 비슷한 미덕을 보여준다. 그래서 읽는 내내 익히 알고 있던 사실을 새롭게 조망할 수 있는 관점을 획득하는 즐거움을 선사한다. 저자는 서로 다른 범주를 병렬적으로 사유하는 방식을 따른다. 예를 들어서, 패리스 힐튼의 섹스 비디오를 보다가 걸프전을 떠올리는 식이다.

포르노와 패스트푸드가 전쟁에서 개발된 기술의 영향을 받았다는 사실은 전쟁과 문명의 문제를 다시 생각하게 한다. 이런 저자의 생각은 지금 현재 우리에게 혜택을 주고 있는 많은 문명의 산물들을 다각도로 살펴볼 수 있게 만든다. 저자의 주장을 받아들인다면, 일부 생태주의자나 채식주의자가 주장하는 것처럼, 문명의 시곗바늘을 뒤로 돌려서 소박한 상태로 돌려놓는 것을 삶의 회복이라고 믿는 근본주의적 태도에 대해 의문을 가질 수밖에 없다.

한번 상상해보라. 아침에 일어나서 일회용 즉석 밥을 전자레인지에 데우고 3분이면 조리가 끝나는 즉석 국을 끓여서 먹는다. 시간에 쫓겨 점심 대신 물만 부으면 되는 컵라면을 먹기도 한다. 이런 삶을 일컬어 '패스트푸드 인생'이라고 자조하는 것이 이를테면 우리의 상식이다. 그런데 저자의 논의에 따르면, 이런 인생은 첨단 기술이라는 인류 문명의 유산 없이는 불가능한 것이다. 말하자면, 우리가 잘못된 것이라고 생각하는 이 패스트푸드 인생이야말로 삶이라는 연약한 내용물을 보호하고 있는 '문명'이라는 그릇 자체인 셈이다.

발상의 전환은 음식 보관의 역사를 위해 투입된 다양한 기술을 소개하는 저자의 논의에서 빛을 발한다. 하찮아 보이는 맥도날드 햄버거를 하나 만들어내기 위한 기술은 멀리 나폴레옹시대까지 거슬러 올라간다. 먹고사는 문제를 오늘날처럼 편리하게 만들어준 숱한 기술들이 사실은 인류를 파괴하려는 노력에서 나왔다는 아이러니는 무엇을 말해주는 것일까? 조리와 보관이라는 딜레마를 해결하기 위한 기술의 발전이 최종적으로 도달한 지점이 패스트푸드라는 결론은 허무하게 느껴질 지경이다.

특히 스팸이라는 햄 제품에 대한 저자의 진술은 정크 푸드의 대명사로 알려진 이 식품을 새롭게 보게 할 정도이다. 스팸이 전투식량이었고, 그로 인해 높은 열량과 보존성을 갖추게 되었다는 사실은, 스팸에 대한 푸대접을 반성하게 만든다. 스팸을 만들기 위해 투입한 노력과 기술에 대한 진술도 놀라울 따름이다. 이렇게 전쟁이라는 비극적인 태생을 지녔으면서도 스팸은 오늘날의 현실을 해학적으로 보여주는 매개이기도 하다. 스팸을 토속음식으로 받아들인 태평양 원주민 이야기는 이런 현실의 아이러니를 잘 보여준다.

한국에서도 스팸은 부대찌개라는 하이브리드 식품으로 재탄생했지 않은가. 부대찌개를 전문으로 팔던 한 프랜차이즈 회사가 외국 회사에 인수되었다는 보도는 이 책에서 이야기하는 식품 발전사를 다시 돌아보게 만든다. 식품은 반드시 건강에 좋은 방향으로 발전하지 않았다. 스팸 2온스짜리 통에 들어 있는 성분 중 지방과 나트륨은 성인 1인 1일 섭취량에 3분의 1이나 되는 양이었다. 따라서 스팸을 많이 먹으면 당연히 혈압이 오르고 비만이 될 수밖에 없다.

건강에 좋지 않은 스팸 같은 제품이 오랫동안 팔린 이유는 무엇일까. 전투식량으로 개발되었기에 영양가 따위를 따질 수가 없었다는 것이 큰 원인 가운데 하나다. 군사문제와 관련한 일은 비밀에 부치기에 업체의 방해로 스팸 섭취를 규제하기 어렵다는 측면도 있겠지만, 무엇보다도 전쟁이라는 비인간적인 상황이 이런 결과를 초래했다고 말할 수 있겠다. 전쟁에서 중요한 것은 생존이었고, 따라서 건강에 좋은 것보다 값싸고 오래갈 수 있는 것을 찾을 수밖에 없었던 것이다.

이 책에서 다루고 있는 기술의 발전은 이처럼 비인간적인 기원을 가졌다고 할 수 있다. 냉동 감자튀김도 마찬가지이다. 우리가 패스트푸드점에 가서 일상적으로 사 먹는 냉동 감자튀김 역시 건강보다 이윤에 더 강조점을 둔 식품이다. 감자튀김의 맛을 연구하고, 수분과 지방의 조화를 고민했던 이유도 결국 좀더 많은 감자튀김을 팔아서 돈을 더 많이 벌기 위한 목적이었다. 심플롯이 냉동감자를 맥도날드에 납품한 에피소드는 재미있다. 결국 심플롯 덕분에 우리는 신선한 감자튀김이 아니라 냉동 감자튀김을 먹게 된 것이다.

일정한 재료 공급이라는 딜레마를 냉동식품으로 해결하는 방식은 이제 상식처럼 보인다. 여기에서도 중요한 것은 '맛'이다. 저자는 길들여지는 맛에 대한 이야기를 담담하게 풀어놓는다. 이 과정에서 고지식한 분노를 드러내기보다는 넘쳐나는 냉소적인 위트로 읽는 재미 역시 놓치지 않게 한다. 분유에 대한 이야기도 스팸이나 냉동 감자튀김 못지않다. 미국인들이 왜 그렇게 분유를 많이 먹게 되었는지에 대한 비사가 펼쳐진다.

이 책은 우리에게 감춰진 다양한 문화사를 들려준다는 점에서 총체적인 지식을 제공한다. 총체적 지식은 종합적 사고를 위한 필수조건이다. 저자의 글 솜씨는 자칫 딱딱한 통계와 사실 기술로 점철

될 법한 소재를 마치 한 편의 영화를 보는 것처럼 매끈하게 만들어낸다. 병렬적으로 연결된 에피소드들이 이곳저곳으로 접속하면서 포괄적인 벽화를 형성한다. 이 과정에서 우리는 현대의 삶을 구성하는 다양한 사물들이 어떻게 탄생한 것인지를 생생하게 확인할 수 있다.

식품뿐만 아니라 카메라와 인터넷까지, 저자가 선정한 키워드가 어떻게 관철되는지 살펴보는 것도 재미있는 독서 경험이 될 것이다. 무심코 지나가는 일상의 경험에 20세기의 역사가 아로새겨져 있다는 각성은 이 책이 제공하는 또 하나의 선물이다. 이 각성이 때로 유쾌하지 않을지라도, 저자는 소재를 충분히 흥미롭게 진달하고 있다.

우리는 근대인이었던 적이 없을지 몰라도, 이미 근대는 이렇게 연구실에서 우리의 삶을 재단하고 있었다. 그리고 우리는 원하든, 원하지 않든, 이 현실에 몸담고 살아야 한다. 저자가 가르쳐주는 것은 이 현실에 대한 체념이라기보다 이것을 즐길 수 있는 관조의 여유이다. 모든 것은 그 기원을 가지고 있다. 근대가 전통의 단절에서 시작되었다고 하지만, 이제 그 단절 자체를 전통으로 삼아도 될 지경인 것이다. 지금 여기에서 살아가는 우리의 삶을 돌아보게 만드는 책이다.

이택광(문화비평가, 경희대 교수)

차례

부끄러운 삼위일체

> 지금 우리는 과학의 초기 성공이 가져다준 기분 좋은 술기운이 아니라
> 다음 날 아침에 찾아온 끔찍한 두통에 시달리며 살고 있다.
> 크게 한 방 터트리고 한껏 의기양양해진 과학이 지금까지 이룬 건
> 개선되지 않았을 뿐 아니라 실제로는 더 악화된 목적을 위해
> 그저 수단을 개선한 것뿐이라는 사실이 만천하에 드러났다.[1]
>
> 공상과학소설 작가 올더스 헉슬리Aldous Huxley

사실 나는 전혀 어울리지 않는 인물에게서 이 책에 대한 영감을 받았다. 바로 패리스 힐튼Paris W. Hilton이다. 그동안 읽은 수많은 과학 잡지나 공영방송 PBS의 다큐멘터리, 하다못해 내가 기자로 일했던 『와이어드Wired』지처럼 좀더 깊이 있고 교양 있는 자료에서 영감을 받았다면 좋았을 텐데, 안타깝게도 현실은 그렇지 않다. 순순히 인정하긴 부끄럽지만, 어쨌거나 나의 뮤즈는 재능이라고는 눈곱만큼도 없는 호텔 상속녀였다.

이 금발의 아가씨가 하룻밤 새 유명인사로 떠오른 건 2004년의 일이다. 인터넷은 당시 스물세 살이던 힐튼이 사교계 유명인사인 남자 친구 릭 살로몬Rick Salomon과 찍은 섹스 비디오로 뜨겁게 달아

올랐다. 여느 섹스 비디오 사건과 마찬가지로 비디오가 불법으로 유출된 것이냐, 대중의 관심을 끌고 지명도를 높이려는 노이즈 마케팅이냐를 두고 논쟁이 일었다. 어떻든 간에 관심을 끄는 데는 확실히 성공했다. 나 역시 비디오에 무척 관심이 갔는데, 섹스 장면이 나온다거나 유명인사가 되고 싶어 하는 여자 때문이 아니라 비디오 화면이 초록색이어서였다. 화면에 나온 속살은 밝고 화사한 분홍색이 아니라 온통 에메랄드빛이었다. 조명 없이 어둠 속에서 야간 투시 기법으로 촬영했기 때문이다. 시청자들 대부분이 패리스 힐튼의 현란한 섹스 기술에 감탄하는 동안 나는 비디오 촬영에 동원된 기술에 호기심이 생겼다. 괴짜라고 놀려도 할 말이 없다.

과학기술 전문 기자라는 직업 탓인지 나는 늘 엔진 룸에 뭐가 들어 있는지 궁금해하는 족속이다. 문화행사를 접해도 늘 과학기술과의 상관관계를 먼저 생각한다. 오바마가 대통령에 출마한 2008년 대선 때 CNN이 세계 최초로 홀로그램을 이용해 개표 방송을 한다며 호들갑을 떤 적이 있다. 순간 내 머릿속에서는 비상벨이 사정없이 울렸다. CNN이 영화 〈스타워즈〉에 나오는 레아 공주의 R2-D2 투사 영상에 견주며 한껏 잘난 처하는 모습을 보고 나는 그게 홀로그램이 아니라 단층 사진인 토모그램에 불과하다는 걸 단번에 알아챘다. CNN 스튜디오에서 허공에 쏜 게 아니라 시청자들이 보는 TV 화면에 쏜 3차원 영상이었다. 이게 다가 아니다. 사람들은 대개 단순함에 매료되어 레고Lego 장난감을 가지고 논다. 나는 어떠냐고? 사실 나는 레고를 볼 때마다 궁금한 게 있었다. 한 세트에 어떤 모양의 조각을 몇 개나 넣을지 어떻게 정하는 걸까? 결국 나는 궁금증을 참지 못하고 레고 사에 전화를 걸었다. 그리고 필요한 조각을 새로 만들기 위해 3차원 소프트웨어로 견본 세트를 제작하는 직원들이 있다는 걸 알아냈다. 이 소프트웨어는 한 세트에 들어간 조각 수를 토대로 제품 가격까지 정한다. 덕분에 직원들은 목표 원가에 맞춰 한 세트에 넣을 조각을 더할 수도 있고 뺄 수도 있다.

이제껏 해온 일들이 이런 것들이다. 기자라는 명함을 들고 일상 생활에서 겪는 사소한 일들을 글로 써서 먹고살았다.

패리스 힐튼이 섹스 비디오를 찍을 때 사용한 야간 투시 기법은 분명히 예전에 어디선가 본 기억이 있었다. 어디서 봤는지 기억해 내려고 며칠을 끙끙댔는데, 주인공은 바로 '사막의 폭풍' 작전으로도 유명한 걸프전쟁이었다. 미국을 위시한 다국적군은 10년도 훨씬 전에 이라크 손에 넘어간 쿠웨이트를 해방하겠다며 전쟁에 돌입했다. 베트남전쟁이 한창일 때는 내가 너무 어렸던지라, 걸프전쟁이야말로 난생처음 텔레비전으로 지켜본 대규모 군사 행동이었다. 역시 CNN을 통해서였다. 그 탓에 전쟁 하면 무엇보다 먼저 야간 폭격 장면이 떠오른다. 공중에서는 대공포화가 빗발치고 땅에서는 무시무시한 폭발이 잇따르는 장면이 눈에 선하다. 이라크가 몰락하는 걸 지켜보는 내 뇌리에 박힌 영상은 힐튼의 섹스 비디오와 마찬가지로 온통 에메랄드빛이었다.

걸프전쟁과 섹스 비디오의 관계를 생각하다 문득 군에서 개발한 기술을 가져와 소비재에 접목시킨 다른 예는 뭐가 있을까 궁금해졌다. 그리고 더 깊이 캐면 캘수록 소비재에 쓰는 모든 기술이 군에서 나왔다는 걸 알게 되었다. 비닐봉지부터 헤어스프레이, 비타민, 구글 어스Google Earth까지, 오늘날 우리가 아무 생각 없이 쓰는 대부분의 현대 기술은 군사비를 쏟아부어 개발했다. 그런데 이게 끝이 아니다. 패리스 힐튼의 섹스 비디오가 그랬던 것처럼 전쟁과 포르노그래피 기술 사이에도 모종의 관계가 있다. 포르노 산업은 소형 필름카메라부터 VCR에 쓰는 자기磁氣 녹음, DVD에 쓰는 레이저 그리고 인터넷까지, 군에서 개발한 모든 통신수단을 발 빠르게 가져다 썼다. 포르노 회사들은 다른 어떤 기업보다 재빨리 이들 기술에 올라탔다. 그리고 이를 통해 더 좋은 기술을 개발하는 데 필요한 자금을 댔다.

두 산업 간에 이런 유대 관계가 형성되어 있다는 건 그리 놀랄 일이 아니다. 성욕과 전쟁욕구, 혹은 경쟁욕구는 가장 원초적이면서도 가장 강력한 인간의 본능이기 때문이다. 이 두 가지 본능은 인간의 기본욕구인 동시에 중요한 행동을 이끌어내는 동기이기도 하다. 인류는 수세기 동안 이 두 가지 힘을 부인하거나 외면하거나 치료하거나 억누르려고 애를 써왔지만, 아직까지 뾰족한 대안을 찾지 못했다. 그러다 보니 이런 욕구를 만족시키는 사업이 큰돈이 되었다. 그러나 경쟁에서 밀리지 않고 계속 괜찮은 수익을 내려면 더 좋은 기술이 뒤를 받쳐줘야만 한다.

물론 우리를 충동질하는 강한 욕망은 섹스 말고도 더 있다. 바로 배에서 나는 꼬르륵 소리다. 나는 패리스 힐튼이 유명해진 바로 그

즈음 식료품 가게에 진열된 상품의 라벨을 꼼꼼히 확인하기 시작했다. 왕성한 소화력이 서서히 자취를 감추고 신진대사가 점점 느려지는 30대에 접어들자 내가 먹는 음식에 관심이 생겼다. 불현듯 내가 내 몸에 쑤셔 넣는 포도당, 과당, 인산, 탄산수소나트륨, 그 밖에 갖가지 화학물질이 도대체 얼마나 되는지 알고 싶어졌다. 식료품 라벨을 살펴보다가 발음하기도 어려운 성분을 발견한 적이 있다면, 여러분도 우리가 먹는 음식에 얼마나 많은 기술이 들어가는지 알아챘을 것이다.

깜짝 놀랐겠지만, 실은 그다지 놀랄 일이 아니다. 음식에 대한 욕구는 다른 욕구를 능가하는 인간의 본능 중 본능이다. 음식이 없으면 생존이 불가능하기 때문이다. 그러니 역사를 통틀어 우리 인간이 손에 쥔 모든 자원을 가져다 식량을 확보하는 데 써온 것도 충분히 이해할 만하다. 식량은 언제나 권력과 관계가 있었고, 그 때문에 늘 갈등을 낳았다. 역사적으로 가장 많은 식량을 가진 사람이 가장 많은 권력을 누렸다. 그리고 많은 식량을 생산하는 최상의 방법은 기술을 이용하는 것이다. 결국 가장 많은 기술을 가진 사람이 가장 많은 식량을 소유하고 더불어 가장 많은 권력을 누린다. 거시경제에만 적용되는 법칙이 아니다. 어떤 사회에서든 부유한 사람은 부족함 없이 잘 먹고 잘 마시는 사람이다.

전쟁, 섹스, 음식에 대한 인간의 본능은 기술에만 머물러 있지 않다. 인간의 진화에도 영향을 끼친다. 최근에 발굴한 인류의 해골은 440만 년 전 것으로, 이제껏 발견한 것 중 가장 오래되었다. 이 해골은 네 발로 걷던 인간을 두 발로 걷게 만든 세 가지 요소가 전쟁과 섹스, 음식이라는 증거를 보여준다. 오하이오 주에 있는 켄트 주립 대학교 연구진은 원시인 남성들이 여성의 관심을 끌려고 싸움을 하며 기량을 겨뤘다고 믿는다. 그런데 경쟁자들과 힘을 겨뤄 마침내 짝을 얻은 유인원은 항상 가장 강하고 사나웠다. 그렇다고 힘 싸움에서 진 남성들이 여성을 포기한 것은 아니다. 그들은 힘이 아닌 다른 전략으로 여성에게 접근했다. 바로 선물이다. 인류가 태동하던 그 시기에 이들에게 의미 있는 선물은 오직 하나, 음식뿐이었다. 연구진은 힘이 약한 남성이 여성에게 음식을 가져다주려면 일단 손이 자유로워야 했기 때문에 두 발로 걷는 법을 배웠다고 추정한다.

그로부터 수백만 년이 지났지만 변한 것은 거의 없다. 사람들은 여전히 식량을 얻고 섹스를 하기 위해 싸우고, 섹스를 하려고 음식과 선물을 이용한다. 그리고 시간이 흐르면서 우리는 어느새 서로 교차하는 이 세 가지 고유 본능에 집착하게 되었다. 언제 어디서든 신문을 펴거나 텔레비전만 켜면 바로 그 증거를 확인할 수 있다. 방송과 신문 지면은 이라크와 아프가니스탄, 그 밖의 지역에서 벌어지는 전쟁 소식, 그리고 전염병처럼 퍼지는 비만, 최근의 다이어트 열풍, 유명인들의 성생활, 성매매 스캔들로 구속된 정치인들 이야기를 쉼 없이 실어 나른다. 전쟁과 음식, 섹스는 어디에나 있다. 우리가 이것들을 원하기 때문이다.

육탄전이든 정치 공방이든 말다툼이든 스포츠든, 우리는 서로 싸우고 경쟁하면서 주변 사람들보다 더 많은 걸 가지려고 집착한다.

인류의 삶에서 전쟁은 필수불가결한 부분이 되었다. 그런가 하면 성적 욕망은 원치 않는 임신을 하거나 성병에 걸리는 원인이다. 또는 수상한 웹사이트에 신용카드 번호를 입력해서 신원 도용을 자초하거나 부적절한 관계가 들통 나 가족과 지인을 잃는 멍청한 짓을 하게 만든다. 그리스·로마 신화나 성경에도 성적 질투심을 둘러싼 갈등이 가득하다. 트로이전쟁은 트로이의 왕자가 스파르타의 왕비를 훔치는 바람에 일어났고, 아담은 이브와 섹스를 할 생각에 대담하게도 하느님이 금하신 과일을 먹었다. 그러나 그 무엇보다 음식에 대한 욕구야말로 가장 원초적이다. 여전히 전쟁은 식량을 생산하는 땅에서 시작되고, 식량이 없는 최악의 상황에서는 인간이 인간을 먹는 사태가 벌어지기도 한다.

전쟁과 섹스, 음식이라는 세 가지 욕구를 둘러싸고 거대 산업이 발달했다. 전쟁과 섹스와 음식은 인류의 가장 오래된 사업일 뿐 아니라 가장 수지맞는 사업이기도 하다. 그런데 여기서 한 가지 의문이 떠오른다. 우리는 왜 이 세 가지 본능에 어설프게 손을 대는 걸까? 인간의 욕구가 그렇게 근본적이라면, 왜 이런 욕구를 채우는 데 끊임없는 혁신이 필요한 걸까? 이유는 아주 다양하다.

기술이 필요한 이유

토머스 프리드먼Thomas L. Friedman이 『세계는 평평하다The World is Flat』에서 설명한 대로 최신 기술을 잘 활용하는 정당이 정권을 잡는 게 미국 정치의 철칙이다. 프랭클린 루스벨트는 라디오를 이용해

국민에게 직접 호소한 끝에 정권을 잡았고, 존 F. 케네디는 라디오 담화에 열중한 닉슨과 공화당을 상대로 텔레비전 토론을 벌여 정권을 잡았다. 더 최근에는 버락 오바마가 유튜브와 트위터 같은 소셜미디어를 이용해 존 매케인을 따돌리고 정권을 잡는 데 성공했다. 컴퓨터를 사용할 줄도 모른다고 순순히 인정했던 매케인은 신기술에 깜깜한 러다이트Luddite(19세기 산업혁명 때 기계가 일자리를 빼앗으리라 믿고 기계 파괴에 앞장섰던 네드 러드의 이름을 딴 사회운동으로, 여기서는 신기술 반대자를 뜻한다—옮긴이)처럼 보였다.

정치가 외교 형태를 띤 일종의 전쟁이라 믿는 미국 정부는 이 정치 법칙을 실제 전장에까지 끌고 갔다. 군은 거대한 기술 창소사인 동시에 장기적인 얼리 어답터이기 때문이다. 월등한 기술력을 갖춘 군대가 일시적이나마 적군보다 유리한 위치에 서는 건 분명한 사실이다. 심리적인 측면에서는 특히 그렇다. 미국이 일본 땅에 원자폭탄을 떨어뜨리자 의심의 여지없이 제2차 세계대전이 끝났다. 걸프전쟁이 불과 두 달 만에 신속하게 끝난 것도 비슷한 이유 때문이다. 연합군은 스마트 폭탄이라 부르는 레이저 유도 폭탄, GPS, 야간 투시경 등의 신기술을 이용해 엄청난 파괴력을 지닌 공중폭격을 가했다. 지레 놀란 이라크 병력은 지상전이 시작되자마자 항복할 태세였다. 물론 오늘날 이라크 내 반란 세력은 예전보다 훨씬 더 완강하고 그따위 신기술에는 겁을 먹지 않는다. 그렇지만 로봇이 자신을 저격하는 장면을 두 눈 뜨고 지켜봐야 한다면 얼마나 겁이 날지 상상해보라. 제임스 브래든James Braden 대령은 미군이 바라는 게 바로 이런 거라고 말한다. 사막의 폭풍 작전에 참전했다가 지금은 해병대 전술팀장으로 일하는 브래든은 "정정당당한 싸움이 되길 바란 적은 한 번도 없다"고 고백했다.[2]

군 관료들이 앞다퉈 지적한 대로 기술은 생명을 지켜주기도 한다. 방탄복이나 야간 투시경, 로봇 정찰병은 돈이 얼마가 들든 그만한 가치가 있다. 해군 중장으로 은퇴한 뒤 로봇 제조업체인 아이로봇iRobot에서 중역으로 일하는 조 다이어Joe Dyer는 "미국, 캐나다, 영국, 오스트레일리아는 아들딸의 안전을 위해 실질적인 투자를 할 의사가 있으며 고맙게도 그렇게 하고 있다"고 말한다. "생명의 가치를 높게 평가하는 것이 투자를 이끌어내는 원동력입니다. 우리가 위험에 빠뜨리는 사람의 숫자를 줄이고 전장에 나가는 이들의 생존 가능성을 높이는 것이야말로 미국의 기술력을 떠받치는 가장 중요한 기둥이죠."[3]

최근 몇 년간은 더 안전한 전투뿐 아니라 더 편리한 전투를 수행하는 데 기술을 집중해왔다. 조종사들은 이제 네바다에 있는 공군 기지에서 이라크에 있는 로봇 무인 항공기를 조종한 다음, 퇴근하는 길에 축구 연습을 하는 아이들을 차에 태워 집에 돌아간다. 최전방 부대에서 근무하는 군인들도 쉬는 시간에 엑스박스Xbox라는 비디오게임을 하며 지낸다. 하모니카를 불거나 집에 돌아갈 날을 손꼽으며 애인에게 장문의 편지를 쓰는 일 따위는 기억 저편으로 사라진 지 오래다. 이메일과 인터넷이 그 자리를 대신하고 있다.

이처럼 최첨단 기술은 군인들의 생명을 보호하고 군인들이 더 편하게 군 생활을 영위하도록 도와준다. 또한 적군에게 가하는 피해도 최소화할 수 있다. 특히 민간인 피해를 줄일 수 있다. 이는 증오의 악순환을 끊는 데 아주 중요한 요소다. 전쟁으로 인생을 망친 사람들은 복수심에 불타는 군인이 되어 다음 전쟁에 임할 가능성이 높기 때문이다. "공격의 효율성을 높이면 사회기반시설을 덜 파괴할 수 있고, 2차 피해로 말미암은 군인과 민간인 사상자 수도 최소화할 수 있습니다." 다이어는 요즘 같은 세상에서는 오늘의 적이 내일의 동지가 될 수 있다고 덧붙였다.

미국에서는 군사기술에 쏟는 투자가 과학 연구의 중추가 되었다. 군과 군에서 운영하는 여러 연구기관, 특히 방위고등연구계획국 DARPA은 민간 기업에서 맡기에는 비용이 너무 많이 들거나 너무 앞서 나가는 장기 연구를 주로 수행한다. 인터넷이 대표적인 예다. 인터넷은 DARPA가 냉전 기간에 개발한 통신망으로, 연구를 시작하고 완성하기까지 꼬박 20년이 걸렸다. 이 통신망을 처음 연결한 컴퓨터 공학자 빈트 서프Vint Cerf는 민간 기업은 이런 프로젝트를 진행할 만한 인내심이 없다고 말한다. "DARPA의 특징을 한 가지 대라면 연구를 장기간 이어갈 수 있는 능력을 꼽겠습니다."[4] DARPA는 1950년대 후반에 문을 연 이래 휴대전화, 컴퓨터그래픽스, 기상위성, 연료전지, 레이저, 인간을 달에 데려다준 로켓, 로봇 등 중요한 기술을 연달아 개발했다. 그리고 조만간 외계 언어를 포함하여 모든 언어를 자동 번역할 수 있는 범용 번역 시스템과 생각으로 통제하는 인공기관, 투명 물체 등을 선보일 예정이다. 이제껏 선보인 기술 중 1년 안에 개발해낸 건 하나도 없다. 전쟁사가와 사회과학자들은 DARPA가 "우리가 사는 지금 이 세상을 만드는 데 어떤 정부부처나 기업이나 기관보다 기여한 바가 크다"고 말한다.[5]

일반인 과학자들을 고용한 국립연구소도 아주 중요한 역할을 한다. 이들 기관이 군에 필요한 연구를 수행하는 건 두루 좋은 일이다. 우선 국립연구소는 과학 연구를 하는 데 필요한 자금을 지원받고, 군은 연구 결과를 얻고, 이 기술은 결국 민간으로 넘어간다. 샌프란시스코 서부에 있는 로렌스 리버모어 국립연구소Lawrence Livermore National Laboratory가 좋은 예다. 이 연구소는 방위 관련 연구를 수행하라는 지시를 받고 1952년에 문을 열었다. 미국의 핵무기고를 감독하는 책임을 맡아서 연구 활동도 대부분 핵무기고에 집중되었다. 이런 연구소는 아주 엄격한 보안 아래 운영될 거라고들 생각하는데 사실이 그렇다. 그러나 그곳에서 일하는 과학자들은 무기 연구가 일상생활에 어떤 파급 효과를 내는지 즐겁게 이야기한다. 그동안 일어난 파급 효과는 아주 많았다. 유전자 연구는 인간 게놈 프로젝트를 시작하게 했고, 레이저 경화 시스템은 현재 비행기가 더 멀리 날 수 있게 돕고 있다. 가장 최근에는 양성자 가속 빔이 암 치료에 일대 변혁을 가져올 조짐이 보인다. 로렌스 리버모어 국립연구소에서 30년 넘게 빔 연구를 한 과학자 조지 카포라소George Caporaso는 절대로 민간에서는 그런 돌파구를 찾을 수 없다고 말한다. "연구소에 들어갔을 때 진행 중인 일의 규모가 민간 기업은 감히 꿈도 꿀 수 없는 수준이란 생각이 들었습니다. 그 연구소에서만 할 수 있는 일이었죠. 정말로 위험 부담이 크고 그만큼 성과도 큰 일이며…… 국가 방위와 안전에는 아주 중요한 문제이나…… 대개는 누구도 할 수 없는 일이죠."[6]

이 때문에 군사비를 지원받아 세상에 나온 기술이 아주 많다. 게다가 기술 개발은 얼마나 많은 돈을 연구에 쏟아붓느냐에 달려 있으므로 기술혁신 속도는 더 올라갈 것이다. 2008년에는 전 세계적으로 1조 4000억 달러라는 믿기 어려운 금액을 군사비로 지출했다. 세계 총생산의 2.4퍼센트에 해당한다. 1999년 이후 45퍼센트나 증가한 액수로, 이전 기록을 갱신했다. 대부분 미국에서 쓴 돈이다. 증가분의 3분의 2가량이 미국에서 나왔다.[7] 2008년에 미국의 군사비는 6070억 달러로 전년 대비 10퍼센트 증가했다. 전 세계 군사비의 42퍼센트에 해당하고, 849억 달러로 2위를 차지한 중국보다 무려 7배나 많다.[8]

미국은 아주 많은 돈을 군사비로 쓰는데, 500억 달러가 넘는 펜타곤의 은닉 예산은 영국, 프랑스, 일본 등 대다수 국가의 전체 방위비보다 많고, 캐나다에 비하면 3배나 많다.[9] 이 돈은 대부분 DARPA와 대학교, 리버모어 같은 국립연구소로 흘러들어간다. 1945년 이래 주요 대학 연구 교수 중 무려 3분의 1이 미국 국가안전국의 지원을 받았다.[10] 세계 과학기술 중 미국이 개발하는 양이 압도적으로 많은데, 어찌 보면 당연한 결과다. 세계 인구의 4퍼센트에 불과한 미국이 세계 연구개발비의 절반가량을 쓰고 있으니 말이다.[11] 그 결과 미국 문화에는 기술이라는 새로운 분야가 생겼다. 미군 보고서에 나와 있는 대로 "미국인은 기술을 거의 본능적으로 받아들이고 기

술을 통해 자신을 이해한다".[12]

　군에서 만든 발명품 중에는 확실하게 상업화된 것도 있다. 원자폭탄은 원자력이 되었고, 제트전투기는 제트여객기가 되었다. 이 책에서는 사람들이 잘 모르는 부산물을 더 많이 다룰 텐데, 레이더가 어떻게 전자레인지가 되고 정찰위성이 어떻게 구글 어스를 낳았는지 등을 살펴볼 것이다. 중요한 건 기술이 결국 시장에 나온다는 점이다. "실리콘밸리의 모든 역사는 군과 꽤 밀접한 관계가 있습니다. 집적회로는 원래 탄두를 유도하려고 만든 겁니다. 거대한 군용 기술을 민간에 접목하려면 많은 제약이 따르는데, 사실은 그런 제약이 수많은 소형화 작업을 성공적으로 이끈 원동력이죠." 구글 어스를 만든 존 행크John Hanke의 말이다. "군은 사용자 1인당 수백만 달러가 들어도 기술을 개발하기 위해 기꺼이 비용을 지불합니다. 이 기술은 아주 높은 가치를 지니지만, 굳이 시장에서 직접 개발할 필요는 없습니다. 일단 군에서 기술과 기초 연구개발에 돈을 투자하면, 기업들이 앞장서서 일반인도 접근할 수 있는 유통 시장을 모색하니까요. 기업은 무얼 어떻게 해야 하는지 잘 압니다."[13]

　이제 미국인이 만든 기술과 미군은 떼려야 뗄 수 없는 지점에 이르렀다. 군이 관여한 기술을 기업이 적극적으로 받아들여 열렬한 파트너가 될 가능성은 충분하다. 로렌스 리버모어 국립연구소가 개발한 충돌 모델링 소프트웨어를 예로 들면, 1980년대부터 자동차 회사들은 소프트웨어 개량 작업에 협력하고 있다. 기술 개선을 위해 자동차 회사들과 로렌스 리버모어 국립연구소는 소프트웨어 코드를 서로 교환한다. 이렇게 하면 "두 선수가 서로 공을 패스하며 골대를 향해 달려가는 효과가 있습니다."[14] 로렌스 리버모어 국립연구소에서 프로그래머로 일하는 에드 지비치Ed Zywicz가 말했다. 해군 대령 제임스 브래든은 군과 기업의 관계가 지금처럼 좋았던 적이 없었다고 말한다. "군에서 지상전투 차량을 개선하면 그 효과가 자동차 업계에 파급되고, 군의 기술력으로 자동차 업계가 생산한 많은 부산물이 다시 군의 지상전투 차량에 흘러들어오죠."

또한 전쟁이 경제활동을 촉진한다는 건 모든 정부가 잘 아는 사실이다. 제2차 세계대전이 벌어지자 신발부터 철강, 잠수함에 이르기까지 모든 물품의 수요가 늘어나 영원히 끝나지 않을 것 같던 대공황이 막을 내렸다. 1933년, 미국에서는 전체 노동인구의 4분의 1이 실업자였고, 주식시장은 4년 전에 일어난 주가 폭락으로 90퍼센트나 하락했다.[15] 프랭클린 루스벨트 대통령이 사회개혁 프로그램으로 내놓은 뉴딜정책이 경제를 올바른 방향으로 몰고 가긴 했지만, 전쟁이 발발했을 때 미국 사회 내에는 여전히 위기감의 파도가 높게 일었다. 그러다 연합국 원조에 박차를 가하고 1941년에 정식으로 참전을 선언하면서 미국 경제는 서서히 회복되기 시작했다. 미국 산업은 전쟁을 지원하는 데 온 힘을 쏟았고 이를 통해 미국은 이득을 얻었다. 1944년에는 방위비가 연방 예산의 86퍼센트를 차지했고, 이에 상응하여 국내총생산은 28퍼센트나 상승했다. 달러로 환산하면, 국내총생산은 1939년에 886억 달러에서 1944년에 1350억 달러로 증가했다. 경제학자와 주식투자자 들이 꿈에서나 그려봤을 법한 성장률이었다.

미국이 얻은 이득은 단순한 숫자를 능가했다. 1944년에 실업률은 전체 인구의 1.2퍼센트까지 떨어졌는데, 그 후 이제껏 실업률이 이만큼 낮았던 적이 없다. 심지어 정상적으로는 직업을 구할 수 없었던 많은 여성과 흑인이 유급 직원으로 고용되었다. 전시에 경제활동에 참여한 덕분에, 전쟁이 끝난 다음 여성과 흑인의 인권운동은 한층 더 힘을 얻을 수 있었다.

2001년에 테러와의 전쟁이 시작되고 나서 역사는 다시 반복되는 듯하다. 미국의 방위비는 2002년 이래 5150억 달러로 74퍼센트나 가파르게 상승했다. 이에 따라 국내총생산은 2001년부터 2008년 세계경제가 불황의 늪에 빠지기 전까지 평균 2.9퍼센트씩 꾸준히 증가했다. 2007년에 실업률은 가장 낮은 축에 속했다. 테러와의 전쟁을 지지한 주요 동맹국인 영국도 비슷한 이득을 얻었다. 국내총생산은 평균 2.3퍼센트 증가했고, 2007년 실업률은 이십몇 년 만에 최저치를 기록했다. 이런 경제 성장은 결코 우연이 아니다. 2009년 초 미국이 테러와의 전쟁에 쏟아부은 돈은 8500억 달러가 넘는다. 그러나 국민들이 낸 귀한 혈세를 그냥 공중에 날려버린 것은 아니다. 돈은 경기를 부양한 기업들에게 다시 돌아갔다.[16]

새로운 분야에 파고들기

포르노 산업도 기술 개발에 돈을 쓰긴 하지만, 일반적인 방식으로 기술을 개발하지는 않는다. 흰 가운을 입은 과학자들이 포르노 기술혁신을 위해 비지땀을 흘리는 연구실은 세상에 없다. 대신에 포르노 산업은 얼리 어답터로서 영향력을 행사한다. 포르노 산업에서 흘러나온 돈은 종종 기술을 개발하는 회사들의 파산을 막아주고, 일반 대중도 이용할 수 있도록 기술을 혁신하는 것을 돕는다. 토론토에 있는 작은 회사 스페이셜 뷰Spatial View에서 제품 담당 책임자로 일하는 브래드 케이스모어Brad Casemore가 이 사실을 확인해주었다. 2009년에 스페이셜 뷰는 아이폰 사용자들이 3D 사진과 비디오를 볼 수 있게 해주는 소프트웨어를 내놓았다. 이 기술의 사용 허가를 받아서 가장 먼저 콘텐츠를 생산한 기업 중 하나가 포르노 회사인 핑크 비주얼Pink Visual이다. "포르노 회사에서 일하는 사람들은 경쟁 업체보다 한발 앞서 나가야 한다는 위기의식이 아주 높습니다. 게다가 포르노를 보는 고객들은 아주 까다롭죠."[17]

1974년에 창간호를 낸 다음 줄곧 포르노 업계 선두를 지켜온『허슬러Hustler』는 그 누구보다 많은 기술 변화를 경험했다.『허슬러』를 발행하는 래리 플린트 출판사의 마이클 클레인Michael Klein 회장도 케이스모어의 말에 동의했다. 포르노 회사들은 항상 발 빠르게 최신 기술을 도입해야 하다. 극도로 경쟁이 치열한 산업이 포르노 산업이기 때문이다. 사람들에게 콘텐츠를 너무 늦게 전달하면 그 사이 누군가 치고 들어오기 십상이다. "항상 최신 기술을 유지하고 가능한 한 빨리 제품을 고객들에게 전달할 수 있어야 합니다."[18]

포르노 회사들은 새로운 기술에 빨리 적응할 수 있다. 대개 회사 규모가 작고 회사가 고용한 배우들과 마찬가지로 꽤 융통성이 있기 때문이다. 포르노 업계에서 가장 유명한 스타로 꼽히는 테라 패트릭Tera Patrick은 2003년에 남편 에번 세인펠드Evan Seinfeld와 테라비전 Teravision이라는 회사를 창업했다. 에번 세인펠드는 헤비메탈 하드코어 밴드 바이오헤저드Biohazard에서 베이스와 보컬을 맡고 있는 인물이다. 두 사람은 포르노 회사들이 복잡한 결재 과정을 거치지 않아도 되기 때문에 새로운 기술을 쉽게 실험에 옮길 수 있다고 말한다. "규모가 큰 사업체는 일 진행이 느려요. 결정을 내리기까지 수백 명이 관여하죠. 기업 구조상 사람들은 모험하는 걸 두려워합니다. 잘 못되면 직장을 잃을 수도 있으니까요. 하지만 성인 엔터테인먼트 업계는 달라요. 당신이 테라나 저를 찾아와서 우리가 만든 콘텐츠를 사람들에게 아이폰으로 전송하는 신기술이 있다고 하면, 우리는 며칠 안에 당신네 회사를 조사한 다음 일주일 안에 계약하고 프로그램을 가동할 수 있거든요." 에번 세인펠드의 말이다. 테라 패트릭도 에번의 말에 동의했다. "누군가 저에게 새로운 뭔가를 알려주면, 우리는 빛의 속도로 움직일 수 있어요. 일찍 일어나는 새가 벌레를 잡는 법이죠."[19]

심지어 좀더 규모가 큰 포르노 회사인 LEP와 플레이보이Playboy도 공동의 책임에 속박당하기 쉬운 기업가처럼 행동하지 않는다. 마이클 클레인은 이렇게 말한다. "주류 영화제작자가 뭔가 새로운 걸 시도하고 싶을 때는 톰 크루즈나 톰 행크스를 찾아가 허락을 받아야 하고 감독과 작가의 허락도 받아야 합니다. 하지만 우리는 제작자인 우리가 모든 권한을 가지고 영화를 마음껏 조종합니다. 뭐든 쉽게 시도해볼 수 있는 거죠." 그 결과 개인이 운영하는 포르노 회사가 수천 개가 넘고 이들은 대개 불쏘시개로 써도 될 만큼 아주 많은 돈을 벌고 있다. 포르노 스타 스토야Stoya가 지적한 대로 이들은 "일단 한번 찍어보자. 생각대로 안 나와도 뭐 큰일은 아니니까"라고 말할 여유가 있다.[20]

이런 융통성이 주류 산업에 적응하지 못한 괴짜 기업가들을 끌어들인다. 보드게임과 약초 보조식품을 비롯한 갖가지 사업을 계속해서 시도해온 창업가 스콧 코프먼Scott Coffman은 주문형 비디오 시스템에서 가능성을 보았다. 사람들이 성인 비디오 가게에서 여자가 옷 벗는 걸 엿보려고 핍 쇼 부스에 25센트짜리 동전을 쏟아붓는 걸 보고 나서였다. 핍 쇼 부스에서 힌트를 얻은 스콧 코프먼은 AEBNAdult Entertainment Broadcasting Network이라는 웹사이트를 만들었다. 핍 쇼의 개념을 온라인으로 옮긴 이 웹사이트에서 방문객들은 1분 단위로 돈을 내고 포르노를 볼 수 있다. AEBN은 포르노 업계를 뛰어넘어 전 세계 주문형 비디오VOD 공급업체 중 가장 많은 돈을 그러모으며 연간 1억 달러의 수익을 낸다. "성인 엔터테인먼트는 온라인에서 팔아야 제격이라고 생각했습니다. 남자들은 언제든 마음이 동할 때 가능한 한 빨리 포르노를 보고 싶어 하거든요. 그런데 대부분의 회사가 이 부분에 신경을 쓰지 않았어요. 우리는 거기서 가능성을 본 겁니다." 코프먼의 말이다. "우리는 인터넷에서 비디오로 돈을 벌 수 있다는 걸 보여줬습니다. 어떻게 기술을 이용해서 사업을 하는지 증명했을 뿐 아니라 수익 면에서도 분명한 성과를 나타냈죠."[21]

서던캘리포니아 대학교의 일류 영화학과를 졸업한 알리 준^{Ali Joone}은 1993년에 디지털 플레이그라운드^{Digital Playground}라는 회사를 설립했다. 그리고 1997년에 새롭게 떠오른 홈비디오 기술인 DVD에 회사의 사활을 걸었다. 당시 주류 제작자들은 레이저디스크나 CD-ROM 같은 이전 실패작들을 감안하여 DVD 제작을 꺼렸다. "영화계 사람들은 모두 DVD가 일시적인 유행이라고 생각했어요. CD-ROM도 잠깐 나왔다 사라지고 말았으니까요. 하지만 전 애초에 CD-ROM이 최종 형태일 거라고 생각하지 않았어요. 영상이 너무 작았거든요. 그런데 DVD를 보시면 알겠지만, 화질이 아주 훌륭해요. 가정용 비디오 방식인 VHS에서 크게 도약한 거죠." 알리 준이 말했다. "주류 영화제작자들은 DVD 플레이어가 널리 보급될 때까지 기다리고 있었어요."[22] 그는 포르노가 무엇과도 견줄 수 없는 표현의 자유와 창의성을 발휘하게 해준다고 덧붙였다. "성인 엔터테인먼트는 독립 영화를 제작할 수 있는 마지막 보루이죠. 만들고 싶은 영화는 뭐든 만들 수 있어요. 섹스 장면이 들어 있기만 하면 돼요. 창의적인 사람이라면 재능을 무한대로 발휘할 수 있어요."

나는 이 책을 쓰려고 자료를 조사하면서 고등학교 동기 폴 브누아^{Paul Benoit}가 인기 있는 포르노 사이트 트위스티스^{Twistys}에서 최고 운영책임자로 일했다는 걸 알고 깜짝 놀랐다. 폴이 포르노 회사 사장이 될 거라고는 한 번도 상상해본 적이 없었다. 폴은 시장의 잠재력과 창의적인 표현의 자유에 끌렸다고 했다. "내가 포르노 산업에 매료된 건 여자들의 풍만한 가슴이나 섹스 때문이 아니었어. 한계를 뛰어넘으려는 의지를 보았기 때문이지. 포르노 산업에 뛰어든다는 건 상상 속에서 일어나는 모든 걸 할 수 있다는 뜻이거든."[23]

브누아는 포르노 회사들이 기술혁신을 외면할 수 없다고 말한다. 가장 많은 지탄을 받고 홀대를 당하고 심지어 미움을 받는 사업인 탓이다. 포르노 회사들은 사사건건 규제와 단속과 고발에 직면한다. 일례로 신용카드 회사들은 포르노 회사에 더 많은 수수료를 부과한다. 고객이 환불을 요구할 위험이 크기 때문이다. 사람들이 성적으로 흥분했을 때는 돈을 지불하는 걸 별로 고민하지 않는다. 그러다 흥분이 사라지면 결제한 걸 후회하기 십상이다. 한편, 폭력 행사나 충격적인 물건을 사용하는 행위뿐 아니라 단순히 알몸을 노출하는 것까지도 차단하는 등, 온라인에서 포르노그래피를 전면 차단할 방법을 찾는 국가가 점점 늘어나고 있다. 심지어 중국 정부의 실험용 필터는 돼지 사진을 사람의 알몸으로 착각해서 차단해버리기도 했다. 이런 일은 중국 같은 개발도상국이나 인도 같은 독실한 종교 국가에서만이 아니라 오스트레일리아와 영국처럼 언론의 자유를 법적으로 보장하는 국가에서도 일어난다.

필요는 발명의 어머니라는 말은 정말로 포르노 업계에 잘 들어맞는다. 포르노 회사들은 재빨리 신기술을 도입하고 단속 기관이 따라잡기 전에 가능한 한 오랫동안 이 기술을 활용해야 한다. 그리고 얼른 다음 기술에 올라타야 한다. "포르노 회사들은 곧 나올 다른 법망을 피하기 위해 콘텐츠를 전달할 새로운 기술을 발명해야 하지." 폴 브누아의 말이다.

수십 년에 걸친 기술혁신과 끝을 모르는 수요 덕분에 포르노 사업은 별로 힘도 안 들이고 엄청난 돈을 벌어들였다. 많은 제작자들이 주식공개를 꺼리는데, 주식을 공개하면 어쩔 수 없이 주주들과 경영에 책임을 져야 하고 번거로운 절차를 거쳐야 하기 때문이다. 전통적인 사업과 마찬가지로 많은 이들은 일단 주주들이 개입하면 경계를 확장하는 능력이 줄어든다고 믿는다. 주식을 공개하지 않고 비상장 기업으로 운영하면 수익이 얼마나 되는지 정보를 숨기기도 더 쉽고, 정부 당국과 세무 관리들의 눈을 피하는 데도 도움이 된다.

시카고의 플레이보이, 콜로라도의 뉴 프론티어 미디어New Frontier Media, 바르셀로나의 프라이빗 미디어Private Media, 독일의 베아테 우제 Beate Uhse 등 섹스와 관련된 콘텐츠를 취급하는 상장 기업이 얼마 안 되는 것도 이 때문이다. 플레이보이와 베아테 우제는 그중에서 가장 큰 회사이고 각각 1년에 약 3억 달러의 수익을 낸다. 들리는 말에 따르면 규모가 큰 개인 소유 회사 중에서 매년 수억 달러의 수익을 내는 회사도 많다고 한다. 일본 영화사 소프트 온 디멘드Soft on Demand와 호투쿠Hotuku, 런던의 데니스 퍼블리싱Dennis Publishing과 미국인이 운영하는 디지털 플레이그라운드, AEBN, 비비드Vivid, 위키드 픽처스Wicked Pictures가 대표적이다.[24] 덩치 큰 회사들 외에 트위스티스와 테라비전처럼 작은 회사도 수천 개나 된다. 정확한 숫자를 제시하기는 어렵다. 포르노 산업의 특성상 투명성이 없기 때문이기도 하고, 기술사가 조너선 쿠퍼스미스Jonathan Coopersmith가 말한 대로 "모두가 거짓말을 하기" 때문이다.[25]

그러나 그간 나온 추정치만으로도 입을 다물 수 없을 정도다. 전세계 포르노 시장은 970억 달러에 이른다. 늘 이 정도 규모를 안정적으로 유지한다. 구글, 애플, 아마존, 이베이, 야후 등 거대 인터넷기업의 수익을 모두 합친 것보다 많은 어마어마한 돈이다. 중국, 한국, 일본은 포르노 매출이 가장 높은 3대 국가다. 반反포르노 규정이 엄격한 중국은 포르노를 소비하는 데서 나오는 수익보다는 DVD와 섹스토이 같은 상품을 제조하고 얻는 수익이 크기 때문에 수치가 왜곡될 가능성이 있다. 약 130억 달러를 포르노 산업에 쓰는 미국이 4위고, 오스트레일리아와 영국이 각각 20억 달러로 그 뒤를 잇는다. 전 세계가 포르노로 얻는 수익은 1초당 3075달러이고 그중 89달러는 인터넷에서 나온다.

미국은 수익 추정치에서는 4위를 했지만 기술력으로 따지면 누구에게도 뒤지지 않는다. 사실 130억 달러라는 돈은 미국 3대 방송국 ABC, CBS, NBC의 수익을 합친 것보다 많고 NFL, NBA, MLB의 전체 관객 수익에 육박하는 액수다. 군사기술과 마찬가지로 포르노 기술혁신도 미국이 주도하고 있다. 미국 제작자들은 필름부터 비디오테이프, DVD, 인터넷까지 모두 매체 이동을 주도해왔고, 성인 웹사이트의 89퍼센트가 미국에 서버를 두고 있다. 나머지 나라들은 근처에도 못 미친다. 전체 포르노 사이트의 4퍼센트를 보유한 독일이 2위고, 영국이 3퍼센트로 그 뒤를 잇는다. 전체 포르노 사이트 중에서 아시아 국가에 서버를 둔 사이트는 극소수에 불과하다.[26] 포르노그래피가 전 세계에서 시장을 형성하고 있긴 하지만, 전 세계

기업체들은 모두 미국 제작자들이 다음에 뭘 내놓을지 촉각을 곤두세운다.

맥도날드 따라잡기

식품공학에서 기술을 혁신하는 동기는 단순하다. 식품 산업은 세계에서 가장 큰 사업이다. 음식에 걸린 돈은 막대하고 경쟁은 치열하다. 제조업자들은 고객이 불합리한 걸 요구하더라도 고객의 입맛에 잘 맞춰야 하는데, 이는 다른 어떤 산업보다 식품 산업에서 특히 심하다. 우리는 버거와 감자튀김을 먹고 싶어 하면서 동시에 건강도 챙기고 싶어 한다. 일 년 열두 달, 심지어 엄동설한에도 신선한 농산물을 원한다. 게다가 필요할 때 즉각 음식을 먹고 싶어 한다. 시간이야말로 우리에게 가장 소중한 상품이기 때문이다. 또한 새 자동차나 평면 TV처럼 '더 중요한' 물건을 살 수 있도록 음식 값이 싸기를 바란다. 이 모든 요구사항을 충족하려면 기술혁신이 필요하다. 제조업자들이 이런 욕구를 모두 채우는 건 절대로 쉽지 않다. 그러나 아주 작은 변화가 큰 보상을 가져다줄 수도 있다. 얼마나 큰 이윤이 생길지는 몇 초 안에 계산이 나온다. 패스트푸드 식당에서 손님에게 버거를 내놓는 시간을 다만 몇 초라도 줄일 수 있다면, 버거 수백 개를 더 팔 수 있다. 따라서 이 일을 가능하게 해줄 기술에 투자하는 건 당연하다. 충분히 그럴 만한 가치가 있다.

역사적으로 국민에게 식량을 안정적으로 공급하는 일은 곧 농사법, 수확 기구, 장비, 운송, 기반시설을 개선하는 걸 의미했다. 이 모든 일은 필연적으로 기술과 관련이 있다. 1950년대와 1960년대에 전 세계를 휩쓴 녹색혁명은 종자 개량, 화학비료, 농약, 관수법 등 농업 기술혁신을 의미했다. 녹색혁명의 아버지로 알려진 미국 과학자 노먼 볼로그Norman Borlaug는 어떻게 이런 필수 기술이 번영을 가져왔는지 자주 이야기하곤 한다. "충분한 식량 공급 없이는 우리가 문명이라 부르는 이것이 발달할 수 없고 살아남을 수도 없었을 겁니다." 노먼 볼로그가 1970년에 노벨평화상을 받으며 한 말이다.

식량 공급이 안정된 다음에는 휴대성과 수출이 기술혁신을 자극하는 요인이었다. 군과 식량의 연결 고리가 생기는 지점이 바로 여기다. 제2차 세계대전 기간에 미국 정부는 분무건조와 탈수 등 새로운 저장 기술에 엄청난 투자를 했다. 대양을 건너 수천 킬로미터를 이동하는 강행군도 이겨낼 정도로 식품을 오래 보관하려면 이런 신기술이 필요했다. 넘치는 투자 덕분에 당시 미군은 음식사를 연구하는 학자들이 역사상 가장 영양 상태가 좋은 군대라 부를 정도로 잘 먹었다. 1942년 한 해 동안 미국 민간인 남성이 평균 125파운드의 육류를 섭취하는 동안, 군인은 평균 360파운드의 육류를 배급받았다. 개중에는 하루에 11파운드의 음식을 배급받는 군대도 있었다. 반면 민간인은 하루에 4파운드로 끼니를 때워야 했다.[27]

전쟁이 끝나자 미국은 다른 국가보다 엄청난 이점을 지닌 식량 강국으로 떠올랐다. 1946년에 미국은 세계 식량의 10퍼센트를 생산하는 주요 수출국으로 우뚝 섰다.[28] 정치, 경제, 나아가 농업의 안정을 이룬 미국은 세계 1위 국가로 자리매김했다. 전쟁으로 말미암아 유럽 국가들은 사회기반시설이 상당 부분 파괴되었고, 때마침 아시아 국가에서 대규모 흉작이 발생하면서 미국의 위상은 더욱 강화되었다. 1946년, 미국인이 지나치게 많은 식량을 소비하며 사치에 젖어 지내는 동안 60만 명이 넘는 중국인이 굶어 죽었고 유럽인 1억 2500만 명이 영양실조에 걸렸다.[29] 오늘날 미국은 세계 최대 식량 및 가축 수출국이다. 2위를 기록한 프랑스와 수출량에서 거의 2배나 차이가 난다. 독일, 네덜란드, 중국, 스페인, 벨기에, 캐나다가 그 뒤를 잇는다. 세계 3대 식량 수출국이 G8 국가인 건 절대로 우연이 아니다.[30] 사실 미국 식량 체계는 너무나 많은 잉여 생산물을 만들어내고, 결국 미국은 다른 국가가 생산한 식량보다 더 많은 식량을 소비한다. 미국인이 매년 슈퍼마켓과 식당, 패스트푸드 매장에서 쓰는 돈만 각각 5000억 달러다. 게다가 수확기에 있는 식량의 반을 내다버린다.[31]

미국은 국내 식량 공급이 안정되고 식량을 수출하게 된 다음에도 이윤을 내려고 기술혁신을 계속했다. 그 결과 20세기 후반에는 식량을 대량생산하는 기업이 점점 줄어들고 합병이 이뤄졌다. 거대한 주식 상장 기업들은 주주들을 위해 이윤을 내야 했다. 그렇지 않으면 언제든 다른 기업에 합병될 위험이 있었다. 이들 중 많은 기업이 미국에 기반을 두고 있다. 펩시, 크래프트Kraft, 코카콜라, 세계 최대 닭고기 가공업체 타이슨 푸즈Tyson Foods, 맥도날드 등 다수 기업이 『포춘Fortune』지 선정 500대 기업에 속한다. 이들은 연간 약 4조 8000억 달러에 달하는 수익을 내는 세계 최대 산업을 이루고 있다.

세계경제 생산량의 10퍼센트에 해당하는 액수다.[32] 이들과 견주면 군대마저도 왜소해 보일 정도다. 아주 많은 돈이 걸려 있는 탓에 식량 산업 역시 엄청나게 경쟁이 치열하다. 기업들은 계속해서 이윤을 창출할 새로운 방법을 찾아야 한다. 여기에는 크게 두 가지 방법이 있다. 영업 효율을 높일 방법을 쥐어짜거나 새로운 제품을 개발해야 한다.

효율성을 높이는 데는 생산성을 신장시킬 때와 동일한 법칙이 적용된다. 경제학에서는 근로자의 생산성을 시간당 생산 단위로 측정한다. 따라서 산출량을 높이는 방법은 크게 두 가지다. 작업량을 분산하기 위해 근로자를 더 고용하든가 근로자 한 사람이 더 많은 일을 할 수 있게 하는 기술에 투자하는 것이다. 이 법칙은 농업에도 적용된다. 농지가 특히 그렇다. 농업 산출량을 끌어올리는 유일한 방법은 농사를 짓는 땅의 면적을 넓히든가 같은 면적에서 더 많은 작물을 수확할 수 있는 기술에 투자하는 것뿐이다. 그러나 인구와 함께 도시가 늘어나고 그에 비례해서 곡식을 경작할 수 있는 땅은 줄어들었기 때문에 실제로 가능한 선택지는 하나뿐이다. 녹색혁명 기간에는 땅을 더 효율적으로 사용하게 하는 잡종 식물 같은 품종 개량에서 답을 찾았다. 그러나 이걸로는 충분하지 않았다. 그래서 몬산토Monsanto 같은 생명공학 회사들이 효율성을 높이기 위해 식물과 동물의 유전자를 조작하는 쪽으로 방향을 틀었다. 만일 같은 면적의 땅에서 유용한 알맹이는 많이 맺고 쓸모없는 잎과 줄기는 조금 나오는 옥수수를 키울 수 있다면, 마다할 이유가 뭐가 있겠는가? 당연히 그렇게 하는 게 합리적이다.

제품을 가공하는 사람들은 끊임없이 고객의 욕구를 만족시킬 방법을 모색한다. 대개는 가격을 낮추거나 조리 시간을 줄이는 데 초점을 맞춘다. 그런데 최근 소비자들은 거기에다 건강까지 챙기려 한다. 호멜Hormel과 유니레버Unilever 같은 회사는 극초단파와 고압수를 이용해 고기와 채소를 제품 단계에서 미리 조리하는 가공법을 구체화하고 있다. 이 새로운 가공법은 스팀 방식보다 조리 시간을 확실히 줄여주고 음식 본연의 맛과 영양도 지켜준다. 원래 군에서 개발한 기술인데, 지금은 식품 업계에서 더 많이 쓰고 있다. 이 가공법을 사용하면 건강에 더 좋은 식품을 만들어 경쟁업체보다 우위에 설 수 있기 때문이다. "민간 시장에 주는 이점이 있다는 걸 알기 때문에 더 많은 노력을 기울입니다."[33] 민간 기업과 손잡고 이 기술을 공동 개발한 미군 나틱 푸드Natick Food 연구소 식품공학자 패트릭 던Patrick Dunne의 말이다.

모든 식품 회사가 제품 생산 비용을 줄일 방안을 고심한다. 이제 식료품 가게에서 깡통이 아닌 다른 포장 용기에 들어 있는 식품을 더 많이 볼 수 있는 것도 다 이 때문이다. 고압 살균한 레토르트 파우치나 신축성 있는 포장 용기 역시 군에서 개발한 기술인데, 깡통보다 가벼워서 운송비를 줄일 수 있다.

20세기 후반, 부모가 둘 다 일을 하러 나가는 가정이 늘어나면서 음식을 준비할 시간이 부족해졌다. 이 때문에 식품 회사에서는 빠르고 쉽게 만들 수 있는 식품을 내놓아야 했고, 이와 함께 패스트푸드 매장도 늘어났다. 양쪽 모두 기술이 중요했다. 전자레인지 같은 새로운 조리 기구와 가공식품 덕분에 1965년에 한 시간씩 걸리던 조리 시간이 1990년대 중반에는 35분으로 줄어들었다.[34] 맥도날드 같은 패스트푸드 매장은 소비자들에게 싸고 쉽게 먹을 수 있는 음식을 빨리 공급하려고 냉동 버거와 감자튀김을 만드는 핵심 기술부터 케첩 짜는 기구 같은 작은 소품에 이르기까지 크고 작은 기술혁신을 멈추지 않았다. 이런 기술은 모두 식습관을 극적으로 바꿔놓았다. 2007년에는 미국인 90퍼센트가 매일 집 밖에서 만든 음식을 사 먹었고, 그 대부분이 패스트푸드였다.[35]

매장이 3만 1000개가 넘고 연간 수익이 200억 달러가 넘는 맥도날드는 세계에서 가장 큰 레스토랑 체인으로서 고객들이 매장을 다시 찾을 수 있도록 식품의 안전과 질을 향상시키고 고객들에게 만족을 줄 방법을 끊임없이 모색한다. 그래서 최근에는 주문하는 시간을 몇 초라도 줄이려고 자동 튀김 용기와 자동 음료 주입 기계를 도입했다. 기술리더십위원회Technology Leadership Board라는 기구를 설립하기도 했다. 매장 관리자들이 모여 시스템을 향상시킬 방법과 아이디어를 내놓는 모임이다. 한쪽에서는 시카고 외곽 로메오빌에 있는 맥도날드 실험실에 고객들을 초대해 새로운 제품을 시식할 기회를 제공한다. "우리 고객들은 기술 때문에 여기 오는 게 아닙니다. 깨끗한 환경에서 훌륭한 서비스와 훌륭한 음식을 대접받으러 오는 거죠." 맥도날드 캐나다 레스토랑 솔루션즈 그룹에서 선임 이사로 일하는 데이브 로저스Dave Rogers의 말이다. "우리는 이 일이 우리 레스토랑을 더 효율적으로 운영하게 해주는 아주 중요한 과정이라고 봅니다. 항상 다만 몇 초라도 단축시킬 방법을 찾고 있습니다."[36] 세계에서 쇠고기와 돼지고기, 감자를 가장 많이 구입하고, 닭고기를 두 번째로 많이 구입하는 곳(첫 번째는 KFC다)이 맥도날드라는 점을 감안하면, 맥도날드가 이룬 기술혁신은 다른 패스트푸드 업체뿐 아니라 세계 식품 생산 시스템 전체에 엄청난 파급 효과를 준다.

이것 말고도 식품 기술혁신에 투자하는 이유는 또 있다. 사람들이 전쟁이나 테러를 일으키는 주요 동기 중 하나는 배고픔이다. 여러분과 여러분 가족이 굶고 있는데 지방군이나 알카에다가 식량을 나눠준다면 아마도 복잡하게 이런저런 생각을 하지는 않을 것이다. 앞으로 50년 안에 세계 인구는 두 배가 되고 지구온난화로 말미암아 개발도상국에 사는 2억에서 6억 명이 추가로 식량난을 겪을 것으로 보인다.[37] 문제는 계속해서 나빠지기만 한다는 것이다. 한 가지 해결책은 식량을 더 잘 순환시키는 것이다. 미국에서 내다버리는 엄청난 양을 활용하는 것도 여기에 포함된다. 또 한 가지 해결책은 식량을 더 효율적으로 생산하는 것이다. 둘 다 기술과 관련된 일이다.

부작용

전쟁과 섹스, 식량 기술은 우리가 구입하는 물품만 바꾼 게 아니라 거의 생각해본 적도 없는 방식으로 우리와 우리가 사는 사회를 바꿔놓았다. 때로는 더 좋게 바꾸기도 하고 때로는 더 나쁘게 바꾸기도 한다. 전혀 새로울 게 없는 문제다. 고고학 유물이 이를 입증한다. 인류는 첫 번째 기술혁신이라 할 수 있는 불을 이용해 전쟁을 하고 섹스를 하고 음식을 만들었다. 선사시대의 인류는 불을 이용해서 적과 동물에게 겁을 주었다. 불로 동굴을 밝혀서 그림을 그리기도 했다. 동굴에 그린 벽화 중에는 섹스 장면을 묘사한 그림도 있다. 또한 동굴에 살던 남자와 여자는 불을 이용해 식량을 살균했다. 아마도 영화 〈고인돌 가족〉에 나오는 프레드 플린스톤처럼 뇌룡 버거를 요리하는 데 썼을 것이다. 시간을 조금 앞으로 돌려 고대사회로 가보자. 고대인들은 철을 발명해서 무기를 만들었다. 조선술이 발달하면서 제국의 영토도 넓힐 수 있었다. 구텐베르크Gutenberg가 처음 인쇄한 책은 성경이었지만, 곧이어 쏠쏠한 돈벌이가 되어준 『데카메론The Decameron』과 『캔터베리 이야기The Canterbury Tales』처럼 성애를 다룬 작품을 인쇄했다. 그런가 하면 나폴레옹은 통조림 제조법이 발명된 덕분에 군대를 이끌고 유럽을 행군할 수 있었다. 당시 전자레인지가 발명되었더라면 러시아를 정복하려던 꿈도 이룰 수 있었을지 모른다.

현대 기술 세계는 20세기 중반 세계대전이 발발하면서 시작되었다. 제2차 세계대전은 이전의 그 어떤 전쟁보다 많은 국가가 참전한 전례 없는 대화재였다. 판돈이 그렇게 높이 올라간 적은 없었다. 추축국은 대량학살을 해서라도 세계를 지배하려는 야욕을 드러냈고, 연합국은 앞으로 파시즘이 세계를 지배하지 못하게 하겠다며 결연한 의지를 다졌다. 양쪽 다 적보다 유리한 위치를 점할 수 있는 기술을 찾아 기술 개발에 어마어마한 돈을 쏟아부었다. 제트기부터 컴퓨터, 유인 달 탐사 로켓까지, 세계를 바꿀 주요 기술이 이 치열한 경쟁을 통해 나왔다. 그리고 기술은 마침내 전쟁의 종식을 알리는 마침표가 되어주었다. 일본에 떨어진 원자폭탄은 새로운 미래에 희망과 공포를 동시에 예고했다. 제2차 세계대전은 새롭고 더 나은 기술을 좇아가는 인간의 부단한 탐색에 시동을 걸었다. 공상과학소설 작가들이 100년 전에 마음에 그렸던 가장 상상력 풍부한 세계보다 더 진전된 세계를 향해 터보 과급기가 달린 경주용 자동차를 타고 내달리고 있다. 오늘날 이 장대한 전쟁의 결과를 주변 어디에서나 볼 수 있다. 따라서 섹스와 폭탄과 버거 기술이 그간 어떻게 발전해왔는지 살펴보는 우리의 탐험은 어디에서부터 시작하든 괜찮다.

1 대량소비의 무기

그가 열방 사이에 판단하시며 많은 백성을 판결하시리니
무리가 그들의 칼을 쳐서 보습을 만들고
그들의 창을 쳐서 낫을 만들 것이며
이 나라와 저 나라가 다시는 칼을 들고 서로 치지 아니하며
다시는 전쟁을 연습하지 아니하리라.
「이사야」 2장 4절

총력전 뒤에는…… 총력 생활.
1942년 10월 『라이프Life』지에 실린
리비어 코퍼 앤드 브라스Revere Copper and Brass 사 광고

코번트리 대성당 꼭대기에 서면 유럽에 있는 다른 고탑에서 보는
것과는 사뭇 다른 풍경이 펼쳐진다. 자갈길과 몇백 년 된 건물 대신
수많은 쇼핑몰이 코번트리에서 가장 오래된 성당을 에워싸고 있다.
한쪽에는 축구 경기장이, 다른 쪽에는 대형 이케아Ikea 매장이 푸른
빛을 뿜내며 서 있다. 어느 유럽 도시처럼 풍경사진을 찍으려고 서
로 밀치는 관광객을 보기는 쉽지 않다. 점심시간을 이용해 쇼핑을
하느라 서두르는 지역 주민이 전부다. 경찰차가 사이렌을 울리며
포장도로를 쌩하니 지나간다. 20세기에 지은 건물들이 사방에서 본
연의 색을 뿜어댄다. 강철과 콘크리트, 건축용 통유리로 만든 상가
와 주택이 높고 낮게 들어서 있다. 영국 한가운데에 있는 인구가

30만 명이 넘는 이 도시에서는 예스러운 자취를 거의 찾아볼 수 없다. 코번트리 시는 유럽에 있긴 하지만 구舊세계보다는 북아메리카에 새로 터를 잡은 대도시와 더 비슷하다. 하지만 원래 그랬던 건 아니다.

역사상 코번트리에는 대성당이 세 개나 들어선 기록이 있다. 가장 오래된 세인트 메리 성당은 1043년에 지어졌다. 머시아Mercia의 백작 레오프릭Leofric과 아내 레이디 고다이버Lady Godiva가 성모 마리아를 기려 헌정한 베네딕트 수도회 건물이었다. 전설에 따르면 레이디 고다이버는 남편이 세금을 무리하게 징수해 백성들이 고통을 받자 세금을 감면해달라고 시위하며 알몸으로 말을 타고 마을을 한 바퀴 돌았다고 한다. 이것을 기념하는 조각상이 쇼핑몰 야외 광장 한복판에 서 있다. 코번트리 대성당에서 엎어지면 코 닿을 거리다.

그 후 수세기에 걸쳐 성당을 중심으로 사람들이 정착했다. 직물업이 성행했고, 1300년에는 잉글랜드에서 네 번째로 큰 도시로 성장했다. 그다음 2세기 동안 코번트리는 잠시지만 왕국의 수도가 되기도 했다. 런던에서 일어난 반란을 피해 왕가가 코번트리로 피신한 때였다. 세인트 메리 성당도 웅장한 고딕 양식의 세인트 미카엘 성당으로 바뀌었다. 그러나 이 성당도 결국 영국에서 수도원이 모두 사라지던 16세기에 황폐해지고 말았다. 그러다 20세기 초에 코번트리는 다시 제조업 분야의 핵심 도시로 발전했다. 특히 자동차 산업을 주도했다. 재규어Jaguar와 로버Rover 본사가 있어서 영국의 디트로이트라 불리기도 했다. 인구는 25만 명으로 늘었다. 1918년에는 세인트 미카엘 성당이 코번트리 시를 대표하는 성당으로 우뚝 섰다. 그러다 제2차 세계대전이 발발했고, 영국 정부가 이 나라에서 가장 잘 보존된 중세 도시라며 자랑하던 코번트리는 비행기와 탱크를 생산하는 핵심 도시가 되었다. 그리고 이 때문에 나치의 주요 목표물이 되고 말았다.[1]

1940년 11월 14일 밤, 독일 폭격기가 월광 소나타 작전에 돌입했다. 히틀러가 영국에 가한 가장 잔인하고 야심 찬 공격이었다. 독일 공군 루프트바페Luftwaffe 폭격기가 새벽부터 해 질 녘까지 코번트리에 고성능 폭약과 소이탄을 여달아 퍼부었다. 550명이 넘는 민간인이 사망하고 수천 명이 부상을 입었으며 4300채가 넘는 가옥이 파괴되고 전체 공장의 4분의 3이 피해를 입었다.[2] 상징적으로나 역사적으로나 코번트리의 심장이라 할 수 있는 세인트 미카엘 성당도 파괴되고 첨탑 꼭대기만 기적적으로 살아남았다. 영국의 생산 능력에 타격을 주고 기능을 약화시켜 침략 효과를 최대로 끌어올리기 위해 폭격을 쏟아부은 이날의 공격을 두고 사람들은 "라이트 형제가 인류에게 날개를 선사한 이래 최악의 공중폭격"이었다고들 말한다.[3] 독일 공군 사령관 헤르만 괴링Hermann Göring은 코번트리를 폐허로 만들었다고 으스대며 이를 기념하려고 'Koventrieren'이라는 신조어까지 만들었다. 코번트리처럼 만들다, 즉 '대량 폭격으로 쑥대밭을 만든다'는 뜻이다.

뉴욕타임스는 코번트리 폭격을 비난하는 논설을 통해 야간 공격에 대한 대비가 전혀 없었기 때문에 대공습이 공포를 불러왔다고 지적했다. 마치 로드 러너Road Runner가 나오는 만화 내용을 그대로 베낀 것처럼 공격기 몇 대가 대공포와 지뢰를 매단 풍선을 떨어뜨렸다. 이는 곧 "달빛이 밝고 날씨만 좋으면 영국에 있는 다른 산업 중심지와 항구도 언제든 같은 운명에 처할 수 있다"는 뜻이었다. "죽음과 슬픔이 우리 여행길의 동반자가 될 것입니다. 우리를 지켜줄 방패는 우리가 입은 의복과 지조와 용기뿐입니다"라고 했던 윈스턴 처칠Winston Churchill의 경고는 새로운 방위 체제가 개발되기 전까지 100퍼센트 진심으로 들렸을 것이다.[4]

방위 체제 개발은 코번트리와 마찬가지로 쑥대밭이 된 버밍엄에서 비밀리에 진행 중이었다. 물리학자 존 랜들John Randall과 해리 부트Harry Boot가 극초단파를 발생시키는 구리관인 공동자전관空洞磁電管의 기능을 개선하는 실험을 하고 있었다. 공동자전관 중앙에는 전자를 만들어내는 음극이 있는데, 이 음극이 부착된 전자석을 통해 구리관 둘레를 빠르게 회전했다. 공동자전관이라는 이름도 여기에서 나왔다. 전자가 구리관에 난 구멍을 지나 회전하며 전파를 만들어냈다. 그리고 이렇게 방출된 전파는 다시 제자리로 돌아왔다. 이 메아리 효과가 사물을 감지하고 목표물의 위치를 정확히 찾을 수 있게 해주는 핵심 기술이다. 미국과 독일에서도 예전에 공동자전관을 개발하긴 했지만, 기존 공동자전관은 사용하는 데 한계가 있었다. 많은 전력을 발생시키지 못하고 사정거리도 짧았기 때문이다. 그래서 존 랜들과 해리 부트는 원래 구멍이 2개뿐이던 전자관에 구멍을 8개 내고 액체냉각 장치를 덧붙여 구리관 출력을 100배나 끌어울렸다. 그 결과 항공기에 딱 맞을 정도로 크기가 줄고 성능은 훨씬 강해진 자전관이 탄생했다. 당시 영국 정부는 야간에 적을 감지할 수 있는 항공기만 있으면 전세를 뒤집을 수도 있다고 믿었다. 그러나 문제는 영국이 전통적인 유럽 동맹국들과 차단되어 있다는 데 있었다. 유럽 국가들은 모두 히틀러의 손아귀에 있었고, 대부분 원하는 장치를 만들어낼 생산력과 인력이 없었다.

미국을 끌어들이다

영국은 오랜 친구인 미국에 도움을 청했다. 계속되는 나치의 압박 속에 시간은 흘러 1940년 9월 말, 영국 항공연구 책임자 헨리 티저드Henry Tizard가 국가 기밀에 해당하는 귀중한 기술을 가지고 대서양을 건넜다. 티저드의 손에는 공동자전관 기술을 비롯해 폭발에 관한 청사진과 도해, 로켓, 자동 봉입 연료 탱크, 원자폭탄 초기 계획이 들려 있었다. 헨리 티저드는 공동자전관의 운명을 배너바 부시Vannevar Bush의 손에 맡겼다. 배너바 부시는 발명가이자 전기공학자이며 기업인이자 애국자로, 수염만 없을 뿐 엉클 샘Uncle Sam을 꼭 닮은 전형적인 미국인이었다.[5]

1910년대에 성년에 접어든 배너바 부시는 제너럴 일렉트릭General Electric에서 일하면서 보스턴 근처에 있는 터프츠 대학교에서 학부 공부를 보충했다. 그는 아메리칸 라디오American Radio라는 회사에서 연구소장을 맡기도 했는데, 같은 학교에 다니는 찰스 스미스Charles Smith, 알 스펜서Al Spencer와 함께 창업한 작은 회사였다. 이 회사는 제

1차 세계대전 기간에 찰스 스미스가 발명한 S-튜브S-Tube로 어느 정도 성공을 거뒀다. 건전지 없이 라디오를 들을 수 있는 발명품이었는데, 불행히도 대공황이 닥치는 바람에 망하고 말았다. 1917년에 배너바 부시는 하버드와 MIT에서 전기공학으로 박사학위를 받았다. 그리고 1923년에는 MIT 교수가 되었다. 한 해 전인 1922년에는 터프츠 대학교에서 함께 공부한 로런스 마셜Laurence Marshall, 찰스 스미스와 팀을 이루어 아메리칸 어플라이언스American Appliance라는 회사를 설립하고 스미스가 발명한 냉장고를 시장에 선보였다. 견고하고 고장이 잘 안 나는 냉장고였지만, 선뜻 사려는 사람이 없어서 처참하게 실패하고 말았다. 이에 세 사람은 S-튜브를 개선하는 쪽으로 방향을 틀었다. 알 스펜서와 다시 손을 잡고 알의 동생 퍼시 스펜서Percy Spencer까지 합류했다. 1925년부터 드디어 아메리칸 어플라이언스는 수익을 내기 시작했다.[6] 그런데 그 무렵 중서부에 비슷한 이름을 가진 회사가 있는 걸 알고 문제의 소지를 없애려고 회사 이름을 레이시언 매뉴팩처링Raytheon Manufacturing으로 바꾸었다. S-튜브가 만들어내는 광선ray에다 '신들의'라는 뜻을 지닌 그리스어 '테온theon'을 결합한 이름이었다. 사면초가 상태에 빠진 영국인에게 레이시언은 정말 신이 보낸 선물이나 마찬가지였다.

공직에 있는 동안 배너바 부시는 제1차 세계대전 기간에 미국이 잠수함 탐지기를 개발하도록 도왔다. 그러나 미국 정부는 잠수함 탐지기를 한 번도 사용하지 못했다. 복잡한 행정 절차로 산업계와 군 사이에 의사소통이 원활하지 않은 탓이었다. 배너바 부시는 나중에 이렇게 회상했다. "당시의 경험 때문에 전시 무기 개발에 관한 군과 민간 사이에 제대로 된 정보와 의견 교환을 전혀 기대할 수 없다는 인식이 머릿속에 아주 강하게 각인되었죠."[7] 1932년, 배너바 부시는 MIT 공과대학 학장 겸 부총장이 되었다. 그리고 1939년에는 명망 있는 워싱턴 카네기 연구소 소장으로 자리를 옮겼다. 정부 권력자들과도 좀더 가까워졌다. 제2차 세계대전이라는 새로운 갈등이 폭발하자 배너바 부시는 군과 산업계 사이에 똑같은 일이 반복되는 걸 두고 볼 수 없었다. 그래서 MIT 총장 칼 컴프턴Karl Compton을 비롯한 과학대학 행정가들과 손을 잡고 프랭클린 루스벨트 대통령에게 산업계와 군의 연구개발을 감독할 기관을 설립해야 한다고 목소리를 높였다. 그 일환으로 프랭클린 루스벨트 대통령에게 국방연구위원회National Defense Research Council 설립 제안서를 제출했고, 루스벨트는 즉석에서 이를 승인했다. 배너바 부시는 나중에 이 일을 이렇게 기록했다. "승인이 떨어지기까지 채 10분도 걸리지 않았다. …… 내 입에서 '네, 각하'라는 말이 터져 나왔고, 모든 일이 착착 진행되었다."[8] 이리하여 1940년 6월 12일, 희색이 만연한 애국자 배너바 부시와 함께 미국 군산복합체가 탄생했다.

배너바 부시가 새로 출범한 국방연구위원회 회장을 맡고 칼 컴프턴이 레이더 개발을 총괄했다. 헨리 티저드를 비롯한 영국 대표단이 대서양을 건너와 새로 꾸려진 미국 군산 고문단과 만났지만, 처음 몇 차례는 서로 조심하느라 아무 진전이 없었다. 큰 판돈이 걸린 포커 게임에서 어느 쪽도 손에 쥔 패를 보여주려 하지 않는 형국이었다. 이에 칼 컴프턴이 영국에서 온 손님들에게 미국 과학자들이 개발한 저전력 자전관을 조심스럽게 보여주었다. 덕분에 분위기가 조금 누그러졌다. 두 국가가 같은 길을 가고 있다는 걸 확인한 헨리 티저드는 영국이 개발한 고전력 자전관을 자랑스럽게 소개했다. 미국 과학자들은 깜짝 놀랐다. 내심 영국에서 만든 자전관을 부러워하던 칼 컴프턴은 더 좋은 자전관을 개발하기 위해 즉시 MIT에 방사선연구소를 설립했다. 제너럴 일렉트릭, 벨 텔레폰Bell Telephone, 웨스턴 일렉트릭Western Electric 등의 전자 제조업체들이 자전관을 대량 생산하는 사업에 발을 디뎠지만, 이내 문제에 봉착하고 말았다. 이 간단한 장치를 만들려면 단단한 구리 덩어리를 기계로 깎아내야 하는데, 작업 과정이 어렵고 시간이 많이 걸리는데다 돈도 많이 들어서 대량으로 생산하기에는 무리가 있었다.

그때쯤 배너바 부시와 칼 컴프턴은 레이시언의 실제 경영에서 물러났다. 하지만 여전히 이사직을 보유하고 있었다. 덕분에 배너바 부시와 칼 컴프턴은 레이시언에서 근무하는 재능 많은 발명가 퍼시 스펜서를 잘 알았다. 제너럴 일렉트릭이나 벨 텔레폰과 비교하면 작은 회사였지만, MIT에서 도로를 따라 조금만 내려가면 매사추세츠 주 월섬에 있는 레이시언이 바로 보였다. 두 사람은 퍼시 스펜서를 불러서 자전관을 보여주었다.[9]

퍼시 스펜서는 고아였고 어린 시절 아주 가난했다. 생후 18개월쯤 되었을 때 아버지가 돌아가셨고, 얼마 안 되어 어머니에게 버림을 받았다. 그래서 메인 주 하울랜드에 있는 고모와 고모부 손에 자랐다. 그러나 불행은 거기서 끝나지 않았다. 일곱 살 무렵 고모부마저 돌아가셨다. 스펜서는 말에 안장을 놓거나 나무를 자르는 허드렛일을 하며 유년 시절을 보냈다. 너무 가난했기에 사냥을 해서 끼니를 때우기도 했다. 열두 살 때부터 방앗간에서 일했는데, 해 뜨기 전에 시작해서 해가 지고 캄캄해질 때까지 쉬지 않고 일해야 했다.

이 진취적인 소년은 비범할 정도로 호기심이 많았다. 방앗간에 전기를 설치할 때가 되면 자원해서 일을 도맡았다. 시련과 실수를 통해 부단히 배우고 익힌 끝에 어느덧 능숙한 전기 기술자가 되었다. 그러다 1912년에 타이타닉 호가 침몰했을 때 생존자 구조를 돕는 무선 통신사들의 영웅적인 행동을 보고 크게 감동을 받았다. 머릿속에 찰칵 하고 불이 들어오는 것 같았다. 그래서 해군에 입대해 무선 전신술을 배웠다. 스펜서는 훗날 "야간에 보초를 서는 동안 교재를 가지고 혼자 공부했다"고 회상했다.[10] 독학이 효과가 있었는지 제1차 세계대전이 발발하자 해군은 퍼시 스펜서를 무선 시스템 제작 책임자로 임명했다. 1940년, 레이시언에서 엔지니어로 일하던 퍼시 스펜서는 MIT 과학자들 사이에서 아주 유명한 인물이었다. 누군가는 이렇게 말했다. "스펜서는 세세에서 자전관을 가장 잘 만드는 사람입니다. 정어리 통조림에 쓰는 깡통으로도 자전관을 만들어 작동시킬 수 있었죠."[11]

이런 명성 덕분에 공동자전관을 구경할 기회를 얻은 스펜서는 영국이 철통같이 보안을 지켜온 이 극비 기술을 주말에 집에 가져가서 보게 해달라고 부탁했다. 마치 여왕에게 왕권을 상징하는 보석을 빌려 가도 되겠냐고 묻는 격이었다. MIT 고문단이 스펜서의 신원을 보증하고 나섰지만, 헨리 티저드는 스펜서에게 그런 특권을 주는 게 마뜩잖았다. 간신히 허락을 얻어 공동자전관을 꼼꼼하게 살펴보고 돌아온 스펜서는 지금이야 생각할 필요도 없을 정도로 쉬운 제안을 했다. 커다란 구리 덩어리를 깎아 자전관을 만드느니 작은 덩어리 여러 개로 조금씩 만드는 게 어떻겠냐는 것이었다.

당시 웨스턴 일렉트릭이 자전관을 제작하기로 결정하고 이미 3000만 달러짜리 계약을 맺은 상태였다. 하지만 기계 가공을 거치면 하루에 15개를 만드는 게 고작이었다. 스펜서는 자기가 제시한 방법으로 훨씬 많은 자전관을 만들 수 있다고 장담했다. 이에 MIT는 우선 자전관 10개만 만들어 보라고 레이시언에 하청을 주었다. 레이시언 회장 로런스 마셜은 건물을 새로 짓고 수소오븐을 비롯해 자전관 제작에 필요한 특수 장비에 투자하는 등 이 일에 사활을 걸었다.[12] 한 달 만에 레이시언은 하루에 자전관을 30개나 만들어 웨스턴 일렉트릭보다 두 배나 많은 성과를 냈다. 스펜서가 약속한 대로 되자 주문이 물밀 듯 밀려들었다. 얼마 되지 않아 미군과 영국군에서 쓸 자전관 대부분을 레이시언에서 만들었다. 전쟁이 끝날 무렵 레이시언은 하루에 거의 2000개에 달하는 자전관을 생산했다.[13] 연합군이 쓰는 자전관 중 80퍼센트를 만든 것이다.[14] 스펜서와 마셜은 일종의 도박을 했고 아주 후한 대가를 챙겼다. 1945년에 레이시언은 1억 8000만 달러의 수익을 올렸다. 전쟁 전에는 150만 달러에 불과했으니 얼마나 가파르게 상승했는지 알 수 있다.[15]

더 중요한 건 이 도박이 연합국에도 거대한 배당금을 안겨주었다는 사실이다. 자전관을 동력으로 쓰는 새로운 탐지 장치를 설치한 1941년 초부터 영국과 미국 항공기는 독일을 누르고 제공권制空權을 장악했다. 무선 탐지 거리 측정기 또는 레이더라는 별명이 붙은 이 새로운 탐지기 때문에 히틀러는 이미 몇 차례 미룬 침공을 완전히 취소할 수밖에 없었다. 궁극적으로 레이더가 헤아릴 수 없이 많은 인명을 살린 셈이다. 전쟁이 시작되고 처음 2년 동안 독일이 투하한 폭탄으로 2만 명 넘는 런던 시민이 사망했다. 그러나 레이더 설치를 완료한 1942년에는 사망자 수가 27명으로 급격히 줄었다.[16] 1940년 가을에 코번트리에서 경험했던 끔찍한 공포를 영국에서 다시 볼 일은 없었다. 웰즈 대성당과 윈체스터 대성당 등 거대한 고딕 양식 건물을 포함한 귀중한 건축물은 전쟁 중에도 별다른 손상을 입지 않았다. 영국 공군의 비밀 무기 덕분에 이야기 속에 나오는 영국의 과거가 지금껏 살아남아 후세의 감탄을 이끌어내는 것이다. 전쟁이 끝나자, 옛 건물 바로 옆에 세인트 미카엘을 기려 현대식으로 새로 지은 코번트리 대성당이 이제 이 도시에 세워진 세 번째 대성당이 되었다.

전쟁이 후반기에 접어들자 레이시언은 레이더 장치를 만드는 데도 자전관을 사용했다. 이렇게 만든 레이더 장치는 태평양에 있는 미군 군함에 설치되었다. "레이더로 야간에 일본 군함을 볼 수 있었죠." 레이시언 부회장을 역임하고 지금은 기록 보관 담당자로 일하는 노먼 크림Norman Krim의 말이다. 노먼 크림은 초창기부터 다양한 관리직을 맡으며 레이시언과 역사를 함께했다. "그들은 우리가 자기네를 볼 수 있다는 걸 전혀 몰랐고 이것이 전세를 바꿔놓았죠."[17] 배너바 부시도 회고록에서 비슷한 이야기를 했다. 그는 전쟁을 끝내는 데 원자폭탄 다음으로 중요한 역할을 한 게 레이더였다고 썼다.[18] 미국 과학연구개발국에서 근무하는 역사가 제임스 피니 백스터 3세James Phinney Baxter III의 말은 한 치의 과장도 없는 사실이다. "1940년에 헨리 티저드를 위시한 대표단이 미국에 공동자전관을 가져왔을 때 그들은 우리 해안에 들어온 그 어떤 것보다 귀중한 물건을 가져왔던 겁니다."

공동자전관이 군에 미친 영향은 아무리 강조해도 지나치지 않는다. 레이더를 개발한 과학자들이 자신들의 연구를 도덕적으로 정당화하는 건 어렵지 않았다. 자신들은 부당한 전쟁을 일으킨 악랄한 적에 맞서려고 방위체제를 만들었을 뿐이었다. 그러나 모든 기술이 그러하듯 레이더 역시 어두운 면을 지니고 있었다. 수천 명의 인명을 구하기도 했지만, 그보다 많은 인명을 죽이는 데도 일조했다. 레이더는 에놀라 게이Enola Gay라는 폭격기를 히로시마라는 목적지로 안내했고, 히로시마 상공에 도착한 이 폭격기는 원자폭탄을 투하해 약 14만 명을 죽였다. 또한 레이더는 벅스카Bockscar라는 폭격기가 나가사키를 찾게 도와주었다. 두 번째 원자폭탄이 투하된 나가사키에서는 8만 명이 사망했다.[19] 그 후 모든 유도 장치에 레이더를 장착했고, 전쟁에 투입된 모든 전투기와 폭격기가 레이더를 사용하기 시작한 때부터 오늘까지 총 사망자 수는 헤아릴 수 없을 정도로 증가했다. 1945년에 레이더를 가리켜 '기적 같은 동맹국'이라고 묘사했던 저널리스트들은 이 발명품의 뿌리를 추적함으로써 레이더의 이중성을 뒤늦게 확인하기도 했다. 뉴욕타임스 사설에는 이런 내용이 실렸다. "죽음의 일격을 가할 수 있도록 적의 위치를 정확하고 정밀하게 알려주는 레이더는 사실 가공할 살인 광선이나 진배없다."[20]

부엌에 들어온 레이더

전쟁이 끝나자 레이시언이 모은 부는 가파르게 치솟았던 만큼이나 빠르게 가라앉았다. 전쟁이 진행됨에 따라 미국 정부는 방위비를 조금씩 늘려나갔다. 1945년에는 전체 예산의 거의 90퍼센트에 달하는 829억 달러를 군사비로 썼다. 이듬해인 1946년에는 4분의 3이 조금 넘는 수준으로 급격히 감소했다. 그리고 1947년에는 전체 예산의 37퍼센트에 해당하는 120억 달러로 곤두박질쳤다.[21] 레이시언은 재빨리 움직였다. 전쟁이 끝날 무렵 레이시언 직원은 모두 1만 8000명이었다. 하지만 1947년에는 2500명으로 직원 수를 확 줄였다. 1945년에 340만 달러였던[22] 이윤은 1956년에 백만 딜리로 떨어졌다.[23] 레이시언 초창기에 젊은 엔지니어였던 노먼 크림은 당시 퍼시 스펜서가 얼마나 실망했는지 똑똑히 기억한다. 스펜서는 "대체 이제 어떻게 해야 하는 거지?" 하고 중얼거렸다. 노먼 크림은 이렇게 회상했다. "전쟁이 없으니 레이더도 필요 없고 공동자전관도 필요 없었다. 스펜서는 직원들이 계속 일을 할 수 있도록 자전관의 다른 용도를 찾았다. 곧 사람들이 우리가 만든 제품을 찾아 미친 듯 달려들었다."[24]

레이시언은 연락선 같은 공공 서비스를 비롯한 상업용 해운 회사에 레이더 장치를 팔 수 있었다. 그러나 파산을 면하려면 이 발명품을 시장에 맞게 수정해야 했다. 레이시언이 드넓은 소비 시장에 진출하려고 처음 내놓은 제품은 마이크로섬Microtherm이었다. 점액낭염과 관절염 등 다양한 질병을 치료하는 데 열을 내는 자전관의 특징을 이용하는 장치였다. 의사와 의료기기 업체, 의료기관에만 판매한 이 장비는 당시 뉴스 보도에 따르면 "어떤 부분이든 따뜻하게 덥힐 수 있고, 온도 침투 깊이가 2인치나 되고, 혈액순환을 250퍼센트나 향상시켰다"고 한다.[25] 초극단파 복사로 쑤시고 아픈 부위를 태워버린다는 아이디어는 영리한 스펜서가 생각해낸 것치고는 그리 대단하지 않았다. 1940년대와 1950년대 의사들도 그렇게 생각했는지 마이크로섬은 잘 팔리지 않았다. 레이시언에서 승승장구하던 노먼 크림은 1960년대에 이 골칫덩어리를 떠맡았고, 결국 1961년에 적자만 내는 마이크로섬 사업을 매각했다.[26]

그러다 자전관을 시장에 선보일 방법을 제대로 찾았는데, 순전히 우연이었다. 전쟁이 거의 끝날 즈음 연구실에서 자전관을 실험하던 스펜서는 주머니에 있던 초콜릿이 녹아버린 걸 알아챘다. 자전관의 보온 효과가 궁금해진 스펜서는 팝콘 낟알을 실험실로 가져왔다. 얼마 안 있어 팝콘이 빵빵 터졌다. 다음 날에는 자전관의 복사열을 이용해 달걀을 깨뜨렸다(여덟 살 때 비슷한 경험을 한 적이 있다.

핫도그 한 통을 전자레인지에 넣었다가 날려버리고 놀라서 비명을 지르던 나를 보고 어머니가 지었던 표정이 생각난다). 스펜서는 자신이 무언가를 알아냈다는 걸 깨닫고 전자파를 이용해 요리를 하는 기술로 특허를 신청했다. 엔지니어들이 자전관을 요리 기구로 바꾸는 작업에 매달렸고 얼마 안 되어 결실을 맺었다. 그들은 음식에 들어 있는 물 분자에 열을 가하되 수분이 없는 세라믹이나 플라스틱 용기는 뜨거워지지 않는 오븐을 만드는 데 성공했다.

처음 선보인 전자레인지는 아주 거대했다. 높이가 거의 2미터에 달하고 무게는 300킬로그램이나 나갔으며 크기는 냉장고만 했다. 게다가 값도 비쌌다. 주로 대형 식당과 호텔, 원양정기선, 철도 회사에 2000달러에서 3000달러를 받고 팔았다. 요즘 화폐 가치로 환산하면 2만 2000달러에서 3만 4000달러에 해당한다.[27] 극초단파가 새어나가지 않도록 납을 내장한 단단한 철강으로 만들었다. 하지만 이름만은 완벽했다. 레이더레인지Radarange가 최초의 전자레인지 이름이다.

대형 사업체를 운영하는 고객들은 레이더레인지를 아주 좋아했다. 요리 시간을 극적으로 줄여주었기 때문이다. 감자는 4분, 10온스짜리 등심 스테이크는 50초, 생강 쿠키는 20초, 랍스터는 2분 30초 만에 요리를 끝냈다. 유람선은 속도와 품격, 호화로움, 그리고 무엇보다 요리가 중요한 법이다. 이 때문에 경쟁이 치열한 증기선 업계가 특별히 레이더레인지를 높이 평가했다. 레이스Lay's 같은 포테이토칩 제조업체들도 얇게 썬 감자를 기름에 튀기기 전에 말리려고 적외선을 쬐는 전통 방식보다 레이더레인지를 훨씬 좋아했다. 적외선이 나오는 오븐으로 감자를 말리려면 며칠이 걸리는데, 레이더레인지로는 몇 분이면 충분했다.

1955년에 레이시언은 레이더레인지를 가정에도 보급해서 시장을 넓히려고 애썼다. 하지만 가격이 1200달러, 오늘날로 치면 9000달러였다.[28] 너무 비싸서 거의 팔리지 않았다. 마이크로섬과 마찬가지로 안전 문제도 있었다. 많은 가정에서 방사선을 방출하는 기기를 옆에 둬도 되는지 불안해했다. 1957년까지 미국 가정에 보급된 레이더레인지는 몇천 대에 불과했다.[29] 5년 뒤 레이더레인지는 800달러가 채 안 되게 가격을 내렸다. 그래도 일반 가정에서 감당할 수 있는 가격은 아니었다. 이 때문에 1만 대밖에 못 팔았다.[30] 그렇지만 레이더레인지를 사용해본 소비자 중에는 이것이 돌이킬 수 없는 과정이라는 걸 인정하는 이들이 있었다. 한 주부는 이렇게 말했다. "이건 단순한 트렌드가 아니에요. 레이더레인지로 만들 수 없는 건 커피뿐이죠. 시간을 얼마나 절약해주는지 몰라요. 30분이면 저녁을 준비할 수 있다니까요."[31]

새로 취임한 레이시언 회장 토머스 필립스Thomas Phillips도 이런 정서를 공유했다. 1965년에 레이더레인지 때문에 회사가 입은 손실만 수백만 달러에 달하는데도 전망이 있다고 생각했다. 그리고 투자한 만큼 수익을 얻는 유일한 길은 레이더레인지를 하루빨리 가정에 들여놓는 길밖에 없다고 보았다. 그래서 아이오와 주에 있는 애머나 리프리저레이션Amana Refrigeration이라는 회사를 매입하고 레이더레인지를 만든 레이시언의 기술력을 냉동고 제작자들에게 넘겨주었다. 노먼 크림에 따르면, 애머나 리프리저레이션 회장 조지 포어스트너 George Foerstner가 제시한 판매 촉진 전략은 단순했다. 포어스트너 회장은 이렇게 말했다. "그 상자 안에 뭐가 들어 있든 관심 없습니다. 소매로 팔려면 500달러를 넘으면 안 돼요." 이 가전제품 제조업자는 군 하청업자 레이시언이 실패했던 바로 그 지점에서 성공을 거뒀다. 제조 과정에서 생산 효율을 쥐어짜낸 것이다. 애머나는 레이더레인지 가격을 500달러 아래로 낮췄을 뿐 아니라 조리대에 맞게 크기도 줄였다. 정부 안전 규정 덕분에 소비자들은 레이더레인지가 안전하다고 믿었고, 덕분에 제품은 불티나게 팔려나갔다. 1975년에 레이더레인지 판매량은 84만 개에 달했고, 애머나는 1978년 초까지 미국 가정의 10퍼센트가 레이더레인지를 장만할 거라고 내다봤다.

레이더레인지는 일본에서 더 빨리 인기를 얻었다. 일본은 미국과 달리 안전 문제를 크게 염려하지 않았다. 1975년에 약 150만 개가 팔렸는데, 전체 일본 가정의 17퍼센트가 레이더레인지를 구입한 셈이었다.[32]

레이더레인지의 성공 비결을 가장 잘 요약한 기사가 1976년에 뉴욕타임스에 실렸다. 뉴욕타임스는 뉴욕에 사는 변호사 에스텔 실버스톤Estelle Silverstone의 말을 인용해서 여성들에게 닥친 새로운 현실을 보도했다. 당시 여성들은 맞벌이를 하는 탓에 소득은 두 배로 늘었지만, 음식을 준비할 시간이 늘 부족했다. 방사선 치료사 남편을 둔 에스텔 실버스톤은 이렇게 이야기했다. "레이더레인지를 7년째 쓰고 있습니다. 이제 레이더레인지 없이는 못 살 것 같아요. 음식이 남으면 늘 골칫거리였는데, 이젠 남은 음식도 맛있게 먹을 수 있거든요. 게다가 전 설거지를 싫어하는데, 레이더레인지가 있으면 솥이나 냄비를 쓸 필요가 없어요. 재래식 오븐을 완전히 대체하진 못하지만, 제겐 없어서는 안 될 물건이에요."[33]

요리에서도 편리함을 추구하는 시대가 마침내 가정에 도래했다. 전자레인지는 속도를 특히 중요하게 여기는 전후 사회에 완벽하게 들어맞는 발명품이었다. 맞벌이 부부가 늘어나면서 어쩌다 부부가 같이 쉬는 날이면 여가시간이 점점 더 소중해졌다. 전자레인지는 이들이 바쁜 삶을 잘 꾸려나가게 도와주었다.

21세기 초, 이제 미국 가정의 96퍼센트[34]와 영국 가정의 87퍼센트가 전자레인지를 가지고 있다.[35] 오늘날 전 세계 약 3억 5000만 명이 전자레인지를 사용하고 있으며 해마다 2000만 개가 새로 팔려나간다. 어디서나 전자레인지를 볼 수 있는 시대가 되었다. 전자레인지는 이제 더이상 꼭 사고 싶은 물품 목록에 넣어두고 동경만 하는 대상이 아니다. 공동자전관을 개발한 영국에서는 2008년에 생활비를 측정하는 기준이 장바구니에 담긴 물품 가격에서 전자레인지 가격으로 바뀌었다. 하지만 전자레인지 값이 곤두박질치면서 지금은 25달러까지 떨어졌다. 소비자 동향을 보여주는 유용한 지표라는 자리도 내줘야 할 판이다. "장바구니 물가를 측정할 새로운 기준이 필요합니다. 전자레인지는 이제 다른 가전제품과 다를 게 없어요."[36] 영국 통계 전문가의 말이다. 전자레인지의 가정 침략은 끝났다. 전

에는 최첨단 기구였지만, 이제는 토스터나 병따개만큼이나 평범한 일상이 되었다.

전자레인지의 조수들

레이더레인지가 혼자서 가정 요리에 대변혁을 일으킨 건 아니다. 역시 무기 개발 과정에서 우연히 발견된 테프론Teflon이나 사란Saran 같은 신형 플라스틱에서 많은 도움을 받았다. 그중에서도 테프론은 맨해튼 프로젝트에서 비롯된 부산물이다.

1942년, 원자폭탄 프로젝트를 맡은 군사령관 레슬리 리처드 그로브스Leslie Richard Groves 준장은 화학물질 및 폭발물 제조업체 듀폰DuPont에 도움을 청했다. 듀폰은 미국이 참전하기 전에 영국과 프랑스에 군수품을 팔아 제1차 세계대전 기간에 부당 이익을 취했다는 비난을 받은 터라 될 수 있으면 논란의 여지가 있는 자리는 피하고 싶어 했다. 하지만 결국 마지못해 그 일을 떠맡았다. 프로젝트에 참여하는 대가로는 단 1달러만 받겠다고 했다.[37] 원자폭탄이 전쟁을 조기에 끝내고 수만 명의 미국인 사상자가 생기는 걸 막아줄 거라고 그로브스 준장이 설득한 덕분이있다.[38] 듀폰이 그로브스 준장의 제안을 받아들인 데에는 루스벨트 대통령의 며느리 에설 루스벨트Ethel Roosevelt가 듀폰의 상속녀라는 사실이 크게 작용했다. 어쨌거나 듀폰은 우라늄 원자를 화학적으로 분리해 얻는 인공 원소 플루토늄을 생산하는 중책을 맡았다. 듀폰은 자기가 맡은 사명을 열성껏 끌어안고 워싱턴 주 컬럼비아 강변에 있는 작고 외진 산동네 핸포드를 플루토늄 제조 공장 부지로 선정했다. 1944년 후반까지 화학 반응기, 분리 공장, 원자재 시설, 방대한 주택과 넓은 도로를 건설하는 데 수백만 달러를 투자하고 나자 한때 황량했던 이 마을은 인구 5만 5000명에 워싱턴 주에서 세 번째로 큰 도시로 성장했다.[39] 사실 핸 포드 마을은 듀폰이 건설한 가장 큰 공장이나 다름없었다.[40]

플루토늄을 생산하려면 수마일에 걸쳐 파이프와 펌프, 장벽을 건설해야 했다. 고되고 돈이 많이 드는 작업이었다. 티끌만 한 먼지나 때, 기름이 아주 작은 구멍으로 흘러들기라도 하면 전체 시스템을 망칠 수 있었다. 더구나 당시에는 완벽하게 패칭Patching 작업을 할 수 있는 밀폐제가 존재하지 않았다. 이에 듀폰은 화학 연구원 로이 플렁킷Roy Plunkett이 1938년에 뉴저지에 있는 실험실에서 우연히 발견한 물질을 시험 삼아 써보기로 했다. 어느 날 플렁킷은 냉각제를 실험하면서 테트라플루오로에틸렌 용기를 열었다. 테트라플루오로에틸렌이라는 기체가 굳어서 백색 수지가 되는지 알아보기 위해서였다. 그 결과 플렁킷은 새로운 물질을 발견했다. 그는 극도로 미끄럽고 화학약품과 열에도 강한 이 물질에다 폴리테트라플루오로에틸렌이라는 이름을 붙였다. 듀폰은 플루토늄 공장 밀폐제로 이 물질을 실험해보았다. 폴리테트라플루오로에틸렌은 모든 파이프와 펌프를 완벽하게 틀어막았다. 이 물질은 또한 포탄 윗뿔에 비부식성 코팅을 입히는 데도 사용되었다. 액체연료 저장 탱크를 보호하는 고성능 내벽으로도 손색이 없었다. 1941년, 듀폰은 폴리테트라플루오로에틸렌에 특허를 내고 전쟁이 끝나기 직전에 테프론Teflon이라는 이름으로 상표를 등록했다.

테프론이 처음으로 상용화된 것은 1946년이었다. 전자, 화학, 자동차 업계에서 테프론을 사서 밀폐제로 사용했다. 1950년대 후반에는 가정에까지 침투했다. 1954년, 프랑스 엔지니어 마르크 그레구아르Marc Grégoire가 알루미늄 프라이팬에 테프론을 결합하는 공정을 개발한 덕분이었다. 그레구아르는 이 기술을 바탕으로 테팔Tefal이라는 회사를 세웠다. 이제 음식이 프라이팬에 달라붙지 않도록 버터를 넣을 필요가 없어졌다. 소비자들은 행복한 비명을 지르며 우르르 몰려가 테팔 제품을 덥석 집어 들었다. 당연히 테팔을 흉내 낸 복제품도 인기를 누렸다. 1961년까지 테팔은 한 달에 프라이팬 100만 개를 팔았다.[41] 1969년에는 다시 한 번 테프론 사용 분야가 확장되었다. 미국 엔지니어 밥 고어Bob Gore가 테프론이 아주 튼튼한 다공성 필라멘트를 늘어나게 한다는 걸 알아내었다. 밥 고어가 개발한 테프론의 신기능은 컴퓨터 데이터를 전송하고 외과 용품을 만드는 데 탁월한 기량을 발휘했다. 공기는 통하되 수분 침투는 막아주는 기능을 했다. 실제로 숨을 쉬는 세계 최초의 물질로, 방수복에 안성맞춤이었다. 그로부터 몇 년이 더 흘러 1980년에는 고이텍스 의류가 개발되어 시장을 강타했다. 이제 스키를 타다 흠뻑 젖어 집에 돌아갈 필요가 없어졌다.

사란 랩Saran Wrap도 전시에 처음 세상에 나왔다. 다른 발명품과 마찬가지로 사란 랩이 나온 것도 순전히 우연이었다. 만화책에 나오는 영웅 탄생기와 비슷하다. 미시간 주에 있는 다우 케미컬Dow

Chemical 실험실에서 허드렛일을 하던 랠프 와일리Ralph Wiley라는 대학생이 어느 날 밤 비커를 닦고 있었다. 그런데 아무리 애를 써도 비커에 묻은 물질이 닦이지 않았다. 와일리는 질기디질긴 물질이라는 뜻으로 그 녹색 물질에 '에오나이트eonite'라는 별명을 붙였다. 에오나이트는 『고아 소녀 애니Little Orphan Annie』라는 만화에서 대공황에 빠진 세계를 구하는 물질로 나온다. 다우 케미컬 연구진은 이 찐득찐득한 물질을 계속 연구한 끝에 폴리염화비닐리덴PVDC이라는 좀 더 과학적이고 그럴듯한 이름을 붙였다. 만화책처럼 와일리가 초능력을 얻는 이야기로 끝이 나진 못했다. 하지만 다우 케미컬은 폴리염화비닐리덴을 매끄럽고 얇은 녹색 막으로 바꾸고 여기에 사란이라는 이름을 붙였다. 그리고 전시에 전투기 표면에 폴리염화비닐리덴을 분사하는 실험을 했다. 사란은 산소와 수증기를 막아내는 작업을 훌륭히 해냈다. 항공모함에 실은 전투기를 소금기 가득한 물보라로부터 완벽하게 보호했다. 이 물질 덕분에 전투기를 분해해서 갑판 밑에 보관하는 대신 항공모함 갑판에 실을 수 있었다. 해군으로서는 시간과 수고를 줄일 수 있는 획기적인 발명품이었다. 대포도 막대사탕처럼 보호용 비닐로 감쌌다. 전시에 다우 케미컬은 이런 광고를 내보냈다. "최전선에 나가 있는 전 세계 사람들은……기관총을 꺼내 들고 사란 필름이 수분으로부터 기관총을 보호했다는 걸 깨닫습니다. 이 미끈미끈한 코팅을 벗겨낼 수 있는 건 아무것도 없습니다. 시간 낭비란 없습니다. 깨끗하고 부식되지 않는 사란 필름 봉투에서 기관총을 꺼내기만 하면 바로 전투태세입니다!"

SEX, BOMBS
and BURGERS

전쟁이 끝나자 사란을 소재로 한 사업이 활발하게 일어났다. 1950년까지 이 비닐 물질은 버스 좌석부터 의류, 커튼까지 모든 제품에 적용되어 물이 스며드는 걸 막는 데 쓰였다. 사란 덕분에 다우 케미컬의 수익은 꾸준히 증가했다.[42] 1952년까지 다우 케미컬은 5000만 톤이 넘는 사란을 대량으로 찍어냈다.[43] 그러나 이 비닐이 진짜 영향력을 발휘한 건 1년 뒤였다. 1953년에 사란은 음식에 씌울 수 있는 투명하고 밀착력 있는 랩으로 변신했다. 덕분에 사람들은 남은 음식을 마음껏 냉장고에 보관할 수 있었다. 사란 랩은 레이더레인지와 찰떡궁합이었다. 남은 음식을 레이더레인지에 넣고 다시 열을 가해도 음식물이 상하지 않게 지켜주었다. 새로운 플라스틱 제품, 특히 사란 랩이 불티나게 팔린 덕분에 다우 케미컬은 매출과 수익 모두에서 신기록을 세우며 1950년대를 마감했다.[44] 사란과 다른 경쟁 업체들이 내놓은 랩은 대중적인 부엌용품으로 자리를 잡았다.

그러나 전쟁 덕분에 세상에 나온 가장 중요한 플라스틱은 폴리에틸렌이다. 용도와 밀도가 아주 다양한 이 물질도 우연히 발견했는데, 전쟁이 일어나기 전 런던에 있는 임페리얼 화학공업사Imperial Chemical Industries, ICI 연구원들에 의해서였다. 새로운 플라스틱을 찾던 에릭 포셋Eric Fawcett과 레지널드 깁슨Reginald Gibson은 에틸렌과 벤즈알데하이드 혼합물이 백색 밀랍 물질을 만들어낸다는 걸 알아냈다. 그런데 이 혼합물이 산소로 오염된 덕분에 쓸모 있는 결과를 얻게 되었다. 하지만 산소가 어느 정도 들어갔는지는 알 수 없었다. 그래서 과학자들이 이 사고를 재현하는 데 몇 년이 걸렸다. 폴리에틸렌은 1939년이 되어서야 진짜로 세상에 나왔다. 전쟁이 막 시작된 그 때 폴리에틸렌은 영국이 내놓은 또 하나의 발명품인 레이더에 필요한 절연 케이블을 만드는 핵심 물질이 되었다. 독일도 전시에 탐지 장치를 개발하긴 했지만, 폴리에틸렌을 생각해내지는 못했다. 이는 곧 수분 차단이 중요한 상황에서는 독일군이 불리할 수밖에 없다는 얘기였다. 이 때문에 비와 구름을 뚫고 다니는 독일 잠수함과 전투기는 레이더 고장을 자주 일으켰다.

듀폰은 임페리얼 화학공업사로부터 폴리에틸렌 사용 허가를 받았다. 그러나 레이더와 다른 통신 장비에 절연 처리를 하는 데서 다른 방향으로 주의를 돌렸다. 아직 폴리에틸렌으로 무얼 할 수 있을지는 몰랐다.[45] 전쟁이 끝날 무렵 듀폰은 전직 엔지니어 얼 터퍼^{Earl} ^{Tupper}에게 뭐든 해보라고 폴리에틸렌 몇 톤을 주었다. 터퍼는 폴리에틸렌으로 방독면과 신호등 부품을 만들었다. 그러다 전쟁이 끝나자 폴리에틸렌을 이용해 밀폐 뚜껑이 달린 다양한 보관 용기를 만들었고 듀폰은 부자가 되었다.[46] 발명가의 이름을 따서 터퍼웨어^{Tupperware}라는 이름이 붙은 이 그릇은 듀폰과 다른 플라스틱 회사들이 나아갈 길을 보여주었다. 오래지 않아 폴리에틸렌을 어디에서나 볼 수 있게 되었다. 식기류, 가구, 가방, 장난감, 샴푸, 탄산음료 병, 포장재, 펜, 심지어 의류에도 폴리에틸렌을 썼다. 1950년대에 대유행했던 프리스비^{Frisbee}와 훌라후프도 예외가 아니었다. 플라스틱의 용도는 무궁무진했다. 제조업자들의 상상력 안에서 뭐든 될 수 있었다. 임페리얼 화학공업사와 듀폰은 상상력을 최대한 발휘하여 세계에서 가장 큰 플라스틱 제조업체로 우뚝 섰다. 1958년에 터퍼는 천만 달러를 받고 터퍼웨어 회사를 렉스올 드럭스Rexall Drugs에 매각하고 그 돈으로 중앙아메리카에 있는 작은 섬을 샀다. 그리고 1984년에 죽을 때까지 섬에서 나오지 않고 은둔자로 살았다. 참으로 이상한 이야기 같지만, 4장에서 살펴볼 슬링키 발명가 리처드 제임스 Richard James와 비교하면 이상할 것도 없다.

플라스틱의 어두운 면

연합국이 플라스틱을 개발하는 동안 실제로 합성물질 개발에 앞장선 국가는 독일이었다. 연구에 가속도가 붙은 데에는 두 가지 이유가 있었다. 우선, 독일은 제1차 세계대전 기간에 다른 국가보다 자원 부족이 심각했다. 전쟁이 끝난 뒤에는 연합국이 무기에 쓸 수 있는 자원 비축을 원천 봉쇄했다. 그 결과 독일 국민은 이미 1920년대에 합성품이나 모조품에 익숙했다. 그러다 1925년에 화학 회사들이 힘을 합쳐 이게파르벤I.G. Farben이라는 회사를 공동으로 설립했다. 베르사유조약에 명시된 세한 규정을 교묘히 피하면서 독일이 앞으로의 전쟁에 대비할 수 있는 물질을 만들려는 전략이었다. 10년이 넘는 세월 동안 이게파르벤은 독일에서 가장 뛰어난 과학자들을 데려다 연구를 진행했다. 과학자들은 고분자에 관한 역사를 새로 썼다. 고분자는 다수의 동일 요소가 고리처럼 서로 연결되어 있는 화합물을 가리킨다. 이게파르벤 화학자들은 정부의 승인을 받아 10년간 평균 매일 한 개씩 새로운 고분자를 합성했다.[47] 1933년, 나치가 정권을 잡자마자 히틀러는 플라스틱의 가치를 인식하고 독일 과학계에 국가의 운명을 걸었다. 히틀러는 이렇게 말했다. "자연이 매몰차게 거부했던 물질을 우리에게 주는 게 과학이 할 일이다. 이 과업을 완전히 성취해낼 때에만 과학은 자유로울 수 있다."[48] 1939년에 다시 전쟁이 터질 때까지 독일의 무기는 주로 합성물질이었다. 전략상 중요한 재료의 85퍼센트 이상을 이게파르벤이 만들고 있었다.

히틀러는 기름과 고무라는 두 가지 핵심 자원이 독일에 유입되는 것이 완전히 차단될 거라는 사실을 알았다. 그래서 전쟁이 시작되자 기름과 고무를 대체할 합성물질을 생산하라고 이게파르벤을 재촉했다. 이게파르벤은 두 가지 성과를 내놓았다. 하나는 탄화수소에 이산화탄소와 일산화탄소, 메탄을 섞은 혼합물이었다. 덕분에 탱크를 비롯한 여타 운송 수단에 기름 대신 이 혼합물을 연료로 쓸 수 있었다. 또 하나는 플라스틱으로 만든 새로운 고무였다. 합성고무는 뷰타다이엔과 스타이렌이라는 두 고분자를 공중합체하여 얻은 결과였다. 이게파르벤은 이 물질이 지닌 탄성 때문에 이 물질을 탄성중합체라 불렀다. 공식 명칭은 부나Buna였다. 뷰타다이엔butadiene의 'Bu'에다 고분자 반응에서 촉매 역할을 하는 나트륨의 화학기호 'Na'를 합친 이름이다.[49]

그러나 이게파르벤이 만든 가장 악명 높은 발명품은 치클론 B였다. 바로 나치가 강제수용소에서 사람들을 가스실에 집어넣고 대량학살할 때 쓴 살충제다. 이게파르벤 설립자들은 나치 및 강제수용소와 손을 잡으면 막대한 이윤을 거둘 거라고 믿었다. 강제수용소에 수용된 사람들에게 일을 시켜 돈 한 푼 안 들이고 노동력을 제공받고, 여차하면 넉넉한 실험 대상을 상대로 마음껏 실험도 할 수 있었다. 한창때는 폴란드 아우슈비츠에 있던 이게파르벤 공장에서만 8만 3000명을 노예 노동자로 써먹었다.[50] 본의 아니게 인간 기니피그 신세가 된 사람들의 숫자를 정확히 파악할 길은 없다. 전쟁이 끝나고 이게파르벤과 거기서 일했던 열성 넘치는 과학자들은 뉘른베르크에서 정의의 심판대 앞에 섰다. 감독자 13명이 전범으로 유죄 판결을 받고 복역했다. 그러나 이게파르벤 부품 회사들에서 수행했던 작업 상당수는 1951년에야 해체되었다. 오늘날 세계 최대 다국적기업 중에는 이게파르벤이 부정하게 손에 넣은 지적재산을 물려받아 성공한 예가 적지 않다. 영상 제조업체 아그파 게바트Agfa-Gevaert, 화학 회사 바스프BASF, 제약 회사 바이엘Bayer과 사노피 아벤티스Sanofi-Aventis가 대표적이다. 사노피 아벤티스는 이게파르벤에서 분리되어 나온 훼히스트Hoechst와 프랑스 제약회사 롱프랑Rhône-Poulenc이 합병하여 만든 회사다.

플라스틱은 또한 생리학적 상해를 일으키기도 한다. 1950년대와 1960년대에 연구자들은 합성물질을 생산하는 근로자들에게 부정맥, 간염, 위염, 피부 병변, 피부염, 암 등 여러 질병이 생기기 쉽다는 사실을 입증했다. 더 나쁜 소식은 폴리염화비닐PVC이나 폴리스티렌 같은 플라스틱이 피부에 침투하여 아무것도 모르는 소비자들에게 암을 유발할 수 있다는 점이다. 상황이 이렇자 1970년대에는 일반 국민도 플라스틱을 경계했고, 플라스틱을 사용하는 회사도 대중의 반발을 느끼기 시작했다. 일례로 코카콜라는 1977년에 세계 최초로 플라스틱 음료 병을 도입했지만, 플라스틱 병이 암을 유발할지 모른다는 공포 때문에 사용을 중단할 수밖에 없었다. AS수지로 만든 콜라 병은 거대 화학 회사 몬산토와 기술 제휴로 만든 제품으로 개발비만 1억 달러가 들어간 것으로 추정된다. 몬산토에서 만든 플라스틱 병에 담긴 발암성 물질이 음료에 침투할 가능성은 50ppb라고 했다.[51] 무시해도 될 정도로 낮은 수준이다. 그러나 미국 식품의약국FDA은 그 정도도 충분히 위험하다고 보고 불합격을 통보했다. 몬산토는 플라스틱 병을 만드는 제조공장을 폐쇄했고, 펩시는 듀폰이 만들어 FDA로부터 승인을 받은 폴리에틸렌 병으로 코카콜라에 보기 좋게 한 방 먹였다.

코카콜라가 처음에 도입하려 했던 플라스틱 병은 대중 사이에 퍼져나가던 불안이 만들어낸 첫 번째 사상자였던 셈이다. 어쨌거나 AS수지로 만든 콜라 병은 1978년에 결국 FDA로부터 승인을 받았다. 일반 대중이 플라스틱에 느끼는 심리적 불안은 소비자 보호 단체와 식품가공업자 간의 치열한 공방으로 전개되어 오늘날까지 이어지고 있다. 일례로 불과 몇 년 사이에 여러 나라 보건 당국은 젖병에 비스페놀A를 함유한 플라스틱을 사용하지 못하게 했다. 실험 결과 비스페놀A가 암과 호르몬 불균형을 유발할 수 있다는 이유에서였다.

플라스틱은 건강을 위협할 뿐 아니라 환경 파괴에도 지대한 영향

을 끼친다. 플라스틱은 대부분 아주 천천히 분해된다. 여러분의 냉장고에 있는 케첩 병은 지구 종말의 때에 펼쳐질 아마겟돈 전쟁이 끝난 뒤에도 다 분해되지 않을 공산이 크다. 지금도 지구 곳곳에는 쓰레기매립지가 넘쳐나고 그 쓰레기의 대부분은 플라스틱이다. 1980년대에 들어서자 플라스틱 문제는 인류가 풀어야 할 커다란 숙제로 대두되었다. 1980년대 후반에는 소비자 단체들이 플라스틱 쓰레기양을 줄이고 재활용 프로그램을 도입하라고 대기업에 압력을 가하기 시작했다. 1987년, 유해폐기물 추방을 위한 시민 모임Citizens Clearinghouse on Hazardous Waste이 맥도날드가 매년 내다 버리는 포장재 쓰레기만 10억 입방피트가 넘는다는 걸 알아냈다.[52] 1990년, 이들은 또 다른 시민단체인 환경을 정화하는 버몬트 사람들Vermonters Organized for Cleanup과 함께 재활용할 수 있는 종이 포장재를 사용하라고 패스트푸드 체인점에 압력을 가했다. 맥도날드가 종이 포장재로 바꾼 뒤 내놓는 쓰레기양은 약 90퍼센트까지 줄어들었다.[53] 패스트푸드 체인점의 변화는 환경운동가들에게 크나큰 승리였다. 그러나 영원히 썩지 않는 플라스틱 쓰레기가 홍수처럼 넘쳐흐르는 전장에서 보면 작은 승리에 불과했다. 투쟁은 오늘날까지 계속되고 있다.

그러나 1950년대와 1960년대 초까지는 대다수 사람들이 건강과 환경을 그리 염려하지 않았다. 당시에는 인류 역사상 최악의 경제위기와 전쟁을 견디는 게 더 큰 문제였다. 두 다리 쭉 뻗고 한 번이라도 신나게 살아보고 싶은 마음뿐이었다. 『라이프』지 광고처럼, 총력전 뒤에는 총력 생활이 찾아왔다. 전자레인지가 요리같이 따분한 일에서 사람들을 해방했다면, 플라스틱은 고생해서 번 돈을 써도 좋을 만한 진짜 새로운 제품을 사람들 앞에 내놓았다. 그리고 이들 소비재는 새로운 생활방식을 창조했다. 즉각적인 만족과 번영, 사치에 몰두하는 생활은 1930년대나 1940년대와는 정반대되는 삶이었다.

전시에 살인 기술을 완벽하게 만들어준 발명품에서 파급된 대량 소비라는 무기가 가정과 일상생활을 완전히 바꿔버렸다. 그리고 이후 수십 년에 걸쳐 찾아올 총력 생활로 가는 길을 닦았다.

2 화학물질로 더 맛있게 먹기

아침에 먹는 시리얼을 뭐로 만드는지 아니?
연필깎이 통에 들어 있는 작고 꼬불꼬불한 대팻밥이야!
로알드 달Roald Dahl, 『찰리와 초콜릿 공장Charlie and the Chocolate Factory』

전 세계에 있는 다른 매장과 마찬가지로 하와이에 있는 맥도날드 매장도 매일 아침 트럭 한 대 분량에 달하는 에그 맥머핀과 해시 브라운을 판다. 그런데 하와이 매장이 다른 맥도날드 매장보다 훨씬 더 많이 쓰는 재료가 있는데, 바로 스팸이다. 하와이 사람들은 보통 아침식사 외에 스팸을 포함한 몇 가지 메뉴를 고를 수 있다. 가장 인기 있는 메뉴가 스팸과 달걀, 밥 세트다. 이 메뉴는 맥머핀에 쓰는 달걀부침에 밥과 구운 스팸 한 조각으로 이뤄져 있다. 맥도날드의 최대 경쟁 업체인 버거킹도 비슷한 메뉴를 판다. 밥에다 스크램블드에그, 스팸 두 조각을 같이 낸다. 두 회사 다 메뉴에 스팸을 포함시키는 걸 별 생각 없이 쉽게 결정했다. 하와이 사람들이 스팸을 아주 좋아하기 때문이다. 인구는 120만 명에 불과하지만, 하와이는 미국 스팸 소비를 주도하는 곳이다. 1년에 하와이에서 소비하는 스팸 통조림이 700만 개가 넘는다. 한 사람당 통조림을 6개씩 먹는 셈이다.[1] 맥도날드는 하와이에서 스팸이 들어가는 메뉴만 매일 3000개 넘게 판다. 그래서 시장을 넓혀 필리핀, 사이판, 괌 등 태평양 제도에 있는 다른 나라에서도 이 메뉴를 팔기로 했다.[2] 심지어 괌 사람들은 하와이 사람들보다 스팸을 더 많이 먹는다. 스팸 대량 소비지인 하와이가 부끄러워할 정도다. 1년에 250만 개를 소비하는데, 한 사람당 16개꼴이다.[3]

　　그러면 태평양 제도에 사는 사람들은 다른 나라 사람들이 대부분 욕을 퍼붓는 스팸을 왜 그렇게 좋아하는 걸까? 짜증을 유발하는 반갑지 않은 이메일을 가리켜 '스팸 메일'이라 부를 만큼 미움을 받는 음식이 스팸이 아닌가?

　　스팸 사랑은 제2차 세계대전 때 시작되었다. 미군이 고기 통조림을 몇 톤씩 태평양 제도로 수입하던 때였다. 그렇지만 스팸을 제대로 이해하려면 몇 세기를 거슬러 올라가야 한다. 대개 질이 안 좋은 고기라고 조롱을 받지만, 스팸은 사실 식품공학이 빚어낸 멋진 음식이다. 이런 스팸의 혈통을 추적하려면 나폴레옹까지 거슬러 올라간다. "군인은 위장으로 전진한다"는 말로도 유명한 프랑스 황제 나폴레옹은 행군하는 동안 군인들을 잘 먹이고 영양 상태도 좋게 유지하려고 애썼다. 그러나 식품 보관 및 저장 기술이 일천했던 18세기에는 결코 쉽지 않은 문제였다. 1795년, 나폴레옹은 대회를 개최한다고 공표했다. 누구든 군대를 먹이는 데 도움이 되는 식품 저장 기술을 개발하는 사람에게 사비를 털어 상금으로 1만 2000프랑을 주겠다고 했다. 당시 왕의 몸값에 해당하는 돈이었다. 많은 이들이 시도했지만, 번번이 실패하고 말았다. 그러다 파리 동쪽에 있는 아주 작은 마을에서 제과점을 운영하는 니콜라 아페르Nicolas Appert가 부름에 응했다.

1810년, 아페르는 고기나 채소 같은 음식을 보관할 수 있는 공정을 발견했다. 캔버스 천을 덮고 삶은 유리병에 밀봉하는 방식이었다. 이렇게 하면 식품에 담긴 수분을 밀봉해서 저장 기간을 크게 늘릴 수 있었다. 밀봉되었던 수분은 요리를 하면 원래 상태로 돌아왔다. 아페르는 과학자가 아니었고 어떤 원리로 이게 가능한지도 알지 못했다. 하지만 뭔가 성공했다는 사실만은 잘 알았다. 덕분에 아페르는 상금도 받고 황제에게 칭찬도 받았다. 그리고 얼마 안 있어 피에르 듀랑Pierre Durand이 아페르가 발견한 방식을 개선했다. 듀랑은 유리병 대신 양철통을 사용했다. 요리를 하든 저장을 하든 양철통이 유리병보다 더 나았다. 거기다 이동에 필요한 내구성까지 겸비했다. 그러나 현대 식품 저장 및 가공 기술의 발명자요 통조림의 이버지로 이름을 떨친 인물은 듀랑이 아니라 아페르다. 그때부터 식품가공의 역사는 사실상 전쟁의 역사와 발을 맞추어 발전했다.

아페르를 이을 후계자는 1세기가 더 지나 대서양 건너편에서 나타났다. 1910년, 미네소타에 있는 호멜Hormel 사는 다섯 개 주에 물류센터를 두고 영국에 수출을 하는 중간 규모의 정육업체였다. 설립자 조지 호멜의 아들 제이 호멜Jay Hormel은 제1차 세계대전 때 의복과 식량 공급을 맡은 병참 장교로 프랑스에서 복무했다. 상관들이 대서양을 가로질러 고기를 실어 나르는 데 드는 시간과 수고에 대해 툴툴대자 제이 호멜은 간단한 제안을 했다. 쇠고기의 모든 부위를 포장하는 대신에 먼저 뼈를 발라내면 어떨까? 호멜은 그 방법을 알려주기 위해 프랑스에서 시카고에 있는 통조림 공장으로 돌아왔다. 그로부터 오래지 않아 뼈를 발라낸 쇠고기를 작게 포장해 유럽에 실어 보냈다. 덕분에 시간도 아끼고 돈도 절약할 수 있었다. 무엇보다 군인들은 고기를 더 자주 먹을 수 있어서 행복했다.

제이 호멜은 전쟁이 끝나자 아페르가 사용한 것과 비슷한 기법으로 최초의 햄 통조림을 만드는 등 아버지 회사에서 신제품을 개발하는 일을 시작했다. 1929년에는 사장이 되었다. 그러나 가장 큰 성공작은, 잘 팔리지 않는 돼지고기 어깻살을 이용해 신제품을 만들 방법을 찾던 1936년에 나왔다. 뼈를 발라낸 어깻살은 작은 덩어리로 나왔는데, 소비자들은 작은 어깻살을 좋아하지 않았다. 큼지막하게 썬 고기를 좋아했고 크면 클수록 더 좋아했다. 뼈를 발라내는 작업은 돈도 많이 들고 시간도 많이 잡아먹어서 번거롭기만 했다. 호멜은 돼지고기 어깻살을 더 맛있게 만들려고 첨가물을 넣어 실험을 했다. 호멜은 현대의 프랑켄슈타인 박사처럼 햄을 만들기 전에 뒤쪽 넓적다리에서 나온 부위와 어깻살을 섞었다. 두 부위를 함께 간 다음 물과 소금을 넣으니 분홍색 반죽이 나왔다. 호멜은 혼합물을 12온스짜리 양철통에 넣고 아페르가 쓴 방식으로 밀봉한 다음

요리했다. 톡 쏘고 햄과 비슷한 맛이 났다. 고기 색깔이 까맣게 변하지 않도록 아질산나트륨을 첨가하자 걸작이 탄생했다. 호멜은 몇 년간 찬장에 두어도 상하지 않는 다용도 고기 통조림에 호멜 스파이스드 햄Hormel Spiced Ham이라는 이름을 붙였다(프랑켄슈타인을 연상시키는 이 장면에서 한 가지 빠진 게 있다면 문밖에 쇠스랑을 휘두르는 마을 사람들이 없다는 것뿐이었다).

그러나 호멜이 만든 작품은 팔리지 않았다. 사람들은 통조림에서 꺼낸 고기를 미심쩍어했다. 호멜은 마치 나폴레옹이라도 된 양 신년 파티에서 통조림에 붙일 새 이름을 공모했다. 결국 스파이스드 햄을 줄여 스팸이라는 이름을 제안한 케니스 데이누Kenneth Daigneau가 우승을 했고, 빳빳한 100달러짜리 지폐를 상금으로 받았다. 데이누는 뉴욕에서 활동하는 배우이자 호멜 부사장의 동생이기도 했다. 호멜 사는 좀더 시장성 있는 이름을 내세워 신문과 잡지에 대대적으로 광고하고 다양한 용도로 쓸 수 있다는 장점을 부각시켰다. "스팸 같은 고기는 이제껏 상상도 못해봤다. 어느 때나 다양하게 쓸 수 있는 기적 같은 호멜 고기." "샌드위치, 샐러드, 간식을 만들 땐 얇게 썰어 차갑게! 따뜻하게 해서 달걀과 함께 먹거나 구워 먹어도 좋습니다. 어떻게 먹어도 먹을 때마다 내가 찾던 바로 그 맛!"[4] 호멜 사는 마케팅 공세에 힘입어 전쟁이 터질 때까지 그럭저럭 재미를 보았다. 그러나 스팸이 진짜로 날개 돋친 듯 팔려나간 건 미국이 제2차 세계대전에 참전하면서부터였다. 얄궂게도 호멜이 그토록 반대했던 일이 회사에는 호재가 되었다.

당연히 호멜은 곧바로 태도를 바꿨다. 미국 최대 정육업자라는 위치를 이용해 영국과 군 관련 기관에 통조림을 수출했다. 미국과 영국의 무기 대여 프로그램에 주요 공급업자로서 손쉽게 일자리를 얻을 수 있었다. 1941년까지 미국은 영국에 무기와 탄약 외에 식량을 포함해서 10억 달러 넘게 원조했다.[5] 미군이 전시 식량으로 선택한 것이 스팸이었다. 휴대가 쉽고 가볍고 싸고 상할 염려가 거의 없으니 이보다 더 완벽한 군용 식량도 없었다. 영국에도 열심히 실어 날랐다. 군인들에게 공급하기 위해서였지만, 민간인들도 아주 좋아했다. 미국이 참전한 뒤에는 하와이와 다른 태평양 제도에 주둔한 군대에 몇 톤씩 실어 나른 다음 배급량에 맞춰 포장했다. 1944년까지 호멜 스팸 생산량 중에서 90퍼센트가량이 군대로 향했다. 회사의 전체 수익은 두 배가 되었다. 호멜은 가정용 공급량을 줄여야 할 정도로 통조림용 주석을 눈 깜짝할 사이에 써버렸다. 그래서 일반 시민들은 어쩔 수 없이 유리병을 써야 했다.[6] 전쟁이 끝날 때까지 전 세계 민간인과 군인 들은 1억 파운드에 달하는 스팸을 소비했다. 통조림으로 치면 1억 1300만 개에 해당한다.[7]

군인들에게 스팸은 애증의 대상이었다. 아침, 점심, 저녁 모두 스팸을 먹어야 했기에 어떤 이들은 "신체검사에서 불합격 판정을 받은 햄"이라며 스팸을 경멸했다. 그러나 감탄을 연발하는 이들도 있었다. 한 보병은 이렇게 회상했다. "스팸에 관한 우스갯소리를 많이 했죠. 스팸은 전장에서 많은 생명을 구했습니다. 운반하기도 쉽고 아주 오래갔으니까요."[8] 혐오하는 이들도 있었지만, 전쟁이 끝난 뒤

에도 스팸은 여전히 인기가 있었다. 1959년에는 판매량이 10억 개에 이르렀고 2007년에는 100여 개국에서 스팸을 구할 수 있었다.[9] 한편, 태평양 제도에 사는 사람들은 스팸을 자기네 토속 음식으로 받아들였다. 많은 이들에게 스팸은 '그리운 옛맛' 자체였다. 실제로 하와이 세븐일레븐 매장에서는 맥도날드가 스팸 메뉴를 개시하기 훨씬 전부터 스팸 무수비spam musubi를 팔았다. 무수비는 초밥처럼 밥 한 덩어리에 조리한 고기를 얹고 김을 두른 하와이 대표 음식이다.

제이 호멜은 이렇게 나폴레옹 시대에 이미 입증된 저장 기술에 산난한 화학을 결합하여 원조 '프랑켄푸드Frankenfood'를 생산했다. 그리고 쉽게 상하는 자연식품에 기초과학만 조금 적용하면 훨씬 오래가는 식품을 만들 수 있다는 걸 업계에 입증했다. 레이시언이 새 가전제품으로 정부와 계약을 맺고 부자가 되는 과정을 생생히 지켜본 호멜은 국내외 군부대에 스팸을 공급하고 돈을 벌었다. 스팸은 다른 식품 제조업자들에게 정부로부터 계약을 따내는 게 중요하다는 걸 알려주었다.

영양을 향한 기나긴 행진

그러나 스팸은 절대로 건강에 좋은 음식이 아니었고 지금도 마찬가지다. 2온스짜리 작은 통에 성인 한 명이 하루에 섭취해야 할 지방과 나트륨 총 권장량의 3분의 1이 들어 있다. 스팸을 많이 먹으면 혈압이 높아지고 비만이 될 위험이 있다. 그러나 1940년대에 미군은 빠르고 싸고 오래가는 고기를 찾는 데 정신이 팔려 영양가는 별로 따지지 않았다. 미국은 1941년에 식품영양이 국방에 미치는 영향을 조사하려고 식품영양국을 신설했다. 식품영양국은 전시에 건강한 식사를 하는 데 필요한 영양소를 알려주려고 일일권장량^{RDA}이라는 목록을 만들었다. 전시 물자 부족으로 고기 등 특정 식품 결핍 현상이 나타나자 1943년에 이 목록을 처음 발표한 다음 수차례 수정을 가했다. 그러나 한걸음 내디딜 때마다 업계에서 매번 반발하는 통에 군이 납품받는 식품에 일일권장량이 어느 정도 함유되어 있는지 밝히는 데 시간이 아주 오래 걸렸다.

20세기 초까지도 식품을 규제하는 법은 별로 없었다. 미국 식품가공업자들은 1906년에 나온 순수식품의약품법^{Pure Food and Drug Act}에만 구속을 받았다. 관리부서는 농무부와 화학국이었다. 이 법률은 해롭고 불량한 식품 제조와 판매를 금지했다. 그런데 불량식품이라는 개념이 다소 모호했다. 부족한 질이나 강도를 보충하려고 충전제를 넣거나, 손상되거나 열등한 부분을 감추려고 색소를 넣거나, 해로운 첨가물을 넣거나, '아주 더럽고 부패되어 악취가 나는' 물질을 사용한 식품이 모두 불량식품에 해당했다.

1927년, 화학국은 식품의약품살충제청으로 재편되었다. 그리고 1930년에 이 이름에서 '살충'이 빠지고 마침내 식품의약국이 되었다. 1938년에 나온 연방식품약품화장품법은 1906년판 법률에 화장품을 포함시키고, 공장 시찰 권한을 부여하고, 허용되는 식용색소를 설명한 것 말고는 새로울 게 없었다. 1958년이 되어서야 의미 있는 식품안전규정이 정해졌다. 그해에 미국은 식품첨가물법을 개정

하고 인간이나 동물에게 암을 유발하는 첨가물을 사용하지 못하게 금지했다. 2년 뒤에는 비슷한 법 개정으로 암을 유발하는 색소 사용을 금지했다. 그리고 1966년 공정포장표시법을 통해 모든 소비재 제품에 관련 정보를 정직하게 표시하도록 규정했다. 1975년에는 FDA 마크를 만들어 식품가공업자들이 영양정보를 제대로 표시하게 했다. 그러나 1975년판 법률은 모든 제품이 아니라 특정 영양소가 들어 있다고 주장하는 제품으로만 범위를 한정했다. 마침내 모든 식품에 동일한 법률이 적용된 건 거의 20년이 지난 1992년이 되어서였다. 다른 선진국에서도 비슷한 시기에 비슷한 행보로 법률이 마련되었다.

그러나 그때까지 태평양 제도에 사는 사람들은 스팸에 푹 빠져 있었다. 북미 원주민들이 유럽인들이 들여온 질병으로 고생했던 것처럼, 섬사람들은 미군이 들여온 몸에 안 좋은 음식에 무방비로 노출되었다. 스팸과 고기 통조림의 부작용이 이 지역을 완전히 피폐하게 만들었다. 당뇨병, 뇌졸중, 심장병이 마치 흑사병처럼 번졌다. 2008년에는 세계 10대 비만 국가 중 8개국이 태평양 제도에 있었다. 세계보건기구는 솔로몬제노 북동쪽에 있는 나우루에서 15세 이상 주민 중 95퍼센트가 비만으로 판정됐다고 우려를 표했다. 태평양 중서부에 있는 마셜제도의 경제정책기획국장 칼 해커Carl Hacker는 이렇게 말했다. "경제 재앙 못지않게 치명적인 건강상의 재앙이 서서히 드러나고 있습니다."[10] 전문가들은 스팸을 비롯해 지방이 많은 고기 통조림 탓이라고 지적했다. 그러나 다른 나라에서는 전쟁 기술이 낮은 다른 식료품과 비교할 때 스팸이 비만에 미치는 영향은 아주 적은 것으로 밝혀졌다.

감자 외교

제2차 세계대전이 발발했을 때 존 리처드 심플롯^{John Richard Simplot}은 아이다호 주에 미국의 감자 중심지라는 명성을 안겨주었다. 당시 심플롯의 회사는 미국 최대 감자 운송업체였다. 말린 양파를 파는 사업도 같이 했는데, 자두 건조기를 개량해서 양파를 말렸다. 감자도 고기와 마찬가지로 쉽게 상하고 무거운 탓에 군부대에 실어 나르기가 쉽지 않았다. 8학년 때 학교를 자퇴하고 열네 살에 사업을 시작한 심플롯은 제이 호멜 못지않게 창의적이었다. 그는 감자를 어떻게 가공해야 하는지 잘 알았다. 4000년도 더 전에 높디높은 안데스 산맥에서 감자를 처음 재배했던 고대 잉카족을 보고 힌트를 얻었다.[11] 틈틈이 라마를 몰고 코카잎을 씹던 잉카족은 높은 고도에서 감자를 저장했다. 덕분에 주변 습도가 많이 낮아져 감자를 오래 저장할 수 있었다. 심플롯이 고용한 과학자들은 안데스 산맥의 고기압과 낮은 기온이 자연스럽게 동결건조 효과를 낸다는 걸 알아냈다. 아이다호로 돌아간 이들은 자두 건조기를 이용해 감자를 말렸다. 그런 다음 감자를 얇게 썰어 물이나 우유를 넣고 반죽해 다시 포테이토칩 모양으로 만들었다. 심플롯은 얇은 감자 조각을 상자로 포장해서 미군에 팔았다. 그 결과 이미 부자였던 이 남자는 도저히 상상도 못할 정도의 부를 손에 넣었다. 심플롯은 전쟁이 끝나자 감자 농장, 목우장, 비료 공장에다 제재소와 광업권까지 사들였다.

레이더와 마찬가지로 전쟁이 끝나자 군으로부터 말린 감자 주문이 뚝 끊겼다. 심플롯은 새로운 영업 종목을 찾아 나섰다. 한편, 브루클린 토박이 클래런스 버즈아이Clarence Birdseye는 1920년대에 일찌감치 급속 냉동기술을 개척했다. 하지만 냉동제품을 보관할 냉동고를 갖춘 식품점이나 가정이 거의 없었기 때문에 공들여 만든 어류 가공품을 헐값에 팔 수밖에 없었다. 그런데 전시 신선식품 부족이 냉장고와 냉동고 판매에 불을 지피면서 상황이 달라졌다.

냉동식품 중에서 처음 인기를 끈 건 오렌지주스였다. 매사추세츠 주에 있는 국립연구회사NRC가 전쟁 막바지에 개발한 제품이었다. 처음에는 오렌지에서 나온 과즙을 끓여 건조시키려 했으나 실패했다. 오렌지 맛이 현저히 떨어졌기 때문이다. 그러다 NRC 창업자 리처드 모스Richard Morse가 고진공 처리로 적절한 대안을 찾아냈다. 전에 페니실린, 혈장, 항생제 건조법을 개발하기도 했던 모스는 거대한 진공 기계를 이용해 과즙에서 수분을 뽑아내고 오렌지 가루를 만들었다. 이렇게 하면 오렌지 맛과 비타민을 그대로 유지할 수 있었다. 1945년 초에 모스는 미군과 대규모 계약을 맺고 사업의 돌파구를 찾았다.[12] NRC는 플로리다 식품 회사Florida Foods Corporation를 설립하고 그해 봄에 플로리다에 공장을 세우기 시작했다. 그런데 그해 여름에 전쟁이 끝나자 군에서 계약을 해지했다. 플로리다 식품 회사는 서둘러 소비 시장으로 방향을 틀고 이름을 배큐엄 푸즈Vacuum Foods로 바꿨다. 그리고 진공 식품 중간 단계로 오렌지주스 냉동 농축액을 팔기 시작했다. 농축액을 만드는 게 가루를 만드는 것보다 돈이 더 들었지만, 진짜 오렌지 맛에 훨씬 가까웠다. 보스턴에 있는 마케팅 회사에서 이 제품에 미닛메이드Minute Maid라는 이름을 붙여주었다. 주스를 만드는 데 걸리는 시간을 연상시키지만, 미국 독립전쟁에서 긴급 소집되어 용감무쌍하게 활약했던 미니트맨Minute Men에서 착안한 이름이기도 하다. 1946년에 냉동 농축액은 한마디로 시장을 강타했다. 곧바로 반응이 왔고 이후 몇 년에 걸쳐 판매량이 폭발적으로 증가했다. 배큐엄 푸즈는 첫해에 40만 달러가 조금 안 되는 수익을 올렸고, 5년 만에 3000만 달러에 가까운 수익을 거뒀다.[13]

배큐엄 푸즈는 1949년에 미닛메이드로 다시 한 번 이름을 바꾸고 완전히 자리를 잡았다. 냉동 오렌지주스로 크게 성공한 미닛메이드는 식료품점에서 자사 제품을 모방한 60여 개의 다른 상표와 경쟁해야 했다. 한편, 존 폭스John Fox 회장은 미닛메이드 혼자 힘으로 플로리다 오렌지 산업을 구했다고 선언했다. 1946년에 정부 보조금을 받으려고 한 말이지만, 사실 1950년까지 플로리다는 오렌지 수요를 다 감당하지 못할 정도였다.[14] 1950년대에 오렌지 과즙 가루는 여러 형태로 다시 선을 보였다. 대부분의 제품이 가공하면서 잃어버린 맛을 보충하려고 설탕과 다른 첨가물을 잔뜩 넣었다. 1959년에 나온 탕Tang도 그중 하나이다.

과학자들을 시켜 감자튀김 냉동법을 찾던 심플롯은 미닛메이드가 성공하는 걸 보고 힘을 얻었다. 수많은 시도 끝에 나온 건 맛이 형편없고 물컹한 감자튀김이었다. 그런데 레이 던랩^{Ray Dunlap}이라는 연구원이 감자 맛을 그대로 지킬 방법을 알아냈다. 먼저 뜨거운 기름에 감자를 넣고 2분간 튀긴 다음 즉시 아주 차갑게 냉각된 공기를 쏘였다. 이 급속냉동기술은 감자튀김 온도를 몇 분 안에 영하 34도로 떨어뜨렸다. 이전에 실패했던 여러 시도에서 중요한 교훈을 얻은 덕분이었다. 오랜 시간을 들여 동결시키면 감자튀김 안에 있는 물 분자가 팽창되어 나중에 해동할 때 물컹해지고 말았다. 그러나 급속으로 냉동하면 물 분자가 팽창할 틈이 없었다. 그래서 감자튀김을 해동해도 얼리기 전과 수분량이 똑같았다. 그리하여 우리가 아는 냉동 감자튀김이 나왔다. 냉동 감자튀김을 꺼내 다시 2분간 기름에 튀기면 신선한 감자를 튀겼을 때와 맛이 똑같았다. 던랩은 심플롯에게 급속냉동법을 설명했고, 감자튀김을 한입 베어 문 심플롯은 "바로 이 맛이야" 하고 소리쳤다.[15]

심플롯은 1953년에 식료품점에 냉동 감자튀김을 팔았지만, 바로 성공하지는 못했다. 집에 있는 오븐에서도 얼마든지 냉동 감자튀김을 조리할 수 있었지만, 뜨거운 기름에 튀길 때 맛이 가장 좋았다. 그런데 그런 시설을 갖춘 가정이 별로 없었다. 비결은 감자튀김에 함유된 수분이었다. 뜨거운 기름이 물 분자를 증발시키면 물 분자가 빠져나간 틈 사이를 기름이 채우면서 맛이 훨씬 좋아졌다. 심플롯은 맥도날드처럼 대형 튀김기를 갖춘 식당을 찾아 나섰다. 당시 맥도날드는 빠르게 성장중이었다. 심플롯은 당시 맥도날드에서 쓰는 전체 감자의 20퍼센트를 납품하는 주요 공급업자였다. 맥도날드 회장 해리 손느본 Harry Sonneborn에게 냉동 감자튀김 이야기를 꺼내봤지만, 반응이 시원찮았다. 심플롯은 이렇게 회상했다. "손느본 회장이 우리를 보고 소리 내어 웃더군요. 그는 신선한 감자에만 관심이 있었어요."16

그렇지만 맥도날드에게 감자는 중요한 문제였다. 고형물 함량이 높아서 아이다호에서 생산하는 적갈색 감자를 사용했지만, 일 년 중 신선한 감자를 공급받을 수 있는 건 아홉 달뿐이었다. 아이다호에서는 가을에 감자를 수확해서 겨울 내내 냉장보관했다. 뜨거운 여름에는 상황이 더 안 좋았다. 그래서 여름에는 아쉬운 대로 캘리포니아에서 생산하는 하얀 감자를 썼다. 하지만 하얀 감자로 감자튀김을 만들면 바삭바삭하지가 않았다. 맥도날드 창업자 레이 크록 Ray Kroc은 감자 품질관리 문제로 골치가 아팠다. 신선한 감자튀김은 맥도날드 메뉴 중 제일 시간이 오래 걸렸다. 감자 껍질을 벗기고 자르고 튀겨야 하니 당연했다. 맥도날드는 아주 빠르게 성장하고 있었다. 당시 매장이 725개였고 1950년대가 끝날 무렵에는 3000개를 넘어섰다. 사업체가 성장할수록 감자 맛을 똑같이 유지하기가 어려웠다. 심플롯은 이렇게 말했다. "감자에 들어 있는 당분 함량이 계속 들쭉날쭉했습니다. 그 때문에 감자튀김 색깔도 무지개 빛깔처럼 이랬다저랬다 했죠."17

감자 거물 심플롯은 이번에는 손느본을 거치지 않고 크록을 직접 만났다. 감자 품질을 일정하게 유지하는 게 얼마나 어려운지 강조하면서 냉동 감자튀김을 한번 써보라고 크록을 설득했다. 결국 두

SEX, BOMBS
and BURGERS

사람은 악수를 나누고 그때부터 쭉 감자를 거래했다. 크록은 냉동 감자튀김을 실험삼아 써보는 데 동의했다. 신선한 감자와 맛이 다르다고 항의하는 고객이 없자 맥도날드는 냉동 감자튀김으로 갈아타기 시작했고, 1972년까지 모든 매장이 냉동 감자튀김으로 바꿨다. 다른 패스트푸드 체인점도 맥도날드의 뒤를 따랐다. 결국 냉동 감자튀김 소비량이 폭발적으로 증가했다. 1960년에 미국인은 평균 81파운드의 신선한 감자와 약 4파운드의 냉동 감자튀김을 먹었다. 2000년에는 신선한 감자 섭취량이 49파운드, 냉동 감자튀김 섭취량이 30파운드 이상으로 바뀌었다. 이중 90퍼센트는 패스트푸드 식당에서 소비했다.[18]

심플롯은 엄청난 부자가 되었고 벌어들인 돈을 다른 데 투자했다. 실패한 사업도 여럿이었다. 광업에 공을 들였으나 성과는 썩 좋지 않았다. 하지만 성공한 사업도 많았다. 1980년에는 아이다호에 기반을 두고 마이크로칩 사업을 시작한 마이크론 테크놀로지Micron Technology 주식을 100만 달러어치나 사서 재미를 톡톡히 보았다. 지금 마이크론 테크놀로지는 포춘 선정 500대 기업에 속하는 대기업으로 성장했다. 심플롯을 부자로 만든 전시 유대관계를 활용해 군사 전문가들을 고용하는 데 비상한 노력을 기울인 덕이었다. 그는 2006년에 적극적으로 전문가를 모집해서 3500명을 고용했다. 전체 인력의 약 16퍼센트가 군사 전문가였다.[19] 심플롯은 냉동식품 사업을 확장해 고기와 채소도 냉동해 팔았다. 오스트레일리아, 뉴질랜드 등지에서 클래런스 버즈아이가 세운 회사를 매입하기도 했다.

심플롯의 사업 확장에 발을 맞춰 냉동식품 업계도 함께 성장했다. 21세기에 접어들면서 미국에서만 냉동식품 매출이 400억 달러에 이르렀다.[20] 전체 식품 판매량의 3분의 1에 해당한다. 2007년에는 전 세계 냉동식품 매출이 1000억 달러를 기록했다.[21]

2008년에 심플롯이 죽었을 때 그와 가족이 보유한 재산은 30억 달러가 넘었다. 세상은 그를 혁신적인 기술로 감자튀김을 만든 전설적인 인물로 기억해왔다. 그러나 심플롯은 세계보건기구가 유행성 비만이라 부른 질병의 일등 공신이기도 하다. 세계보건기구는 비만의 주요 원인 중 하나가 감자튀김처럼 "설탕과 포화지방이 많은데다 열량은 높고 영양가는 없는 식품의 소비가 늘어난" 탓이라고 밝혔다.[22] 일일 지방 섭취 권장량의 거의 반을 감자튀김이 차지하고 있으니 비만 인구가 늘어나는 건 그리 놀라운 일이 아니다.[23] 전체 채소 소비량의 4분의 1이 감자튀김인 미국에서는 특히 그렇다.

코카인보다 귀한 가루

제2차 세계대전 기간에 이뤄진 다른 기술 발전도 식품의 전체 영양가를 줄이는 데 이바지했다. 일례로 분무건조 방식은 우유나 달걀에 함유된 비타민과 미네랄을 파괴했다. 식품가공업자들은 19세기 후반부터 분유를 만들려고 다양한 방법을 시도했다. 그러나 성공한 경우는 드물었다.

제2차 세계대전이 일어나기 전에 가장 인기 있는 방식은 NRC가 오렌지주스를 만들 때 쓰던 건조 기술과 비슷했다. 우유에서 수분을 제거하는 방식인데, 중장비를 가동하는 데 돈이 너무 많이 들었다. 무엇보다 매출이 저조했다. 실제로 가루 형태로 나온 분유는 믿음이 안 가는 낯선 물질이었다. 특히 제빵사들이 내켜하지 않았다. 처음에 분유를 팔려고 했을 때 제빵사들은 "일단 제품을 먼저 보고 그다음엔 물건을 팔러 온 영업자를 수상쩍게 쳐다보았다. 누구도 우유 대신 낯선 이물질을 쓰려 하지 않았다. 조금이라도 써보게 하려면 엄청나게 공을 들이고 가르쳐야 했다".[24] 그 결과 1939년에는 미국에서 생산한 분유 6억 파운드 중 3분의 1가량을 동물 사료로 처분해야 했나.[25] 그러나 전쟁이 모든 걸 바꿔놓았다. 별안간 우유 부족이 심화되어 분유 수요가 폭등했다. 이에 발맞춰 식품가공업자들은 비교적 새롭고 값비싼 분무건조 기술에 자본을 투자했다.

처음 나왔을 때와 별로 달라진 게 없던 분무건조 방식이 조금씩 발전하기 시작했다. 우선, 스팸을 구울 때와 비슷하게 열을 가하는 저온살균으로 우유에 들어 있는 박테리아를 없앴다. 그런 다음 원심분리기에 우유를 넣고 돌려서 지방을 걷어냈다. 그다음에는 저온살균 탈지우유를 증발기 통에 넣고 열을 더 가해서 수분을 한 번 더 제거했다. 그리고 약 50퍼센트 정도 고체가 된 우유를 마시막으로 분무건조기에 넣었다. 금속으로 만든 커다란 원통 안에 넣고 고도로 압축된 공기로 다시 뜨겁고 강한 바람을 쏘이는 것이다. 압축 공기는 우유에 남아 있는 수분을 모두 증발시켜 가루로 만들었다. 건조기 바닥에 고운 가루가 떨어지면 식을 때까지 기다렸다가 포장하면 되었다.

제2차 세계대전 기간에는 이런 공정이 비교적 새로운 방식이었다. 이렇게 만든 분유를 물에 타면 밍밍한 맛이 났다. 하지만 다른 가공법보다 돈도 덜 들고 오래가고 더 효율적이었다. 이걸로 빵을 만들어도 좋을 것 같았다. 1945년에 미국에서 생산한 분무건조 우유는 7억 파운드나 되었다. 전쟁 전에 생산한 양보다 두 배가 많았다.[26] 카네이션Carnation이 이끌던 식품가공업체들은 전쟁이 끝나자 이 기술로 진짜 노다지를 발견했다. 우유 관련 음료가 쏟아져 나왔다. 1985년에 카네이션 매입을 마친 스위스 대기업 네슬레Nestlé는 1948년에, 지금까지도 인기를 끌고 있는 초코우유 분말 퀵Quik을 출시했다. 토끼가 우유를 좋아한다는 데서 착안해 포장 용기에 토끼를 그려 넣었다. 1959년에는 딸기 맛을 출시했다. 1954년까지 탈지분유 판매량은 전쟁 직후 200만 파운드에서 1억 2000만 파운드로 성장했다. 산업 전문가들은 오래가고 상하지 않는 분유가 액체 우유를 모두 대체할지도 모른다고 걱정했다.[27] (하지만 그런 일은 결코 일어나지 않았다.) 우유 외에 다른 식품에도 분무건조 방식을 적용했다. 1942년, 제너럴 푸즈General Foods는 분무건조 방식을 이용해 인스턴트커피를 만들어 미군에 납품했다. 전쟁이 끝나자 맥스웰 하우스 인스턴트커피라는 이름으로 일반 대중에게 팔아 크게 성공했다.

디트로이트에 있는 C. E. 로저스C. E. Rogers는 전쟁이 발발했을 무렵 중간 규모의 분무건조 회사였다. 우유가공업체와 경쟁해서 이기려면 뭔가가 필요하다고 느낀 엘머 도널드 로저스Elmer Donald Rogers 회장은 분무건조 방식으로 달걀을 가공하는 데 완벽을 기했다. 방식은 비슷했지만, 위아래로 길쭉한 원형 우유 분무건조기에 비하면 좌우로 길쭉한 상자 모양이었다. 물론 이번에는 우유처럼 열을 가하지도 않았다. 그랬다가는 애매한 스크램블드에그가 되어버릴 테니까 말이다.[28]

현 회장이자 엘머 도널드의 손자인 하워드 로저스Howard Rogers는 달걀가루를 만드는 기계를 팔아 아주 큰 수익을 올렸다고 자랑하곤 한다. 엘머 도널드가 경영하던 시절에 제너럴 푸즈는 스테인리스와 탄소강을 비롯해 분무건조기를 만드는 데 필요한 재료를 얻으려고 "맨해튼 프로젝트에 촉각을 곤두세웠다". 하워드 로저스는 이렇게 말했다. "제2차 세계대전 무렵 돈을 엄청나게 벌었죠. 그 돈으로 할아버지는 미시간 주 노스필드에 거대한 저택을 지었어요." 걸음을 내딛는 족족 소기의 성과가 나타났다. 그러나 제너럴 푸즈는 전쟁이 끝나자 다시 우유 생산에 집중했다. 아마도 달걀가루를 군인들이 너무 싫어했던 탓이었을 것이다. 한 해군장교는 이렇게 말했다. "욱! 우리 기관장교는…… 달걀가루 여섯 개를 먹으려면 그 위에 케첩 반 병을 짜야 했어요. 그래야 간신히 먹을 수 있었죠. 너무 역겨워서 함께 식탁에 둘러앉은 사람 중 누구도 그 모습을 차마 보지 못했어요."[29] 카네이션이나 네슬레 같은 대형 식품가공업체들은 전쟁이 끝난 뒤에도 연구를 계속했고 인공 맛을 가미해 제품을 좋게 만들었다. 그렇게 해서 시장을 만들어나갔다. 오늘날 달걀가루와 냉동 달걀, 달걀 농축액 제품은 전체 달걀 소비량의 약 10퍼센트를 차지한다.[30]

대량 가공

그러나 탈수, 냉동, 건조 기법에서 이룬 기술 발전은 질량분석기의 출현으로 빛을 잃었다. 원자와 분자의 질량과 상대 농도를 측정하는 질량분석기는 실험실 밖에 있는 사람은 한 번도 들어본 적이 없는 과학기기일 것이다. 그렇지만 20세기 기술 발명품 중 원자폭탄 다음으로 중요한 발명품이라고 보면 틀림없다. 실제로 질량분석기가 없었다면 원자폭탄 자체를 만들지 못했을 테니까 말이다.

질량분석이라는 분야는 맨체스터 출신의 물리학자 조지프 존 톰슨Joseph John Thomson이 20세기 초에 처음 만들었다. 1906년에 기체방전 연구로 노벨물리학상을 받은 톰슨은 1913년에 자력과 전기가 원자에 끼치는 영향을 연구하고 있었다. 자기장을 통해 전기를 띤 네온가스를 쏘면 입자들이 직선과 곡선의 침로를 이탈할 거라고 생각했다. 그래서 사진 건판을 이용해 처짐각을 측정했다. 톰슨이 세운 가설은 예상했던 것보다 훨씬 더 정확했다. 건판에는 네온가스가 곡선으로 나아가지 않았다는 걸 보여주는 서로 다른 빛 두 개가 나타났다. 광선이 두 개로 분리된 것이다. 이 실험은 실제로 네온가스가 질량이 다른 원자 두 개로 이루어졌다는 걸 의미했다. 사실상 동위원소를 발견한 셈이었다. 원자번호는 같지만 질량수가 다른 천연 원소의 화학적 쌍둥이 말이다.

톰슨이 만든 시스템은 때마침 터진 전쟁에 힘입어 질량분석기로 발전했다. 질량분석기 덕분에 과학자들은 원자의 질량으로 서로 다른 분자와 동위원소를 정확히 알아볼 수 있었다. 전시에 질량분석기는 원자폭탄에 꼭 필요한 우라늄 동위원소 235를 찾는 데 쓰였다. 우라늄-235는 특히 밀도가 높아서 분열할 때 폭발력을 최대로 끌어 올리는 장점이 있었다. 질량분석기는 분리될 수 있는 원소를 생산 하는 두 가지 방식 중 하나다. 테네시 주 오크리지에 미국 정부가 세 운 거대한 시설에서는 이 질량분석기를 사용해서 우라늄 원자폭탄 을 만들었다. 여기서 만든 원자폭탄은 1945년 8월 6일 히로시마에 투하되었다(동위원소를 만드는 두 번째 방식은 워싱턴에 있는 듀폰 공장에서 화학분리 공정으로 우라늄 파생물인 플루토늄을 생산하 는 데 사용했다. 플루토늄 폭탄은 히로시마에 폭탄을 투하한 지 사 흘 만에 나가사키에 투하되었다).

전쟁이 끝나자 과학자들은 질량분석기를 제약, 에너지, 전자 등 산업 전반에 폭넓게 도입했다. 식품가공업자들이 이 신기술에 특히 열광했다. 질량분석기를 이용하면 분자 단계에서 제품을 연구할 수 있어서 결과를 예측하기가 쉬웠다. 과학자들은 이제 해당 식품에 영향을 끼치는 분자 하나를 더하거나 화학 구성을 바꾸는 법을 알 게 되었다. 과학자들은 전시에 오렌지주스, 감자, 우유, 달걀 등을 실험함으로써 음식 맛을 가공하는 법을 찾아냈다. 그런데 이제 질 량분석기가 이런 문제를 화학식으로 수정할 수 있게 해준 것이다.

질량분석기는 식품 산업에 새로운 현상을 수없이 몰고 왔다. 먼 저, 식품 향료산업을 탄생시켰다. 분자를 혼합하고 맞추는 능력을 가진 화학물 제조업자들은 이제 어떤 향이나 맛도 합성해낼 수 있 었다. 식품가공업자들에게 인공향료는 신이 보낸 선물이나 마찬가지였다. 인공향료가 모든 걸 해결해줄 테니 이제 맛 걱정은 떨쳐버리고 만들고 싶은 식품을 마음껏 만들면 되었다. 우후죽순 생겨난 향료 회사들이 식품 회사들에서 밀려드는 주문으로 호황을 누린 건 당연했다. 스위스의 지보단Givaudan과 피미니시Firmenich, 뉴욕의 인터내셔널 플레이버스 앤드 프래그넌스International Flavors and Fragrances, 독일의 짐리제Symrise 같은 회사들이 주도하는 세계 향료 시장은 이제 200억 달러를 넘어섰다.[31]

질량분석기 덕분에 식품가공업자들은 경쟁사 제품을 해부할 수도 있었다. A라는 회사가 특정 식품을 출시해서 성공하면, B라는 회사는 그 제품을 손쉽게 복제할 수 있었다. 코카콜라처럼 오랫동안 열과 성을 다해 지켜온 제조법도 이제는 더이상 비밀이 아니다. 캔자스 주립대학교 식품공학과 학과장이자 질량분석기 전문가인 스콧 스미스Scott Smith는 질량분석기가 식품 생산 결과를 꽤 정확히 알아맞힌다고 설명한다. "당신이 만약 커피를 찾는다면, 또는 여러 지역에서 나온 원두의 차이나 로스팅 방식의 차이 등 커피에 관해 알고 싶은 게 있다면, 전문 시식 평가단을 이용할 수도 있겠죠. 하지만 질량분석기를 이용하면 훨씬 더 객관적이고 분석적인 결과를 얻을 수 있습니다."[32]

질량분석기는 또한 식품의 품질을 보장하는 데 없어서는 안 되는 도구였다. 무슨 문제가 생겼을 때는 특히 질량분석기가 필요했다. 스콧 스미스는 초콜릿을 입힌 견과류 제품을 분석할 때도 질량분석기를 이용했다. 맛이 꼭 가짜 같아서 연구실에 분석 의뢰가 들어온 제품이었다. 스미스는 제품 화합물 중 하나가 심하게 산화되었다는 걸 알아냈다. 해당 화합물을 제거하면 간단하게 해결되는 문제였다. 스미스는 식품 문제를 다룰 때 질량분석기가 "어디서부터 답을 찾아야 하는지 늘 알려줄 것"이라고 말한다. "제 연구실에서는 질량분석기가 생사를 좌우합니다."

이와 같이 1950년대와 1960년대는 새로운 식료품이 쏟아졌다. 대부분이 새로운 방부제와 첨가물, 향료, 색소로 가득 차 있었다. 팝 타트Pop Tart, 가공 슬라이스 치즈, 프로스트 프레이크Frosted Flakes, TV 디너, 치즈 위즈Cheez Whiz, 라이스 어 로니Rice-A-Roni, 프루트 루프스Fruit Loops, 쿨 휩Cool Whip, 스파게티 오스Spaghetti-O's, 즉석 케이크 믹스를 비롯한 많은 제품이 식료품점을 강타하고 소비자들에게 사랑을 받았다. 그 결과 1949년과 1959년 사이에 화학물질 섭취량이 급격히 증가했다. 식품가공업자들은 400가지가 넘는 새로운 첨가물을 만들었다.[33] FDA가 보조를 맞출 수 없을 정도였다. 1958년에 FDA는 식품첨가안전물질 200개를 발표했다. 그러나 그때까지 식품에 사용되는 첨가물은 700가지가 넘었다.[34] 사람들은 방부제를 넣어 제품이 상하지 않게 처리하고 첨가물을 넣어 맛을 좋게 만드는 데에만 정신이 팔렸다. 영양가나 기술적으로 변형된 식품이 장기적으로 인체에 미칠 영향에는 별로 관심이 없었다.

비타민 B52

다행히 영양을 무시하는 현상에 모두가 빨려 들어가지는 않았다.

과학은 아직 확답을 하지 않았지만, 사람들은 가공식품이 신선식품만큼 몸에 좋지는 않을 거라고 의심했다. 가공식품이 건강에 미치는 영향에 대해서도 연구가 진행되었다.

1928년에 위스콘신 대학교에서 일찌감치 돌파구를 찾았다. 과학자들은 자연식품에는 없는 비타민 D로 통조림과 저온살균 우유에 방사능 처리를 했다. 곧 치즈에도 같은 공정을 가했다. 나날이 늘어나는 가공식품 목록이 결국 단속과 조사 대상이 되고 말 거라는 걸 감지한 식품회사들은 비타민 연구에 투자하기 시작했다. 같은 시기에 미네소타 주 메이오클리닉^{Mayo Clinic}에서 근무하는 과학자들은 십대를 대상으로 비타민을 실험했다. 피험자 네 사람에게 티아민(비타민 B_1)이 낮은 식사를 하게 한 다음 움직임이 둔해지고 기분 변화가 심해지고 정신적으로 피로감을 느끼는 걸 확인했다.[35] 연구진은 주부 여섯 명을 대상으로 같은 실험을 반복했다. 티아민이 낮은 식사를 한 피험자들은 체스트 프레스(기구를 이용한 가슴 운동—옮긴이)를 하는 횟수가 크게 줄었다. 여섯 명 중 두 명에게 다시 티아민이 높은 식사를 하게 하자 체스트 프레스 횟수가 원래대로 돌아왔다.

연구진 중 한 사람인 러셀 와일더^{Russell Wilder} 박사는 히틀러가 비타민 결핍을 무기 삼아 유럽을 지배했다고 주장했다. 나치는 "인구를 줄이려고 의도적으로 티아민 결핍을 초래했습니다. 우울증과 정신박약, 절망에 빠진 사람들이 훨씬 복종을 잘하기 때문이죠."[36] 그래서 와일더는 티아민을 '의욕 비타민'이라 부른다. 어떠한 군사 행동에 나서든 사기가 없는 군인은 무용지물이다. 균형 잡힌 아침식사가 중요하다는 건 더 말할 필요도 없다.

티아민은 원래 콩, 콩과ᵏᵘ 식물, 통밀가루에 들어 있다. 그런데 1940년에 미국인들은 통밀 빵을 싫어했다. 통밀 빵은 겨우 2퍼센트밖에 팔리지 않았다.[37] 그러나 미국인이 좋아하는 흰 빵을 만들려고 제분 공정을 거치면 밀에 들어 있는 티아민의 70~80퍼센트가 사라지고 말았다. 와일더는 정부가 개입할 필요가 있다고 생각했다. 와일더는 1931년에 미국 의료협회 식품영양위원회에, 1940년에는 국립조사위원회 의료분과에 참여한 덕분에 식품 권위자로 통했다. 비타민에 대한 자신의 생각을 피력하기 좋은 위치였다. 1941년, 와일더는 국립조사위원회 식품영양국을 조직하고 초대 회장이 되었다. 덕분에 미국에서 제일 영향력 있는 정치인들과도 친분이 두터워졌다.

1942년, 와일더는 마침내 군대와 연방 기관에서 쓰는 모든 밀가루에 티아민 같은 영양성분을 원래 함량으로 '강화'해야 한다고 정부를 설득했다. 정부의 결정은 즉각 효과를 발휘했다. 1943년 중반까지 미국에서 생산된 빵의 4분의 3에 비타민 B_1이 강화되었다.[38] 영국군도 같은 정책을 취했다. 제1차 세계대전 기간에 징집된 젊은이 중 43퍼센트가 영양부족 때문에 의학적으로 건강하지 못하다는 걸 알고 나서 영국 정부는 밀가루에 영양성분을 강화하는 조치를 내렸다.[39] 식품 가공 기술이 불러온 나쁜 영향을 좋은 가공 기술로 보완하는 움직임이 공식적으로 시작되었다. 전쟁 이후 가공업자들은 건강에 대한 의식이 높아진 최신 동향에 따라 쌀과 시리얼 같은 다른 식품에도 영양성분을 강화하여 돈을 벌었다. 그리고 한 걸음 더 나아가 식품에 원래 함유되어 있지 않았던 영양성분까지 첨가하여 '강화' 식품을 만들었다. 1950년대에는 이런 분위기가 너무 뜨겁게 달아올라 껌에 비타민을 가득 채우기도 했다.

강화는 충분한 영양섭취를 위해 한발 나아간 조치였다. 그러나 1950년대 말부터 세계는 계속 뒷걸음질을 쳤다. 경기력을 향상시키는 약물 섭취 여부를 알아보는 것부터 금광을 찾는 광업 회사까지, 오늘날 곳곳에서 사용하는 질량분석기는 식품가공업자들이 식품에 들어 있는 화학성분을 바꿀 수 있게 도와주었다. 맛과 질감, 모양, 색깔 모두 원하는 대로 바꾸고 만들어낼 수 있었다. 새로운 플라스틱의 출현으로 가능해진 포장 기법이나 통조림, 탈수, 냉동, 건조 기술 덕분에 식품 수명을 늘리고 상하는 걸 방지하고 아주 먼 곳까지 운반할 수 있었다. 국제 식품가공 회사들이 진정으로 국제적이라 할 만한 식품을 위해 앞장서서 길을 닦았다.

전시에 호황을 누린 냉장고와 냉동고 판매도 1950년대와 1960년대까지 이어졌다. 전자레인지와 플라스틱 용기가 출현하면서 두 제품은 함께 손을 잡고 가정에 음식을 새롭고 쉽게 저장하고 조리하는 법을 제시했다. 최근 30년간 식품 생산과 판매, 소비에 일어난 변화가 이전 300년간 있었던 변화보다 훨씬 더 극적이었다.

이 모든 것은 번영이 몰고 온 소비문화의 산물이었다. 총력전 뒤에는 다시 총력 생활이 찾아왔다. 식품은 이 말에서 필수불가결한 부분이었다. 식품은 이제 대공황이나 전시에 그랬던 것처럼 귀한 생필품이 아니었다. 제일 귀한 건 시간이었다. 신기술로 무장한 식품 생산업체들은 이런 요구를 채우는 게 훨씬 더 행복했다. 플라스틱이나 플라스틱이 환경에 끼치는 해악, 새로운 가공식품이 건강에 끼칠 부정적인 영향을 거론하면, 사람들은 이렇게 말했다. "그러든 말든 일단 먹자."

연구실에서 드라이브 스루로

전시 가공 기술의 발전이 식품 혁명 이야기의 전부는 아니다. 가공 기술은 전반부에 불과하다. 후반부 이야기는 부엌이나 식료품점이 아니라 미국 전역에 있는 식당에서 일어났다. 전후 생활에 전념하면서 사람들은 준비 시간이 짧고 쉽게 저장할 수 있는 식품을 원했다. 그런데 집 안에서만이 아니라 밖에서도 똑같은 일이 벌어졌다. 전쟁이 일어나기 전에는 가족이 식당에서 밥을 먹는 예가 별로 없었다. 그런데 경제 호황으로 사람들에게 빠르고 싸고 능률적으로 음식을 내놓는 새로운 식당이 속속 등장했다. 기술공학이 핵심이었다.

세계적으로 성공한 최초의 패스트푸드 체인점 데리 퀸Dairy Queen은 아이스크림 사업이 안고 있는 두 가지 커다란 문제를 해결하는 데 집중했다. 첫 번째는 제품이 너무 단단한 게 문제였고, 두 번째는 아이스크림을 푸는 작업에 시간이 많이 걸리는 게 문제였다. 그런데 새로 도입한 기계는 아이스크림을 얼기 직전의 온도로 보관했다. 그래서 차가우면서도 부드러웠다. 게다가 꼭지를 열기만 하면 바로 아이스크림이 나왔다. 덕분에 데리 퀸 매장에서는 한 시간에 아이스크림콘을 수백 개나 만들어 팔 수 있었다. 당연히 거래량이 엄청나게 늘었다.

버거킹도 거래량을 늘릴 수 있는 비슷한 기계를 만들었다. 버거킹 기계는 철사 바구니 안에 있는 그릴을 통해 버거를 옮기면서 시간당 400개를 자동으로 요리했다. 손으로 요리하는 것과 비교가 안 될 정도로 빨랐다. 그런가 하면 KFC는 다리와 가슴살을 튀기는 신형 가압 튀김기를 도입했다. 원래 쓰던 튀김기와 비교하면 조리 시간이 3분의 1로 줄었다. 식품업계의 새로운 거물로 떠오른 패스트푸드 체인점은 음식을 대량생산하기 위해 기술에 의존했다. 판매량도 계속 늘었고 사업도 확장에 확장을 거듭했다.

물론 어느 누구도 맥도날드만큼 큰 성공을 거두지는 못했다. 패스트푸드 산업 초창기만 해도 사람들은 기술, 과학, 공학이 판매 속도와 판매량을 올려줄 거라는 생각을 못했다. 기술혁신을 위해 투자하면 할수록 수익이 늘어날 거라는 걸 몰랐다. 원조 맥도날드는 뉴햄프셔 주에 있는 신발공장 공장장의 아들인 리처드 딕 맥도날드 Richard Dick McDonald 와 그의 형 모리스 맥 맥도날드 Maurice Mac McDonald 가 시작했다. 두 형제는 대공황이 절정에 달한 1930년에 부를 찾아 캘리포니아로 이사했다. 영화관 운영에 손을 댔다가 1937년에 패서디나에 차를 탄 채 이용할 수 있는 드라이브인 핫도그 가판대를 개업했다. 나름 성공하긴 했지만, 거기에 만족할 수 없었다. 그래서 인근 신흥 도시인 샌버너디노로 장소를 옮겼다. 1940년, 샌버너디노에서 차량 통행이 많은 66번 도로에 첫 번째 드라이브인 맥도날드 식당

을 개업했다. 대성공이었다. 특히 십 대들에게 인기가 많았다. 아이들은 마치 놀이터처럼 맥도날드 식당을 드나들었다. 1940년대 중반, 두 사람은 캘리포니아 여러 지역에 식당을 내고 돈을 그러모았다. 동시에 완전히 새로운 식당을 만들었다. 전후 경제 호황에 힘입어 어디서나 자동차를 볼 수 있었고 고객들은 점점 더 빠른 서비스를 원하고 있었다.

그런데 맥도날드 형제가 원하는 만큼 작업 속도가 빠르지 않았다. 당연히 판매량도 성에 차지 않았다. 두 사람은 요식업계에서 전통적으로 쓰는 도구와 시스템에 속이 터졌다. 헨리 포드가 자동차 제조 속도를 끌어올릴 때 썼던 조립 라인 기술을 식당에도 도입하고 싶었다. 맥도날드 역사가는 형제가 직접 장비를 발명했고 "작업 속도를 올릴 수 있는 기술혁신이라면 뭐든 좋아했다"고 말했다.[40] 1948년 가을, 두 사람은 순전히 속도를 높이는 수리를 하려고 식당 문을 닫았다. 우선 일반 그릴을 주문 제작한 대형 그릴 두 개로 교체했다. 그리고 버거 여러 개를 한 번에 뒤집을 수 있는 넓은 쇠주걱, 빵에 적정량의 케첩과 머스터드를 짜는 스테인리스 스틸 펌프 용기 등 새로운 장비를 만들 장인을 고용했다. 오늘날에도 패스트푸드 업계에서는 이때 만든 장비 대부분을 계속 쓰고 있다. 맥도날드 형제는 또한 한 번에 밀크셰이크 다섯 개를 만들 수 있는 멀티믹서 Multimixer 네 개를 구입했다. 두 사람의 운명을 바꿔놓을 레이 크록과 맺은 첫 번째 계약이었다.

설비 외에도 시스템을 대대적으로 바꿨다. 메뉴는 딱 11개로 줄이고, 사기그릇과 납작한 식기류는 모두 폐기하고 종이봉투와 종이 포장지, 종이컵으로 바꿨다. 차를 탄 채 주문하는 고객들을 접대하던 직원들도 모두 해고했다. 고객들은 이제 문으로 걸어 들어와서 주문해야 했다. 직원 두 명은 밀크셰이크를 만들고 나머지 두 명은 감자튀김만 만들도록 작업을 아주 단순하게 정리했다. 스피디 서비스 시스템Speedee Service System을 특징으로 삼아 새롭게 단장한 맥도날드는 햄버거 얼굴에 주방장 모자를 쓴 스피디Speedee 캐릭터로 마지막 마무리를 하고 12월에 다시 문을 열었다. 미세하게 조율된 기계는 인간과 기술적 효율성의 완벽한 조합을 상징했다. 십 대들이 놀라서 달아나는 통에 처음에는 매출에 타격이 있었다. 그러나 곧 아이들은 돌아왔고 새롭게 단장한 맥도날드의 진가를 알아보고 가족 단위 고객이 몰리면서 이전보다 매출이 늘었다.

1954년까지 두 형제는 돈더미 속에서 헤엄을 쳐도 될 정도로 많은 돈을 그러모았다. 그리고 크록과 운명적인 만남을 갖기 전에 몇 곳에 가맹점 영업권을 팔았다. 쉰세 살의 시카고 토박이 레이 크록은 평생 사업을 하며 살았다. 그는 그럭저럭 잘 해나갔다. 처음에는 종이컵을 팔다가 나중에는 밀크셰이크 기계를 팔았다. 그러나 아무리 거물 고객이라 해도 멀티믹서를 두 개 이상 살 사람은 없었다. 그래서 레이 크록은 비교적 가까운 곳에 있는 아주 작은 캘리포니아 기업체에 흥미를 느꼈다. 크록은 샌버너디노에 가서 맥도날드 형제를 만났다. 그리고 점심시간에 몰려든 손님들을 보고 경외감을 느꼈다. 평생 기업가로 살아온 레이 크록은 이 배에 올라타야 한다는 걸 바로 알아챘다.

크록은 맥도날드 형제에게 전국 맥도날드 식당에 대한 권리를 사들였다. 그리고 맥도날드 체인점을 본격적으로 운영했다. 크록은 고향인 시카고 인근에 있는 디모인과 일리노이에 체인점을 열게 도와달라고 짐 쉰들러Jim Schindler에게 부탁했다. 쉰들러는 제2차 세계 대전 기간에 미국 육군통신대에서 전자 교육을 받고 군수품 제작에 필요한 도구를 설계했다. 그러나 크록이 쉰들러에게 관심을 보인 건 잠수함 주방을 설계한 경력 때문이었다. 크록에게는 그 기술이 가장 중요했다. 잠수함 주방을 설게하려면 비좁은 공가을 감안하는 건 물론이고 설계 하나를 다양한 배에 적용해야 하니 표준화 작업이 필수였다. 당연히 튼튼하고 청소하기도 쉬워야 했다. 크록이 계획한 체인점 주방에도 똑같은 게 필요했다. 따라서 쉰들러가 제격이었다. 이미 그는 전원 코드만 꽂으면 바로 이용할 수 있는 스테인리스 스틸 설비를 만들어 수많은 식당에 납품한 경력이 있었다.

맥도날드가 1963년까지 400개가 넘는 매장을 확장하면서 몸집을 키우기 시작하자 품질관리 문제도 같이 불거졌다. 1년 365일 뉴욕 매장과 로스앤젤레스 매장에서 똑같은 버거와 감자튀김 맛을 유지하는 건 쉽지 않았다. 레이 크록은 호멜, 카네이션, 네슬러 같은 대형 식품가공업체가 이용했던 식품공학으로 고개를 돌렸다. 1957년에 맥도날드는 패스트푸드 회사로서는 처음으로 연구소를 설립했다. 연구진이 맡은 첫 번째 과업은 감자튀김을 완벽하게 만드는 일이었다. 심플롯이 만든 냉동 감자로 전환한 건 첫걸음에 불과했다.

맥도날드의 과학자들은 당분이 탄수화물로 바뀌도록 말린 감자로도 실험을 했다. 새로 들여온 복잡한 기계로 감자의 고형물 함량도 연구했다. 그리고 고형물 함량이 최소한 21퍼센트 이상인 감자로만 바삭한 감자튀김을 만들 수 있다는 사실을 알아냈다. 그래서 감자 공급업자들에게 비중계나 감자 비중과 고형물 함량을 재는 기구를 갖추게 했다. 감자 농사를 짓는 사람들 중 비중계를 본 적이 있거나 써본 적이 있는 사람은 소수였다. 그러나 성장을 거듭하는 대기업에 납품을 하려면, 새로운 기술을 받아들여야 했다. 맥도날드는 튀김기 기름 온도가 정확한 지점에 이르면 이를 감지하는 감자 컴퓨터까지 발명했다. 감자튀김이 완성되면 센서가 울리는 감지기는 나중에 치킨 맥너겟, 필레 오 피쉬 등 모든 튀김 메뉴를 만들 때 사용되었다. 그리고 지금은 패스트푸드 산업의 표준으로 자리를 잡았다. 맥도날드가 완벽한 감자튀김을 찾아 처음 10년간 300만 달러를 쏟아부으며 심혈을 기울인 과정은 원자의 비밀을 밝히는 과정과 다르지 않았다.[41]

맥도날드는 다른 메뉴의 품질도 동일하게 유지하기 위해 과학적으로나 공학적으로 엄청난 노력을 기울였다. 크록은 밀크셰이크 생산 속도를 높이고 식당 공간을 아껴 쓰려고 냉동 아이스 밀크 대신 농축 혼합액을 섞는 새로운 기계를 도입했다. 액체 혼합물을 기계에 부으면 적당히 얼어서 자동으로 밀크셰이크가 나왔다. 데리 퀸에서 아이스크림을 만드는 방식과 무척 비슷했다. 새로운 시스템은 손으로 밀크셰이크를 만들던 옛날 시스템보다 확실히 빨랐다. 액체 혼합물이 들어 있는 통은 냉동 아이스 밀크보다 공간도 덜 차지했다. 여러모로 농축 오렌지주스 통과 비슷했다.

맥도날드 이전에 햄버거는 정육업자들이 인기 없는 부위를 보관하는 저장고나 다름없었다. 그러나 크록은 그렇게 맛없는 부위로 버거를 만들고 싶지 않았다. 자기 회사에서 내놓는 버거가 사람들에게 신뢰를 받길 원했고, 무엇보다 정체불명의 고기로 버거를 만들어 팔다가 대형 소송에 휘말리고 싶지 않았다. 맥도날드 연구소에서는 다른 행성에서 온 외계인이라도 되는 양 간 쇠고기를 분석하고 실험했다. 그 결과 프랜차이즈 매장에 전달할 50가지 점검표가 탄생했다. 이 점검표만 있으면 공급업자들이 지름길을 찾아 샛길로 새지는 않았는지 납품받은 고기를 꼼꼼하게 확인할 수 있었다.

1960년대 후반까지 맥도날드는 175개 공급업자로부터 일주일에 세 번 햄버거에 쓸 고기를 납품받았다. 상당히 많은 업자들에게 꽤 많은 고기를 납품받는 탓에 수송물 감독이 소홀해지기도 쉬웠을 뿐 아니라 공급업자들이 원칙을 무시하기도 했을 것이다. 레이 크록은 이런 점을 크게 염려했다. "우리가 질 나쁜 쇠고기를 받아서 고객 수천 명이 배탈이 나는 악몽을 꾸다 한밤중에 벌떡 일어나곤 했습니다. 그런 문제를 어떻게 극복해야 할지 걱정이었죠."[42]

해결책을 찾던 크록은 매장 수준을 올리는 데에서 공급업자 수준을 올리는 쪽으로 기술혁신의 초점을 바꾸었다. 1960년대 후반에 소형 정육 공급업자 셋이서 뭉쳐 맥도날드 쇠고기 문제를 해결한다는 목표를 세우고 에퀴티 미트Equity Meat라는 작은 회사를 설립했다.

그리고 냉동 감자튀김과 비슷한 공정을 만들어냈다. 쇠고기 패티를 200도 이하의 극저온으로 급속냉동하고 육즙이 새어나가지 않게 밀봉했다. 냉각수와 냉동 속도, 고기 다지는 기술, 조리 시간을 다양하게 바꿔가며 실험을 거듭했다. 버거에 정확한 고기 조합을 넣으려고 처음으로 컴퓨터 시스템을 만들기까지 했다. 맥도날드 경영진은 냉동 감자튀김 얘기를 들었을 때 그랬던 것처럼 냉동 패티를 써보라는 얘기를 처음 듣고 코웃음을 쳤다. 그런데 맛을 보니 꽤 괜찮았다. 신선한 패티보다 나을 건 없었지만, 그릴에 구울 때 생고기보다 덜 줄어든다는 장점이 있었다.

갑자기 고기 품질관리 문제가 다 풀렸다. 에쿼티 미트에서 납품한 버거를 처음 시식하고 2년이 지난 1973년까지 거의 모든 맥도날드 매장이 냉동 패티로 재료를 바꾸었다. 맥도날드와 맺은 협약에 따라 필라델피아에 기반을 둔 에쿼티 미트는 맥도날드가 적합하다고 판단한 다른 공급업자들과 자사 기술을 공유해야 했다. 정육업자 네 곳이 추가로 선정되었다. 맥도날드는 175곳이었던 쇠고기 공급업체를 단번에 5곳으로 줄이고 품질관리를 강화하여 효율성을 크게 높였다. 맥도날드는 에쿼티 미트에 아주 고마워하며 버거 사업으로 목돈을 벌게 해주었다. 작은 회사에서 세계 최대 쇠고기 공급업체로 빠르게 변신한 에쿼티 미트는 키스톤 푸즈Keystone Foods로 이름을 바꿨다. 현재 키스톤 푸즈는 직원 수가 1만 3000명에 달하고 전 세계 3만 개 식당에 제품을 납품하는 회사로 성장했다. 일 년에 쇠고기 3억 8800만 파운드, 가금류 16억 파운드를 취급한다.[43] 골든 스테이트Golden State, 오토 앤드 선즈Otto & Sons 등 에퀴티 미트에서 개발한 기술을 전수받은 다른 쇠고기 공급업자들도 당연히 업계 거물이 되었다.

맥도날드는 닭고기 사업에서도 비슷한 변화를 이끌었다. 1970년대 후반, 가금류 식품에 대한 수요가 점점 늘어난다는 걸 깨닫고 룩셈부르크 출신의 유럽 주방장으로 격찬을 받는 르네 아렌드Rene Arend를 고용해서 닭고기 제품을 만들게 했다. 사실 아렌드가 치킨 맥너겟을 만든 건 순전히 우연이었다. 원래는 반죽을 입혀 튀긴 어니언 너겟을 만들었는데, 인기가 없었다. 그러자 맥도날드 회장 프레드 터너Fred Turner가 닭고기로 한번 만들어보라고 권했다. 아렌드는 닭고기를 한 입 크기로 자른 다음 반죽을 입혀 튀겼다. 터너는 아주 좋아했다. 하지만 두 사람 다 맥도날드에서 필요한 수량을 대량으로 생산하기가 쉽지 않다는 걸 알고 있었다. 자동으로 닭 뼈를 발라낼 방법이 없었기 때문이다. KFC는 많은 양의 닭고기를 팔았지만, 경쟁 업체인 맥도날드가 원하는 것처럼 닭고기를 한 입 크기로 자르지 않았다. 이 말은 곧 버거 체인이 다시 한 번 쇄신해야 한다는 뜻이었다.

키스톤 푸즈는 지금 우리에게 친숙한 맥너겟 모양으로 살코기를 자르기 위해 햄버거 패티 기계를 고쳐서 다시 맥도날드를 구하러 왔다. 뼈를 발라내는 작업은 손으로 해야 했지만, 생산 속도가 확실히 빨라졌다. 1980년에 치킨 맥너겟은 실험 판매를 위해 선정한 테스트 스토어에서 판매를 개시했고 즉시 큰 인기를 끌었다. 1년 뒤에는 맥도날드 전체 매장에서 맥너겟을 출시했다. 키스톤 푸즈는 이번에도 자사 기술을 타이슨 푸즈Tyson Foods라는 세계 최대 닭고기 생산업체와 공유했다.

타이슨 푸즈는 완전히 새로운 닭고기 품종을 만듦으로써 맥너겟을 한 단계 더 끌어올렸다. '미스터 맥도날드'라는 별명이 붙은 새 품종은 전통적인 구이용 닭보다 두 배나 컸다. 크기가 크니 살코기도 더 많았고 뼈를 발라내기도 훨씬 쉬웠다. 출시 후 3년 만에 맥너겟은 미국 맥도날드 매출의 7.5퍼센트를 차지했다. 1985년에는 7억 달러 이상을 벌어들여 가장 성공한 제품 중 하나가 되었다.[44] 맥도날드는 이제 세계에서 두 번째로 큰 닭고기 구매자로 우뚝 섰다. 아직까지 1위는 KFC다.

닭고기 산업은 시류에 편승하여 수익을 냈다. 타이슨 푸즈는 맥너겟 계약으로 1986년에 미국 최대 닭고기 생산업체로 성장해 콘아그라 푸즈ConAgra Foods를 눌렀다. 가금류 사업에서 한때 미운 오리 새끼였던 뼈 없는 닭고기가 날아오르자 다른 이들도 우르르 몰려왔다. 맥도날드가 맥너겟을 출시하고 몇 년 뒤 KFC가 자체 너겟을 만들어 재빨리 편승했다. 한편, 타이슨 푸즈 경쟁 업체들도 더 큰 닭을 길러서 시장 변화에 대응했다. 이런 경향은 오늘날까지 이어져서 닭고기 공급업자들은 닭을 계속 더 크게 키워서 본전을 뽑으려고 애쓴다. 맥도날드에서 뼈를 발라내는 과정에 참여했던 신상품 개발 회사 버드 스위니Bud Sweeney는 1980년대에 이렇게 말했다. "우리는 닭고기 사업에 대변혁을 일으켰습니다."[45] 하지만 이런 경향은 지나

치게 비대해져서 자기 몸무게도 지탱하지 못하는 닭을 보고 충격을 받은 동물권리보호 운동가들을 화나게 만들었다.

어쨌든 맥도날드는 기술혁신으로 엄청난 매출과 수익을 올렸다. 그 결과 부자가 되고 싶은 사람들이 맥도날드 프랜차이즈 가맹점에 가입하려고 줄을 섰다. 초창기부터 맥도날드는 경쟁사들을 쉽게 따돌렸고, 지금은 세계에서 가장 큰 패스트푸드 기업으로 자리매김했다. 매장 수는 3만 1000개가 넘는다.[46] 그간 크록은 타고난 사업 감각과 프랜차이즈 가맹점을 판매하고 관리하는 능력으로 칭송을 받곤 했지만, 기술을 알아보고 사용하는 능력에 대해서는 제대로 된 평가를 못 받았다. 그러나 크록이 개척한 기술혁신이 없었다면, 맥도날드는 창업자 맥도날드 형제가 세운 식당 몇 개로 그렇게 빠르게 성장하지 못했을 것이다. 심지어 크록은 쉰들러를 시켜 세계 최초 옥상 냉난방기 세트를 만들기까지 했다. 더욱이 크록이 도입한 이런 기술은 맥도날드만 성장시킨 것이 아니라 나머지 패스트푸드 산업의 규모를 재는 척도가 되었다. 기술혁신이 판매량을 좌우하는 핵심이란 걸 제대로 간파한 체인점도 있었지만, 그렇지 않은 체인점도 있었다. 규정을 따른 이들은 돈을 많이 벌었다. 그러나 이 개념을 제대로 이해하지 못한 이들은 쇠퇴하거나 현상 유지를 하는 데 그쳤다. "혁신하거나 죽거나!" 이것이 크록이 설립한 패스트푸드 사업의 핵심이었다.

맥도날드는 또한 적시공급모델을 개척해 물류공급을 개혁했다. 나중에는 월마트, 델컴퓨터 같은 회사들도 적시공급모델에 애착을 나타냈다. 1970년에는 한 맥도날드 식당이 공급업체 200곳에서 버거부터 감자, 종이컵, 빨대까지 일주일에 약 25개의 화물을 공급받았다. 그러다 보니 식당이 소형 창고가 되어갔다. 그래서 맥도날드에서는 식품부터 건물류까지 필요한 물품을 모두 한 곳에서 제공할수 있도록 공급업체들 간에 통합을 장려했다. 공급업체들이 통합하면 자체 지역 물류센터와 보관 창고를 세울 수 있고, 그러면 인근에있는 모든 맥도날드 식당에 저장품이 부족해질 때마다 바로바로 물품을 공급하게 될 터였다. 그렇게 함으로써 맥도날드는 유통망을약 10개로 줄일 수 있었다. 1980년대 중반에는 매장에 들어오는 화물이 일주일에 두 개로 줄었다. 새로운 시스템 덕분에 효율성은 높아지고 서류 업무는 줄고 구매 관리는 더 엄격해지고 쓰레기는 줄고 식품은 더 신선해졌다.[47] 사실상 미국 전체 식품 생산 시스템이이 모델을 따랐다.

　비평가들은 맥도날드식 물류 집중에 우려를 표한다. 대형 공급업체 한두 곳이 전체 지리구地理區를 책임지면 소규모 회사들이 더 작은 지역에 식품을 공급할 때보다 오염 식품이 발생할 때 그 여파가훨씬 광범위하게 퍼질 위험이 있기 때문이다. 이런 논쟁이 일부분사실로 입증되자 맥도날드는 지속적인 품질 향상을 요구함으로써공급업체들 간에 경쟁 관계를 유지하는 데 힘썼다. 원가를 줄이려고 꾀를 부리는 낌새가 보이면 주저하지 않고 거래처를 바꿨다. 일례로 품질에 대한 불만이 커지자 망설임 없이 콘웨이Conway에서 골든 스테이트로 소스 생산업체를 바꿨다. 수많은 공급업체가 늘 정

직하게 영업을 해온 건 맥도날드라는 대형 거래처를 잃을지도 모른 다는 위기감 때문이었다. 일단 식품 오염 사건이 터지면 맥도날드의 일원화된 식품 공급망 때문에 대형 사건이 될 게 틀림없다. 하지만 많은 식품공학자는 공급 규모가 더 작다 해도 관리감독 시스템이 없으면 사건 발생 빈도가 훨씬 더 높아질 거라고 지적한다. '백문이 불여일견'이라는 말이 있다. 개발도상국에서 휴가를 보낸 적이 있는 사람은 관리감독이 엄격하지 않은 지역 음식을 먹고 식중독에 걸려 고생한 적이 있을 것이다. 늘 심각한 결과를 몰고 오는 건 아니지만, 일난 식중독에 걸린 사람은 머는 일을 중지할 수밖에 없다.

1960년대에 식품 혁명이 모두 완료되었다. 식료품점에 간 소비자들은 전자레인지에 데워 먹고 먹고 남은 건 터퍼웨어 용기에 담아 보관할 수 있는 인스턴트식품 중에서 원하는 걸 고를 수 있었다. 인스턴트 스프, TV 디너, 냉동 감자튀김 등 가짓수가 너무 많아서 탈이다. 가족들은 집 밖에서도 동네에 있는 맥도날드나 버거킹, KFC에 가서 거금을 들이거나 오래 기다릴 필요도 없이 원하는 음식을 먹을 수 있다. 인스턴트식품과 패스트푸드 덕분에 소비자들은 취미생활이나 여행, 여가활동 등 자기가 정말 하고 싶은 일에 너 많은 시간과 돈을 쓸 수 있었다. 가장 실제적이고 필수적인 먹는 문제를 해결한 소비자들은 이전에는 경험해보지 못한 방식으로 마음껏 욕구를 채웠다. 성혁명이 그 뒤를 잇는 건 전혀 놀랄 일이 아니다.

3 아마추어 무장시키기

결국 전쟁은 전 세계적인 도착 행위다.
우리 모두가 이 도착 행위에 감염되었다.
직접 전쟁에 뛰어들 수 없을 때 우리는 전쟁 이야기,
곧 전쟁 포르노그래피를 읽으며 시간을 보낸다.
아니면 전쟁 외설 영화를 보거나 전장에서 용감하게 싸우는 모습을
상상하며 말초감각을 자극한다. 전쟁의 마스터베이션인 셈이다.

존 래John Rae, 「커스터드 보이즈Custard Boys」

제2차 세계대전이 낳은 가장 놀라운 부산물은 현대 포르노그래피 산업이다. 이상하게 들리겠지만, 설명은 나중에 하겠다. 전쟁은 소형 필름카메라를 표준화했고 카메라를 사용하는 아마추어 군단을 훈련했다. 전쟁이 끝나자 할리우드에서 아웃사이더로 배척당하던 이들 신예 영화제작자들이 새로운 기술과 기량으로 자기 영화를 만들었다. 그중 대부분이 당시 모든 매체에서 펼쳐지던 성혁명에 빠져들었고, 그렇게 포르노그래피 영화 산업이 탄생했다. 성혁명과 영화 혁명은 서로 영향을 주고받고 서로를 발전시키면서 나란히 펼쳐졌다.

전쟁 전에 유럽에서는 섹스와 알몸 노출이 주를 이루는 영화 시

장을 '블루 무비blue movie', 즉 외설 영화라 불렀다. 주로 사창가에 납품하기 위해 블루 무비를 만들었다.[1] 그래서 사업 규모는 그리 크지 않았다. 영화를 찍으면 주로 영국과 프랑스에 있는 개인 구매자들에게 실어 날랐다. 러시아와 발칸 국가들처럼 멀리 떨어진 곳에서도 찾는 이들이 있었다. 1967년에 『플레이보이』 기사에서 지적한 대로 "황금시대가 끝날 무렵 유럽 대륙에서 내로라하는 윤락업소 중에 이런 영화를 쌓아두지 않은 곳은 거의 없었다".[2] 미국에서도 블루 무비를 제작했다. 남자들만 모이는 사교파티를 찾는 이십 대부터 사십 대 남성이 주 고객이었다. 리지오넬라스Legionnaires, 슈라이너Shriners, 엘크스Elks, 대학 사교클럽 같은 사교 단체들이 카메라 가게에서 영사기와 블루 무비를 은밀히 빌려와 상영하곤 했다.[3] 미국과 유럽 시장 모두 제2차 세계대전이 일어나기 전 몇 해 동안이 성수기였다. 16밀리 카메라가 처음 도입되어 영화제작 비용이 낮아진 덕분이었다.[4] 그런데도 시장은 여전히 작았다. 『플레이보이』에 따르면 1970년에 제작된 블루 무비는 2000편에 불과했다.[5] 전쟁이 발발할 때까지 영화제작은 마구잡이식이었다. 남는 건 별로 없고 위험하기만 했다. 블루 무비는 많은 나라에서 사실상 불법이었고 정부 당국으로부터 용인을 받지 못했다.

영화사가들은 대개 프랑스를 남성용 영화의 발생지로 꼽는다. 1895년에 처음 루이 뤼미에르Louis Lumière가 선보인 시네마토그라프cinématographe로 초창기 영사기 사업을 주도했기 때문이다. 그러나 사실상 독일, 러시아, 아르헨티나, 일본 등 전 세계 곳곳에서 초창기 포르노 영화를 찾을 수 있다. 포르노 영화는 본래 영화를 제작한 지역에서 상영하는 게 보통이었다. 다른 지역으로 실어 나르다 음란물 유포로 기소될까봐 겁이 났기 때문이다. 흑백 무성 영화로, 보통 10분에서 15분짜리였다. 다양한 아마추어가 참여했고 당시로서는 놀랄 만큼 생생했다. 노골적인 삽입 장면, 동성애, 심지어 수간까지 등장했다. 1915년경에 제작되어 최초의 미국 포르노 영화로 간주되는 〈프리 라이드Free Ride〉에는 자동차를 타고 외설적인 장면을 연출하는 한 남자와 두 여자가 나온다. 남자가 소변을 보려고 차를 세우자 여자들이 남자를 몰래 훔쳐보며 흥분한다. 그다음에는 남자가 여자들을 몰래 훔쳐보고 성적으로 접근해서 셋이 같이 섹스를 즐기는 것으로 끝이 난다.

〈프리 라이드〉와 그 시대에 제작된 대부분의 남성용 영화는 성적인 내용에도 불구하고 완성도가 뛰어났다. 전문 영화제작자들이 뒤에서 은밀히 지원하는 듯했다. 영화사가 알 디 라우로Al Di Lauro와 제럴드 랩킨Gerald Rabkin은 『더티 무비스Dirty Movies』라는 책에서 이렇게 말한다. "그 시대에는 영화 장비가 비싸고 조작이 어려워서 아마추어들이 쉽게 사용할 수 없었다는 점을 감안하면 왜 그렇게 전문적인 느낌이 났는지 충분히 이해할 수 있다."[6]

전쟁이 끝나고 영화 기술 및 기법이 할리우드에서 빠져나와 신병 훈련소에 들어가고 아마추어들에게 개방되면서 상황이 바뀌었다. 군은 영화에 갈증을 느꼈다. 영화는 전시에 적과 그들의 약점을 녹화하고, 군인을 훈련하고, 시청자들에게 사기를 진작하는 선전 도

구로 아주 유용했다. 한 영화사가의 말 대로 카메라는 "레이더만큼 이나 꼭 필요한" 물건이었다.[7]

할리우드에서 일하던 사람들은 일제히 소집을 받았다. 영화 산업 근로자의 6분의 1에 해당하는 4만 명이 영화제작, 배급, 영사 업무에 배치되어 군복무를 했다. 여기에는 감독, 작가, 카메라 감독, 전기 기사, 기술자, 기계 기술자가 모두 포함되었다.[8] 배우들도 징집되었다. 할리우드 전문가들은 미국 육군통신대에서 카메라 작동법을 가르쳤다. 윌리엄 와일러William Wyler, 존 휴스턴John Huston, 프랭크 캐프라Frank Capra 같은 장면 극영화 감독들은 전투 장면과 훈련용 영화를 찍었다. 다른 산업과 마찬가지로 할리우드도 이렇게 애국적인 임무를 수행하면서 전쟁에 이바지했다.

그러나 육군통신대는 할리우드의 전문 지식과 인력은 두 팔 벌려 환영했지만, 영화 산업의 기술까지 필요로 하지는 않았다. 당시 장편 극영화는 35밀리 카메라로 찍었다. 흉물스러울 정도로 거대해서 한 번씩 움직이려면 아주 힘이 들었다. 간결함과 기동성이 필수인 전시에는 적합하지 않았다. 할리우드 제작사들은 전시 상황에서도 쓸 수 있도록 거대한 영화 도구를 작고 기동성 있고 유연하게 줄여야 했다. 수정 작업은 쉽지 않았다. 당시 미국 촬영자협회는 이렇게 말했다. "할리우드 표준에 익숙한 이들이 그렇게 작은 장비를 만들려면 상당히 혼란스러울 수밖에 없습니다. 비행기, 자동차, 배를 막론하고 어떤 여건에서든 쉽고 빠르게 이동하려면 무엇보다 완벽한 기동성이 필요합니다. …… 장비를 최소형으로 줄여야 합니다."[9]

16밀리 카메라는 1920년대 초 시장을 강타했다. 그러나 영화제작자들은 16밀리 카메라를 꺼렸다. 16밀리 카메라로 찍으면 화질이 떨어진다고 생각했기 때문이다. 거기다 카메라 크기가 작다 보니 큼지막한 35밀리 카메라보다 필름도 덜 들어갔다. 결국 16밀리 카메라는 뉴스 영화같이 짧은 동영상 촬영용으로 밀려나고 말았다. 1925년, 벨 앤드 하웰Bell & Howell이 다른 카메라보다 훨씬 작고 튼튼한 35밀리 카메라 아이모Eyemo를 만들었다. 그러나 역시 필름을 조금밖에 넣을 수 없어서 사용하는 데 한계가 있었다. 마지막으로 16밀리 카메라는 크랭크를 수동으로 돌려서 작동하기 때문에 촬영장에서 쓰는 게 불가능했다. 그래서 이스트먼 코닥Eastman Kodak, 벨 앤드 하웰 같은 제조업자들은 시네 코닥Cine-Kodak, 필모Filmo처럼 크기가 작은 카메라를 아마추어 사용자들에게 선보였다. 개인이 구입하기에는 가격이 꽤 비싼 편이라 판매는 신통치 않았다. 1932년에는 코닥이 더 작고 저렴한 8밀리 카메라를 개발해 아마추어 시장에 내놓았지만, 역시 조금밖에 팔리지 않았다. 일반인들이 사용하기에는 여전히 조작법이 너무 복잡했다.

그러나 군에서 쓰기에는 16밀리 카메라가 딱 좋았다. 육군통신대에서 훈련받은 전방 부대는 총과 함께 필모, 시네 코닥 카메라로 무장했다. 전투 장면을 찍어서 나중에 분석하기 위해서였다. 아이모는 기관총 삼각대에 얹을 수 있게 개조하고, 필모는 개머리판에 장착했다. 그렇게 하면 라이플총과 똑같이 목표물을 겨눌 수 있었다. 중폭격기 B-17에도 폭격 항정航程을 찍을 카메라를 장착해서 공중전을 촬영했다. 해군은 훈련용 영화를 상영하는 데 필요한 장비도 갖췄다. 포병들은 실제 전투 장면을 촬영한 영상을 보면서 전투에 대비했다. 영화제작 시설부터 생산시설까지 갖추고 있어서 몇몇 해군 군함에는 '떠다니는 스튜디오'라는 별명이 붙었다.[10]

제조업자들은 갑작스런 수요 증가에 맞춰 제품을 용도에 맞게 고치고 생산량을 늘렸다. 시네 코닥은 1920년대와 1930년대에 가족 모임을 촬영하는 데 주로 쓰였다. 코닥에서 제작한 전시 광고는 시네 코닥을 '전투에 적합한 시네 코닥'이라 선언했다. 한편, 벨 앤드 히엘은 아이모 카메라를 '공군 슈퍼 스파이'라고 광고했다.[11] 카메라 제조업자들은 군의 필요에 맞춰 제품 쇄신과 개발에 박차를 가했다. 1943년, 벨전화연구소는 8밀리나 16밀리 필름으로 1초에 8000 프레임을 찍을 수 있는 파스탁스Fastax를 생산하고 "눈 깜짝할 사이에 벌어지는 전투 장면을 포착하는 고속 전쟁 기계"라고 설명했다.[12] 전시에는 카메라가 쉽게 고장이 나기 때문에 부품을 표준화하는 게 아주 중요했다. 이 때문에 1943년에 카메라 제조업계에서는 카메라 생산을 감독하기 위해 육군통신대, 육군항공대, 육군공병대, 해군, 해병대와 함께 전쟁표준위원회를 조직했다. 한 역사가는 이렇게 기록했다. "이전에 할리우드에서 기술 문제를 해결했던 노련한 영화 기술자들이 이제 군의 부름에 응했다."[13] 전쟁표준위원회가 주도한 부품 표준화 및 호환성 개선은 제조비용 절감에 이바지했다. 그 결과 더 싼 값에 카메라를 살 수 있었다.

군에는 전쟁 장면을 찍을 사람이 부족했다. 노련한 할리우드 인력을 징집하기에는 나이가 너무 많았다. 그래서 육군에서 새로운 카메라 오퍼레이터와 기술자를 훈련하는 일을 떠맡았다. 1941년, 육군통신대에서는 영화를 촬영하고 편집할 신병을 훈련하기 위해 뉴저지 주에 영화제작훈련소를 만들었다. 총뿐 아니라 카메라도 잘 다루도록 효과적으로 교육하기 위해서였다. 할리우드 전문가들이 와서 6주 집중 과정으로 가르쳤다. 하지만 이들은 전시에 훨씬 일반적인 야외 장면보다는 실내 장면을 더 잘 찍는 사람들이었다. 어쨌거나 6주 집중 과정은 미국 촬영자협회가 실시한 최초의 공식 교육이었다. 촬영 장비와 마찬가지로 군인들의 기술도 표준화하고 호환이 가능하게 만들어야 했다. 그 결과 준전문가 영화제작자들이 대거 양산되었다. 당시 미국 촬영가협회는 이렇게 보고했다. "오늘날 영화는 모든 군대에서 필수불가결한 부분이다. 미국은 촬영 경력이 전무한 아마추어와 준전문가들에게서 무궁무진한 재능을 뽑아낼 수 있다. 16밀리와 8밀리 카메라를 이용해 놀라운 기술을 손에 넣을 수 있다."[14]

육군통신대는 1944년 가을에 절정을 맞이했다. 제1차 세계대전에서 많게는 여섯 번이나 복무한 경력이 있는 장교와 사병이 35만 명이 넘었다. 육군통신대는 전시에 43만 2000명이 넘게 훈련했고, 50개 과정에서 장교 3만 4000명이 졸업했다. 전쟁이 끝났을 때 육군통신대에서 제작한 영화는 1300개가 넘었다.[15] 1945년, 군은 전쟁영화연구소를 설립하고 그때까지 찍은 전투 장면 원본을 영화 스튜디오에 빌려주거나 판매했다.

전쟁이 끝나자 영화계는 제작 혁명을 준비했다. 카메라의 기동성이 좋아진다는 건 야외 촬영이 훨씬 더 흔해진다는 뜻이었다. 영화 제작이 분권화되었고 영화촬영소에 매일 필요가 없어졌다. 전쟁은 영화 기술을 발달시키고 표준화했다. 1940년대 후반에는 아마추어 시장을 겨냥한 카메라 가격이 크게 떨어져서 부담이 없었다. 16밀리와 8밀리 카메라는 같은 부품을 쓰는데다 작동법도 거의 같아서 사용하기가 훨씬 더 편했다. 게다가 참전 용사들이 일상생활로 돌아가 카메라 오퍼레이터를 교육하는 역할을 했다. 대형 스튜디오 세트에서 값비싼 장비로 촬영하는 법을 배우지는 못했지만, 지금 상황에서는 작은 카메라로 찍는 게 훨씬 나았다. 참전 용사 대부분은 군에서 배운 신기술을 바비큐 파티나 아이들 생일 파티, 가족 휴가 등 가정에서 간단한 영화를 찍는 데 활용했다. 개중에는 프로로 전향하는 이들도 있었다.

아마추어 카메라 시장은 큰 호황을 맞았고 제조업자들은 많은 수익을 거뒀다. 벨 앤드 하웰은 1947년부터 1956년 사이에 매출이 125퍼센트나 증가했다. 같은 시기에 수익은 세 배가 되었다. 1956년 전체 매출에서 전문 영화장비 매출은 3퍼센트에 불과했지만, 아마추어 장비는 27퍼센트나 되었다(나머지는 군사용, 산업용, 교육용 제품이 큰 부분을 차지했다).[16] 수익성이 좋아지자 스위스의 볼렉스Bolex 같은 외국 업체들도 시장에 뛰어들었고 매출은 더 늘어났다. 1961년에 여가생활을 위해 구입하는 촬영장비 시장은 연간 7억 달러에 달했다. 주로 아마추어용 제품이 시장을 주도했고, 1950년부터 1958년 사이에 매출이 두 배 이상 늘었다. 8밀리 카메라 매출도 같은 기간에 200퍼센트 넘게 증가하며 호황을 이뤘다.[17]

이런 폭발적인 성장이 가능했던 건 남성용 영화를 직접 제작하는 아마추어들이 있었기 때문이다. 대개는 영화를 제작해서 통신 판매를 통해 팔았다. 카메라 가게들도 은밀하게 이런 영화를 구입해서 대여나 매매를 위해 비치해두었다.[18] 1960년에는 블루 무비 시장의 흐름이 바뀌어 카메라 가게에서 대여하는 양보다 소비자들이 직접 구매하는 양이 더 많을 정도였다.[19] 미국 정부는 1960년대 후반에 포르노그래피 현황을 조사하기에 이르렀고 카메라 가게에서 남성용 영화를 판매한다는 걸 알게 되었다. "남성용 영화는 영사기나 스크린, 카메라, 기타 장비를 대여하거나 구매하게 만드는 기폭제 역할도 담당했다."[20]

인쇄에 적합한 모든 젖가슴

아마추어 카메라 시장의 폭발적 성장은 성혁명과 거의 동시에 일어났다. 기초 작업은 인디애나 대학교 동물학자 알프레드 킨제이 Alfred Kinsey 박사가 수행했다. 킨제이는 1948년에 『남성의 성적 행동 Sexual Behavior in the Human Male』, 1953년에 『여성의 성적 행동 Sexual Behavior in the Human Female』을 연달아 출간했다. 섹스에 대해 엄격한 청교도적 견해에 이의를 제기하는 통계를 내세워 엄청난 논란을 불러일으켰다. 킨제이는 보고서에서 동성애가 단계적으로 변화한다고 주장했다(사실 당신도 부분적인 동성애자일 수 있다는 말이다). 이 밖에도 전체 남성의 절반 이상이 아내를 속이고 바람을 피운다거나 전체 남성의 4분의 1 가까이가 가학피학증 성애자라는 보고로 일대 파란을 일으켰다.

킨제이 보고서는 시카고 토박이이자 『에스콰이어Esquire』 지에서 카피라이터로 일했던 휴 헤프너Hugh Hefner에게 큰 영향을 끼쳤다. 청교도적인 가정에서 순결을 강요받으며 자란 헤프너는 성생활을 재정립하고 싶은 강한 욕구에 시달리다가 킨제이 보고서에서 크나큰 영감과 확신을 얻었다. 이 신예 저널리스트는 관습에서 벗어난 게걸스러운 싱직 취향을 지닌 사람이 자기 혼자가 아닐뿐더러 그런 욕구가 아주 흔하고 평범한 것이라는 사실을 알고 매우 기뻐했다.

1953년, 헤프너는 서서히 전개되는 전후 소비지상주의 문화를 안내한다는 취지로 『플레이보이』를 창간했다. 다만 표면상의 취지가 그랬고 실제로는 여성의 누드 사진으로 지면을 채웠다. 원래는 이 잡지에 '스태그 파티Stag Party', 즉 남자들만의 파티라는 이름을 붙이려 했다. 아마도 이게 훨씬 더 정직한 이름일 테지만, 수사슴을 뜻하는 '스태그Stag'에 대한 반대가 만만치 않아 결국 포기해야 했다(편집자들은 여성의 나체를 싣는 잡지를 사슴의 나체를 싣는 잡지와 혼동하게 하고 싶지 않았다). 헤프너는 남성용 영화 전문가를 자처하고 시카고에 있는 자기 집에서 상영 파티를 열었다. 영화 해설에다 재미있는 재담까지 곁들여 어색한 분위기를 풀려고 애를 썼다. 아는 여자와 가면을 쓰고 섹스를 하면서 〈가장무도회가 끝나고After the Masquerade〉라는 포르노 영화를 직접 찍기도 했다.[21]

그러면서도 헤프너는 음란물 유포로 기소될까봐 겁이 나 창간호에 발행자 이름을 넣지 않았다. 어쨌든 『플레이보이』 창간호는 인쇄 부수의 80퍼센트에 해당하는 5만 4000부가 팔렸다. 신생 잡지로서는 놀라운 판매율이었다. 그 후 2년간 판매 부수는 가파르게 증가했다. 1955년 말에는 50만 부, 1956년에는 100만 부를 기록했다. 이로써 헤프너가 전에 카피라이터로 일한 적이 있고 1956년에 창간 20주년을 맞은 『에스콰이어』를 단숨에 넘어섰다.[22]

『플레이보이』가 이룬 성공은 이제 막 부상한 소비지상주의를 비추는 거울이었다. 『플레이보이』와 소비지상주의 둘 다 억눌림에 대한 반발심에서 나왔다. 소비자들은 오랫동안 힘든 시기를 견뎌왔다. 처음에는 대공황이 찾아왔고 다음에는 전쟁을 치러야 했다. 좋은 날이 찾아오자 자동차, 전자레인지, 냉장고, 텔레비전, 스테레오, 플라스틱, 장난감, 가공식품, 술, 영화장비까지 온갖 상품의 소비도 눈에 띄게 좋아졌다. 그동안은 섹스 역시 억눌러왔다. 오랜 전통을 지켜온 금욕주의 세력이 자유로운 성생활을 추구하는 새 시대의 아이콘 헤프너를 겨냥하고 정부를 통해 압력을 가했다. 그러나 1955년에 헤프너는 『플레이보이』 발송을 거부한다는 이유로 미국 우체국을 고소해서 완승을 거뒀다. 연방법원은 미국 우체국에 해당 잡지의 유통을 방해하지 말라고 명령했다. 더불어 『플레이보이』에 10만 달러를 배상하라고 판결했다. 헤프너에게는 성생활을 재정립하는 탐구를 계속해도 좋다는 허가나 다름없었다.

킨제이와 헤프너는 영화제작자들이 은막에 새로운 성적 자유를 펼칠 수 있게 길을 닦았다. 『플레이보이』에 대한 정부의 암묵적 승인은 러스 메이어Russ Meyer 감독에게로 뻗어나갔다. 메이어 감독의 〈부도덕한 티즈 씨The Immoral Mr. Teas〉는 검열을 통과하고 주류 영화관에 안착한 최초의 포르노 영화였다. 1959년에 발표한 이 영화는 그나마 덜 노골적인 포르노물에 속했다. 오클랜드 주에서 자란 메이어는 일찍부터 카메라를 가지고 놀았다. 부모님은 1922년에 메이어가 태어나자마자 이혼했다. 어머니는 아들이 열네 살이 되자 결혼반지를 전당 잡히고 생일선물로 초창기 8밀리 카메라를 사주었다. 1941년에 미국이 제2차 세계대전에 참전했을 무렵 메이어는 독학으로 촬영기사가 된 열아홉 살 청년이었다. 입대한 그는 조지 패튼George Patton 장군이 이끄는 제3군단 소속 사진 부대인 166 통신사진중대에 전투 사진가로 배치되었다. 거기에서 그는 뉴욕 토박이 스탠리 크레이머Stanley Kramer와 함께 복무했다. 전쟁이 끝나자 두 사람은 전혀 다른 길을 걸었다. 크레이머는 1965년작 〈바보들의 배Ship of Fools〉, 1967년작 〈초대받지 않은 손님Guess Who's Coming to Dinner〉으로 오스카상 후보에 오르는 기염을 토했다. 반면에 메이어는 헤프너가 발행하는 『플레이보이』에 실을 사진을 찍었다. 이어서 〈부도덕한 티즈 씨〉로 주류 영화에서 수용 가능한 범위가 어디까지인지 다시 생각하게 만들었다.

〈부도덕한 티즈 씨〉에는 메이어의 군대 친구 빌 티즈Bill Teas가 여성의 알몸을 투시하는 이상한 능력을 지닌 방문 판매원으로 나온다. 메이어는 단돈 2만 4000달러로 이 영화를 만들고 독립 영화관을 통해 100만 달러가 넘는 수익을 올렸다.[23] 『타임Time』지가 보도한 대로 이 영화의 성공으로 "자유로운 성적 표현을 관대하게 받아들이는 수문이 활짝 열렸다".[24] 또한 이 영화를 계기로 덜 노골적인 포르노 영화의 골드러시가 시작되었다. 메이어는 잊지 않고 헤프너에게 감사의 말을 건넸다. "우리 사회가 성을 관대히 받아들이게 만든 진짜 원동력은 휴 헤프너입니다. 나는 그저 그가 그려놓은 그림에 움직임을 더했을 뿐입니다."[25]

살인자 B의 공격

메이어는 전후 아마추어 영화 붐이 낳은 인물이었다. 아마추어 영화 붐은 준전문가가 제작한 대안 영화라는 완전히 새로운 범주를 만들었다. 바로 B급 영화다. 처음에 이 용어는 1920년대와 1930년대 장편 극영화에 덧붙인 부가 영상을 가리키는 말이었다. 그러다 1950년대에 할리우드 아웃사이더들이 만드는 저예산 영화의 동의어가 되었다. 그들은 대개 군에서 촬영 기법을 배운 사람들로서 전시에 개발된 기술을 사용했다. B급 영화로 인기를 얻은 첫 번째 장르는 공상과학물과 공포물이었다. 1954년에 나온 〈해양 괴물 Creature from the Black Lagoon〉, 1956년에 나온 〈우주의 침입자 Invasion of the Body Snatchers〉, 1957년에 나온 〈프랑켄슈타인의 저주 The Curse of Frankenstein〉가 대표적인 작품이다. 1960년대로 접어들면서 B급 영화는 '익스플로이테이션 필름exploitation films'으로 통칭되는 하위 장르로 갈라졌다. 성이나 폭력 같은 충격적인 소재를 요소로만 사용하지 않고 영화 대부분을 그 소재로 채움으로써 소재를 '착취한다'는 뜻에서 붙인 이름이다. 시가지에는 점점 늘어나는 익스플로이테이션 필름을 상영할 그라인드하우스 영화관이 속속 들어섰다. 그라인드하우스Grindhouse라는 이름은 원래 이 극장에서 몸을 부딪치고 비비는bump-and-grind 성인 연극을 올려서 붙인 이름이다.

메이어는 익스플로이테이션 필름에 자기만의 하위 장르를 개척했다. 〈부도덕한 티즈 씨〉 후속편이 연이어 성공하면서 덜 노골적인 포르노 영화가 주를 이루는 '섹스플로이테이션sexploitation'이라는 장르가 자리를 잡았다. 1962년작 〈벌거벗은 서부의 야성적인 여자들 Wild Gals of the Naked West〉, 1965년작 〈더 빨리, 푸시캣! 죽여라! 죽여!Faster, Pussycat! Kill! Kill!〉, 1968년작 〈빅슨!Vixen!〉이 대표적이다. 『버라이어티Variety』가 뽑은 '역대 최고 수익을 거둔 영화 100선'에 메이어의 영화가 네 편이나 이름을 올린 적도 있었다.[26] 그라인드하우스 영화관은 이런 추세를 따랐고, 주로 성인영화만 상영하는 영화관으로 전환했다. 메이어의 영화가 성공하기 전에는 미국에서 섹스플로이테이션 영화를 상영하는 극장이 여섯 개 정도에 불과했다. 그러다 1970년에는 이 숫자가 750개로 수직 상승했다. 푸시깻 극장 체인이 문을 연 것이 가장 큰 요인이었다.[27]

1960년대에는 주류 할리우드에서도 B급 영화, 그중에서도 섹스플로이테이션 영화가 끼치는 영향력을 절감했다. 영화사들은 메이어와 그를 따르는 아류 감독들이 소형 카메라 기술로 어떤 실험을 하는지 묵묵히 지켜보았다. 메이어에 따르면 "심지어 월트 디즈니

Walt Disney까지 대체 무슨 일이 벌어지는지 무척 관심을 보였다"고 한다.[28] 주류 영화사들은 극장 수입이 꾸준히 늘어나는 것도 지켜보았다. 고작 7만 2000달러가 들어간 〈빅슨!〉은 1500만 달러라는 믿기 힘든 돈을 긁어모았다.[29]

시장을 관망하던 주류 영화사들은 성적으로 조금 더 대담한 영화를 만들어 늘어나는 관객을 주류 영화로 끌어들이려고 움직였다. 그 결과 1969년에는 〈이지 라이더Easy Rider〉나 〈미드나잇 카우보이 Midnight Cowboy〉 같은 영화가 나왔다. 20세기폭스 사가 1972년작 〈인형의 골짜기를 넘어서Beyond the Valley of the Dolls〉의 배급을 맡으면서 메이어도 단번에 주류 영화계에 입성했다. B급 섹스플로이테이션 영화감독과 할리우드 주류 영화사가 함께 제작하는 영화에 생생한 성애 묘사가 늘어나자, 이번에는 좀더 노골적인 포르노 영화가 할리우드에 입성하려고 무대에 올랐다.

주인공은 바로 〈딥 스로트Deep Throat〉였다. 1972년에 나온 이 영화는 오르가슴을 느끼지 못해 욕구불만에 시달리는 여성이 자기 클리토리스가 목구멍에 있다는 걸 알게 되는 내용이다. 한 시간 동안 구강성교와 항문 성교를 줄기차게 보여주는 〈딥 스로트〉는 미국영화협회로부터 18세 미만은 관람할 수 없는 X 등급을 받았다. 이 영화 역시 흥행에 성공했다. 마이애미에서 6일간 2만 5000달러로 찍은 〈딥 스로트〉가 극장과 비디오 수입을 합쳐 벌어들인 돈은 무려 1억 달러에 달했다.[30] 이로써 〈딥 스로트〉는 스타를 내세우는 저예산 포르노 영화의 공식이 되었고 이후 많은 영화가 이 공식을 따랐다.

그러나 섹스플로이테이션과 주류 포르노의 공세가 남성용 영화를 완전히 없애버리지는 않았다. 사실 아마추어가 제작한 단편영화는 1970년대 초 완전히 새롭고 더 큰 시장을 개척했다. '포르노그래피의 제왕'을 자처하는 두 사람이 팀을 이루어 미국에 핍 쇼를 들여온 것이다. 클리블랜드 출신으로 제2차 세계대전 때 육군항공대에서 복무했던 르우벤 스터먼Reuben Sturman은 1950년대에 차를 타고 다니며 만화책을 팔기 시작했다. 여러 도시에 영업점을 거느린 잡지 도매상이 될 때까지 사업을 확장했다. 그러다 1960년대 초에 『플레이보이』가 성공하자 급격히 성장한 성인잡지 쪽으로 활동 무대를 옮겼다. 1960년대 말, 미국에서 성인잡지 전문점 숫자가 계속 늘어나는 상황에서 스터먼은 최대 규모의 유통업자로 우뚝 섰다.

한편, 알제리 출신의 이탈리아인으로 로스쿨을 졸업하고 스웨덴에서 사는 라세 브라운Lasse Braun은 같은 시기에 스톡홀름에 섹스 왕국을 건설했다. 1965년에 브라운은 코닥에서 새로 출시한 슈퍼 8밀리 카메라로 첫 단편영화 〈황금 나비Golden Butterfly〉를 만들었다. 전통적인 8밀리 카메라를 개량한 제품이었다. 10분짜리 컬러영화 〈황금 나비〉에서 그는 직접 해군 장교로 출연했다. 여자 친구에게는 일본 게이샤 옷을 입혀 출연시켰다. 감독은 영화 속 등장인물이 "섹스를 감미롭고 억누를 수 없는 것으로 만드는 요소를 감추지 않고 그대로 드러내면서 여자네 집 안방에서 섹스"를 나눴다고 말했다." [31]

성애소설을 쓰고 성인잡지를 출간하는 통에 이미 유럽에서 악명

이 높았던 브라운은 1966년에 포르노 영화를 제작하려고 AB 베타 필름AB Beta Film이라는 회사를 세웠다. 당시 브라운은 스터먼의 회사에 영화를 납품하고 있었다. 1971년에는 결국 두 사람이 손을 잡고 성인 책방 고객들에게 핍 쇼 부스라는 신제품을 선보였다. 동전을 넣으면 작동하는 16밀리 영사기로, 화면이 작고 잠금장치가 있었다. 브라운은 자기가 찍은 남성용 영화를 좀더 길게 연결했다. 고객들은 30초당 25센트를 내고 2분짜리 성교 장면을 보았다. 핍 쇼 부스는 엄청난 성공을 거뒀고 남성용 영화 사업을 완전히 바꿔놓았다. 순환 필름으로 이미지를 쇄신했을 뿐 아니라 스터먼이 운영하는 전국 배급망을 통해 지역적 한계를 벗어났다. 스터먼은 어마어마한 부자가 되었다. 1970년대에는 약 20억 달러를 그러모았다. 1980년대 후반에는 개인 자산이 2억에서 3억 달러에 이르는 것으로 추정되었다. 그가 세운 잡지와 비디오 왕국은 하루에 약 100만 달러의 수익을 올렸다.[32]

영화사가들은 1960년대와 1970년대를 '포르노그래피의 황금기'라 부른다. 영화 속에서 무얼 해도 허용하는 시기였다. 그러나 전시에 개발된 기술 덕분에 태동한 황금기는 강한 반작용을 불러오기도 했다. 1970년에 민주당 대통령 린든 존슨Lyndon B. Johnson이 포르노그래피가 사회에 미치는 영향을 분석하려고 열었던 국회 청문회에서 상당히 진보적인 권고를 내면서 논란이 일었다. 권고문에는 아이들에게 성교육을 시켜야 하고, 성인을 대상으로 하는 오락물은 더이상 규제하면 안 된다는 내용이 담겨 있었다. 그러나 뒤이어 선출된 공화당 대통령 리처드 닉슨Richard Nixon이 강하게 반대하고 나섰다. 닉슨은 존슨이 소집한 청문회 위원들을 '도덕적 파산자'라고 맹렬히 비난하는 한편 종류를 막론하고 모든 포르노그래피에 맞서 싸우겠노라고 맹세했다. "내가 백악관에 있는 한 우리 국민의 삶에 외설물이 침투하지 못하게 관리하고 외설물을 없애는 데 국가적인 노력을 멈추지 않을 겁니다. 포르노그래피는 사회와 문명을 타락시킬수 있습니다. …… 책과 연극, 잡지, 영화에 나타난 뒤틀리고 악랄한 성애 묘사를 즉각 중지하고 바꾸지 않는다면, 이것이 미국 문화와 서구 문명의 원천을 오염시킬 수도 있습니다."[33]

1980년대가 가까워오자 포르노그래피의 황금기는 점점 늘어나는 보수적인 적들과 맞닥뜨렸다. 전시에 개발한 기술로 무장하고 황금기를 이끌었던 아마추어들은 인생에서 가장 치열한 전투를 치러야 했다. 미국 법무부가 미국에서 규모가 가장 큰 하드코어 포르노그래피 유통업자라 여겼던 스터먼이 가장 큰 피해를 입었다. 1989년, 정부에서는 스터먼이 세금 2900만 달러를 체납했다고 밝혔다. 스터먼은 형을 선고받고 캘리포니아 감방에 수감되었다가 가까스로 탈출했다. 그러나 8주 뒤에 다시 체포되어 1997년에 켄터키 교도소에서 생을 마감했다.

그러나 이번에는 램프의 요정이 호리병 밖으로 나왔다. 30년이 채 안 되어 군에서 훈련받은 준전문가 수준의 영화제작자들이 새로운 최첨단 카메라로 무장하고 모든 주요 도시에 있는 배타적인 남성 클럽과 시내 극장에서 포르노 영화를 보라고 꼬드겼다. 기술이 발전한 덕분에 스탠리 크레이머 같은 감독이 세상에 나오기도 했지만, 러스 메이어와 〈딥 스로트〉와 포르노 영화 산업이 생겨나기도 했다. 그런데 이 와중에 VCR과 인터넷처럼 더 발전된 기술이 밖으로 나오려고 꿈틀거렸다. 기술이 발달할수록 성애영화를 제작하고 보급하기는 훨씬 더 쉬워졌다. 돈도 덜 들었다. 대중매체를 보면 성에 대한 사회의 태도도 보수주의에서 허용주의로 바뀌는 걸 알 수 있었다. 마치 피임약의 탄생과 같이 성혁명과 과학 발전이 가져다준 새로운 자유를 실험이라도 하는 것처럼, 사람들은 자기를 즐겁게 하는 여러 가지 방법을 열린 마음으로 받아들였다. 닉슨과 보수당원들에게는 아주 실망스러운 일일 테지만, 이제 포르노그래피는 생활의 일부가 되었다.

자작 포르노

사람들이 카메라를 그렇게 외설적인 용도로 쓰는 이유는 몇십 년간 정물 사진만 찍다 질린 탓도 있다. 1940년대 이전에 자기 누드 사진을 찍는 건 대단히 위험한 일이었다. 필름을 현상이라도 할라치면 음란물 법에 저촉되어 철창신세를 면키 어려웠다. 그런 위험을 피하려면 돈을 들여 개인 암실을 만들거나 누드 사진을 몰래 현상해주는 가게를 찾아야 했다. 그런데 운 좋게도 이런 욕구를 채워줄 두 가지 기술이 한꺼번에 세상에 나왔다.

1932년, 미국인 화학자 에드윈 랜드Edwin Land가 자기가 발명한 편광 필터를 이용해 선글라스와 카메라 렌즈를 만드는 회사를 차렸다. 회사 이름은 폴라로이드Polaroid라고 지었다. 제2차 세계대전 기간에 폴라로이드는 연합군에 고글과 목표물 탐지기, 기타 광학 장비를 납품했다. 그러다 1948년에 랜드 카메라Land Camera로 일대 전기를 맞이했다. 랜드 카메라는 사진을 찍어서 바로 현상할 수 있는 기구로, 촬영자에게 단 몇 분 안에 현상된 사진을 안겨주었다. 이 사진기와 후속 모델 모두 크게 히트했다. 일반 소비자들이 단순히 폴라로이드로 알고 있는 랜드 카메라를 이용하면 사진을 현상하려고 귀찮게 기다리거나 추가 비용을 들일 필요가 없었다. 덕분에 편하고 안전하게 집에서 누드를 비롯한 싱적인 사진을 마음껏 찍을 수 있었다.

포르노 역사가 조녀선 쿠퍼스미스가 지적한 대로 소비자들은 마침내 "동네 약제사의 의심에 찬 눈초리나 필름을 현상하는 기술자의 음흉한 웃음"으로부터 해방되었다.[34] 더 중요한 건 폴라로이드가 "아마추어들에게 놀라운 돌파구가 되었다는 사실이다. 이제 누구나 자기가 원하는 건 무엇이든 찍을 수 있게 되었다". 현직 『플레이보이』 사진 감독 게리 콜Gary Cole의 말이다. "여자 친구의 사진을 찍더라도 누가 볼까봐 걱정할 필요가 없어졌다."[35] 폴라로이드 카메라는 『플레이보이』 사진작가 같은 전문가들에게도 아주 유용했다. 휴 헤프너의 까다로운 입맛에 맞추려면 누드 촬영이 며칠씩 걸리는 게 보통인데, 폴라로이드 덕분에 시간과 돈을 절약할 수 있었다. 게리 콜은 이렇게 말했다. "실제 촬영에 들어가기 전에 폴라로이드로 먼저 찍어보고 조명과 자세를 많이 수정했죠. 폴라로이드를 활용하면 반나절은 아낄 수 있었어요."

폴라로이드에서도 아마추어, 전문가 할 것 없이 자사 카메라를 이용해 모두 누드 사진을 찍는다는 걸 알고 있었다. 그래서인지 1966년에는 스윙어Swinger라는 새로운 모델을 출시하기도 했다. 원래 스윙어는 1950년대 후반에 성적으로 자유로운 사람을 묘사할 때 쓰던 말이었다. 그리고 다시 1970년대에 이 단어는 성생활이 문란하거나 섹스 파트너를 맞바꾸는 걸 좋아하는 커플을 가리키는 말로 진화했다. 스윙어를 홍보하는 TV 광고에는 거의 알몸에 가까운 잘빠진 커플이 해변에서 서로 사진을 찍으며 장난치는 모습이 나왔다. 성혁명이 최고조에 달하자 폴라로이드는 분명히 새로운 해방의 물결을 타고 돈을 벌 궁리를 하고 있었다.

몸집이 거대하고 이동이 불가능한 폴라로이드 카메라라 할 수 있는 즉석사진 부스도 똑같은 역할을 했다. 1930년대에 들어서 알아서 사진을 찍고 현상까지 해주는 즉석사진 부스가 놀이동산과 상점 같은 공공장소에 불쑥 모습을 드러냈다. 그런데 1950년대에 즉석사진 부스 소유주들은 뜻밖의 문제에 부딪혔다. 즉석사진 부스를 연구하는 한 역사가에 따르면 "울워스Woolworth와 다른 상점에서 불만이 쏟아지기 시작했다. 사람들, 특히 여자들이 즉석사진 부스에 들어가 옷을 벗고 사진을 찍는다는 거였다. 커플들도 커튼을 단 부스 안에서 자기들끼리 있게 되자 좀더 과감해졌다"고 한다. 그러자 울워스 매장에서는 '이런 외설적인 행동'을 막으려고 아예 커튼을 치워버렸다.[36]

즉석사진 부스에 사람들로부터 과시욕을 끌어내는 무언가가 있는 듯했다. 이런 현상은 여기저기서 계속 나타났다. 〈러시 아워Rush Hour〉〈레드 드래곤Red Dragon〉 같은 영화를 찍은 브렛 레트너Brett Ratner 감독은 자기 집에 흑백사진 부스를 설치하고 연예인 친구들이 들를 때마다 사진을 찍었다. 2003년에는 이 사진들을 모아서 『힐헤븐 랏지Hillhaven Lodge』라는 책을 출간했다. 물론 누락된 사진도 많았다. "가운뎃손가락을 들어 올리거나 혀를 내민 사람들이 많았습니다. 성기를 내보인 사람들도 꽤 있었죠. …… 그런 사진은 책에 싣지 않았습니다."[37]

하지만 즉석사진 부스를 제작하는 사람들은 뭐가 자기네 밥줄인지 아주 잘 알았고, 사람들이 계속 그렇게 사진 부스를 이용하도록 조용히 부추기기까지 했다. 미국 제조업체 오토 포토Auto Photo는 1950년대 중반에 업계 관례를 만들어 퍼뜨렸다. "그가 당신을 기억하게 하세요! 남자 친구에게 사진을 보내세요"라는 설명과 함께 나체를 드러낸 여자 그림을 사진 부스에 붙였다.[38] 그때까지만 해도 제조업자들은 성해방을 추구하는 대중 덕분에 수익을 올려서 기분이 좋긴 했지만, 대놓고 광고를 하지는 못했다. "돈이 되는 이유를 잘 알고 있었지만, 사람들 있는 데서 그런 이야기를 하지는 않았습니다." 포르노그래피가 기술 발전에 미친 역할에 관해 여러 편의 논문을 쓴 쿠퍼스미스의 말이다. "심지어 지금도 기술을 개발해서 이득을 보는 많은 회사가 그런 이야기를 공공연히 하는 걸 좋아하지 않습니다. 여전히 자기가 무슨 일을 해서 돈을 버는지 사람들에게 솔직히 이야기하지 못하죠."[39]

　1980년대 초에 캠코더가 등장하면서 대중 참여 포르노는 다시 한 번 크게 도약했다. 제2차 세계대전 기간에 개발된 16밀리와 8밀리 카메라가 영화에 대한 관심과 지식이 있는 아마추어 포르노 제작자들에게 멋진 선물이었던 건 어디까지나 캠코더가 나오기 전의 이야기다. 소비 시장은 캠코더 덕에 마침내 실용적이고 사용하기 쉬운 비디오 옵션을 갖추었다. 캠코더는 촬영을 모두 자동화했다. 조명이나 초점을 맞추거나 필름을 현상할 필요 없이 그냥 보고 찍기만 하면 되었다. 물론 캠코더는 포르노물과 상관없는 용도로도 많이 쓰였다. 하지만 1981년에 "홈비디오 시대가 성에 대한 접근 방식을 근본적으로 바꿀" 거라던 아이작 아시모프Isaac Asimov의 말은 아주 정확했다.[40] 캠코더는 폴라로이드와 즉석사진 부스, 소형 필름카메라가 시작한 자작 포르노를 다음 단계로 이끌었다. 1980년대에 아마추어 포르노 시장은 남성용 영화와 함께 급격히 성장했다. 집에서 만든 비디오 광고가 성인잡지 뒷면을 모두 도배했다. 디지털 시대가 오고 아마추어 포르노 웹사이트가 홍수를 이루면서 이런 경향은 더 심해졌다.

　아마추어들이 능력을 갈고닦아 자기만의 매체를 만들면서 구입 가능한 포르노물도 나날이 늘어났다. 그 결과 지난 반세기에 걸쳐 성을 바라보는 우리의 시각도 극적으로 바뀌었다. 공급 측면에서 보면, 성을 묘사하는 콘텐츠가 제품의 성공을 이끌었다는 걸 대놓고 이야기하길 꺼리던 기술 제조업자들이 태도를 바꾸기 시작했다.

고객 한 명이라도 더 붙잡아야 살아남을 수 있는 소규모 회사일수록 이런 현상은 더 심하다. 토론토에 있는 스페이셜 뷰가 좋은 본보기다. 이 회사는 디지털 기기로 3차원 영상을 보는 소프트웨어를 개발하는 회사다. 2009년 초, 스페이셜 뷰는 와자비 3디셸Wazabee 3DeeShell이라는 신제품을 개발했다. 아이폰에 끼우면 코드화된 사진과 영상을 3D로 보여주는 소프트웨어였다. 그런데 스페이셜 뷰가 공식적으로 신제품을 발표하기도 전에 성인물 제작업체인 핑크 비주얼이 자기네가 3디셸에 콘텐츠를 제공하는 첫 회사라는 홍보자료를 돌렸다. 스페이셜 뷰 사업개발 부사장 브래드 케이스모어는 이렇게 말했다. "그 사람들은 자기네가 최신 기술에 바로 올라탔다는 걸 과시하고 싶어 했습니다. 제품을 만든 지 얼마 안 돼서 우리를 찾아왔죠. 설명서를 읽어보고는 한번 써보고 싶다고 하더군요. 여러 이유에서 성인물 시장이 우리의 주력 시장은 아니었어요. 하지만 막상 고객이 제 발로 찾아오니 거절할 수도 없었습니다. 선택의 여지가 없었어요."[41]

4 전쟁 게임

사막의 모래를 적색으로 물들이고
붉은 피가 담긴 상자는 깨어졌다.
개틀링은 탄에 걸렸고 대령은 전사했다.
연대는 먼지와 연기로 장님이 되고
죽음의 강은 둑을 가득 채웠다.
영국, 저 멀리 있는 영예로운 이름이여.
어린 생도가 사병을 모으는 소리가 들린다.
힘내라! 힘내라! 정정당당히 싸우자!
헨리 존 뉴볼트Henry John Newbolt, 「생명의 등불Vitai Lampada」

내가 어렸을 적에 놀이 시간에는 늘 둘 중 하나를 하고 놀았다. 군대놀이를 하며 집 밖을 뛰어다니든가 집 안에서 최강 특수부대 지아이조가 사악한 테러리스트 군단 코브라와 전투를 치르는 역할극을 했다. 안에서 놀 때는 친구들과 팀을 짜서 숲이 울창한 산이라도 되는 양 집 안을 가로지르며 플라스틱 총으로 싸웠다. 너무 추워서 밖에 나가서 놀지 못할 때는 지하실에 소파 쿠션과 상자로 코브라 군단 요새를 만들었다.

전쟁놀이로 뭘 얻었냐고 묻는다면, 글쎄…… 확실히 말할 수 있는 건 총이나 대포 같은 무기 소리를 감쪽같이 흉내 낼 수 있었다는 정도일 것이다. "두두두두두두" "펑―펑―펑" "부―우―쉬" 등등 흉내 내지 못하는 소리가 없었다. 그렇다고 내가 특별히 폭력적인 아이였거나 부모님이 그런 전쟁놀이를 하라고 부추기는 전쟁광이었던 건 아니다. 대부분의 남자아이처럼 전쟁놀이를 좋아하는 지극히 평범한 소년이었다.

무기가 생겨난 다음부터 지금까지 아이들은 군인이나 해적, 경찰놀이를 하려고 막대기부터 시작해 찾을 수 있는 온갖 재료를 찾아다가 자기만의 무기를 만들었다. 장난감 병정은 인류가 지구상에 존재했던 시간만큼이나 오래전부터 우리 곁에 있었다. 고대 이집트인의 무덤에서는 나무를 깎아 만든 장난감 병정이 나오기도 했다. 주석으로 된 제품은 중세시대 유럽에서 처음 만들었다. 플라스틱 장난감 병정은 1930년대에 미국에서 처음 만들었고, 폴리에틸렌 장난감 병정은 1950년대부터 쓰기 시작했다. 장난감 제조업체 해즈브로Hasbro는 여기에서 한 걸음 더 나아가 1963년에 30센티미터짜리 액션피규어 지아이조를 선보임으로써 전투 장난감이라면 사족을 못 쓰는 남자아이들을 홀렸다. 제2차 세계대전에 영향을 받은 제품으로 관절 부분이 자유자재로 움직이는 캐릭터 인형이었다. 수백만 개가 팔려나갔고, 역시 지아이소 부내를 본띠 뒤이이 출시한 9.5센티미터짜리 신제품은 1980년대 최고의 베스트셀러가 되었다.[1] 내가 정말 좋아했던 장난감이기도 하다.

전쟁과 장난감의 연결 고리는 항상 있었지만, 군사기술이 장난감과 게임 발전을 견인하기 시작한 건 제2차 세계대전 이후부터다. 군이 다듬은 기술이 어른들에게 장난감을 만들어줬듯이(앞에서 살펴

봤듯이 카메라는 주로 애정행각을 촬영하는 데 쓰였다), 전쟁이 끝나자 사업 감각이 있는 많은 발명가가 전시에 만들었던 발명품을 개량해서 사업적으로 성공했다. 이들은 대개 레이시언, 호멜, 듀폰 같은 회사와 손을 잡고 그들이 이끄는 대로 따라갔다. 당연히 돈을 좇아 한 일이다. 하지만 개중에는 꼭 돈 때문이었다고 단정할 수 없는 이들도 있었다. 동기가 조금 복잡했다. 발명품을 무기에서 장난감과 게임으로 바꾸자 기술자들은 자기들이 만든 피조물을 대중에게 자랑스럽게 선보일 수 있었다. 비밀에 싸인 세계에서 탈출한 발명가들은 대중의 열렬한 환영을 받고 인기를 누렸다. 대개는 거기에 만족했다. 그러나 개중에는 자기들이 이전에 만든 발명품이 인류에게 가져다준 끔찍한 비극에 대해 속죄하는 마음으로 사람들을 즐겁게 하려고 노력하는 이들이 있었다. 어쨌거나 발명가들이 이런저런 동기로 애쓴 덕분에 전쟁을 대하는 우리의 태도가 서서히 바뀌기 시작했다. 그런데 요즘에는 상황이 완전히 뒤집혔다. 장난감과 게임 산업이 발달하면서 이제는 거꾸로 산업이 군에 영향을 끼치는 형국이다. 원격조종 로봇에는 플레이스테이션PlayStation이나 엑스박스와 똑같은 조종 장치가 들어간다. 게다가 요즘 군부대에서는 베스트 바이Best Buy 진열대에서 흔히 볼 수 있는 콜 오브 듀티Call of Duty나 톰 클랜시Tom Clancy 같은 게임에 사용한 것과 똑같은 기술로 특별히 제작한 3D 게임을 하면서 작전 지대 지형지물을 몸에 익힌다. 여러모로 기술이 전쟁을 게임으로 바꿔놓았다.

스프링과 장난감

이런 현상은 슬링키처럼 지극히 작고 단순한 발명품에서 시작되었다. 1943년, 해군 공병 리처드 제임스는 선상에서 스프링을 이용해 감지 장치를 안정시킬 방법을 찾고 있었다. 어느 날 필라델피아에서 집을 손보던 제임스는 우연히 책장에 있던 강철 비틀림 스프링을 모르고 건드렸다. 덩어리째 넘어져 바닥에 툭 떨어질 줄 알았는데, 압축력이나 장력이 전혀 없는 강철 뒤틀림 스프링이 책장에서 책 더미로 걸음을 옮기더니 다음에는 탁자 위, 그다음에는 바닥으로 한 계단씩 내려왔다. 바닥에 내려와서는 한 번 움찔하더니 꼿꼿이 섰다. 어안이 벙벙해진 리처드는 스프링을 계단에서 살짝 밀어뜨려 보았다. 더 놀라운 광경이 펼쳐졌다. 스프링은 아주 우아하게 계단을 걸어 내려갔다. 아내 베티도 스프링이 움직이는 모습에 매료당했다. 아주 나긋나긋한^{slinky} 걸음걸이였다. 나중에 제품으로 출시한 스프링 장난감에 슬링키라는 이름이 붙은 건 그 때문이다.

제임스 부부는 굉장한 장난감을 손에 넣었다는 걸 직감했다. 그래서 제임스 스프링 앤드 와이어^{James Spring & Wire}라는 회사를 세우고 대출을 받아 슬링키를 제작할 기계를 만들었다. 그리고 제품을 팔아줄 유통업체를 찾으려고 지역 백화점을 두루 돌아다녔다. 짐벨스 브라더스^{Gimbels Brothers}에서 적극적으로 나왔다. 1945년 크리스마스 시즌에 필라델피아 시내에 있는 매장에 진열을 해주기로 했다. 슬링키가 우아하게 걸어 내려가는 모습을 보여주려고 일부러 비탈길도 만들었다. 며칠에 걸쳐 400개를 준비했는데, 눈 깜짝할 사이에다 팔렸다.[2] 제임스 부부는 어리둥절했다. 슬링키 돌풍은 한동안 계속되었다.

제임스 부부는 제품 수요를 맞추고 궁극적으로는 후속작을 만들기 위해 1948년에 공장을 차렸다. 얼마 안 있어 원조 슬링키에서 크기를 줄인 슬링키 주니어와 강아지 모양의 슬링키 도그^{Slinky Dog}가 나왔다. 조립 모형처럼 스프링을 사용하지 않은 장난감도 출시했다. 그 후 10년간 제임스 부부는 말 그대로 돈을 긁어모았다. 가만히 있어도 돈이 쏟아져 들어왔다. 그러나 1960년에 정작 리처드의 머릿속에 있는 스프링이 풀리고 말았다. 신경쇠약에 시달리던 그는 아내 베티와 여섯 아이를 남겨두고 볼리비아에 있는 사이비 종파에 귀의했다. 회사를 운영하기 위해 남은 베티는 회사 이름을 제임스 인더스트리스^{James Industries}로 바꿨다. 남편이 종교단체에 고액을 헌금한 탓에 빚도 많았다. 신경쇠약에 걸린 남편 때문에 한동안 충격에 휩싸였던 베티는 서서히 회복해서 결국 슬링키를 제2의 전성기로 이끌었다. 쉬운 일은 아니었다. 베티는 나중에 이렇게 회상했다. "남편이 거액을 기부한 탓에 저는 거의 파산 직전이었어요. 공장을 팔고 필라델피아에서 앨투나로 돌아가기로 했죠. 거기서 다시 사업을 일으켰어요."[3]

베티는 슬링키 TV 광고를 만드는 데도 참여했다. 1990년대 이전에 태어난 사람이라면 귀에 쏙쏙 들어오는 슬링키 광고 음악을 기억할 것이다. "슬링키, 슬링키, 정말 멋진 장난감. 소년도 소녀도 함께 즐겨요!" 2005년에 60주년을 맞은 슬링키는 이제까지 3억 개가 넘게 팔렸다.[4] 2001년 11월 4일에는 필라델피아 주의회가 슬링키를 필라델피아 주 공식 장난감으로 지정했다. 그러나 리처드 제임스는 자신이 발명한 장난감이 이런 영예를 얻는 걸 지켜보지 못했다. 그는 1974년에 볼리비아에서 사망했다. 한편, 해군 공병이 우연히 발명한 슬링키는 돌고 돌아서 다시 군으로 들어갔다. 베트남전쟁에서 미군은 슬링키를 무선 안테나로 사용했다.

슬링키는 과학자들과 마케터들의 상상력을 촉발했다. 이들은 장난감 사업에 전쟁 기술을 접목하면 아직 누구도 손을 대지 않은 금광을 발견할 수도 있다는 사실을 알아챘다. 그리하여 실리 퍼티 Silly Putty가 나왔다. 1940년대 초반 일본이 천연고무를 생산하는 태평양 섬을 모두 점령하고 있던 터라 연합국은 얼마 안 있으면 자동차 타이어와 군화 밑창이 부족해질 참이었다. 실리 퍼티를 누가 발명했는지에 대해서는 논란이 있다. 다우 코닝 Dow Corning에서 일하는 과학자 얼 워릭 Earl Warrick은 실리 퍼티를 만든 장본인이 자기라고 주장했다. 그러나 현재 상표권을 소유하고 있는 크레욜라 Crayola 사는 스코틀랜드 엔지니어 제임스 라이트 James Wright가 실리 퍼티를 만든 진짜 발명가라고 생각한다. 코네티컷 주 뉴헤이븐에 있는 제너럴 일렉트릭 연구실에서 일하던 제임스 라이트는 시험관에 붕산과 실리콘 오일을 섞다가 천연고무를 대체할 물질을 발견했다. 시험관에서 만들어진 새로운 물질은 고무와 비슷한 특성을 가지고 있고 용융온도도 아주 높았다. 하지만 고무보다 훨씬 잘 튀어 오르고 잘 늘어나고 모양을 만들기도 쉬웠다. 그러나 퍼티처럼 찐득찐득해서 단단한 고무를 대체하기에는 역부족이었다. 군수품 제작에 필요한 고무로는 쓸 수 없으니 전쟁이 끝나길 기다리는 수밖에 없었다. 전쟁이 끝나자 제너럴 일렉트릭은 전 세계 과학자들과 엔지니어들에게 이 물질을 보내 쓸 만한 곳이 있는지 찾아보게 했다. 하지만 결국 포기하고 실용화하는 데 실패했다고 발표했다.[5] 한편, 연합군의 고무 부족 문제는 전쟁 막바지에 타이어 제조업체 파이어스톤Firestone, 굿리치 Goodrich 등 미국 정부의 감독 아래 공동 특허 프로그램에 참여한 여러 회사가 탄성을 지닌 합성물질을 만들어 해결했다.

궁극적으로 제너럴 일렉트릭이 개발한 물질은 용도를 찾아 그렇게 멀리 돌아다닐 필요가 없었다. 뉴헤이븐에서 장난감 가게를 하는 루스 폴게터Ruth Fallgetter가 굴러다니던 고무 견본을 보고 장난감으로 충분히 승산이 있겠다고 판단했다. 루스는 그 지역에 사는 마케팅 컨설턴트 피터 호지슨Peter Hodgson에게 도움을 받아 제품 판매에 나섰다.

아이들은 찐득찐득한 고무에 한눈에 반했다. 아주 유연해서 신문이나 만화책에 나온 그림이나 글자를 그대로 따라 만들 수 있었기 때문이다. 투명한 상자에 넣어 2달러에 판매한 퍼티는 가게에 재고가 없을 정도로 불티나게 팔렸다. 하지만 폴게터는 실리 퍼티가 계속해서 인기를 끌지 확신이 서지 않았다. 그래서 동업자 피터 호지슨에게 사업을 넘겼다. 슬링키가 성공하는 걸 지켜본 호지슨은 상표 등록을 하기 전에 상품 이름을 뭐라고 붙일지 궁리했다. 그리고 퍼티 실리라는 그럴듯한 이름을 생각해냈다. 호지슨은 제너럴 일렉트릭으로부터 이 쩐득쩐득한 고무 한 무더기와 라이선스를 구입했다. 마침 부활절이 다가오고 있었다. 그래서 달걀 모양 플라스틱 통에 실리 퍼티를 담아 팔았다. 1950년에는 뉴욕에서 열린 국제장난 감박람회에서 잠재 고객인 유통업자들에게 실리 퍼티를 소개하기도 했다. 그러나 이번에도 사람들은 이 쩐득쩐득한 고무에 관심을 보이지 않았다. 박람회에 참석한 장난감 마케터들은 한결같이 포기하라고 충고했다. 그러나 이 집요한 사업가는 말을 듣지 않았다. 그리고 결국 니만 마커스Neiman Marcus 백화점과 더블데이Doubleday 서점을 설득하는 데 성공했다. 이들은 각자 매장에서 달걀 모양 포장 1개를 1달러에 팔기로 했다. 호지슨은 실리 퍼티가 아주 멋진 장난감이라고 확신했다. 아이들의 상상력에 불을 지핀다고 여겼기 때문이다. 호지슨은 나중에 이렇게 이야기했다. "실리 퍼티는 자기만의 개성이 있어요. 게다가 당신의 개성을 반영하기도 하죠. …… 아이들은 달걀 안에 들어 있는 실리 퍼티로 이것저것 만들지만, 그걸 다 합쳐도 이 제품이 지닌 잠재력을 다 표현하진 못해요. 절반이나 될까요?"[6]

한 잡지에 보도되기 전까지는 주목할 만한 판매율을 보이지 않았다. 그러다 『뉴요커The New Yorker』지에서 더블데이 직원의 말을 인용해 1944년도 베스트셀러 소설 『포에버 엠버Forever Amber』이래 가장 멋진 제품"이라고 보도했다.[7] 보도가 있고 사흘 동안 미국 전역에서 25만 개가 넘는 주문이 밀려들었다.[8]

그런데도 호지슨과 실리 퍼티는 위기를 벗어나지 못했다. 한국전쟁이 터지고 미국 정부가 실리 퍼티의 주원료인 실리콘을 배급제로 전환하면서 1951년에는 거의 폐업하다시피 했다. 생산량을 줄일 수밖에 없었다. 그러나 1년 뒤 규제가 풀리면서 실리 퍼티 사업은 말 그대로 달까지 뻗어나갔다. 1950년대 내내 미국에서 호황을 이뤘고, 몇몇 유럽 국가에서도 아주 인기였다. 1968년, 호지슨은 대대적으로 대중매체의 관심을 받았다. 아폴로 8호를 타고 달 탐험에 나선 우주 비행사들이 무중력상태에서 가벼운 도구를 고정시킬 때 실리 퍼티를 사용했다는 이야기가 보도되었던 것이다. 기업가 호지슨의 끈기가 마침내 보상을 받는 순간이었다. 호지슨은 1960년대 후반부터 1970년대 초반까지 실리 퍼티로 엄청난 돈을 벌었다. 1976년에 사망했을 때 호지슨이 남긴 재산은 1억 4000달러에 달했다. 1977년에는 크레욜라가 실리 퍼티에 대한 판권을 구입했다. 그리고 10년 뒤에는 연간 200만 개가 넘는 실리 퍼티를 팔았다.[9]

로켓 인형

1960년대에 접어들면서 장난감도 더 복잡해졌다. 이 말은 곧 장난감을 움직이는 기술이 복잡해졌다는 얘기다. 역대 최고로 잘 팔리는 장난감 바비Barbie 인형은 우주 시대에 군에서 생각해낸 제품이다. 포르노그래피의 기원처럼 그렇게 노골적이지는 않지만, 바비 인형 역시 음탕한 면을 지니고 있다. 바비 인형은 원래 독일 타블로이드 신문 빌트 차이퉁에 나오는 만화 캐릭터 릴리Lilli에서 영감을 받았다. 다들 알다시피 빌트 차이퉁은 1952년 함부르크에서 독해력이 떨어지는 사람들을 위해 창간한 신문이다. 다른 타블로이드 신문처럼 사진을 아주 많이 싣고 선정적이고 불확실한 사실을 바탕으로 가십성 기사를 주로 다뤘다. 라인하르트 뵈티엔Reinhard Beuthien이 만든 릴리는 연한 금발에 키가 크고 조각상같이 예쁜 캐릭터로, 저속한 빌트 차이퉁의 편집 방향에 딱 맞았다. 염치가 없을 정도로 자신의 성적 매력을 내세우며 남자들에게 돈을 뜯어내고, 과시욕도 아주 강했다. 한 바비 전기작가에 따르면 "알베르토 바르가스Alberto Vargas의 그림에 자주 등장하는 핀업걸 몸매에 배우 겸 가수 피아 자도라Pia Zadora의 머리에, 콜걸 자비에라 홀랜더Xaviera Hollander의 정조 관념"을 지닌 난잡한 여자였다.[10] 첫 회에서 릴리는 점술가 앞에 앉아 있다. 점술가가 곧 돈 많고 잘생긴 구혼자를 만날 거라고 하자 릴리는 이렇게 묻는다. "그 돈 많고 잘생긴 남자의 이름과 주소를 알려줄 수 있나요?" 또 다른 장면에서는 여자 친구 집에서 알몸으로 음부를 드러낸 채 이렇게 말한다. "그 사람이랑 싸웠어. 나한테 줬던 선물을 다 다시 가져갔지 뭐야." 또 다른 장면에서는 경찰관이 비키니 수영복을 입은 릴리에게 경범죄에 해당한다고 경고하자 이렇게 대꾸한다. "어느 쪽을 벗어야 한다고 생각해요?"[11]

릴리의 인기에 힘입어 돈이 쏟아져 들어왔다. 이를 보고 1955년에 빌트 차이퉁 신문사는 독일 장난감 제조회사 그레이너 앤드 하우저Greiner & Hauser에 11.5인치짜리 인형으로 제작해달라고 의뢰했다. 포니테일 머리에 옷을 벗길 수 있게 만들어 성인에게 팔 생각이었다. 볼륨 있는 몸매를 갖춘 이 인형은 가슴이 깊게 파인 블라우스에 아주 짧은 치마를 입고 뾰족구두를 신었다. 레이스가 장식된 끈으로 묶어서 출시했는데, 홍보 책자에는 이렇게 적혀 있었다. "덜 벗든 더 벗든 릴리는 항상 신중합니다." 릴리는 "여러분 자동차의 마스코트로서 빠른 주행을 보장한다"고도 쓰여 있었다. 릴리가 입은 옷은 릴리를 '모든 술집의 스타'로 만들어주었다.[12] 독일 남자들에게 장난스런 선물로 아주 잘 팔렸다. 하지만 그레이너 앤드 하우저는 아동 시장으로 판로를 확장하기 위해 노골적인 선정성을 조금 누그러뜨렸다.

미국 장난감 제조회사 마텔^{Mattel}의 루스 핸들러^{Ruth Handler} 회장은 유럽에서 휴가를 보내다가 릴리를 처음 보았다. 딸 바바라가 종이를 잘라 만든 인형을 가지고 노는 걸 보고 성인용 인형을 출시하려고 구상하던 참이었다. 바바라는 모래 놀이통 안에서 놀거나 친구와 줄넘기를 하던 유년 시절에 종이 인형을 가지고 논 게 아니었다. 그보다는 훨씬 나이가 들어서 고등학교와 대학교 시절에, 그리고 직장인이 되어서 종이 인형을 만들고 놀았다. 그래서 핸들러는 어린 소녀들만 인형을 가지고 논다는 통념을 뒤집는 시장이 존재한다고 믿었다. 릴리에 호기심이 생긴 핸들러는 하나는 자기가 갖고 두 개는 딸에게 주려고 세 개나 샀다.

마텔은 1945년에 캘리포니아 남부에서 해럴드 매트 맷슨^{Harold Matt Matson}과 루스의 남편 엘리엇 핸들러^{Elliot Handler}가 함께 시작했다. 회사 이름은 창업자 두 사람의 이름을 줄여서 만들었다. 그러나 맷슨은 마텔에 인생을 거는 도박을 하고 싶지 않았다. 그래서 다음 해에

동업자에게 회사를 완전히 넘겼다. 마텔이 대기업으로 자리 잡는 걸 보고 틀림없이 후회했을 것이다. 할리우드 패러마운트 픽처스 Paramount Pictures에서 속기사로 일하던 루스는 직장을 그만두고 마텔 회장직을 맡았다. 맷슨과 달리 핸들러 부부는 어느 모로 보나 타고난 사업가였다. 또한 플라스틱과 여타 초현대적인 기술을 열렬히 신봉했다. 전시에 엘리엇은 차고에 플렉시글라스Plexiglas로 만든 가구를 들였다. 그 뒤로 소장품은 점점 늘어 플라스틱 보석, 촛대, 그밖에 자그마한 싸구려 장식품까지 수집했다. 1947년, 마텔이 처음 유행시킨 장난감은 우케두들Ukedoodle이라는 플라스틱 우쿨렐레였다. 1955년에는 장난감 권총 버프 건Burp Gun을 출시해서 성공했다. 루스가 릴리를 봤을 때는 마텔이 순자산 50만 달러로 어느 정도 성공 궤도에 진입했을 무렵이었다.[13]

초현실주의에 대한 엘리엇의 열정은 1950년대 초반 예일대 출신 엔지니어로 레이시언에서 일하는 잭 라이언Jack Ryan을 만나 장난감 트랜지스터라디오에 대해 들으면서 활활 타올랐다. 핸들러는 그 생각을 그다지 좋아하지 않았지만, 트랜지스터와 전기회로에 대한 라이언의 해박한 지식에 매료되었다. 그리고 라이언이 자신의 최첨단 판타지를 현실로 만들 '우주 시대에 실용적인 지식'을 가지고 있다고 믿었다.[14] 기업가 성향을 지닌 라이언도 레이시언에서 자기가 하는 일에 그다지 만족하지 못했다. 레이시언에서 그는 강경파들이 지원하는 지대공미사일을 만들고 있었다. 핸들러는 라이언에게 레이시언을 나오라고 설득하면서 앞으로 그가 개발할 모든 장난감에 대해 사용료를 지불하겠다고 약속했다.

　라이언은 공학기술보다는 화려하고 파란만장한 성생활로 더 알려져 있다.[15] 마텔과 손을 잡고 성공을 거둔 라이언은 캘리포니아에 쾌락의 향연을 펼칠 아방궁을 짓는 데 돈을 아끼지 않았다. 휴 헤프너도 시샘할 정도였다. 한때 배우 조지 해밀턴^{George Hamilton}의 소유였던 벨 에어의 5에이커 부지에 성과 테마파크를 연결하는 십자형 다리를 건설했다. 작은 탑과 태피스트리, 침실 여덟 개, 부엌 일곱 개, 열두 명이 둘러앉을 수 있는 나무 위의 집을 갖춘 대저택이었다. 저택 곳곳에 비치된 전화기 150개 중 하나로 특정 번호를 눌러서 폭포가 나오게 하거나 테니스장에 불을 켜거나 정문을 닫거나 스테레오 전축을 켜거나 나무 위에 있는 집에 캐비아를 주문할 수 있었다. 상들리에를 갖춘 나무 위의 집에서는 로스앤젤레스 전경이 한눈에 들어왔다.

　라이언은 호화로운 파티를 자주 열었다. 일 년에 182번, 이틀에 한 번 꼴이었다. 파티가 열리면 곡예사와 점술가, 필적 감정인, 음악가, 고고 댄서, 음유시인, 하프시코드 연주자 들이 흥을 돋웠다. 만취한 손님들은 트램펄린^{trampoline}(탄성이 있는 직사각형의 얇은 매트 주위를 탄력이 더 강한 스프링이나 고무줄로 테에 맨 것—옮긴이) 위에서 깡충깡충 뛰거나 오리와 거위, 조랑말에게 먹이를 주었다. 라이언은 또한 마텔 디자인 팀으로 채용한 UCLA 학생 열두 명에게 거처를 제공하고 사교계와 연예계에 수많은 정부를 거느렸다.[16] 이 밖에도 검게 칠한 지하 감옥을 검은 여우 털로 치장하고, 벽을 전면 거울로

꾸민 손님방에서는 늑대 털 덮개 아래서 수많은 여자를 껴안고 뒹굴었다.

라이언은 첫 번째 부인과 이혼했는데, 얄궂게도 핸들러의 딸 바바라와 이름이 같았다. 1976년에는 여배우 자자 가보^{Zsa Zsa Gabor}와 결혼했다. 그러나 두 사람은 한 번도 함께 살지 않았다. 자자 가보는 오래지 않아 라이언이 제멋대로라는 걸 알게 되었다. 일본에서 신혼여행을 즐기던 중에 그는 가이드에게 자기가 장난감 제조업자와 회의를 하는 동안 자기 아내와 섹스를 해도 좋다고 말했다. 아내 가보가 받은 충격과 불쾌김은 말로 다할 수 없었다. 가보는 회고록에서 이렇게 회상했다. "내 새 남편 잭은 1970년대 스타일의 자유분방한 인물로 스와핑을 즐기고 잡다한 성적 쾌락을 추구했다." 7개월쯤 지나자 전부인 바바라와 정부 두 명이 라이언의 대저택에서 함께 산다는 사실을 알고 진저리가 났다. 갑작스레 결혼한 두 사람은 역시 갑작스럽게 결혼 생활을 끝냈다. 가보는 이렇게 말했다. "잭의 성생활은 『펜트하우스Penthouse』 독자들마저 충격을 받아 새파랗게 질릴 정도였다. 정말이지 그 속에 끼고 싶지 않았다."[17]

이런 라이언과 릴리 인형이 만나자 완벽한 환경이 갖춰졌다. 이 운명적인 만남은 라이언이 주체할 수 없는 욕망을 마음껏 탐닉할 수 있도록 엄청난 재산을 안겨주었다. 1957년 7월, 기계로 작동하는 장난감 제조업자를 찾으려고 도쿄로 출장을 가는 라이언에게 루스 핸들러가 릴리 인형을 건넸다. "이것과 똑같은 인형을 만들 수 있을지 한번 보세요."[18] 라이언은 코쿠사이 보에키 카이샤^{Kokusai Boeki}

Kaisha와 인형 제조 계약을 맺었다. 고쿠사이 보에키 카이샤는 릴리의 외모를 바꿔서 거리에서 몸을 파는 독일인 매춘부 분위기가 덜나게 만들었다.[19] 라이언은 기술적인 면에서나 외형적인 면에서나 릴리를 더 수정하길 원했다. 그래서 고쿠사이 보에키 카이샤에게 회전성형기법을 써서 라인이 더 부드러운 인형을 만들게 했다. 그뿐 아니라 라이언은 마텔 장난감의 유연성을 높여줄 새로운 팔 관절과 다리 관절을 만들어 특허를 받았다. 레이시언 미사일 프로젝트에 참여하면서 습득한 전문 지식은 인형 관절을 만드는 데 쓸모가 있었다. 팔과 다리 관절은 오래 가지고 놀아도 망가지지 않을 정도로 튼튼해야 했다. 묘령의 소녀들이 인형에게 주는 스트레스는 미사일이 견뎌야 하는 중력이나 속력, 항력과 별반 다르지 않았다.

라이언은 또한 릴리의 뾰로통한 입술, 두꺼운 속눈썹, 미망인이나 하는 높은 머리 모양, 발에 붙어 있는 하이힐을 모두 없앴다. 핸들러 부부의 딸 바바라에게 경의를 표하는 의미에서 이름을 바비라고 짓고 새롭게 거듭난 이 인형은 1959년 미국 장난감박람회에서 처음 소개되었다. 대대적인 마케팅 캠페인으로 지원 사격을 하자 얼마 안 있어 바비 마니아가 속출했다. 소녀들은 바비의 다양한 액세서리와 옷에 열광했고, 포즈까지 취할 수 있다는 점을 특히 좋아했다. 라이언이 만든 관절 덕분에 가능한 이야기였다. 마텔은 출시 첫해에 35만 개가 넘는 바비 인형을 팔았다. 판매량은 급속히 늘었고 그 후 40년간 150개국에서 10억 개가 넘게 팔렸다. 핸들러 부부는 돈을 그러모았고, 1960년에 마텔은 상장 기업이 되었다. 세계에서 가장 큰 장난감 제조업체로 포춘 선정 500대 기업에도 이름을 올렸다. 2000년대 후반, 마텔은 바비 인형이 일 초에 세 개씩 팔린다며 뿌듯해했다.[20]

그러나 라이언은 거기서 멈추지 않았다. 바비가 혜성같이 떠오르는 동안 그는 트랜지스터에 관한 전문 지식을 활용해 말하는 인형을 만들었다. 다시 한 번 군사 무기를 소형화하며 익힌 기술을 끌어다 썼다. 그 결과 등에 있는 끈을 잡아당기면 "얘기해 보세요" 또는 "사랑해요"를 비롯해 11개 관용구를 말하는 인형이 나왔다. 1960년에 판매에 들어간 체티 캐시Chatty Cathy는 바비보다 몸집이 더 컸다. 배에 소형 축음기를 넣을 공간이 필요했기 때문이다. 끈을 잡아당기면 금속 전선이 감기면서 작동하는 방식이었다. 채티 캐시 역시 성공해서 바비에 이어 두 번째로 많이 팔린 인형이 되었다. 마텔이 벅스 버니Bugs Bunny 시리즈와 교육용 완구 시 앤 세이See'n Say 등 이후 제품에도 음성 기능을 접목하자 끈을 잡아당겨 활성화되는 음성 기능은 장난감 시장 전체에 일대 파란을 일으켰다.

레이시언 엔지니어 출신의 라이언은 마텔 장난감 라인에서 두 번째로 크게 성공한 핫 휠스Hot Wheels 제작에도 참여했다. 1960년대 초, 라이언이 이끄는 디자인 팀은 남자아이들 장난감으로 바비만큼 성공할 게 뭐가 있을지 찾고 있었다. 엘리엇 핸들러는 손자 녀석이 영국 레스니 프로덕츠Lesney Products에서 주형으로 만든 매치박스Matchbox 장난감 자동차를 가지고 노는 걸 보고 해답을 찾았다. 핸들러는 마텔도 장난감 자동차 사업에 뛰어들기로 결정했다. 그래서 캐딜락Cadillac에서 근무했던 디자이너 해리 밴틀리 브래들리Harry Bentley Bradley를 채용하고 라이언을 도와 장난감 자동차를 만들게 했다. 핸들러는 브래들리가 만든 진짜 자동차를 아주 좋아했다. 주문자의 취향에 맞춘 엘 카미노El Camino는 빨간 줄무늬 타이어에 마그네슘 합금으로 만든 바퀴, 덮개에서 튀어나오는 연료 주입기를 갖추고 있었다. 핸들러는 브래들리에게 장난감 자동차에 빨간 바퀴를 기본으로 장착하라고 지시했다. 그러나 이 계획에는 크나큰 문제가 하나 있었다. 레스니에서 출시한 매치박스 제품이 이미 시장을 장악하고 있었던 것이다. 마텔 마케팅 팀에서는 매치박스와 경쟁하려면 어떻게든 제품을 차별화해야 한다고 충고했다. 라이언과 브래들리, 그리고 나머지 디자인 팀원들은 이 문제를 멋지게 해결했다.

그들은 아이들이 자동차경주를 좋아한다는 점에 주목했다. 그러나 레스니나 다른 회사에서 만든 제품은 바퀴가 잘 굴러가지 않았다. 라이언을 위시한 디자인 팀은 구부러진 차축에 토션바스프링과 서스펜션을 갖춘 장치를 만들었다. 진짜 자동차에 쓰는 걸 그대로 크기만 줄였다. 그리고 1952년에 듀폰에서 합성해서 델린Delrin이라고 이름 붙인 합성수지로 안쪽 바퀴에 볼 베어링도 넣었다. 바깥쪽 타이어는 나일론으로 만들되 약간 원뿔 모양으로 주조했다. 바퀴가 지면과 접촉하는 부분을 제한하여 마찰을 줄이기 위해서였다. 그렇게 만든 장난감 자동차는 약간의 탄력을 지니고 있어서 진짜 자동차와 흡사했고 아주 빠르게 굴러갔다.

디자인 팀은 또한 자동차에 환한 은색 아연 막을 입히는 새로운 분무 기법인 '스펙트라플레임'을 완벽하게 적용하고, 핸들러가 원하는 '캘리포니아 스타일'을 반영하기 위해 캔디 색깔의 엷은 막을 덧씌웠다. 그렇게 해서 나온 마텔 자동차는 매치박스 제품보다 빠르기만 한 게 아니었다. 마텔의 세련된 도색 작업은 경쟁 업체에서 사용한 칙칙한 에나멜 색깔과 극명한 대조를 이뤘다. 마치 페라리 Ferrari와 엣셀Edsel을 비교하는 것 같았다.

핫 휠스는 1968년 뉴욕 장난감박람회에서 공식 데뷔를 하기도 전에 선풍적인 인기를 끌었다. 마텔은 초도 물량을 1000만 대에서 1500만 대로 잡았다. 그런데 박람회 전에 케이마트Kmart에 공개하자마자 즉시 5000만 대의 주문이 들어왔다.[21] 핫 휠스는 바비, 채티 캐시와 함께 마텔 장난감 제국의 주역이 되었다.

1960년대에 라이언은 레이시언에서 오랜 동료 몇 명을 끌어다 마텔 디자인 팀에 합류시키려고 애썼지만 실패했다. 레이시언 기록 보관 담당자 노먼 크림은 라이언이 일자리를 제의하려고 캘리포니아에 방문했던 때를 기억한다. 라이언이 제안한 일자리는 그다지 끌리지 않았지만, 인형 시제품 이야기에는 관심이 갔다고 한다. "라이언은 바비 인형 한 꾸러미와 그 안에 늘어 있는 녹음기를 가지고 왔어요. 녹음기에 녹음된 말은 추잡한 육두문자뿐이었죠. 한마디로 미친놈이었어요."[22]

원자 테니스

마텔 제품은 좀더 복잡한 장난감을 향해 걸음을 옮겼다. 하지만 그다음에 나온 것들과 비교하면 놀랄 게 없었다. 2008년 9월, 어느 쌀쌀한 저녁에 나는 성큼성큼 앞서 걸어간 기술 발전의 현장을 방문했다. 세계에서 최고로 손꼽히는 과학기술의 중심지 브룩헤이븐 국립연구소였다. 나도 내가 그곳에 가리라고는 전혀 예상하지 못했다. 표면상으로는 뉴욕에 있지만, 사실 이 연구소는 롱아일랜드 동단에서 꽤 멀리 떨어져 있다. 맨해튼 시내에서 기차를 타고 두 시간은 가야 한다. 기차역에서 택시를 타면 25달러가 나온다. 역에서 연구소로 가려면 꼭 택시를 타야 한다. 다른 교통수단은 없다. 오후 10시에 연구실 정문에 도착했는데, 그날은 원래 방문하려고 했던 날짜가 아니었다. 조금 일찍, 공식적으로는 두 시간 일찍 도착한 셈이었다. 경비원이 나를 막아선 채 들여보내주지 않았다. 선택의 여지가 없어서 벤치에 앉아 추위에 몸을 떨며 숲 속 작은 빈터를 주시하며 자정이 되기를 기다렸다. 운이 좋게도 사슴 가족이 야식으로 꼴을 뜯으려고 빈터에서 불쑥 몸을 움직였다. 그 모습을 보고 있으니 그나마 위안이 되었다. 한 가지 생각이 머릿속에서 계속 메아리쳤다. '여기가 비디오게임을 발명한 곳이라니 믿을 수 없어.'

브룩헤이븐 국립연구소는 1947년에 원자력위원회가 맨해튼 프로젝트로 시작된 핵 연구를 이어나가려고 전시 육군기지가 있던 자리에 설립했다. 그곳을 부지로 선정한 건 도심과 멀리 떨어져 있었기 때문이다. 파괴적인 결과를 몰고 올 가능성이 농후한 핵 연구에는 안성맞춤이었다. 우연히도 내가 연구소를 방문한 날은 많은 컴퓨터 역사가들이 최초의 비디오게임으로 꼽는 테니스 포 투Tennis for Two가 세상에 나온 지 50주년이 되는 날이었다. 브룩헤이븐 국립연구소 홍보팀은 대대적인 언론 홍보를 기획하고 있었다. 새로운 테니스 포 투 버전을 최신 닌텐도 위^{Nintendo Wii} 테니스 게임과 나란히 공개하고 지난 50년간 기술이 얼마나 발전했는지 보여줄 생각이었다.

앞서 살펴본 피터 호지슨과 리처드 제임스, 잭 라이언은 군에서 개발한 발명품이나 지식으로 돈을 벌려고 잔뜩 벼르는 인물들이었다. 하지만 윌리엄 히긴보덤^{William Higinbotham}은 테니스 포 투를 만들면서 전혀 다른 생각을 했다. 히긴보덤은 제2차 세계대전이 발발했을 때 코넬 대학교에서 물리학을 전공하는 대학원생이었다. MIT 총장이자 배너바 부시가 새로 꾸린 국방연구위원회 핵심 인사였던 칼 컴프턴은 방사선연구소에 전도유망한 젊은 물리학자를 뽑을 시간이 없었다. 방사선연구소에서는 장차 레이더가 될 물체를 연구하는 중이었다. 한편, 히긴보덤은 레이더를 대량생산하는 일을 맡은 퍼시 스펜서 및 레이시언 연구자들과 MIT에서 우연히 마주치곤 했다.

레이더를 연구하는 긴급 임무는 전쟁이 한창일 때 진행되었다. 맨해튼 프로젝트에서 전자공학 부분을 총괄하던 J. 로버트 오펜하이머^{J. Robert Oppenheimer}가 히긴보덤을 팀원으로 뽑았다. 거기에서 히긴보덤은 핵폭탄에 필요한 타이밍 회로를 만들었다. 히긴보덤은 그라운드제로에서 24마일 떨어진 피신처에서 뉴멕시코 로스앨러모스 인근 사막의 첫 번째 폭탄에 불을 붙이는 실험을 지켜보았다. 그는 맨해튼 프로젝트에 참여했던 많은 과학자와 마찬가지로 자기가 만들어낸 결과물 때문에 마음이 무척 괴로웠다. 첫 번째 시험 발파를 지켜본 히긴보덤과 동료들은 차량에 올라타고 로스앨러모스 기지로 돌아왔다. 차 안에는 침묵이 감돌았다. 한 사람도 입을 열지 않았다.[23] 동료 물리학자 중에 질량분석기 전문가였던 케네스 베인브리지Kenneth Bainbridge는 나중에 이렇게 말했다. 그날 폭발은 "악독하고 무시무시한 광경을 연출했다". 그리고 오펜하이머에게 이렇게 말했다. "이제 우린 모두 개자식이야."[24]

원자폭탄이 일본에 떨어지기 전에도 많은 미국 연구소에서 일하는 과학자들은 이 무기를 실제로 사용하는 데 반대하는 모임을 꾸렸다. 시카고 대학교 야금연구실과 오크리지 클린턴 연구실, 컬럼비아 대학교 대체합금물질연구소, 로스앨러모스 연구소에서 독립적인 모임이 꾸려졌다. 로스앨러모스 연구소에서는 히긴보덤이 모임을 주도했다. 전쟁이 끝나자 흩어져 있던 연구자들과 엔지니어들이 드디어 서로 연계할 수 있게 되었다. 이에 과학자들은 힘을 합쳐 핵무기 확산 방지를 촉구하는 압력단체인 원자과학자연합을 결성했다. 히긴보덤은 초대 회장에 지목되었고 나중에는 이사장이 되었다. 히긴보덤은 우선 맨해튼 프로젝트에 참여했던 인물 이외에 더 많은 인원이 원자과학자연합에 참여할 수 있도록 힘을 기울였다. 이를 위해 단체 이름도 미국과학자연맹으로 바꾸었다. 뉴욕타임스 사설에서 히긴보덤은 원자폭탄의 실상을 밝히고 멸망을 피하기 위해 세계가 해야 할 일을 명확히 설명했다.

우리 과학자들이 이 문제를 더 오래 붙들고 있을수록 우리는 더 불

안해질 것이다. …… 무엇보다 먼저 우리는 법 이외에는 핵무기를 제어할 힘이 없다는 걸 알아야 한다. 인간이 완벽해지지 않는 한 미래에 핵무기를 막을 방위체제는 없을 것이다. 따라서 핵에너지를 통제할 방법을 찾아야 한다. 우리의 안전을 재는 척도는 그것뿐이다.[25]

히긴보덤은 사무국장 자리에서 물러나기까지 2년간 미국과학자연맹을 지휘했다. 그러나 이후에도 1994년에 세상을 떠날 때까지 핵무기 확산에 반대하는 일에 헌신했다. 하지만 아직은 1980년대였다. 당시 미소 냉전과 핵 위협은 극으로 치달았다. 히긴보덤은 핵무기가 몰고 올 위험을 더 심각하게 경고해야 한다고 생각했다. 그는 이렇게 말했다. "30년 넘게 사람들에게 핵무기의 위험을 경고한 끝에 드디어 메시지가 효력을 발휘하기 시작했다."[26]

만약 히긴보덤이 지금까지 살아 있다면, 사람들이 그를 핵무기 확산 방지를 위해 애쓴 인물보다 비디오게임 개발에 이바지한 인물로 기억한다는 걸 알고 크게 실망할 것이다. 전쟁이 끝나자 히긴보덤은 브룩헤이븐 국립연구소에서 기기장치 연구를 지휘했다. 다른 연구 부서를 위해 디스플레이와 측량 장치를 만드는 일이었다. 목가적인 환경에 자리를 잡은데다 효과적인 원자력 제어 방법을 찾는 브룩헤이븐 국립연구소는 히긴보덤 같은 평화주의자에게 딱 맞는 곳이었다. 그 후 10년 넘게 히긴보덤이 이끄는 기기장치 개발팀은 방사선검출기부터 쥐의 심박동수를 측정하는 장치, 미사일 탄도를 탐지하는 컴퓨터 모니터까지 온갖 전자장치를 개발했다.

그러나 롱아일랜드와 뉴욕 주민들은 브룩헤이븐 국립연구소나 연구소에서 수행하는 연구에 우려를 표했다. 원자력 연구는 이미 파괴적인 결과를 생생히 보여준 완전히 새로운 과학이었다. 많은 사람이 아주 경미한 사고로도 이 지역 전체가 버섯구름 속으로 사라질 수 있다고 보았다. 그래서 브룩헤이븐 국립연구소는 1950년부터 일 년에 한 번씩 연구소를 개방하고 여기서 이뤄지는 연구가 사실은 안전하다는 걸 보여줌으로써 대중을 안심시키려 했다. 그러나 연구소에서 진행하는 연구는 대부분 일급비밀이었다. 이 때문에 방문객들은 사진을 보거나 가동이 중단된 시설을 둘러보는 걸로 만족해야 했다. 히긴보덤의 눈에는 한없이 따분해 보였다.

히긴보덤은 항상 재미를 추구하는 인물이었고, 현란한 아코디언 연주로 연구실 분위기를 띄우는 걸 좋아하는 골초였다.[27] 브룩헤이븐 국립연구소에서 근무하는 직원들 대부분은 주말 해수욕 파티에서만 서로 어울리는 외지 사람들이었다. 그래서 히긴보덤은 이들의 사기를 끌어올리려고 일부러 파티에 참석했다. 게다가 스스로 인정한 것처럼 핀볼 게임에 환장했다. 그가 왜 테니스 포 투를 만들었는지 이해가 가는 대목이다.

1950년대에 디지털 컴퓨터가 관심을 끌긴 했지만, 히긴보덤은 온 오프 펄스를 이용해 데이터를 표시하는 아날로그 컴퓨터로 테니스 포 투를 만들었다. 상자는 진공관으로 채워져 있고 크기는 지금의 전자레인지만 했다. 공의 탄도와 속도를 다양하게 만들고 코트 측면을 형상화하여 테니스 게임을 시뮬레이션하도록 설정했다. 컴퓨터는 입력 전압의 변화를 화면에 출력하는 오실로스코프와 연결되어 있었다. 짧은 수직선이 네트 중간에 있고 녹색 수평선이 코트에 나타나는 방식이었다. 작은 조종 장치 두 개도 이 컴퓨터에 연결되어 있었다. 각각의 조종 장치에는 조종자가 공의 각도를 맞추는 눈금판과 누르면 공을 치는 버튼이 달려 있었다. 시스템 전체를 만드는 데 3주가 걸렸다. 그렇게 해서 최초의 비디오게임이 탄생했다.

테니스 포 투가 나오기 전에도 전자 게임은 있었다. 그러나 어느 것도 비디오게임에는 적합하지 않았다. 1947년에 미국 물리학자 토머스 골드스미스 주니어^{Thomas T. Goldsmith Jr}와 에스틀 레이 만^{Estle Ray Mann}이 개발한 게임은 미사일 발사를 모방해서 만든 것인데, 스크린에 띄우려면 플라스틱 오버레이가 필요했다. 그 당시 컴퓨터로는 도형을 그릴 수 없었기 때문이다. 1951년에 영국 회사 페랑^{Ferrant}도 님^{Nim}이라는 게임을 실행하려고 님로드^{Nimrod}라는 디지털 컴퓨터를 만들었지만, 온 오프 방식으로 깜빡이는 불빛으로 디스플레이가 이루어져 있었다. 케임브리지 대학에서 에드삭^{EDSAC} 군용 컴퓨터에 맞춰 개발한 OXO 게임(3목 두기라고도 한다)이 그나마 비디오게임에 가장 가까웠다. 음극선관에 OX를 표시하는 방식이었다. 하지만 X나 O 표시를 움직일 수는 없었다. 그런데 히긴보덤이 만든 테니스 포 투는 세계 최초로 움직이는 그래픽과 앞으로 비디오게임의 세 가지 요소가 될 컴퓨터, 그래픽 표시 장치, 조종 장치를 완벽하게 갖추고 있었다.

테니스 포 투는 1958년 10월 18일 방문자의 날에 브룩헤이븐 국립연구소에서 처음 공개되었다. 컴퓨터가 할 수 있는 일이 무엇인지 육안으로 보여주는 최초의 디스플레이였다. 1950년대 후반, 미국의 전설적인 TV 진행자 아트 링클레터^{Art Linkletter}가 자신이 진행하는 어린이 프로그램 〈하우스 파티^{House Party}〉에 거대한 유니박^{UNIVAC} 컴퓨터를 활용하려고 머리를 쥐어짤 무렵 테니스 포 투는 그렇게 일반 대중에게 첫선을 보였다. 테니스 포 투에 매료된 사람들이 한 번이라도 직접 게임을 해보려고 토요일 오후에 길게 줄을 섰다. 찾는 사람이 아무도 없는 다른 연구부서 직원들은 그 모습을 부러워하며 지켜보았다. 테니스 포 투는 이듬해에 좀더 향상된 모습으로 다시 선을 보였다. 스크린도 더 키우고 다른 행성에서 테니스를 치면 어떨지 시뮬레이션할 수 있도록 중력도 다양하게 설정했다. 그 후 테니스 포 투는 분해되었고 부품은 다른 데 사용되었다. 방문객들에게 인기가 대단했지만, 히긴보덤은 특허를 받거나 상업화해서 돈을 벌 생각이 조금도 없었다.

로버트 드보르작 주니어^{Robert Dvorak Jr.}의 아버지는 히긴보덤과 함께 테니스 포 투 개발에 참여했다. 그는 테니스 포 투 게임이 사회에 어떤 힘을 촉발시켰는지 히긴보덤 자신도 알지 못했다고 생각한다. 로버트 드보르작 주니어는 이렇게 말했다. "그 발상은 일반 대중에게 컴퓨터가 무언지를 보여주는 거였습니다. 그런데 히긴보덤은 사회적 관점에서 자기가 무슨 일을 한 건지 전혀 몰랐어요." 더구나 오늘날로 치면 2만 달러 정도가 테니스 포 투를 만드는 데 들었는데, 상용화할 생각도 하지 못했다. "평범한 미국 소비자들에게 팔

수 있다는 생각을 누구도 하지 않았어요."[28] 히긴보덤도 테니스 포투로 특허를 신청할 생각을 전혀 못했다고 나중에 인정했다. 설사 히긴보덤이 특허를 냈다고 하더라도 테니스 포 투 게임에 대한 권리는 미국 정부에 귀속되었을 것이다. 1983년에 그는 이렇게 회고했다. "우리도 당시에 그 게임이 재미있고 어떤 가능성이 있다는 생각을 했지만, 정부가 관심을 기울일 만한 건 아니었다. 오늘날 모든 비디오게임 개발자가 연방정부로부터 허가를 받는 게 그나마 다행이라고 생각한다."[29]

점, 깜박 신호, 방울

독일 태생의 유대인 발명가 랄프 베어Ralph Baer가 드디어 최초의 획기적인 비디오게임 특허를 받았다. 랄프 베어는 1938년 11월에 나치가 유대인 상점을 약탈하고 유대교 사원에 불을 지른 일명 '수정의 밤' 작전에 돌입하기 몇 주 전에 고국을 탈출한 인물이다. 부모님, 여동생과 함께 뉴욕에 도착했을 때 겨우 열여섯 살이었던 베어는 라디오를 수리하는 일자리를 구했다. 전쟁이 시작되자 징집되어 군사정보부에 배치되었다. 베어는 곧 소총 전문가가 되어 미 육군으로부터 명사수 메달까지 받았다. 영국에서 복무하는 동안에는 폐렴에 걸려서 전쟁 후반기를 육군 병원에서 보냈다. 1946년에 미국으로 돌아와 대학에 입학하려 했지만, 독일에서 고등학교를 다니다 그만둔 탓에 쉽지 않았다. 결국 어렵게 시카고에 있는 미국 텔레비전공과대학에 들어갈 기회를 얻었다. 대학 측은 강도 높은 입학

시험을 거쳐 베어를 받아주었다. 베어는 텔레비전공학과에서 이학사를 받아 졸업했다. 당시로서는 흔치 않은 학위였다. 그때부터 베어는 위성장비 제조업체 로럴 일렉트로닉스^{Loral Electronics} 등 작은 회사 여러 곳을 전전했다. 로럴 일렉트로닉스는 베어가 처음으로 TV 수상기를 만든 회사다.

그러다 1956년에 베어는 자신의 운명을 찾았다. 뉴햄프셔 주 내슈어에 있는 샌더스 어소시에이츠^{Sanders Associates}라는 방위산업체에서 일자리를 얻은 것이다. 전에 레이시언에서 근무했던 직원들이 따로 나와서 세운 회사로, 내슈어라는 작은 마을은 보스턴에서 북쪽으로 한 시간 거리였다. 베어는 전자 부문 관리자로 채용되었다가 얼마 안 가서 설비 개발 전체를 감독하는 자리로 승진했다. 수백만 달러의 예산과 500명이 넘는 직원을 관리해야 하는 직책이었다. 공수 레이더 부품과 기타 방위 전자장치를 만드는 게 주요 임무였다. 하지만 베어는 자신의 새로운 자산인 텔레비전을 이용해 무언가를 만드는 일에 더 열심이었다. 로럴 일렉트로닉스에서 일하는 동안 베어는 TV 수상기로 단순히 방송을 내보내는 것 이상의 무언가를 할 수 있다고 확신했다. 그래서 실제로 1951년에 로럴 일렉트로닉스에서 만든 TV 수상기에 테스트패턴을 투사하기도 했다. 그리고 화면에서 화상을 움직일 수 있다는 걸 알아냈다. 텔레비전 화면에서 화상을 조종할 수 있다는 이 기초적인 생각이 나중에 비디오게임을 만드는 이론적 토대가 되었다.

샌더스 어소시에이츠에서 베어는 이 생각을 확장해 실험을 진행

했다. 그리고 1966년에 그가 사상 최초의 '텔레비전 게임'이라 부른 것을 만들었다. 간단하게 설명하면 두 사람이 소형 조종 장치를 가지고 각자 검은 화면에 나온 빛의 점을 조종할 수 있게 만든 게임이었다. 요즘 기준으로 보면 헛웃음이 나오겠지만, 서로 상대방의 점을 뒤쫓는 재미가 있었다. 이 게임을 상사에게 보여주자 샌더스 어소시에이츠에서 알게 모르게 지원을 해주었다. 상사는 베어에게 5000달러를 후원하며 연구를 계속하게 했다. 2년 동안 여섯 개를 만든 끝에 마침내 브라운 박스Brown Box라는 걸작이 나왔다. 기본적인 운동경기, 미로 게임, 퀴즈 게임 몇 가지를 텔레비전 화면에 띄우는 콘솔이었다. 시스템은 배터리로 작동했고 게임은 흑백이었다. 화면 주위는 움직이는 빛의 방울로 이루어져 있었다. 조종 장치는 손잡이가 달린 크고 네모난 덩어리였다. 콘솔에는 모든 게임이 내장되어 있었고, 게임을 조작하는 사람들은 회로 카드를 빼거나 넣어서 이 게임에서 저 게임으로 이동했다. 회로 카드는 기계 안에서 회로의 절단을 일시적으로 잇는 짧은 전선들과 연결되어 있었다. 브라운 박스는 또한 화면에 나타난 빛의 점을 쏘는 플라스틱 권총 장치도 지원했다. 명사수였던 베어의 능력이 빛을 말하는 지점이었다. 아주 기본적이긴 했지만, 어쨌거나 브라운 박스는 세계 최초의 비디오게임 콘솔이었다.

그러나 샌더스 어소시에이츠 경영진에게 브라운 박스를 파는 건 쉽지 않았다. 브라운 박스에서 가능성을 본 건 소수였고, 대다수는 그걸로 어떻게 돈을 벌 수 있는지를 알고 싶어 했다. "말도 마세요.

그 실망한 얼굴들이라니. 상품으로 어떻게 돈을 벌지, 내가 알 게 뭡니까? 나는 10년간 군에서 쓰는 전자장치만 만들어왔는데 말이에요." 베어의 말이다.

베어는 마침내 순수한 잠재 시장 규모를 설명함으로써 경영진을 설득하여 지원을 받아냈다. 4000만이 넘는 미국 가정이 TV 수상기를 가지고 있고 외국에도 최소한 그 정도 사람들이 TV 수상기를 가지고 있다고 설명했다. 확실히 이들 가정은 TV로 할 수 있는 다른 일에 관심을 보였다.[30] 경영진은 베어의 논리를 듣고 고개를 끄덕이더니 당장 제조 허가를 받고 콘솔을 시장에 내다 팔라고 했다. 베어는 우선 케이블 텔레비전 업계를 공략했다. 하지만 사려는 사람이 아무도 없었다. RCA, 실바니아Sylvania, 제너럴 일렉트로닉, 모토로라Motorola 등 여러 텔레비전 제조회사에 콘솔을 보여준 끝에 드디어 마그나복스Magnavox와 손을 잡았다. 두 회사는 특허계약을 맺었고 브라운 박스는 마그나복스 오디세이Magnavox Odyssey라는 새 이름을 얻었다. 마그나복스 오디세이는 100달러짜리 가격표를 달고 1972년 8월에 출시되어 사실상 가정용 비디오게임 시장을 새로 열었다. 그러나 기대만큼 성공하지는 못했다. 출시 첫해에는 10만 개밖에 못 팔았다. 형편없는 마케팅 탓이었다. 마그나복스 오디세이가 마그나복스 텔레비전에서만 작동한다고 잘못 생각한 소비자들이 관심을 끊어버렸다.

샌더스와 마그나복스가 돈을 번 건 콘솔 판매를 통해서가 아니라 특허권 침해를 통해서였다. 베어는 1973년에 '텔레비전게임 및 교

육 장치'로 특허를 받았다. 이는 "한 명 이상의 참여자가 시뮬레이션이나 게임, 다른 활동에 참여할 목적으로 텔레비전 수상기 화면에 상징물이나 기하학적 도형을 발생시키고 보여주고 조작하고 사용하는" 것을 모두 포괄했다.[31] 그런데 아타리^{Atari}가 1975년에 가정용 콘솔 퐁^{Pong}을 출시함으로써 이 특허권을 침해했다. 퐁은 마그나복스 오디세이보다 훨씬 성공했는데, 순전히 마케팅을 잘한 덕분이었다. 제품 상자에는 이런 글귀가 분명하게 명시되어 있었다. "모든 텔레비전 수상기에서 작동합니다." 아타리가 성공하자 핀볼 제조업체 벨리미드웨이^{Bally-Midway} 등 많은 회사가 서둘러 비슷한 제품을 출시했다. 결국 1976년에 샌더스와 마그나복스는 아타리를 상대로 특허권 침해 소송을 제기했다.

샌더스와 마그나복스는 아타리 회장 놀란 부쉬넬^{Nolan Bushnell}이 두 회사의 기술을 훔쳤다며 이를 입증할 확실한 증거를 가지고 있다고 주장했다. 부쉬넬은 마그나복스 오디세이를 출시하기 석 달 전인 1972년 5월에 캘리포니아에서 열린 브라운 박스 설명회에 참석했다. 행사 방명록에 부쉬넬의 사인이 증거로 남아 있었다. 결국 부쉬넬은 샌더스 어소시에이츠와 합의를 했고 아타리는 마그나복스 외에 처음으로 사용 인가를 받은 기업이 되었다. 베어와 샌더스, 마그나복스는 사실상 시장에 나오려는 거의 모든 회사를 상대로 소송을 제기했다. 마텔, 콜레코^{Coleco}, 제부르크^{Seeburg}, 액티비전^{Activision}, 세가^{Sega}가 대표적이다. 길고 지루한 분쟁 과정을 거치긴 했지만, 모든 소송에서 승소하거나 좋은 조건에 합의했다. 베어는 이런 우스갯소리를 했다. "그 어떤 브로드웨이 연극보다도 공연 기간이 길었어요."

브라운 박스 발명가 베어는 결국 히긴보덤과 맞붙어야 했다. 1980년대 중반 닌텐도가 샌더스 어소시에이츠가 받은 특허를 무효화하려고 시도하면서 문제가 터졌다. 닌텐도는 최초의 비디오게임은 사실상 테니스 포 투라며 선행 기술을 개발한 히긴보덤을 증인으로 신청했다. 그러나 베어는 테니스 포 투는 단순히 오실로스코프에 바탕을 둔 탄도학을 설명한 것에 불과하다고 주장했고, 법원은 다시 베어의 손을 들어주었다. 닌텐도를 상대로 승소하자 비디오게임에 대한 최초의 법적 권리가 샌더스에 있다는 사실이 다시금 강조되었다. 따라서 1990년에 특허 기간이 만료될 때까지 비디오게임 시장에 진출하려는 모든 회사는 방위산업체 샌더스에 특허권 사용료를 지불해야 했다.

유년 시절 애스트로이즈Asteroids 게임을 하고 놀 때 나도 모르게 무기 개발에 도움을 주고 있었다는 걸 누가 알았겠는가?

소형 장난감이 대형 무기가 되다

많은 발명가가 무기 제작에서 아이들 장난감 제작으로 돌아서는 동안 완전히 다른 장난감 제작에 뛰어든 이들이 있었다. 그중 하나가 제2차 세계대전 이후 기술 산업의 기초를 놓은 트랜지스터다. 오늘날 우리 주변에서 쉽게 볼 수 있는 모든 전자 장난감의 토대가 된 것이다.

그 최전선에 윌리엄 쇼클리William Shockley가 있었다. 쇼클리는 영국에서 태어나 샌프란시스코 남부에 있는 작은 마을 팰러앨토에서 자란 미국인이다. 많은 이들의 증언에 따르면 쇼클리는 "성질이 나쁘고 버릇없고 도무지 통제가 안 되는" 끔찍한 아이여서 "그를 애지중지한 부모님을 비참하게 만들었다".[32] 성인이 되어서도 모난 성품은 전혀 변하지 않았지만, 아주 똑똑하고 능숙한 발명가라는 점은 입증되었다. 1930년대에 쇼클리는 캘리포니아 공과대학 물리학과를 졸업하고 MIT에서 박사학위를 받았다. 그리고 전쟁 직전에 뉴저지에 있는 벨전화연구소에서 일을 시작했다. 진공관을 개량하는 일을 맡았는데, 전자를 증폭시키거나 전환하거나 수정할 수 있는 백열전구같이 생긴 장치였다. 진공관은 방 하나 크기의 거대한 아날로그 컴퓨터와 라디오 같은 초기 전자장치의 '뇌'에 해당했지만, 아무리 좋게 보아도 다루기 힘든 프로세서였다. 전자장치를 작동시키는 0과 1이라는 2진법 C언어를 전달하기 위해 진공관을 켰다 껐다 해야 했다. 켜져 있을 때에는 1을 전송하고 꺼져 있을 때는 0을 전송했다. 처리 과정이 더딘데다 계속 켰다 껐다 하는 탓에 진공관이 자주 타버렸다. 전구에 곤충이 내려앉아도 마찬가지였다. 오늘날 '작은 결함'을 뜻하는 '버그'라는 용어도 여기에서 나왔다.

그래도 진공관이 개량되기까지는 한참을 기다려야 했다. 제2차 세계대전이 발발하자 쇼클리는 레이더 개발에 흥미를 가지고 새로운 전자 추적 장치를 이용하여 조종사들을 훈련하기 위해 최전방을 돌아다녔다. 쇼클리의 수리 능력은 아주 높은 평가를 받았고, 이 때문에 전쟁 막바지에 일본의 전면 침략으로 생길 미군 사상자 수를 예측해달라는 요청을 받기도 했다. 쇼클리의 보고는 인류 역사에서 가장 큰 결정에 중요한 영향을 끼쳤다. 40~80만 명에 달하는 어마어마한 숫자가 일본의 공습으로 사망할 거라는 쇼클리의 계산이 나오자 원자폭탄 투하를 결정하기가 한결 수월해졌다.

전쟁이 끝나자 쇼클리는 벨전화연구소로 돌아와 계속해서 진공관을 연구했다. 팀원들과 함께 여러 가지 반도체 물질로 실험을 했다. 어떤 물질이 전기를 능률적으로 흘려보내는지 알아보기 위해서였다. 실험을 거듭한 끝에 1947년에 게르마늄과 금으로 만든 트랜지스터를 발표했다. 훨씬 더 전기를 잘 흘려보내고 유리로 만든 진공관보다 파손 위험이 적은 반도체 물질로 만든 칩이었다. 트랜지스터가 발명되자마자 소유권을 둘러싸고 분쟁이 시작되었다. 벨전화연구소는 쇼클리의 팀원 존 바딘John Bardeen과 월터 브래튼Walter Brattain과 함께 트랜지스터 특허를 받았다. 특허 서류 어디에도 쇼클리의 이름은 없었다. 이들이 캐나다에서 비슷한 장치를 가지고 일찌감치 특허를 신청했던 다른 이의 자료를 부당하게 참고하지는 않았는지도 의문이었다. 결국 이들은 특허를 받지 못했다. 『타임』이 "경쟁심이 아주 강하고 때때로 정말로 짜증나는 남자"라고 묘사하기도 했던 쇼클리는 불만이 가득했고, 자기가 받아야 할 적절한 몫을 받길 원했다. 결국 다시 트랜지스터 연구에 착수하여 1951년에 특허를 출원하고 세상에 공개했다.[33] 2년 뒤 까다로운 성격 탓에 벨전화연구소에서 승진 기회를 놓친 쇼클리는 모교인 캘리포니아 공과대학으로 돌아가 객원 교수가 되었다. 그러던 중 베크만 인스투르먼츠Beckman Instruments를 운영하던 친구 아널드 베크만Arnold Beckman이 쇼클리에게 자회사를 설립해보라고 제안했다. 그리하여 1955년에 쇼클리 세미컨덕터Shockley Semiconductor라는 회사가 캘리포니아 주 마운틴뷰에서 문을 열었다. 그가 어린 시절을 보낸 팰러알토에서 남동쪽으로 불과 몇 마일 떨어지지 않은 곳이었다.

얄궂게도 쇼클리는 자기가 한 일이 아니라 하지 않을 일로 신기원을 열었다. 실리콘을 몇 차례 실험한 쇼클리는 반도체에 실리콘을 사용하지 않기로 결정했다. 실리콘이 다른 물질보다 훨씬 뛰어나다고 믿었던 연구원들은 실망을 금치 못했다. 그리하여 과학자 여덟 명이 회사를 나와 페어차일드 세미컨덕터Fairchild Semiconductor라는 회사를 새로 차렸다. 쇼클리는 이들을 두고 '8인의 배반자'라 불렀다. 1958년, 이 신생 회사는 초소형 칩 안에 수많은 트랜지스터가 꽉 들어찬 최초의 집적회로를 만드는 데 성공했다(댈러스에 있는 텍사스 인스투르먼츠Texas Instruments에서 우연히도 비슷한 시기에 똑같은 연구를 해냈다). 마이크로 전자기술의 시작이자 장차 실리콘 밸리로 알려질 연구단지의 정식 주춧돌을 놓은 셈이었다. 8인의 배반자 중 로버트 노이스Robert Noyce와 고든 무어Gordon Moore는 1968년에 결국 페어차일드를 떠나 둘이서 산타클라라에 인텔Intel이라는 회사를 차렸다. 물론 오늘날 인텔은 마이크로프로세서 제조를 주도하는 회사가 되었고, 1965년에 컴퓨터 집적회로에 집적할 수 있는 트랜지스터 수가 대략 2년마다 2배로 증가한다고 했던 무어의 예측은 아직도 효력이 있는 '법칙'이 되었다.

실리콘밸리에 들어선 회사들은 기술 연구에 새로운 방식을 도입했고, 여기에 사업이 될 만한 요소를 추가했다. 초기에는 군에서 사용하는 컴퓨터와 레이더, 기타 전자장치를 만드는 데 힘을 기울이다가 점점 이윤을 추구하는 민간 기업으로 방향을 바꿨다. 이들은 모두 더 큰 소비 시장을 염두에 두었고, 1970년대 초반에는 벤처 투자가들을 끌어들이기 시작했다. 이내 전자 혁명을 이룰 모든 퍼즐 조각이 제자리를 찾았다.

인근에 있는 캘리포니아 공과대학과 스탠퍼드 대학교 과학자들이 지성을 공급하고, 벤처 투자가들이 자본을 투입하는 한편, 기업들 간의 건전한 경쟁과 간단한 전자장치에 대한 대중의 열망이 화학반응을 일으켜 실리콘밸리 주변 회사들은 실리콘이 금만큼이나 좋다는 걸 바로 알아챘다. 기술 관련 회사 수천 개가 생겨났다. 단순히 실리콘 칩을 만드는 회사뿐만 아니라 여기에서 파생된 다양한 사업을 하는 회사들도 많았다. 독일의 SAP, 일본의 히타치Hitachi 같은 외국 전자 회사들도 실리콘밸리로 옮겨 왔다. 게다가 인터넷이 인기를 얻으면서 실리콘밸리 외에 다른 곳에서 회사를 시작할 생각을 하는 사람은 아무도 없었다.

쇼클리가 사업을 시작하고 반세기가 지나 실리콘밸리에는 세계적인 기술 기업이 모두 자리를 잡았다. 구글(쇼클리가 마운틴뷰에서 자주 찾던 지역에 자리를 잡았다), 애플, 인텔, AMD, 선 마이크로시스템즈Sun Microsystems, 어도비Adobe, 시스코Cisco, 휴렛팩커드

Hewlett-Packard, 오라클Oracle, 야후, 시만텍Symantec, 이베이, 페이스북 Facebook 등 이름을 대자면 끝이 없다.

한편 트랜지스터는 오늘날 우리가 알고 있는 컴퓨터 칩의 아버지다. 최신 과학기술 전문가 대다수가 트랜지스터를 20세기 최고의 발명품으로 꼽는다. 한 산업 분석가는 이렇게 말했다. "트랜지스터는 사회를 바꿨다. 차량과 컴퓨터, 정부, 금융, 제조업을 한번 보라. 트랜지스터는 이 모든 것에 영향을 끼쳤다. 경제 생산성 전반에 일어난 변화를 보라. 트랜지스터가 없었더라면 경제 생산성은 두 배에 그치고 말았을 것이다."[34]

트랜지스터는 계속해서 많은 전자장치에서 핵심 역할을 했고, 그 덕분에 많은 회사가 성공을 거두고 성장을 거듭했다. 실제로 일본인 발명가 이부카 마사루Ibuka Masaru는 1950년대 초 벨전화연구소를 방문했을 때 트랜지스터에 깊은 감명을 받았다. 그래서 일본 정부에 트랜지스터 사용 허가를 받는 데 필요한 돈을 지원해달라고 요청했다. 트랜지스터를 가지고 일본으로 돌아간 이부카 마사루는 트랜지스터를 이용해 휴대용 라디오를 만들었다. 휴대용 라디오는 그가 세운 작은 전자 회사가 처음으로 시장에서 성공을 거둔 제품이었다. 이 회사가 바로 소니Sony다. 나머지는 알고 있는 그대로다.

트랜지스터를 개발한 공로로 쇼클리와 바딘, 브래튼이 1956년에 노벨물리학상을 받았다. 당연히 받아야 할 상이었다. 자기 자신을 치켜세우고 뽐내는 걸 조금도 부끄러워하지 않는 쇼클리는 노벨상 수락 연설에서 트랜지스터는 그야말로 완전히 새로운 사고방식의 시작이었노라고 말했다. "표면 준위 현상을 과학적 관점에서 완벽하게 이해한 것입니다. 더 나은 장치를 만드는 데 이 지식을 어떻게 활용할지, 유익한 의견이 많이 나올 거라 기대합니다."[35]

쇼클리는 별난 구석이 있는 다른 천재 발명가들과 마찬가지로 자신의 유산을 망치는 일을 많이 했다. 사이비 종교에 빠진 슬링키 개발자 리처드 제임스나 은둔자가 된 터퍼웨어 개발자 얼 터퍼와 달리 쇼클리는 우생학에 대한 견해를 발표하면서 망신을 자초했다. 1960년대에 접어들자 지성이 유전적 특성이며 똑똑한 사람들의 증식률이 더 낮은 탓에 인류가 더 아둔해졌다는 이론을 펼치기 시작했다. 그러더니 한 걸음 더 나아가 특별한 기술이 없는 흑인들이 미국에서 증식률이 가장 높다고 지적하면서 시간이 흐를수록 흑인들은 이전보다 더 아둔해질 거라고 떠들고 다녔다. 마지막에는 가장 좋은 유전자를 보존하려 힘쓰는 정자은행에 자신의 정자를 기증하고, IQ 100 이하의 사람들은 자발적으로 불임 수술을 받아야 한다고 주장했다. 쇼클리의 관점이 충격적이었다고 말하는 건 지극히 절제된 표현이다. 대중매체에서는 인생 후반기에 접어든 쇼클리를 두고 인종차별주의자 혹은 나치, 히틀러주의자라고 보도했다. 쇼클리가 공개 석상에 나설 때면 언제나 그를 반대하는 시위대가 그 자리에 함께했다. 쇼클리는 1989년에 쓸쓸하게 죽음을 맞았다. 아내 엠미 말고는 곁에 남은 사람이 아무도 없었다. 자녀들도 아버지의 부고를 신문을 보고 알았다. 그러나 오늘날 우리가 정말 좋아하는 많은 장난감과 도구에 그가 간접적으로나마 영향을 끼쳤다는 사실을 무시할 수는 없다.

전쟁이 끝장나게 멋져졌다

사회학자와 심리학자 들은 수십 년간 지아이조(마텔이 작은 바비 인형을 만든 기술력으로 만들었다)같이 전쟁과 관련된 장난감과 폭력적인 비디오게임이 정신을 세뇌시킨다고 주장했다. 소년들이 군대에 호의적인 태도를 갖게 하려고 군산복합체가 고안해낸 작품이라는 이야기다. 그런가 하면 어떤 이들은 전쟁 장난감을 좋아하는 성향은 뇌 자체에 내상뇌어 있고 자기보존 감각으로부터 자연스럽게 발달한다고 주장했다. "동물들의 본능적인 놀이는 생존을 위한 훈련이다. 새끼 고양이가 털실 뭉치를 가지고 노는 건 쥐를 잡는 연습을 하는 것이다"라는 게 그들의 입장이다.[36] 다시 말하면 어린아이들이 전쟁 장난감을 가지고 놀면서 나이가 들어 맞닥뜨릴 싸움을 준비한다는 이야기다. 그러나 또 어떤 이들은 이것을 단순한 '마초적 행동'이라고 일축한다.

나는 어떠냐고? 어렸을 적에 나는 숲 속을 달리고 흙밭에서 뒹굴며 노는 걸 좋아했다. 그리고 지아이조가 가장 벗신 장닌감이고 트랜스포머Transformers가 그다음으로 멋진 장난감이라고 생각했다. 나이가 들고 장난감 취향도 조금 세련되지자 비디오게임에 끌렸다. 수백만 명의 아이들(및 성인들)과 마찬가지로 나는 비디오게임이 아주 좋은 쌍방향 오락물이라 믿었다.

역사적으로 장난감 및 게임 시장은 많은 군 발명가와 개발자에게 창의적, 상업적, 지적 배출구를 제공했다. 예를 들어 실리 퍼티와 슬링키는 일종의 궁여지책이었다. 어디에도 사용할 곳을 찾지 못하다가 노리개로 만들어 상업적으로 크게 성공한 제품들이다. 잭 라이언에게는 마텔이 명성과 부를 안겨주기도 했지만, 무엇보다 기술적 창의성을 마음껏 펼칠 수 있는 화폭이 되어주었다. 레이시언에서 미사일을 만들 때는 절대로 기대할 수 없었던 부분이다. 윌리엄 히긴보덤은 자기가 하는 일이 세상을 파괴하기만 하는 게 아니라 세상을 계몽하고 사람들을 즐겁게 할 수도 있다는 사실에 끌렸다.

사람들에게 인정을 받는 것도 발명가들을 움직인 중요한 동기였다. 그들은 군과 연계되어 있던 탓에 종종 보안을 이유로 자기가 하는 일을 감춰야만 했다. 슬링키와 테니스 포 투는 일반 대중에게 아주 잘 알려졌지만, 리처드 제임스와 윌리엄 히긴보덤이 진행한 다른 프로젝트들은 대개 공개할 수 없는 일이었다. 그런 의미에서 장난감과 게임은 과학자들과 엔지니어들이 꿈꿔왔던, 그리고 계속 꿈꾸는 영역이었다. 자기들이 한 일을 보이는 실체로 만질 수 있고, 상점 선반에서 "바로 저거"라고 가리킬 수 있고, 가족과 친구들에게 보여줄 수 있으니까 말이다. 랄프 베어가 말한 대로다. "당신이 샌더스에서 5년간 프로그램을 짜는 일을 하면, F7 전투기에 들어가는 상자 하나를 만들 수 있을 것이다. 하지만 당신이 무슨 일을 하고 있는지 아무도 모른다. 모든 작업이 극비이기 때문이다. 당신이 한 일을 자랑할 수 있다고 하더라도 대개 신문 기사를 모아둔 회색 상자가 전부일 것이다. 그런 의미에서 장난감과 게임은 확실히 매력적인 분야다."

　그런데 이런 장난감이 진화하면서 전쟁 수행 방식에 크나큰 영향을 끼치기 시작했다. 30년이 넘는 세월을 지나오면서 비디오게임 시장은 180억 달러에 달하는 산업으로 급속히 성장했다. 2007년에는 전체 수익이 영화 산업을 무색하게 할 정도였다.[37] 군에서는 비디오게임을 이용해 군인을 훈련했다. 2010년에는 새로 생긴 미군 비디오게임 부대가 업계 동향을 살피고 군인을 훈련하는 데 쓸 기술을 찾는 데 5000만 달러를 쓸 거라고 했다.[38] 비디오게임은 신병을 모집하는 데도 사용된다. 실생활에서 콜 오브 듀티나 고스트 리콘Ghost Recon 같은 엑스박스와 플레이스테이션 게임에 매력을 느끼는 예비 군인을 유인하는 역할을 하는 것이다. 2009년에 미 공군은 멋지게 단장한 새 웹사이트를 개설했다. 웹사이트에는 방문자들이 실제 A-10 선더볼트A-10 Thunderbolt가 아프가니스탄에서 수행한 임무를 재현할 수 있는 쌍방향 비디오게임이 올라와 있다. 이라크 상공에 무인항공기 리퍼Reaper를 날리거나 공중에서 항공기에 급유를 할 수도 있다.

　기술 발전은 다시 원점으로 돌아왔다. 원래 장난감과 게임은 군기술에서 파생된 상품이지만, 이제는 군 기술에 영향을 끼치고 변화시키는 역할을 하고 있다. 폭탄 제거 로봇을 조종하는 군인들이 이중 손잡이로 된 조종 장치가 너무 복잡해서 배우기 어렵다고 불평하자 포스터 밀러Foster-Miller 사에서는 엑스박스 조종 장치를 쓸 수 있게 로봇을 다시 설계했다. 아이로봇에서 만든 폭탄 제거 로봇 팩봇PackBot도 같은 불평을 듣고 지금은 플레이스테이션 조종 장치를 쓴다. 보스턴 근교에 있는 아이로봇 본사를 방문했을 때 팩봇을 시험 운전해본 적이 있다. 비디오게임을 하며 자란 덕에 몇 분 안에 작동법을 익힐 수 있었다. 너무 쉬워서 믿기지 않을 정도였다.

군에서도 요즘 신병들이 비디오게임 중독자들이라는 걸 잘 안다. 비디오게임 기술에만 익숙한 게 아니라 폭력적인 주제에도 익숙하다는 걸 알고 이들의 특성을 잘 활용하고 있다. 한 군 신문은 이렇게 말했다. "앞으로 군은 두뇌 회전도 빠르고 손가락 움직임도 빠른 젊은 세대에게 의존할 것이다. 또한 거의 실제와 같은 쌍방향 비디오게임을 하면서 영웅이자 살인자로서 쌓아온 그들의 경험을 이용할 것이다."[39]

비디오게임은 이제 미래의 군대를 훈련하는 놀이 시간을 제공하고 있다. 예비 군인으로 훈련받는 젊은이들은 정작 그 사실을 모르지만 말이다. 비디오게임은 또한 전투를 바라보는 이 새로운 군인들의 시각을 극적으로 바꾸고 있는데, 반드시 좋다고만은 할 수 없는 일이다. 폭력적인 비디오게임 때문에 사람들이 실생활에서 폭력에 둔감해진다고 했던 사회학자와 심리학자 들의 말이 옳을 수도 있다. 최소한 실제 전투에서는 그렇다. 한 젊은 공군 중위가 이라크 무인 공습에 참여하고 나서 이렇게 말했다. "살상 능력이 꼭 비디오게임 같았습니다. 끝장나게 멋있었어요."[40]

5 하늘에서 내려온 음식

전투에서 군대를 결집하는 것 못지않게
맛있는 저녁식사를 주문하는 데도 지혜가 필요하다.
첫째는 만만하게 보이지 않아야 한다. 둘째는 가능한 한 예의 발라야 한다.
함께 밥을 먹는 사람들에게도 마찬가지다.[1]

로마 장군 루키우스 아이밀리우스 파울루스Lucius Aemilius Paullus

발효시킨 배추 맛을 어떻게 생각하는가? 익숙해지는 게 좋을 것이다. 몇 년 안에 우리도 한국의 대표 음식인 김치를 먹게 될 테니까 말이다.

한국인이 거의 매끼 먹는 이 음식이 2008년 국제우주정거장에서 첫선을 보이자 한국 최초의 우주 비행사에 노선했던 고산은 무척이나 기뻐했다. "우주와 똑같은 환경에서 일할 때나 기분이 별로 좋지 않을 때면 당신도 한국 음식이 그리울 거예요."[2] 농담이 아니다. 한국인에게 김치는 마음을 편하게 해주는 음식이다. 이탈리아인에게 파스타가 있고, 미국인에게 애플파이가 있고, 태평양 제도에 사는 섬사람들에게 스팸이 있는 것처럼, 한국인에게는 김치가 있다. 많은 한국인은 지난 몇십 년간 한국이 이뤄온 극적인 경제 성장 역시 김치가 사람들에게 기운을 북돋아준 덕분이라고 생각한다. 또한 서구인이 사진을 찍을 때 "치즈" 하고 미소 짓듯, 한국인은 "김치" 하고 입꼬리를 올린다.[3] 캐나다인은 푸틴poutine(감자튀김에 녹인 치즈와 소스를 끼얹어 먹는 캐나다 대표 음식―옮긴이)에도 그 정도로 흥분하지는 않는다.

전통적으로 김치는 초겨울에 담근다. 배추에 양념과 다른 채소를 가득 버무려 흙으로 빚은 항아리에 담은 다음 발효를 위해 땅속에 묻는다. 오늘날에는 김치 담그는 과정이 좀더 발전해서 간단하게 식료품점에서 구입할 수 있다. 구입한 김치는 발효 수준을 조절해주는 김치냉장고에 보관한다. 한국인은 김치를 아주 많이 먹는다. 일 년에 약 160만 톤, 가구당 80킬로그램 이상을 먹는다.[4] 아시아인이 아니면 김치를 직접 먹어본 건 고사하고 김치에 대해 들어본 적도 없는 사람이 태반이다. 운반하기가 어려운 탓이다. 배추로 만든 이 음식에는 발효 과정을 돕는 미생물이 가득하다. 이 말은 곧 유통기한이 짧고 수출이 어렵다는 이야기다. 그래서 해외에 있는 한국인은 김치를 그리워하게 마련이다.

그런데 한국항공우주연구원이 수행한 연구 결과 덕분에 상황이 바뀌었다. 과학자들이 김치의 유통기한을 늘릴 방법을 찾았는데, 발효가 끝난 김치에 방사선을 쪼여서 박테리아를 죽이는 방식이다. 이 과정을 거치면 한국인이 아니면 다들 힘들어하는 냄새도 어느 정도 완화된다. 그 결과 더 안전하고 오래가고 톡 쏘는 냄새도 덜한

'우주 김치'가 나왔다. 궤도에 들어서서 먹기 좋은 음식으로 변신했다. 식품공학자들은 이 새로운 기술을 지구에서도 이용할 수 있게 되었다는 사실이 더 중요하다고 말한다. "연구를 진행하면서 우리는 한 달간 김치 발효를 늦추는 방법을 찾았습니다. 덕분에 훨씬 적은 비용으로 전 세계에 수출할 수 있었습니다." 2003년부터 우주식품을 연구해온 한국원자력연구소 이주원 박사의 말이다. "김치를 세계화하는 데 이바지할 거라고 생각합니다."[5]

굴욕을 맛보다

새롭게 개량된 김치는 다양한 우주개발계획에서 비롯된 식품 혁신 중에서도 최신작이다. 지구 대기권 밖에 인간을 내보내기 시작하면서 지구 밖 탐사는 곧 기술적 장애를 극복하는 것을 의미했다. 위험을 무릅쓰고 더 멀리 나아가 지구를 더 오래 떠나 있으라고 우주 여행자에게 요청할수록 그들을 건강하게 먹이는 문제도 더 복잡해졌다. 우주 기관들은 이러한 문제를 해결하려고 수십 년간 수백만 달러를 쏟아부었다. 우주 비행사들에게 충분한 영양을 공급할 뿐 아니라 그들이 과학 연구에 온전히 집중할 수 있도록 편안한 환경을 제공해야 했다.

김치 연구가 보여준 것처럼, 우주에 나갔다 지구로 돌아오는 과정을 여러 번 반복하면서 이런 투자가 큰 이익을 냈다. NASA 같은 우주 기관들이 식품 회사들에 기술을 전수한 예가 많이 있다. 새로운 포장법, 가공법, 화학기법을 전수받은 회사들은 제품을 개선하는 데 이런 기술을 활용했다. 어떤 경우에는 식품 제조업자가 우주 기관과 협력하여 자신의 지적 재산을 펼쳐 보이기도 하고, 또 어떤 경우에는 캠핑 음식같이 완전히 새로운 범주가 우주 연구를 통해 나오기도 했다. 지난 50년 넘게 NASA를 위시한 우주 기관은 대형 식품가공업자들 못지않게 식품의 질과 비용, 안전 부분에서 많은 변화를 이끌어냈다.

우주여행이라는 개념이 등장한 배경을 알려면 다시 군사 분야로 돌아가야 한다. 오늘날 우리는 우주 탐험을 순수한 과학적 노력이자 국제 협력의 궁극적 사례라 생각하지만, 냉전 초기에는 결코 그렇지 않았다.

제2차 세계대전이 끝날 무렵 소련은 미국에 비해 군사력이 훨씬 떨어졌다. 미국은 원자폭탄을 보유하고 있었을 뿐 아니라 최고 수준의 독일인 과학자들과 엔지니어들을 끌어모았고, 이미 상당히 많은 V-2 로켓을 만든 상태였다. 1940년대 후반에 미군은 재빨리 나치의 V-2 프로그램을 자국의 우주 미사일 프로그램으로 탈바꿈시켰다. V-2는 연합국에서 2500명 이상을 죽이고 독일 강제수용소에서 2만 명 이상을 죽음으로 몰고 간 로켓미사일이었다.[6] 1950년대로 넘어가면서 미국인들은 명명백백한 기술적 우위가 안전하고 풍요로운 미래를 가져다줄 거란 생각에 자신만만했다. 이제 우주여행도 꿈이 아니었다. 언제쯤 가능할지 시간이 문제였다.

그러나 1957년 10월 4일, 소련이 독일에서 포획한 기술과 노하우로 세계 최초의 인공위성 스푸트니크 1호를 발사하자 미국인들은 굴욕을 맛봐야 했다. 남보다 일찍 시작해서 유리한 위치에 있는데도, 예산 문제로 옥신각신하느라 바지를 반쯤 내리고 허둥대는 꼴이었다. 더구나 군에서 우주 계획을 독점하고 있었다. 난데없는 소식에 놀란 미국 정부와 시민들은 너무나 초조했다.

1950년대에 로켓 발사는 누가 지구에서 더 멀리 날아갈 수 있느냐의 문제가 아니었다. 누가 핵무기를 적의 앞마당에 가장 가까이 떨어뜨릴 수 있는지가 관건이었다. 소련은 이미 1949년에 원자폭탄을 개발했다. 하지만 스푸트니크 1호를 발사하기 전까지 미국은 크게 걱정하지 않았다. 만일의 사태가 벌어지더라도 폭탄을 실은 소련 전투기가 미국 영토에 도달하기 전에 미리 탐지하고 격추시킬 수 있었기 때문이다. 한편, 미국이 보유한 V-2 로켓은 비교적 짧은 거리만 비행할 수 있었다. 고작해야 독일에서 영국까지 날아갈 수 있는 정도였다. 아직까지 대륙을 횡단하는 핵미사일을 만드는 건 불가능했다.

갑자기 소련이 버튼 하나만 누르면 미국을 쓸어버릴 수 있는 능력을 손에 넣었다. 거꾸로도 가능하면 좋겠지만, 미국은 아직 그런 능력이 없었다. 역사상 처음으로 미국인들은 기술직 우위에 선 소련에게 전멸당할지도 모른다는 실제적인 가능성에 직면했다. 최후의 심판일을 알리는 시곗바늘 소리가 귀에 들리는 듯했고, 냉전은 새로운 국면에 접어들었다. 상황이 매우 급박하게 돌아갔다.

아이젠하워 대통령은 고등연구계획국^{ARPA}과 미국항공우주국^{NASA}이라는 두 기관을 설립하라고 지시했다. 두 번 다시 미국이 다른 나라보다 기술이 뒤처져서 놀라는 일이 없게 하기 위해서였다. 7장에서 고등연구계획국을 살펴볼 테지만, 얼마 안 있어 이 기관은 '방위'를 더해 방위고등연구계획국^{DARPA}으로 이름을 바꿨다. 한편 NASA는 민간 운영 기관으로 우주탐사와 관련된 모든 활동과 장기적인 항공 방위 연구를 도맡았다. 민간이 운영한다는 허울을 씌운 건 은밀하게 연구를 진행한 소련에 견주어 도덕적 우위에 서려는 의도였다. 그러나 냉전 시기에 로켓 기술로든 첩보 능력으로든 우주 계획을 추진하는 목적은 군사적 우위를 확보함으로써 언제든 핵으로 쓸어버릴 수 있다고 적을 위협하기 위해서였다. 다른 이유는 허울에 불과했다. 어느 나라든 마찬가지였다. 핵무기를 개발한 9개국 중 7개국이 우주에 로켓을 발사한 것도 다 그 때문이다(이란까지 세면 10개국 중 8개국이다). 로켓을 궤도에 올리려고 시도하는 북한을 예의 주시하는 것도 이 때문이다.[7]

1961년, NASA와 DARPA가 제대로 속도를 내기도 전에 소련은 우주 비행사 유리 가가린^{Yuri Gagarin}을 인류 최초의 우주인으로 만들어 다시 한 번 선방을 날렸다. 그러자 이듬해에 NASA는 존 글렌^{John Glenn}을 태운 프렌드십 7호를 쏘아올림으로써 받아쳤다. 존 글렌은 5시간 15분에 걸쳐 지구 궤도를 3바퀴 도는 동안 오스트레일리아와 하와이 사이에서 음식을 먹었다. 우주에서 밥을 먹은 최초의 인간인 셈이다. "헬멧에 달린 얼굴 가리개를 올리고 처음으로 식사를 했다." 글렌은 자서전에 이렇게 썼다. "치약처럼 생긴 튜브에서 사과소스를 조금 짜서 입에 넣었다. 무중력상태에서 음식을 삼킬 수 있

는지 알아보기 위해서였다. 무중력상태가 방해가 되지는 않았다."[8]
그리하여 우주식품의 시대가 열렸다.

밍밍한 맛의 진화

존슨 스페이스 센터는 정문 밖에 T-38 텔론 제트기 두 대가 전시되어 있는 것만 빼면 미국 정부의 다른 연구 시설과 차이가 거의 없다. 휴스턴 남부의 650헥타르가 넘는 부지에 백여 개 건물로 이뤄진 이 단지는 흡사 대학 캠퍼스 같기도 하다. 격자 모양으로 얽힌 좁은 가로수 길로 연결된 직사각형 저층 건물은 학생들이 사회정치학 이론이나 경영학을 공부하는 강의실 건물로 착각할 수도 있을 법하다. 그러나 거기에는 학생들 대신에 인간이 지구를 떠날 날을 준비하는 과학자들이 모여 있다. 모두 날카로운 지성의 소유자들이다.

천재가 아닌 과학자들이 정문을 지키는 경비대를 지나 건물로 들어서는 유일한 방법은 스페이스 센터 휴스턴을 통하는 방법밖에 없다. 일반 방문객을 맞이하는 건물로, 새턴 레인Saturn Lane이라는 어울리지 않는 이름이 붙은 길 건너편에 있다. 방문객들은 디즈니처럼 화려한 우주왕복선 운전석과 월석月石을 확인한 다음, NASA 건물로 가는 전차에 몸을 싣고 안에서 무슨 일을 하는지 슬쩍 볼 수 있다. NASA 방문의 하이라이트는 1960년대 중앙제어실을 둘러보는 것이다. 버튼식 콘솔에다 진공관, 흑백 영사기 스크린을 갖춘 이곳에서 아폴로계획을 진행했다. 지금은 〈스타 트렉Star Trek〉 시리즈의 초라한 무대장치 같아 보인다. 휑뎅그렁한 훈련 센터도 볼 수 있는데, 우주 비행사들이 실제 우주왕복선이나 우주정거장 모듈과 똑같은 크기의 모형에 들어가 임무를 수행할 준비를 하던 곳이다.

그러나 뭐니 뭐니 해도 NASA 방문의 최절정은 빌딩 세븐틴이라는 식량 연구실이다. 이름에 걸맞지 않게 섹시한 것과는 거리가 멀다. 여기에서는 과학자 열두 명이 모여 우주 비행사들이 국제우주정거장에서 임무를 수행하면서 먹을 음식을 분석하고 시험하고 만든다. 곧 달과 화성에 가게 될 날도 대비하고 있다. 주요 시험 지역은 식당과 독신자 아파트를 합쳐놓은 것처럼 생겼다. 부엌 조리대에서 몇 걸음 떨어진 곳에 커다란 식탁이 놓여 있다. 다양한 포장 음식이 방 여기저기에 무질서하게 흩어져 있다. 동전 투입식 세탁소에서 볼 수 있는 자동세제투입기처럼 생긴 상자 모양의 기계가 식탁 끝에 놓여 있다. 내가 방문했을 때 NASA 식품 담당 책임자 미셸 퍼초녹^{Michele Perchonok} 박사가 미소로 맞아주었다. 그리고 상자 모양의 기계가 사실은 우주왕복선에서 쓰는 오븐이었다고 알려주었다. 내가 이전에 맛본 우주 식품은 박물관 기념품점에서 파는 아무 맛도 없는 냉동건조 딸기와 아이스크림 샌드위치가 전부였다. 우주 비행사가 그런 걸 먹는다니 믿을 수 없었다. 그래서 직접 알아보려고 간 거였다.[9]

퍼초녹은 쇠고기 가슴살과 구운 콩, 콜리플라워, 치즈, 혼합 베리, 쿠키, 파인애플 음료를 대접했다. 쇠고기 가슴살은 우주 비행사들이 특히 좋아한다는 얘기를 들은 적이 있다. 실제로 맛도 환상적이었다. 텍사스 바비큐 소스 맛이 나는 쇠고기 조각은 정말 부드러워서 입에서 살살 녹았다. 훈제 맛이 나는 구운 콩도 꽤 근사했다. 치즈를 곁들인 콜리플라워는 노란색이라 맛이 없어 보였는데, 실제로는 맛있었다. 하지만 혼합 베리를 먹고는 오싹했다. 시큼한데다 뭉글뭉글했다. 파인애플 가루로 만든 파인애플 음료는 지극히 평범했다. 그러나 모두 나의 예상을 뛰어넘는 맛이었다. 캠핑 음식처럼 화학물질이 잔뜩 들어간 밍밍한 맛을 기대했는데, 꽤 괜찮은 식당에서 먹는 음식과 별 차이가 없었다(NASA에서 맛본 쇠고기 가슴살은 나중에 휴스턴에 있는 유명한 음식점 구드에서 먹은 바비큐와 맛이 똑같았다).[10] 물론 그중 어느 것도 퍼초녹에게는 새로울 게 없었다. 정말 맛있다고 칭찬하자 그녀가 한 말은 "음, 흠"이 전부였다. 튜브에 든 사과소스에서 시작된 우주 식품은 그동안 냉동건조에 탈수, 방사선 조사 등 다양한 가공법을 거쳐 먼 길을 달려왔다.

NASA는 1961년에 아폴로계획을 시작하면서 자체적으로 식량을 개발하기 시작했다. 아폴로계획은 달 착륙이 목표여서 머큐리나 제미니보다 우주에서 오래 머물러야 했다. 그래서 우주 비행사들도 뭔가를 먹어야 했다(최초의 유인우주선이었던 아폴로 7호는 11일간 지구 궤도를 돌았고, 아폴로 15호는 12.5일이라는 가장 긴 시간을 기록했다). 문제는 우주에 식량을 가져가면 어떻게 되는지 누구도 제대로 아는 사람이 없다는 거였다. 미생물은 돌연변이를 만들수 있어서 해로웠다. 신종 박테리아가 생기거나 음식이 더 빨리 부패할 수도 있었다. 무중력상태가 우주 비행사들의 몸에 장기적으로 어떤 영향을 끼칠지 알아볼 자료도 별로 없었다. NASA는 안전을 최우선으로 삼고 식품을 모두 살균 처리해서 아무 맛이 없이 밍밍하게 만들었다. 전투식량과 비슷했다.

군에서는 제2차 세계대전 기간에 값진 교훈을 얻었다. 규모가 큰 전투를 치르다 보면 맞춰야 할 식욕도 그만큼 커진다는 것이었다. 다행히 호멜 같은 회사들이 문제를 해결하고자 나섰다. 결국 그렇게 해서 나온 게 스팸이긴 했지만 말이다. 전쟁이 끝나고 가공법에 일대 혁명이 일어나 더 오래가고 더 쉽게 휴대할 수 있는 식품이 나왔다. 하지만 새로운 갈등이 생길 때마다 거기에 맞춰 자원을 투입하고 연구를 진행하는 일을 민간 기업에만 맡길 수는 없었다. 그래서 국방부에서는 의회로부터 자체 식품공학연구소 설립을 승인받고, 1952년에 매사추세츠 주 나틱에 병참연구기관을 설립했다. 나틱은 보스턴 근처에 있는 작은 마을이었다. 이 연구기관은 수년에 걸쳐 기능을 추가하고 이름도 여러 번 바꿨다. 지금은 미군병력시스템센터로 알려져 있는데, 흔히들 나틱 육군연구소라 부른다. 이 연구소에서는 군에 식량과 의복, 휴대용 피신처, 낙하산, 기타 지원 물품을 제공한다.

처음에는 어떤 전투 상황에서도 먹을 수 있는 통조림 식량을 개발했다. 그러나 주석으로 만든 깡통이 너무 무거워서 군대의 발목을 잡았다. 한 역사가는 특수작전 팀이 "군수품 무게 때문에 거의 움직이지 못할 수 있고…… 짐이 너무 무거울 때 기동성과 잠행 능력이 줄어들고 한낮에 나가떨어지곤 한다"는 걸 알게 되었다.[11]

1960년대에 우주개발 경쟁이 본격화됨에 따라 나틱 연구소는 더

가볍고 휴대가 용이한 포장 식품을 만드는 쪽으로 방향을 틀었다. 주로 탈수 및 동결건조 방식에 의존했다. 그리하여 미국 전투식량 MRE^{Meal, Ready to Eat}가 처음 선을 보였다. 평은 엇갈렸다. 새로운 배급 식량에는 다진 쇠고기 요리, 칠리, 미트소스 스파게티, 밥을 곁들인 치킨 등 재수화^{再水和} 식품이 들어 있었다. 군인들은 맛이 없다고 불평했지만, 무게가 줄고 간편하게 먹을 수 있다는 사실에는 감사했했다. 어쨌든 성과를 인정받은 셈이었다. 1950년대에 식품가공 산업이 기술을 축적하면서 상하지 않는 식품을 만드는 건 그리 어렵지 않았다. 문제는 맛을 좋게 하는 거였다.

NASA 과학자들은 아폴로계획에 필요한 식품을 개발하기 위해 나틱 연구원들과 긴밀히 협력하여 동결건조 및 방사선 조사 가공법을 개량했다. 무게와 공간 조건을 고려하지 않을 경우 두 기관이 진행하는 일에 공통점이 많다는 걸 알게 되면서 서서히 노력이 결실을 맺기 시작했다. NASA는 우주 비행사들이 우주에서 시간을 보내고 나면 근육량이 줄어든다는 사실을 알아냈다. 중력이 없는 우주에서는 힘들게 몸을 지탱할 필요가 없기 때문이었다(일주일 내내 한 발자국도 걷지 않는다고 상상해보라. 사용할 필요가 없는 다리 근육이 약해지는 게 느껴질 것이다). 이 문제를 풀려면 규칙적인 운동으로 미리 근육을 단련하는 수밖에 없다. 그래서 오늘날 우주 비행사들은 국제우주정거장에서 러닝머신과 근육강화 기구를 이용해 하루에 두 시간씩 운동을 한다. 모든 운동은 여분의 열량을 소모하기 마련이다. 그래서 우주 비행사도 군인과 비슷해진다. 나쁜 놈들에게 총을 쏘며 뛰는 건 아주 고된 일이다. 그래서 민간인은 2000칼로리면 충분하지만, 군인은 3600칼로리가 필요하다.[12] 이런 특수 조건은 소비 산업과는 극명한 대조를 이룬다. 소비 산업에서는 수십 년간 식품의 열량을 줄여야 한다는 압박을 받아왔다.

물론 그다음 문제는 식품의 유통기한을 늘리는 것이었다. 미셸 퍼초녹은 이렇게 말했다. "우리가 맞춰야 할 요건은 식품 산업보다는 군에 더 잘 맞죠. 군이나 우리나 유통기한이 길고 상온에 두어도 오랫동안 상하지 않는 식품을 찾고 있습니다. 냉장할 필요가 없는 식품 말이에요." 우주왕복선이나 우주정거장에는 냉장고가 없으니 당연했다. 나틱 연구소 영양생화학 및 고급가공 부문 수석고문 패트릭 던 박사는 군인들 역시 냉장이 필요 없이 식량을 들고 다닐 수 있어야 한다고 말한다. 따라서 군과 NASA 모두 유통기한이 일 년이 넘는 식품을 찾고 있다. 유통기한이 몇 달만 되어도 충분한 소비 산업과는 확연한 차이가 있다. "상업용 식품 제조업자와 비교하면 이런 점이 사뭇 다르죠." 패트릭 던의 말이다.

두 연구소가 비슷하게 발을 맞추며 발전하긴 했지만, 여러 가지 점에서 NASA는 나틱 연구소와 다른 길을 걸었다. 무중력상태에서는 우주 비행사들의 몸에 철분을 흡수하는 적혈구가 더 적게 생성되었다. 따라서 우주식품에는 철분 함량을 줄여야 했다. 그렇지 않으면 몸의 다른 부분에 철이 고스란히 저장돼 건강상의 문제를 일으킬 수 있기 때문이다. 무중력상태에서는 뼈도 약해졌다. 이는 곧 우주 비행사들이 두 가지 불균형 요인을 예의 주시해야 한다는 걸 의미한다. 즉 비타민 D가 너무 적은 건 아닌지, 나트륨이 너무 많지는 않은지 확인해야 했다. 우주 비행사들은 지구에 있는 우리보다 태양과 훨씬 가까이 있지만, 우주선이 워낙 두꺼운 방폐물 역할을 하는 탓에 비타민 D를 훨씬 적게 받는다. 따라서 반드시 식사로 보충해줘야 한다. 나트륨의 경우는 반대다. 스프 통조림이나 주요 냉동 제품에 표시된 영양정보에서 소금 함량이 지나치게 많다는 걸 확인한 적이 있다면, NASA가 상업 제품을 사용하지 않으려는 이유를 쉽게 이해할 수 있을 것이다. 일반 대중 사이에도 건강에 대한 관심이 늘면서 식품 제조업자들도 나트륨 함량을 줄이려는 NASA의 노력에 동참하기 시작했다. "우리가 이 일에 서로 힘을 합칠 거라는 예감이 들어요." 미셸 퍼초녹의 말이다.

팝핀의 신선한 우주식품

1958년에 미 의회는 국가항공우주법을 통과시켰다. 그러자 NASA가 "그간의 연구 활동과 연구 결과에 관한 정보를 널리 보급해서 실용화시키고, 상업적인 용도로 사용할 방법도 최대한 강구하고 권장해야 한다"는 주장이 제기되었다.[13] 다시 말하면, 우주 기관 NASA가 그간 개발한 기술을 미국 사업체들에게 넘겨서 이들이 더 많은 부를 축적할 수 있게 도와야 한다는 얘기였다. 세부 사항은 1962년에 나온 기술이용법에 명시되었다. 두 법이 제정됨으로써 아이젠하워 대통령은 스푸트니크호 때문에 받았던 굴욕을 다시는 맛보지 않게 해줄 비밀 무기를 손에 쥐었다. 비밀이라 할 것도 없긴 했지만 말이다.

NASA가 미국 산업계에 넘겨준 기술의 양은 그야말로 천문학적인 수준이다. 태양열 발전과 초경량 건축 재료, 효율성이 높은 고효율 연료, 고급 센서 시스템 등 항공우주산업 전반에서 이룬 혁신은 아무것도 아니다. 의료 기구도 아주 많았다. 수술실에서 환자의 산소, 이산화탄소, 질소 농도를 측정하는 모니터는 제미니계획 Project Gemini 을 진행하면서 개발했던 것이다. 신약 개발에 쓰는 생물반응장치와 항체도 우주왕복선 계획에서 나왔다. 최소 침습 관절경 수술도 허블우주망원경 덕에 가능해졌다. 그것만이 아니다. 도로 포장 표면에 일정한 홈을 만드는 그루빙 공법을 도입하여 도로도 개량했다. 정지 마찰력을 늘리기 위해 콘크리트에 작은 노치를 주는 공법은 NASA 활주로에 처음 사용했다.

화성 탐사 임무를 통해서는 고무를 입힌 새로운 물질을 개발했는데, 일반 강철보다 다섯 배나 강했다. 착륙선에 쓰는 물질이었다. 이 물질은 나중에 상업용 레이디얼타이어의 접지면 수명을 1만 마일이나 늘리는 데 사용되었다. 소비자 입장에서 찾아보면, 놀이동산에 있는 놀이기구 의자부터 침대 매트리스, 베개에 이르기까지 온갖 곳에 사용하는 메모리 폼, UV 코팅 선글라스, 마찰이 없는 수영복, 슈퍼 소커 Super Soaker 물총도 모두 캘리포니아에 있는 제트추진연구소에서 개발한 것이다.[14] 사실 이런 예들은 빙산의 일각에 불과하다. 나치 친위대 장교 출신인 베르너 폰 브라운 Wernher von Braun 은 패전 후 미국으로 건너가 초기 우주개발계획을 주도했는데, 월트 디즈니가 테마파크를 설계하는 데도 도움을 주었다.

 NASA가 식품 산업에 이전한 기술도 상당하다. 1970년대 중반, 우주식품 연구로부터 혜택을 받은 첫 번째 부문은 의료 서비스였다. 병원과 노인 요양소는 환자들이 식단에 금방 질려서 늘 어려움을 겪었다. 주요 의료 기관들은 하루에 수백 혹은 수천 인분의 식사를 제공하기 때문에 중앙조리실에서 음식을 준비하는 시간과 실제로 환자들에게 음식을 배식하는 시간 사이에 틈이 생기곤 했다. 환자가 음식을 받았을 때는 이미 식어서 맛이 없었고 영양소도 많이 빠져 있었다. NASA는 핫플레이트와 유사한 '디시 오븐'이라는 기계를 만들어 이런 문제를 해결했다. 아폴로계획에 쓰려고 미네소타에 있는 3M과 손을 잡고 개발한 장치였다. 아주 큰 비누 그릇처럼 생긴 이 오븐은 전기를 이용해 음식을 아래서부터 아주 빠르게 데웠다. 달 착륙선에서 쓰려고 만든 만큼 에너지 효율도 아주 높았다. 일반 오븐보다 전기를 60퍼센트나 덜 썼다. 게다가 작고 가벼운 휴대용이라 병실에도 쉽게 설치할 수 있었다. 음식을 즉석에서 데울 수 있으니 중앙조리실에서 한꺼번에 조리해서 운반할 필요가 없었다.[15]

 1991년, 3M은 디시 오븐을 푸드 서비스 시스템 2로 개량했다. 음식을 담은 쟁반을 손수레에 잔뜩 쌓은 다음 냉장하는 방식이었다. 식사 시간이 되면 냉장고에서 손수레를 빼내 각 층에 밀고 가서 전기를 연결해 음식을 데웠다.[16] NASA도 1970년대에 노인급식제도를 시범 운영했다. 몸이 아프거나 장애가 있어서 집 밖에 나오기 어려운 노인들에게 냉동건조 식품을 제공하는 제도였다. NASA에 식품을 납품하는 주요 공급업체 중 하나인 오리건 프리즈 드라이 푸즈 Oregon Freeze Dry Foods는 미트소스 스파게티, '바다의 신 참치' 같은 메뉴로 구성된 마운틴 하우스Mountain House 요리를 350만 명에게 배달했다. 물만 부으면 바로 먹을 수 있는 음식이었다. 이제 마운틴 하우스는 캠핑 식량 브랜드 중 가장 유명해졌다. 가난한 노인들이 실험 대상이었던 셈이다.[17]

오래지 않아 다른 대형 식품 회사들도 우주 기술로 이득을 보기 시작했다. 시카고에 있는 정육업체 아머Armour는 NASA가 개발한 달 착륙선 변형기를 가져다 텐더로미터Tenderometer를 만들었다. 고기가 얼마나 연한지 측정할 수 있는 장치다. 이 회사에서는 고기를 포크로 찍으면 침투에 저항하는 정도를 측정할 수 있는 열 갈래짜리 포크도 개발했다. 이 장치 덕분에 아머는 테스텐더TesTender라는 고급 쇠고기 브랜드를 출시해 성공을 거뒀다.[18] 한편, 팁 탑 폴트라이Tip Top Poultry는 조지아에 있는 공장에서 NASA가 개발한 방음판을 사용했다. 이 공장은 원래 소음이 아주 심해서 근로자들의 사기를 떨어뜨리고 안전을 위협했다. 양계장은 특성상 물청소를 자주 해야 하는데, 플라스틱으로 만든 재래식 흡음판은 높은 수압을 견디지 못했다. 그래서 NASA가 수증기로부터 우주선을 보호하려고 튼튼하게 만든 섬유 강화 폴리에스테르 필름을 썼는데, 그야말로 신이 보낸 선물이나 다름없었다.[19]

다른 식품 제조업자들도 우주에 로켓을 발사하는 데 쓰는 연료에 끌렸다. NASA가 사용했던 액체수소는 무게는 가볍고 에너지 출력은 높아서 마가린을 만들고 식용유를 신선하게 보존하는 데 제격이었다. 이 밖에 약을 만드는 데도 유용하게 쓰였고, 휘발유를 생산할 때 황을 제거하는 역할도 했다. 1981년, 펜실베이니아에 있는 에어 프로덕츠 앤드 케미컬스Air Products and Chemicals는 NASA와 계약을 맺고 소비 시장에 액체수소를 조달하기 위해 온타리오 주 사니아에 공장을 새로 열었다. 이 회사 회장은 이렇게 말했다. "우리 정부가 쌓은 경험이 없었더라면, 오늘날 이렇게 유용하게 응용하지 못했을 겁니다. 정부와 계약을 맺은 덕분에 액체수소를 대량생산하는 기술을 터득하고 원가를 줄일 수 있었죠. 민간에서 폭넓게 사용할 수 있는 길을 닦은 셈입니다."[20]

NASA가 식품가공 산업에 미친 가장 큰 영향은 HACCPHazard Analysis and Critical Control Point 위생관리 제도다. 1959년에 NASA는 즉석 케이크 믹스 제조업체 필스버리Pillsbury와 계약을 맺었다. 초창기에 진행한 머큐리와 제미니 계획에 필요한 식량을 만들기 위해서였다(존 글렌이 먹을 애플소스도 만들어야 했다).[21] NASA가 원하는 것과는 아주 거리가 멀었지만, 어쨌거나 필스버리는 이 프로젝트를 진행하다가 식품시험기법을 개발했다. "표준 품질관리법으로는 식품에 문제가 없다는 걸 보증할 길이 전혀 없었습니다. 당시에는 우리 공장에서도 표준 품질관리법을 사용했는데, 무중력상태에서 병원균이나 생물학적 독소가 전혀 없는 식품을 만들어야 하는 우리로서는 문제가 심각했죠. …… 먹어도 안전한 제품이라는 합당한 결론을 산출하려고 최종 제품과 원료에 대해서만 파괴 검사를 수차례 반복하는데, 그 과정에서 우리가 놓치고 있는 안전 문제가 얼마나 많을지 궁금해진 겁니다."[22]

필스버리는 품질관리 과정을 완전히 정비하기로 결정하고 사후가 아니라 사전에 위해요소를 감지할 수 있도록 방향을 바꾸었다. 문제가 될 만한 요소를 확인하기 위해 재료와 제품뿐 아니라 가공, 처리, 저장, 포장, 유통 환경은 물론 소비 지침까지 검사했다. 미국 식품가공업자 중에서 이런 검사를 하는 회사는 필스버리가 최초였다. 아폴로계획을 시작할 때 우주식량을 생산하는 데 HACCP 제도를 처음 실시했고, 1969년에 아폴로 11호가 달에 착륙한 직후에는 소비식품 제조공장에까지 확대해서 적용했다. 필스버리는 미국 식품의약국[FDA] 직원들에게 HACCP 제도를 가르쳤다. 이를 토대로 FDA는 1970년대 중반에 저산성통조림 식품규정을 발표했다. 1985년에는 미국 과학학술원[NAS]이 HACCP를 지지한다고 밝혔다. 1980년대 후반에는 미국 식품미생물기준 자문위원회[NACMCF]와 세계보건기구에서도 HACCP를 승인했다. 1991년에는 다시 농무부 식품안전검사청에서 HACCP를 두고 세계에서 가장 엄격한 식품 검사 제도라고 말했다. 한편, 필스버리는 1983년부터 1991년까지 안전 문제로 회수된 130건 중에서 필스버리 제품은 하나도 없다고 자랑스러워했다.[23] HACCP 제도는 1990년대에 미국에서 법으로 채택되었고, 1994년에는 HACCP를 기준으로 세계 위생관리 제도를 표준화하고자 국제 HACCP 동맹이 설립되었다. 21세기로 접어들 때쯤에는 개발도상국에 있는 대부분의 식량 재배업자, 수확업자, 운송업자, 가공업자들이 필스버리가 NASA를 위해 개발한 위생관리 표준을 따랐다.

포장이 중요하다

NASA가 개발한 기술력은 일반 식료품에도 직접적인 영향을 끼쳤다. 1980년대에 NASA는 미세조류를 발견했다. 산소원이자 폐기물 처리를 돕는 미세조류는 꽤 괜찮은 영양보충물이었다. 메릴랜드에 있는 마르텍 바이오사이언시스Martek Biosciences 과학자들은 미세조류가 유아 발달과 성인 건강에 중요한 역할을 하는 DHA와 아라키돈ARA이라는 희귀 지방산을 생산한다는 사실을 알아냈다. 특히 DHA는 모유에서만 발견되는 탓에 구하기 어려운 지방산이었다. 마르텍은 라이프스DHAlife'sDHA와 라이프스ARAlife'sARA라는 영양보충제를 만들어 식품 회사에 팔았다. 이 영양보충제는 지금도 제너럴 밀스General Mills, 요플레Yoplait, 오드왈라Odwalla, 켈로그Kellogg 같은 주요 식품 회사에서 사용하고 있고 65개국에서 제품으로 판매하고 있다. 미국에서 판매되는 영아용 조제분유의 약 90퍼센트가 이 영양보충제를 사용한다. 전 세계적으로 약 2400만 명의 아이들이 미세조류를 소비하는 셈이다.[24]

우주 연구는 또한 피자와 서브마린 샌드위치도 더 빨리 만들 수 있게 해주었다. 1990년대에 NASA는 국제우주정거장에서 사용할 크기가 작고 에너지 효율이 좋은 오븐을 만들기 위해 댈러스에 있는 이너시스트 디벨로프먼트 센터Enersyst Development Center와 계약을 맺었다. 이너시스트는 극초단파 공기 충돌이라 불리는 새로운 요리법을 찾아냈다. 오븐 내부를 모두 데우는 대신 식품에 뜨거운 공기를 직접 분사하는 방식이었다. 기존 오븐을 쓸 때보다 요리 시간이 최대 네 배까지 빨라졌다. 음식의 맛과 질감도 훨씬 잘 보존되었다. 이너시스트는 1990년대 후반에 식품가공업자들과 일반 식당에서 이 기술을 사용할 수 있게 허가했다. 2002년에는 도미노피자, 피자헛 체인을 포함해 전 세계적으로 10만 개 업체가 이너시스트에 사용 허가를 받았다. 이 기술로 피자를 만드니 조리 시간이 27분에서 6분으로 줄었다.[25] 1997년에 이너시스트는 가전제품 제조업체 써마도Thermador와 손을 잡고 제트다이렉트JetDirect를 출시했지만, 가정용 오븐은 성공하지 못했다. 가격이 5000달러가 넘어서 가격을 대폭 인하한 전자레인지와 경쟁이 안 되었다. 2004년, 댈러스에 있는 터보셰프 테크놀로지스TurboChef Technologies가 이너시스트를 인수하고 고속 오븐을 서브웨이, 던킨도너츠, 스타벅스에 납품했다.

NASA와 나틱 연구소 과학자들이 열띤 논의를 거쳐 내놓은 소비 제품은 레토르트 파우치였다. 지금은 식료품점에서 아주 쉽게 볼 수 있는 포장 용기다. 간단하게 열을 가한 다음 잘라서 여는 레토르트 파우치는 플라스틱 알루미늄 혼합물로 만들었는데, 통조림 제품에 일대 변혁을 가져왔다. 깡통처럼 공기와 수분이라는 두 가지 대적으로부터 식품을 보호하면서도 무척 얇아서 오래 조리할 필요가 없었다. 식품 본연의 맛과 질감, 영양도 살아 있었다. 이는 곧 식품에 첨가제와 화학물질을 덜 넣어도 된다는 말이었다. 둘째, 무게와

부피를 기준으로 운송비를 계산하기 때문에 무게도 가볍고 압축도 잘되는 레토르트 파우치를 사용하면 생산비도 절감할 수 있었다. 따라서 생산업체에서는 더 많은 이윤을 남기거나 가격을 낮출 수 있었다.

이 물질은 금속을 입힌 포장지처럼 보이는데, 원래 NASA가 통신 위성의 반응을 살피려고 개발했다가 나중에 용도를 바꿔서 복사열과 극단적인 기온으로부터 우주선을 지키는 데 사용했다. 텐트, 고무보트, 담요, 의료 가방에는 물론이고, 여름철에 주차해둔 자동차가 사우나실이 되는 걸 막으려고 창유리에 붙이는 햇빛가리개에도 쓰인다.

나틱 연구소는 이 물질이 아주 유용하다는 걸 알고 1980년에 FDA로부터 승인을 받아 전투식량을 담는 유연한 파우치로 만들었다. NASA도 나틱 연구소를 따라했고 두 연구소는 대부분의 식량에 이 파우치를 사용했다. 나틱 연구소에서 근무한 패트릭 던에 따르면, 1980년대와 1990년대에 북미 지역 식품 회사 중에서 이 파우치를 실험하는 회사가 종종 나왔지만 아무도 성공하지 못했다. NASA와 군에서 쓰는 칙칙한 포장 방식을 그대로 따라한 탓이었다. 레토르트 파우치는 유럽과 아시아에서 더 각광을 받았다. 유럽과 아시아의 식품 제조업자들은 소비자가 어떤 포장을 좋아하는지 잘 알고 있었다. 화려하고 반짝이는 포장은 잘 팔리지만, 황록색 바탕에 검정색 글자를 쓰면 팔리지 않는다는 사실 말이다.

그 후 북미 지역 제조업자들도 이 핵심 교리를 마음에 깊이 새겼다. 덕분에 지난 몇 년간 식료품점에는 참치와 연어부터 스프와 밥, 과일과 채소, 심지어 스팸에 이르기까지, 레토르트 파우치 식품이 홍수를 이뤘다. 미국에서 레토르트 파우치 시장이 일 년에 약 15퍼센트씩 성장하는 걸 보면, 조만간 깡통을 대체하겠다던 약속을 지킬 수 있을 것 같다.[26] 패트릭 던은 이렇게 말했다. "포장지로 소비자의 눈을 사로잡아 제품을 팔았습니다. 마케팅을 아주 잘했죠." 미셸 퍼초녹은 NASA와 나틱 연구소가 돈이 많이 드는 연구개발을 모두 마친 뒤라 식품 회사들이 싼값에 레토르트 파우치를 이용할 수 있었다는 점이 중요하다고 말했다. "식품 회사들이 충분히 감당할 수 있을 정도의 아주 적은 비용으로 포장재를 만들었고, 그 덕분에 레토르트 파우치 제품이 활발하게 시장에 나올 수 있었죠."

노, 노, 우주식품은 아직 아니에요

러시아인들은 어땠을까? 미국인들만큼이나 오래전부터 우주에 우주선을 발사했으니, 분명히 식량 기술도 상당히 발전하지 않았을까? 혹시 방사선을 쪼인 캐비아나 동결건조한 보드카를 만들지는 않았을까?

사실은 그렇지 않다. 러시아의 우주계획은 NASA와 비교하면 역설적으로 효율을 추구했다. 러시아에서는 대개 기존 통조림 제품을 사용했다. 최신식 우주식량을 연구하고 개발하는 데 수백만 달러를 허비하고 싶지 않았기 때문이다. 통조림 때문에 무게가 늘어나긴 했지만, 러시아의 로켓은 NASA가 만든 로켓보다 더 크고 강했기 때문에 문제될 게 없었다. 그러나 이렇게 더 크고 강한 로켓을 발사하려면 연료가 더 많이 들었다. 연료를 대려면 당연히 돈이 필요했다. 순수하게 비용 분석 측면에서 식량 연구에 돈을 아낀 덕에 러시아가 궁극적으로 이득을 보았는지는 알 수 없다.

식량 자체만 봤을 때는 별 불평이 나오지 않았다. 1998년에 우주왕복선 컬럼비아호를 타고 궤도에 진입했고, 2007년에는 국제우주정거장에서 12일이나 지낸 캐나다 우주 비행사 데이브 윌리엄스^{Dave} Williams는 캐비아나 보르시치 같은 통조림 형태의 러시아제 우주식량을 아주 좋아했다. "물론 통조림을 사용하면 불편한 면도 있습니다. 음식을 다 먹어도 깡통은 그대로 남으니까요. 쓰레기 압축기가 없는 한 먹는 만큼 쓰레기가 쌓이게 마련이죠. 하지만 러시아제 우주식량은 대개 양념 맛이 강합니다. 덕분에 꽤 맛있습니다. 주스가 정말 인상적이었어요. 물을 부어서 먹어야 하는 결정체가 아니라 진짜 과일주스더라고요. 정말 놀랐습니다."[27]

그렇지만 분명히 러시아가 잃은 것도 있다. 러시아는 기술 개발이 안겨주는 의도하지 않은 혜택을 맛볼 수 없었다. 러시아 우주 역사가들에 따르면, 소련 시대에 추진한 우주 계획은 상업화가 거의 이뤄지지 않았다. 소련은 국가가 개발한 기술을 선뜻 기업과 나누려 하지 않았고, 기업은 우주 기관이 개발한 기술에 무임승차하려 하지 않았다. 그 탓인지 소련의 통신위성은 상태가 좋지 않았다. 경쟁자인 미국 위성보다 수명도 훨씬 짧았다. 미국 위성은 수명이 7년에서 10년 정도인데, 소련 위성은 기껏해야 2년밖에 못 썼다. 한 역사가는 이렇게 설명했다. "소련에서는 반드시 상업화를 해야 한다는 인식이 별로 없었다. 경쟁은 아예 존재하지 않았다. 수명이 더 긴 통신위성을 만든다고 해도 받을 수 있는 보상이 거의 없었다."[28]

공산주의의 몰락으로 예산을 대폭 삭감했지만, 그렇다고 기업과 협력 관계가 형성되지는 않았다. 1989년부터 1999년 사이에 우주개발 예산은 80퍼센트나 줄었다. 세계에서 자금 지원을 가장 못 받는 축에 속했다.[29] 미국과 비교해보면 극명하게 차이가 난다. 2006년에 러시아의 우주개발 예산은 20억 유로로 추정되는데, 이는 미국이 사용한 290억 유로에 비하면 새 발의 피다.[30] 러시아는 2000년에 러시아 기술이전센터를 열고 우주 계획과 민간 기업 간에 협력 관계를 만들려고 뒤늦게 허둥댔다. NASA가 이미 40년 전에 한 일이었다. "전에는 그런 활동이 전혀 이뤄지지 않았다. …… 기술이전센터 설립으로 러시아 연방으로부터 민간 기업에 기술을 이전하는 일이 상당히 용이해질 것이다." 2000년에 러시아 기술이전센터 책임자가 한 말이다. "러시아 기술이전센터 전문가들은 미국의 기술이전 경험과 법률 제정에 대해 속속들이 연구했다. 실제로 러시아 기술이전센터는 미국 지역기술이전센터, 특히 존슨 스페이스 센터의 기술이전 및 상업화 사무국을 모델로 삼았다."[31]

이를 계기로 서구 패스트푸드 회사들이 러시아의 식품 공급을 현대화하려고 하나둘 모여들었다. 선두에 선 맥도날드의 눈에는 러시아 식품 시스템이 한심하기 짝이 없어 보였다. "우리는 모스크바에 있는 식육 공장과 낙농장, 빵집을 모두 둘러보고 우리 기준에 미치지 못한다는 걸 알게 되었다." 러시아 진출을 진두지휘한 맥도날드 캐나다 조지 코혼^{George Cohon} 회장의 말이다. "쉬운 건 아무것도 없었다. 1980년대 후반 소련에서는 가장 단순한 일들도 수송 문제 때문에 골치가 아팠다. 소련에서 맥도날드 봉투를 구할 수 있을까? 맥도날드 냅킨을 구할 수 있을까? 빨대를 구할 수 있을까? 심지어 이런 고민도 했다. 건물을 지을 모래와 자갈은 충분할까? 전기는 충분히 공급받을 수 있을까?"[32]

맥도날드 경영진은 러시아와 다른 유럽 국가들이 식품 생산에 있어서 미국보다 '몇 광년'은 뒤처져 있다고 생각했다. "재배, 생산, 유통 등 식품 제조에 관한 한 모든 부문에서 미국은 다른 해외시장보다 25년이나 앞서 있었다."[33] (최소한 전력은 문제가 되지 않았다. 4000만 달러를 들여 새로 지은 '맥콤플렉스' 식품가공 공장에는 소련의 붉은 군대가 나서서 송전선을 깔아주었다.)[34]

1990년대 초, 맥도날드가 터를 잡고 러시아 식품 시스템을 정비하기 시작했다. 농가에서 쓸 장비와 관개시설, 토지, 운송, 유통망에 투자하고 네덜란드에서 감자 종자를 들여왔다. 그런데도 농경 방식은 여전히 난장판이었다. 1990년대 중반, 관리들은 러시아 농가의 약 70퍼센트가 무너지기 직전이라고 추산했다. 전문가들은 지난 십년간 러시아 식품 시스템이 조금도 개선되지 않았다고 분석했다. 외국 회사를 끌어들이고 우주 계획 같은 프로젝트를 통해 내부적으로 발전하는 등 기술이 효력을 발휘하려면 여러 해가 걸릴 거라고 보았다.

국제 뷔페가 문을 열다

다른 나라들도 우주식품 분야에서 미국에 한참 뒤쳐져 있는 건 마찬가지였다. 지난 50년간 미국과 소련이 유인우주선 개발을 사실상 독점했다는 점을 감안하면 그들 잘못이라고 하기도 어렵다. 국제우주정거장을 건립하기 시작한 1998년이 되어서야 우주탐험이 진정 국제적인 일이 되었다. 16개국이 국제우주정거장 건립에 동참하기로 했다. 이제 미국과 소련 이외의 다른 나라들도 장기 임무에 참여하면서, 한국항공우주연구원 같은 우주 기관들이 자국의 특성을 살린 우주식량을 개발하는 일에 자원과 노력을 쏟았다. 머지않아 이들은 미국이 그랬던 것처럼 기술이전의 혜택을 맛볼 것이다.

일본은 2001년에 들어서야 우주식량 기술을 연구하기 시작했다. 2007년까지 일본 우주항공연구개발기구JAXA는 라면과 녹차, 데리야키 고등어 등 28가지 식량을 개발했고, 국제우주정거장에서 먹을 수 있는 식품이라는 승인을 받았다. 국제우주정거장에 비치할 일본 음식을 갖는 건 단순히 국가의 자존심 문제가 아니다. 자국 우주 비행사들이 편안하고 행복하게 지낼 수 있다는 점이 더 중요하다. "우리 일본 우주 비행사들은 장기 임무를 수행하는 동안 고기 위주에 기름기 많은 미국과 러시아 음식을 먹어야 한다는 것 때문에 걱정을 많이 했습니다. 일본인들 입맛에는 맛도 너무 강했거든요." 일본 우주항공연구개발기구 건강관리팀 소이치 다치바나Shoichi Tachibana 팀장의 말이다. "우주 비행사들은 우리가 담백한 식량을 만들길 고대했습니다. 우리가 개발한 담백한 음식은 위에도 좋습니다."[35] 일본 과학자들은 이제 두부와 낫토 같은 전통음식을 연구하고 있다. 한국의 우주김치처럼 유통기한도 늘리고 수출에도 적합한 식량으로 개발하기 위해서다.

아마도 인도가 가장 유리할 것이다. 이미 1984년에 인도-소련 합동 임무를 통해 공군 조종사 라케쉬 샤마Rakesh Sharma를 궤도에 올린 경험이 있기 때문이다. 미국 나틱 연구소에 견줄 만한 인도 전투식량연구소는 전문성을 살려 라케쉬 샤마에게 먹일 카레, 과일주스, 차파티, 치킨 비리아니 등 다양한 군용식량을 개발했다. NASA는 그중 13가지를 1986년 우주왕복선 챌린저호에 납품할 품목으로 선정했다. NASA나 나틱 연구소와 마찬가지로 인도의 전투식량연구소도 지역 식품 제조업자들에게 기술을 이전했다. 여기에는 자체 개발한 레토르트 파우치도 포함되어 있다. 기술을 이전받은 제조업자들은 전 세계에 인도 제품을 수출하는 데 성공했다. 오늘날 서구 슈퍼마켓에는 레토르트 파우치에 담긴 인도 카레와 볶음밥이 잔뜩 진열되어 있다. 아쇼카Ashoka, 테이스티 바이트Tasty Bite가 대표적인 브랜드디. 어떤 포장지에는 "인도 마이소르 국방부 전투식량연구소에서 기술을 개발했다"고 분명하게 명시되어 있다.

유인 달 착륙 프로젝트를 계획하고 있는 인도는 식량 기술 개발에 신속히 뛰어들었다. 정신이 없을 정도로 빠른 경제성장 덕분에 이 일이 국가의 우선순위가 되었다. 매일 점점 더 많은 인도인이 일자리를 구하자, 인도는 1950년대 미국에서 일어났던 일을 그대로 반복하고 있다. 이제는 보통 사람들도 공을 들여 신선한 식사를 준비할 시간이 없다고 토로한다. "시간이 부족하니 가공식품을 사용할 수밖에 없습니다. 이제 부엌에서 허비할 시간이 별로 없거든요."[36] 전투식량연구소 소장 암린더 싱 바와 Amrinder Singh Bawa 박사의 말이다.

2003년에 세계에서 세 번째로 자력으로 유인우주선을 발사한 중국도 우주식량 기술에 자원을 쏟고 있다. 2007년에 중국 우주 비행사 과학연구훈련센터는 식료품점에서 구할 수 있는 초콜릿과 후식을 포함하여 우주에서도 상하지 않는 60가지 식품 중에서 몇 가지를 만들었다. 무중력상태에서 과일과 채소 씨앗을 실험하기도 했는데, 여기서도 놀라운 결과를 얻었다. 우주 환경에 2주간 노출되었다가 지구로 돌아온 씨앗은 거대한 과일과 채소로 변신했다. 일반 종자보다 비타민 함유량도 훨씬 높았다. 연구자들은 세계 식량 문제를 해결할 수도 있을 것 같다고 전망했다. 중국 과학자들은 이렇게 말했다. "전통 농업 발달은 이미 충분히 이뤄졌고, 갈수록 늘어나는 인구 때문에 식량 수요는 끝이 없습니다. 우주 씨앗은 과일과 채소를 더 크고 빠르게 재배할 수 있게 해줄 겁니다."[37]

인도와 중국 두 나라에는 가공식품이 급격히 인기를 얻으면서 서구 패스트푸드 식당이 빠르게 밀려들었다. 맥도날드와 KFC를 포함한 패스트푸드 체인점은 1950년대와 1960년대에 북미에서 그랬던 것처럼, 인도와 중국에서 비슷한 성장률을 보였다. 2004년, 맥도날드는 인도에 50개, 중국에 100개 매장을 두었다. 5년 뒤에는 각각 160개와 1050개로 늘었다. 2009년, KFC는 인도에 34개, 중국에 1900개 매장을 두었다. 두 나라를 비교하는 게 멋쩍을 정도로 차이

가 컸다. 중국에는 5년 전만 해도 KFC 매장이 1000개였는데, 그사이 두 배 가까이 늘었다.[38]

우주 개척자의 삶

나틱 연구소와 NASA가 주도한 현 방향을 기준으로 앞날을 전망한다면, 아이러니하게도 식량의 미래는 더 가공하는 게 아니라 덜 가공하는 데 있을 것이다. 1990년대에 나틱 연구소가 개발한 극초단파와 고압수를 이용한 요리 기술과 식품의 안정성을 높일 수 있는 기술이 이제 인기를 얻기 시작했다. 이 공정에는 큰 원통에 레토르트 파우치 제품을 집어넣고 평방인치당 계기 압력이 8만 파운드를 넘을 때까지 물을 붓는 과정이 수반된다. 그러면 약 5분 안에 식품에 들어 있던 미생물이 죽는다. 반면 예전에 쓰던 스팀 방식으로 미생물을 죽이려면 한 시간이 넘게 걸린다. 짧아진 가공 시간은 식품 본연의 맛과 질감, 영양분을 더 많이 보호해준다. 이 말은 나중에 첨가물을 더할 필요도 그만큼 줄어든다는 얘기다. 주요 식품가공업자들은 군과 계약을 맺고 기술 교육을 받았고 이제 그 기술을 활용하고 있다. 텍사스에 있는 프레셔라이즈드 푸즈Fresherized Foods는 이 가공법으로 홀리 과콰몰리Wholly Guacamole 딥을 출시하여 성공을 거둔 첫 번째 회사다. 심지어 스팸 제조업체인 호멜도 일명 '트루테이스트TrueTaste' 기술을 이용해 방부제를 넣지 않은 내추럴 초이스Natural Choice 제품을 출시했다.

NASA는 이제 화성 탐사에 참가할 우주 비행사에게 줄 식량을 연구하고 있다. 화성까지 다녀오려면 유통기한이 5년은 되어야 한다. 기존 제품과 비교하면 상당히 긴 시간이다(어지간해서는 상하지 않는 스팸은 예외로 쳐야 할 것이다). 게다가 무게와 쓰레기도 문제다. NASA의 미셸 퍼초녹 박사는 여섯 명이 화성에서 천 일 동안 지내려면 거의 1만 킬로그램의 식량이 필요하고 그중 10퍼센트 이상이 쓰레기로 돌아올 거라고 추산했다. "그게 가장 효율적인 방법은 아닐 겁니다." 미셸 퍼초녹의 말이다. 한 가지 그럴듯한 해결책은 덜 가공하는 방향으로 나가면서 우주에서 먹을 대부분의 식량을 직접 키울 승무원을 고용하는 것이다. "1800년대식 외형에 1800년대식 분위기를 풍기는 고급 부엌이 될 겁니다. 식료품점에 갈 수도 없고 강판에 간 당근을 구할 수도 없을 테니까요. 손으로 직접 갈거나 조리 기구를 이용해야 하겠죠." 바로 그거다. 식품가공의 미래는 치즈를 가는 강판에 있다.

6 눈을 점령한 전자 기기

인간의 몸이 음란하다면, 나한테 말고
그렇게 만든 제조업자에게 가서 불평하라.[1]
래리 플린트Larry Flynt, 『허슬러』 발행인

1970년대 초, 레나 셰블롬Lena Sjööblom은 자기가 인터넷 역사상 가장 중요한 여자가 될 거라는 생각은커녕 인터넷이라는 게 생길 거란 사실도 몰랐다. 그러나 셰블롬의 거실에는 시계 밑에 '미스 인터넷'이라 새긴 명판이 걸려 있다. 사랑스러운 팬들이 그녀에게 수여한 칭호다.[2] 많은 사람이 셰블롬의 이름을 처음 듣겠지만, 인터넷이 처음 모습을 드러내던 시기에 인터넷 개발에 관여한 사람들에게 전 스웨덴 모델 레나 셰블롬은 전설 같은 인물이다.

셰블롬은 1969년부터 명성을 날리기 시작했다. 스톡홀름 남서쪽에 있는 작은 마을 에르나에서 나고 자란 열여덟 살의 명랑한 소녀는 1969년에 미국으로 모험을 떠났다. 고등학교를 막 졸업한 셰블롬은 시카고에 있는 사촌을 방문하는 것 말고는 뚜렷한 계획이 없었다. 미국에서 셰블롬은 집에 같이 살면서 아이를 돌보는 일을 구했다. 돈도 벌고 텔레비전이나 영화에서 보았던 미국 문화도 익힐 수 있는 일자리였다. 영어를 꽤 잘해서 친구를 사귀는 데도 어려움이 없었다. 개중에는 아름다운 금발로 유명한 나라에서 온 희귀한 흑갈색 머리칼의 백인 여자에게 빠진 사진작가도 몇 있었다.

당시 시카고에서 활동하는 대부분의 사진작가는 최근 선을 보이자마자 이 도시에서 일대 돌풍을 일으킨 『플레이보이』의 세력권에 어떻게든 발을 담그고 있었다. 『플레이보이』는 1953년에 휴 헤프너의 거실에서 초라하게 시작했지만, 1970년대 초에는 세계에서 가장 인기 있는 잡지가 되었다. 각 호당 평균 550만 부가 팔렸다.[3] 엄청난 판매 부수 덕분에 헤프너는 지역 사진 시장에서 엄청난 영향력을 발휘했다.

헤프너의 대들보 중 하나인 드와이트 후커Dwight Hooker는 셰블롬에게 카탈로그와 광고 촬영 모델이 되어달라고 제안했다. 누드에 관대한 유럽인의 태도와 셰블롬의 태평한 성격 덕분에 별 어려움 없이 잡지 촬영이 성사되었다. 모험심이 강한 셰블롬은 『플레이보이』 누드 촬영도 미국에서 경험할 수 있는 또 다른 문화 체험이라고 단순하게 생각했다.

1972년 11월호에 실린 레나 셰블롬의 사진은 큰 인기를 누렸다. 사진에는 '스웨덴 억양'이라는 제목이 붙었다. 다섯 쪽에 걸쳐 다양한 포즈로 찍은 누드 사진뿐 아니라 스웨덴에 돌아가 친구 및 가족들과 어울리는 사진도 함께 실었다. 옷을 입고 찍은 사진 중에는 스톡홀름 왕궁을 지키는 무표정한 경비원 앞을 친구 에바와 함께 지나가는 장면도 있었다. 또 다른 사진에는 5월제 기념 기둥을 돌며 춤을 추면서 가족들과 성하절 전야 축제를 즐기는 모습이 담겨 있었다(이 의례의 이교적 특성을 감안하면, 옷을 벗고 찍는 게 더 어울렸을 것이다). 사진과 함께 실린 기사에서 세블롬은 자신의 새로운 조국 미국을 격찬하는 한편 모국 스웨덴에 비판적인 시각을 나타냈다. 세블롬은 모델 일을 계기로 미국에 체류하기로 결심하면서 미국이 풍기는 자유의 냄새에 더 깊이 빠져들었다. "부모님과 남동생이 무척 그립고 내 본향은 언제나 스웨덴일 테지만, 정부가 바뀌지 않는 한 돌아갈 수 없어요. 내가 보기에 스웨덴은 사회주의가 지나쳐요."[4]

『플레이보이』 모델로 활동한 많은 이들이 언론의 관심을 즐기는 편이었다면, 세블롬은 옷을 챙겨 입자마자 스포트라이트를 피해 달아났다. 세블롬은 잡지가 발행된 직후에 뉴욕 로체스터로 이사했다. 이스트먼 코닥 카탈로그를 찍기 위해서였다. 『플레이보이』 모델에 비하면 훨씬 주목을 못 받는 일이었다. 1977년, 『플레이보이』 모델로 잠시 얻은 명성이 기억 너머로 사라질 무렵 세블롬은 미국 모험을 끝내고 평온한 일상으로 돌아갔다. 그리고 스웨덴 주류관리국에서 행정 직원으로 일했다.

그러나 세블롬을 진짜로 유명하게 해줄 씨앗은 로스앤젤레스에 있는 작은 연구실에서 싹트고 있었다. 그곳에서는 디지털 화상처리에 관한 중요한 연구가 이뤄지고 있었다. 1970년대 초부터 서던캘리포니아 대학교 과학자들은 인화된 사진을 디지털 형식으로 변환하는 작업을 진행 중이었다. 1971년에 신기술 개발을 책임지던 국방부 고등연구계획국ARPA은 최근 새로 생긴 통신망 아르파넷ARPAnet에 전송할 수 있도록 화상을 디지털화하는 작업을 서던캘리포니아 대학교에 맡겼다. 두 해 전인 1969년에 군 엔지니어들은 인터넷의 효시라 할 수 있는 아르파넷 통신망을 성공리에 실험했고, 국방부는 이 통신망에 사진을 포함하여 가능한 한 많은 자료를 올려놓고 싶어 했다. 이에 따라 서던캘리포니아 대학교는 신호화상처리연구소SIPI를 세우고 이 문제와 씨름했다.5 스캐너를 비롯한 여타 디지털 기술이 나오기 전이라 SIPI가 맡은 임무는 더럭 겁이 먼저 날 만큼 어려운 과제였다.

연구진은 25만 달러를 들여 세계 최초로 디지털 방식 스캐너를 만들었다. 당시로서는 상당히 큰돈이었다.6 신문사와 뉴스 통신사는 제2차 세계대전이 발발하기 전부터 스캐너를 사용했다. 그러나 그들이 쓰던 스캐너는 아날로그 방식이었다. 그래서 사진을 스캔하면 화상의 질이 많이 떨어졌다. SIPI가 개발한 디지털 스캐너는 사진을 0과 1이라는 2진 부호로 변환했다. 이렇게 2진 부호로 변환한 화상은 컴퓨터로 처리하기도 쉽고 통신망에 전송하기도 쉬웠다. 연구진은 이 기계를 이용해 나뭇결과 가죽같이 단순한 질감을 찍은 사진과 비행기나 정찰위성이 촬영한 항공사진을 스캔했다. 나중에는 나무, 집, 젤리빈 사진같이 좀더 다양하고 다채로운 사진으로 넘어갔다. 이미지를 스캔한 다음 알고리즘 패턴을 적용하여 컴퓨터로 처리했다. 휘고 왜곡하고 해체하고 분해하고 재구성하고 흐릿하거나 날카롭게 하는 작업을 반복했다. 그러다 1972년 후반즈음 인간의 얼굴 사진이 절실하게 필요했다.

전기공학 조교수 알렉산더 소척^{Alexander Sawchuk}은 "재미없는 사진들만 계속 쳐다보는 데 싫증이 나서" 연구진 모두 새로운 테스트 이미지를 간절히 원했다고 회상했다.[7] 한 사람이 근처 잡지 판매점에 뛰어가 『플레이보이』 최신호를 집어 왔다. 레나 셰블롬의 사진이 실린 잡지였다. 『플레이보이』를 선택한 건 광택지에 고급 컬러 사진이 잔뜩 실려 있기 때문이었다. 휴 헤프너는 『플레이보이』가 싸구려 도색잡지로 보이지 않도록 일류 사진작가와 최고급 종이만 고집했다. 잡지 중앙에 접혀 있는 큼지막한 사진이 특히 마음에 들었다. 연구진이 원하던 크기였다. 사진을 한 장씩 떼어 스캐너의 원통형 드럼 주변에 쌓았다. 드럼의 크기는 가로 세로 13센티미터였다. 중앙에 접어서 숨겨둔 누드 사진의 상단 3분의 1과 정확히 일치하는 크기였다.

셰블롬이 알몸으로 전신 거울 앞에 서서 뒤를 돌아보는 사진이었다. 오른쪽 어깨 쪽으로 고개를 돌리고 등에는 긴 갈색 머리칼을 늘어뜨리고 있었다. 파란 깃털이 달린 챙이 넓은 모자에 발목 위로 올라오는 검정 부츠와 스타킹을 신은 셰블롬은 유혹하는 눈빛으로 모나리자처럼 알 듯 모를 듯한 미소를 지었다. 머리와 어깨까지만 보이게 잘라낸 사진은 이미지 연구에 아주 이상적이었다. 다양한 색을 담고 있는데다 흐릿한 화상과 또렷한 화상, 부드러운 질감과 세밀한 질감이 적절히 조화를 이루었기 때문이다. 피부색은 평평하고 단순했지만, 모자에 달린 깃털은 아주 세밀했다. 알렉산더 소척과 연구원들이 마음속에 그렸던, 화상처리 기술에 완벽하게 들어맞는 이미지였다.

SIPI는 이 사진을 다른 대학 연구진에게 또 다른 시험용 사진 세 장과 함께 테이프에 담아 배포했다. 나머지 세 장은 피망 두 개, 비행중인 제트전투기, 색상이 다채로운 개코원숭이 얼굴 사진이었다. 섹시한 여자 사진을 어디서 구했는지는 아무에게도 말하지 않았다. 1975년, 마침내 이 사진은 다시 스캔되어 아르파넷에 전송되었다.[8] 당시에 화상연구라는 새로운 분야에서 일하는 사람은 거의 다 남자였고 비교적 나이가 어렸다. 그러니 연구자들이 레나 셰블롬의 사진에 주목한 건 당연했다. 제트전투기도 아름다운 여인의 나신과는 경쟁이 되지 않았다.

다른 세 장은 모두 관심을 받지 못했지만, 레나 셰블롬의 사진은 화상처리 업계에서 사실상의 표준이 되었다. 몇 년이 지나 화상처리를 다룬 출판물에서 지적했듯이 이 사진을 보지 않고 화상처리 업계에서 일하는 건 불가능하다. 이제 레나 셰블롬의 사진은 그냥 '레나'로 통한다. 1970년대와 1980년대에 발표된 화상처리 학술지를 넘기다 보면 어김없이 레나를 한 번 이상 보게 된다. 열두 번이나 나올 때도 있다. 2001년 미국 전기전자학회[IEEE] 소식지에는 이런 글이 실렸다. "레나가 얼마나 자주 나오느냐를 기준으로 삼으면, 『IEEE 화

상처리저널IEEE Transactions on Image Processing』이 이제까지 나온 학술지 중 가장 섹시한 잡지다.”[9]

　근거 없는 소문이 그러하듯 이 사진에 관한 뒷이야기도 서서히 잊혔다. 세월이 흐르면서 아주 많은 화상처리 과학자들이 자기가 쓰는 섹시한 시험용 이미지가 어디서 나왔는지도 모른 채 매일 알고리즘과 씨름했다. 그들에게 셰블롬은 그냥 ‘레나’였다.[10] 그러나 현대판 ‘잠자는 숲속의 공주’처럼 이 사진의 과거는 1991년 7월에 잠에서 깨어났다. 『광학공학Optical Engineering』이라는 잡지에서 레나를 표지에 실으면서 저작권자의 주목을 끈 것이다. 편집자들은 이 사진의 저작권이 『플레이보이』에 있다는 걸 몰랐고, 『플레이보이』 직원들은 화상처리 연구진들 사이에서 이 사진이 그렇게 광범위하게 쓰이고 있다는 걸 몰랐다. 『플레이보이』 운영진은 앞으로 이미지를 사용하려면 반드시 허가를 먼저 받으라는 단호한 편지를 『광학공학』 편집부에 보냈고 문제는 원만히 해결되었다.[11]

　사진 출처가 어디라는 게 알려지면서 화상처리 산업과 사회 전반에 이른바 ‘정치적 올바름’ 논쟁이 촉발되었다. 논쟁은 깊어졌고 『플레이보이』가 여성을 착취한다는 믿음에서 비롯된 반대의 목소리가 커졌다. 『광학공학』의 편집장 데이비드 먼슨David Munson은 1996년에 쓴 사설에서 다양한 이미지로 연구 지식도 넓힐 겸 레나가 아닌 다른 이미지를 사용해달라고 과학자들에게 당부했다. 그에게 불평을 쏟아내는 많은 연구자를 그렇게라도 달래야 했다. 사설은 효과가 있었다. 1996년 이후 레나 이미지 사용 횟수가 확연히 줄었다.

"사람들은 이전처럼 레나 이야기를 많이 하지 않았다"고 데이비드 먼슨은 말했다.[12]

그러나 1990년대 중반에 레나는 더 유명해졌다. 1970년대에는 아르파넷에 사진 한 장을 전송하려면 몇 시간이 걸렸다. 연구진은 좋은 시험용 이미지를 사용함으로써 파일 사이즈도 줄이고 전송 속도도 높이는 압축 알고리즘을 다듬을 수 있었다. 이를테면 전송 파이프는 더 빠르게, 파이프로 보내는 데이터는 더 작게 만들었다. 그 결과 전자 사진을 전송하는 데 걸리는 시간이 급격히 줄었다. 1980년대 후반에 SIPI는 MPEG 비디오 압축 표준과 마찬가지로 JPEG, GIF 등으로 압축 이미지를 표준화하기 위해 표준기관을 이끌기도 했다.

소척은 그 사실을 아주 뿌듯해했다. 서던캘리포니아 대학교를 방문했을 때 소척은 내게 레나 사진을 스캔했던 예전 연구실을 보여주었다. 공과대학 건물 3층에 있는 연구실은 이제 쓰지 않고 비워둔 상태다. 별 특징 없는 강의실처럼 보였다. 화상처리 장비는 오래전에 치우고 없었다. 그런데도 소척은 그 연구실을 보여주면서 자랑스러워했다. "이 문에 명패라도 하나 걸어야 해요. 'JPEG가 태어난 곳'이라고요."

1988년에 미국 정부는 MCI 같은 전화 회사가 아르파넷에 상업용 이메일 서비스를 연결할 수 있게 허가했다. 이때부터 JPEG는 아주 중요해졌다. 인터넷을 향해 발걸음을 성큼 내딛은 것이나 마찬가지였다. 1993년, 인터넷에 있는 단일 '페이지'에 글과 이미지를 결합

하는 첫 소프트웨어 프로그램 모자이크^{Mosaic}가 나오면서 전자 문서
와 이미지가 바로 결혼식을 올렸다. 두 요소가 결합한 페이지들은
월드 와이드 웹^{World Wide Web}이라는 이름으로 알려졌고, 개별적으로
는 웹사이트라 불렸다. 화상압축 작업은 1990년대 내내 계속되었
다. 2000년대 초에는 어느 때보다 빠른 네트워크 속도를 바탕으로
인터넷에 바로 사진을 전송하고 올릴 수 있었다. 동영상 전송 속도
도 크게 향상되었다. 그리하여 JPEG, GIF, MPEG는 웹에 올리는 화
상과 동영상 형식의 사실 표준이 되었다.

미스 인터넷

　SIPI를 방문했을 때 샌디 소척^{Sandy Sawchuk}은 레나 사진이 얼마나
널리 쓰이는지 아주 간략하게 이야기해주었다. 1980년대 중반, 소
척은 노보시비르스크 주립대학교를 방문했을 때 화상처리 연구실
을 둘러보겠느냐는 질문을 받았다. 노보시비르스크는 사회주의 러
시아의 심장부에 있는 시베리아 도시다. "볼 수 있나요? 그러면 당
연히 봐야죠." 샌디 소척이 대답했다. "그들은 내게 연구실을 보여
줬고 거기에는 어김없이 레나가 있었어요." 나도 빈트 시프에게 레
나 사진을 보여준 적이 있다. 아르파넷을 처음 연결한 인물로 지금
은 전설적인 엔지니어가 된 그는 레나 사진을 바로 알아보았다. 그
러나 화상처리 분야에서 일하는 많은 이들과 마찬가지로 서프 역시
레나가 『플레이보이』에 실렸던 사진이란 걸 그때까지 모르고 있었
다. 『플레이보이』 디지털 연구소장 케빈 크레이그^{Kevin Craig}는 정반대

이야기를 들려주었다. "여기서 IT 일을 하는 사람에게 물어봤어요. 레나의 이름을 대자 바로 안다고 하더군요. 그래서 물었죠. '레나 사진이 IT 업계랑 더 가까운가요?' 그랬더니 그가 정확한 표현이라고 하더군요."[13]

1997년, 화상처리협회에서는 IT 괴짜들에게 우연히 영향을 끼친 『플레이보이』 모델 셰블롬에게 경의를 표했다. 셰블롬이 마땅히 받아야 할 영예였다. 당시 화상처리과학기술협회 보스턴 지부 지부장이었던 제프 시드먼Jeff Seideman은 스웨덴에 있는 셰블롬을 찾아가서 협회의 50주년 기념식에 주빈으로 참석해달라고 초대했다. 당시 셰블롬에게는 세 자녀와 손주가 여럿 있었고 이혼 수속을 밟는 중이었다. 장애인들을 고용해 기업 재무기록을 스캔해서 보관하는 사무실을 운영하고 있었다. 얄궂게도 SIPI가 개발한 스캔 기술을 이용하고 있었던 것이다. 화상처리 과학자들 사이에서 마케팅에 남다른 재능을 보이던 시드먼은 전직 『플레이보이』 모델이 이런 영예를 얻는 건 『플레이보이』에도 나쁠 게 없다고 『플레이보이』 관계자를 설득했다. 시드먼의 꾐에 넘어간 『플레이보이』는 스웨덴에서 보스턴까지 가는 비행 경비를 후원했다. 셰블롬이 기념식장에 모습을 드러내자 참석자들은 어안이 벙벙했다. 마흔여섯 살이 된 셰블롬에게 젊은 시절의 모습이 아직 남아 있긴 했지만, 삼단 같던 적갈색 머리칼이 아주 짧은 은발로 바뀌어 있었다. 그러나 눈에서는 여전히 신비로운 빛이 뿜어 나왔다. "거기 모인 사람들 대다수가 화상처리 분야에 뛰어든 순간부터 지금까지 그녀의 사진을 보며 일을 했습니다. 그러면서도 그녀가 실제 인물이라는 사실을 오랫동안 잊고 있었죠." 시드먼이 말했다. "모임에서 그녀를 소개하자 사람들은 놀라서 아무 말도 하지 못했습니다. 우리가 그동안 밝고 선명하게 처리하고 왜곡하거나 날카롭게 만들고 터무니없는 수식을 적용했던 존재가 생생하게 살아서 눈앞에 나타났으니까요."[14]

놀라기는 셰블롬도 마찬가지였다. 셰블롬은 자기 사진이 얼마나 유명한지 전혀 모르고 있었다. 그녀는 기념식에 참석한 대표들과 만나서 상냥하게 이야기도 나누고 사인도 했다. 그녀가 나온 『플레이보이』 잡지를 가져와 사인을 받는 이들도 있었다. 전자카메라를 처음 생산한 회사이자 셰블롬이 모델로 활동하기도 했던 코닥이 전시장을 차리고 참석자들이 셰블롬과 기념사진을 찍을 수 있게 해주었다. 디지털 시대를 여는 뫼비우스 띠를 만드는 장면이었다. 셰블롬은 좋은 기억을 안고 에르나에 있는 집으로 돌아갔다. 가족과 친구 몇 명을 제외하고는 그녀의 명성을 아는 이가 없었다.

스스로 러다이트라고 밝힌 셰블롬은 자기 사진이 어떤 영향을 끼쳤는지 정말 알지 못했다. 스웨덴에서 내 전화를 받고 그녀는 이렇게 말했다. "인터넷을 해본 적이 없어요." 그러나 화상처리 과학자들이 기념으로 건넨 시계는 마음에 들어했다. "정말 멋지네요."

디지털 이동

통신망에서도 비슷한 연구가 이루어져 디지털카메라를 비롯해 소비자용 전자장치를 개발할 수 있는 여건이 조성되었다. 필름 대신 화상을 테이프에 기록할 수 있는 장치를 만들던 초기 연구는 1970년대 초 페어차일드 세미컨덕터에서 시작되었다. 윌리엄 쇼클리가 '8인의 배신자'라고 칭했던 이들이 세운 회사다. 1973년, 페어차일드는 전하결합소자CCD를 개발했다. 전하결합소자는 마이크로프로세서가 컴퓨터를 작동시키는 것과 똑같이 몇 년 후에 디지털카메라의 뇌 기능을 하게 될 광센서 칩이었다. 코닥은 이 칩에 대한 사용 허가를 받고 카메라 렌즈에 잡히는 화상을 디지털 파일로 바꾸었다. 그리고 1975년에 조용히 최초의 디지털카메라를 만들었다. 크기가 크고 무게도 4킬로그램이 나갔다.

이 카메라는 흑백사진 한 장을 카세트테이프에 기록하는 데 23초가 걸렸다. 분리된 추가 콘솔을 통해 텔레비전 화면에서도 재생할 수 있었다. 코닥은 1977년에 이 카메라의 특허를 신청했지만, 너무 크고 복잡해서 생산에 들어가지는 않았다.[15] 이 카메라를 만든 엔지니어 스티븐 새슨Steven Sasson은 나중에 코닥이 일반 소비 시장에 진출할 수 있을 정도로 디지털카메라가 충분히 작고 값이 싸질 때가 언제인지 계산하기 위해 무어의 법칙을 적용했다고 말했다. 새로 개발되는 마이크로 칩의 저장 용량이 18개월마다 2배로 늘어난다는 법칙 말이다. 코닥은 앞으로 15년에서 20년 사이일 거라고 내다봤고 추측은 꽤 정확했다. "그러나 사실 우리는 전혀 몰랐다"고 새슨은 말했다.[16] 디지털카메라를 만든 코닥의 아이러니는 카메라 개발에 사용되었을 게 틀림없는 레나 사진의 주인공 셰블롬이 자사 모델이었다는 걸 연구진이 까맣게 몰랐다는 사실이다. 업계 경쟁이 치열하여 비밀에 부친 탓에 새손과 팀원들은 이 사실을 전혀 몰랐다. 알았다고 해도 크게 달라질 건 없었다. 보안이 하도 철저해서 다른 직원들은 카메라 연구실에 들어올 수 없었고 외부 반출도 허용되지 않았다. 만일 레나가 자사 모델인 줄 알았다면, 그녀를 보려고 사람들이 몰려들었을 거라고 새손은 말했다. "셰블롬이 코닥에서 일하고 있는 줄은 전혀 몰랐습니다. 셰블롬이 연구실에 와서 앉아 있었으면 정말 좋았을 텐데, 하지만…… 그랬으면 셰블롬한테 정신이 팔려서 카메라 질이 좀 떨어졌겠죠."[17]

다른 카메라 회사들도 코닥이 득허를 낸 건 알고 전자장치 개발에 덤벼들었다. 1980년대에 들어서자 몇몇 회사가 사진을 파일로 만드는 시간이나 카메라 무게, 화상 크기 면에서 괄목할 만한 성장을 했다. 1981년에는 소니가 가로 세로 5센티미터짜리 비디오 플로피디스크를 개발하는 비약적인 발전을 이뤄냈다. 덕분에 카메라 제작자들은 더 이상 테이프를 쓸 필요가 없어졌다. 1980년대 내내 디지털카메라를 개량하는 작업이 이어졌지만, 1990년대까지 사진 화질이 필름카메라만큼 좋지 못했고 카메라 가격도 2만 달러가 넘었다. 그런데도 신문사나 미군에서는 관심을 보였다. 물 나 1991년에 첫 번째 걸프전쟁이 터졌을 때 코닥 디지털카메라를 제대로 써먹었다. 필름의 종말은 1990년에 시작되었다. 스위스에 있는 로지텍 Logitech이 진정한 의미에서 최초의 디지털카메라를 출시했다. 화상을 2진 부호로 변환하고 컴퓨터에 연결해서 메모리카드에 저장하는 방식이었다.

그리하여 사용자들은 카메라에 있는 사진을 쉽게 자기 컴퓨터로 옮기고, 컴퓨터에서 사진을 인쇄하거나 인터넷으로 전송할 수도 있게 되었다. 메모리칩 저장 능력은 늘어났고 새로운 압축 기술을 통해 이미지 사이즈는 줄어들었다. 이로써 크기와 수행 능력 면에서 완벽한 변곡점이 만들어졌다. 1990년대 내내 디스크 저장 용량은 꾸준히 늘고 전하결합소자의 가격은 급락하면서 디지털카메라가 시장에 진출할 만반의 준비가 갖춰졌다. 드디어 1999년, 도쿄에 있는 니콘^{Nikon}이 최초의 전문가용 SLR 디지털카메라 D1을 출시함으로써 시장이 본격화되었다. 2000년대 중반에는 가격은 낮아지고 사진 화질은 계속 좋아진 덕분에 디지털 혁명이 무르익었다. 2002년에는 약 2750만 개의 디지털카메라가 팔렸다. 전체 스틸카메라 판매량의 30퍼센트에 해당하는 숫자였다.[18] 2007년에는 디지털카메라가 필름카메라를 거의 죽이다시피 했고, 1억 2200만 개 넘게 팔리면서 전체 시장을 장악했다.[19]

디지털 혁명의 핵심은 사진 파일의 크기가 계속해서 줄어드는 데 있었다. 이는 1988년에 JPEG와 MPEG로 압축 형식이 표준화되면서 절정에 달했다. 인터넷과 마찬가지로 2000년대 중반까지 모든 스틸카메라는 표준 파일 형식으로 JPEG를 사용했고, 비디오카메라는 MPEG를 표준으로 삼았다.

천공의 눈

미군이 SIPI에 다시 투자하면서 정찰위성의 성능도 향상되었다.

SIPI에 앞서 CIA는 1960년에 소련과 중국, 그리고 다른 관심 지역을 정찰하는 첩보 사진을 입수하기 위해 코로나Corona라는 정찰위성을 극비리에 가동했다. 코로나 위성은 사용한 필름통을 배출하는 고궤도 카메라를 장착하고 있었다. 특별한 장비를 갖춘 항공기로 낙하산을 투하해 공중에서 회수하는 방식이었다. 만일 공중에서 필름통을 놓쳐서 바다에 빠지면 잠깐 동안 수면에 떠 있을 수 있게 설계했다.[20] 냉전으로 긴장이 최고조에 이른 상황에서 코로나는 반드시 필요한 장치였다. 하지만 그것으로는 충분하지 않았다. 12년간 정찰위성 144개 중 약 70퍼센트만 쓸 만한 사진을 보내왔다. 낙하산으로 투하한 필름이 엉뚱한 사람의 손에 들어갈 위험도 늘 있었다. 결국 1972년 5월, 소련 잠수함이 공중 회수 지역 아래에서 필름을 가로채려고 대기하고 있는 걸 알고 코로나 프로젝트를 중단했다. SIPI가 설립되기 직전이었다.

1972년에는 랜드샛Landsat 위성계획이 코로나 위성을 대신했다. 랜드샛 위성에는 SIPI에서 도입한 화상 압축표준 및 전자 전송 방식과 RCA와 제너럴 일렉트릭이 만든 센서 및 카메라를 사용했다. 랜드샛 프로젝트는 아직도 기밀에 속한다. 군사용이었을 거라고 짐작하는 이유도 이 때문이다. 그러나 대외적으로는 상업용이라고 홍보했다. 랜드샛 위성이 보내온 사진은 농업, 지질, 산림 회사에서 구입했고, 정부에서 날씨 패턴을 관측하여 자연재해를 예측하고 예방하는 데 사용했다.

랜드샛 위성사진을 대량 구입한 첫 번째 회사는 맥도날드였다.

맥도날드는 랜드샛 프로그램 초창기에 헬리콥터로 새로 입점할 장소를 정찰했다.[21] 그러다 1980년대에는 랜드샛 위성사진을 이용해 도시 난개발 가능성을 예측했다. 나중에는 퀸틸리언^{Quintillion}이라는 소프트웨어 프로그램을 개발하기도 했다. 위성사진과 인구통계 데이터, 점포 매출 정보를 통합해 자동으로 입점 장소를 정하는 프로그램이었다. 맥도날드는 이 프로그램을 이용해서 냉전 체제에서 쓰던 장비로 고객들을 정탐할 수 있었다.[22]

1992년에는 위성사진을 폭넓게 이용할 수 있었다. 의회에서 랜드샛 프로젝트에 들어간 비용을 상쇄하기 위해 일부 기밀을 희생했기 때문이다. 지상원격탐사정책법에 따라 랜드샛 프로젝트로 축적한 데이터 일부를 공개했다. 그리고 "가까운 장래에 랜드샛 프로그램을 완전히 상업화할 수는 없으며…… 지상 원격 탐사를 완전히 상업화하는 건 장기적인 정책 목표로 남겨두어야 한다"고 밝혔다.[23]

2000년대 중반에는 랜드샛 위성사진을 구매하는 새로운 고객이 탄생했다. 인터넷 검색엔진 제공업체 구글이었다. 군에는 낯설지 않은 존재였다. 구글 창업자 세르게이 브린^{Sergey Brin}과 래리 페이지^{Larry Page}는 1990년대 중반 실리콘밸리 바로 옆에 있는 스탠퍼드 대학교를 다니면서 자신들의 획기적인 검색엔진이 된 알고리즘을 개발했다. 두 사람은 매일 마카로니와 치즈로 끼니를 때우고 여건만 되면 어디에나 자선을 요청하는 전형적인 고학생이었다. 그들이 기증받은 물건 중에는 스탠퍼드 디지털 연구 프로젝트에서 쓰던 컴퓨터도 있었다. 국가과학재단과 NASA, DARPA에서 돈을 대는 프로젝

트였다.

구글은 혁신적인 검색엔진으로 인터넷에 대변혁을 일으킴으로써 1990년대 닷컴 열풍을 주도하는 가장 성공한 회사로 떠올랐다. 검색 결과를 온라인 광고와 연결시켜 벼락부자가 된 후 실리콘밸리에 있는 신규업체 키홀^{Keyhole}을 인수하여 2004년에 사업을 다각화하기 시작했다. 키홀이라는 작은 회사가 생산하는 핵심 제품은 어스뷰어 EarthViewer 3D 소프트웨어였다. 랜드샛에서 구입한 위성사진과 다른 상업용 자료를 이용해 삼차원 세계지도를 만드는 프로그램이다. 키홀은 원래 2001년에 소니로부터 자금을 지원받았다. 그다음에는 벤처 투자 회사 인큐텔^{In-Q-Tel}의 후원을 받아 최신식 정찰 기술을 CIA에 제공했다. 인큐텔은 CIA가 1999년에 시작한 회사였다. 키홀 대표였던 존 행크는 1996년에 버클리에서 경영학 석사학위를 받기 전에 워싱턴과 인도네시아에서 미국 정부를 위해 외교 업무를 수행했다. 구글 본사를 방문했을 때 행크에게 당시 어떤 외교 업무를 담당했냐고 물었지만, 대답을 꺼렸다. "꽤 많은 일을 했어요. 제가 공개적으로 말할 수 있는 건 여기까지예요. 그러니 그 얘긴 그만둡시다."[24] 그는 싱긋 웃으며 이렇게 대꾸했다.

키홀의 주요 고객은 미군 통신전자사령부와 국방부였다. 키홀이 코로나 프로젝트에서 위성 이름으로 쓰였던 건 절대로 우연이 아니다. 키홀이 만든 소프트웨어는 2005년에 구글 어스라는 새 이름을 달고 다시 출시되었다. 위성사진을 빛처럼 빠르게 보여주는 기술로 인터넷 사용자들을 열광시켰다. 엄청나게 빠른 컴퓨터 프로세서와 인터넷 속도, 향상된 화상 압축 기술 덕분에 사진 로딩 속도가 훨씬 빨라져서 마치 풀 모션 비디오를 보는 것 같았다. 지구의 어느 지역도 확대할 수 있고 놀라울 정도로 자세하게 보여주었다. 사용자들은 전례가 없는 구글 어스에 감탄했다.

거의 모든 구글 어스 사용자들과 마찬가지로 내가 이 소프트웨어로 처음 한 일은 우리 집을 들여다보는 거였다. 우리 집을 확대하니 너무 자세하게 나와서 깜짝 놀랐다. 보도에 내놓은 쓰레기통까지 보였다. 분명 놀란 사람은 나뿐만이 아니었다. 뉴욕타임스 과학기술 전문기자는 "키홀은 3년 전에 구글 어스를 인터넷에서 처음 선보인 이래 사람들을 매번 놀라게 했다"고 썼다. "처음 구글 어스로 우리 집을 찾아보고 그대로 얼어붙었다. 우주 비행사의 눈으로 지구를 내려다보는 것 같은 자세한 사진이 나왔다. 마당에 있는 관목을 하나하나 확인할 수 있을 정도였다."[25]

2007년에 구글은 허블우주망원경으로 찍은 달과 별자리, 화성 사진까지 볼 수 있게 소프트웨어를 확장했다. 2009년에는 대양저大洋底 사진까지 볼 수 있었다. 마이크로소프트, 야후, 맵퀘스트Mapquest 등 인터넷 경쟁업체들이 상업용 위성사진 시장에 붐을 일으키며, 자체 개발한 3D 지도 제작 소프트웨어를 가지고 구글을 뒤쫓았다.

규제가 완화되면서 위성사진 시장이 활기를 띠었다. 하지만 정부와 개인정보 보호론자들은 골치 아파했다. 대중매체는 구글 어스가 출시되자마자 사생활 침해에 대한 불만부터 국가 보안에 대한 염려까지 이 소프트웨어가 불러올 부정적인 영향을 보도했다. "테러리스트들은 이제 목표물을 일부러 정찰할 필요가 없습니다." KGB를 잇는 러시아 연방보안청^{FSS} 안보분석가 레오니트 사진^{Leonid Sazhin} 중장의 말이다. "이제 미국 회사가 테러리스트들을 위해 일하고 있으니까요."[26] 2007년에 구글이 스트리트 뷰^{Street View}를 출시하면서 비판의 목소리는 한층 커졌다. 스트리트 뷰는 도시 거리를 360도 파노라마 형식으로 보여주는 서비스다. 캐나다와 영국 등 전 세계 수많은 공동체와 사생활 보호 감시단이 스트리트 뷰에 우려를 표하거나 소프트웨어 사용을 전면 금지하는 법안을 통과시켰다. 2008년에 구글이 스트리트 뷰에 나오는 사진에서 사람들의 얼굴을 흐릿하게 하는 데 동의하면서 조금 수그러졌지만, 구글의 사생활 침해는 끊이지 않았고 오히려 더 심화되었다.

가정 침략

『플레이보이』가 화상처리 기술에 영향을 미친 건 순전히 우연이었고 간접적이었지만, 1980년대에 규모가 더 커진 섹스 산업은 철저한 계획 아래 새롭게 떠오르는 홈비디오 산업에 영향력을 행사했다. 1948년, 케이블 TV 시스템이 미국에서 처음 시삭되었을 때는 방송 수신 상태가 좋지 못한 산간 지역에 주로 제공되었다. 이들이 위성 TV 사업자로 부상하여 경쟁력을 갖춘 건 1960년대 후반이 되어서다. 케이블이 연결된 미국 가정은 1968년에 6.4퍼센트였다가 10년 뒤에는 17.5퍼센트, 1988년에는 52.8퍼센트가 되었다.[27] 그러나 바로 수익을 내서 투자 가치를 입증해야 했던 위성 TV 사업자들은 케이블을 가설하는 작업에 비용이 너무 많이 들어서 부담을 느꼈다. 그런 상황에서 포르노는 딱 이들이 원하던 것이었다. 더 정확히는 이들 회사에 투자한 주주들이 원하던 거였다.

처음에 케이블 회사들은 고객들이 추가 요금을 내고 시청할 수 있는 성인용 채널을 만들었다. 그러나 이 방식은 문제가 많았다. 윤리 단체들은 아이들이 너무 쉽게 성인 콘텐츠에 노출될 위험이 있다고 들고일어났다. 1980년대 후반, 케이블 회사들이 미성년자들을 효과적으로 걸러낼 수 있는 페이 퍼 뷰PPV로만 성인용 채널을 공급하기로 함으로써 간신히 타협을 했다. 페이 퍼 뷰는 케이블 회사들이 압축 텔레비전 영상을 인코더라는 특수 장치로 변조해 보낼 수 있게 해주었다. 고객들이 전화로 영화나 경기를 시청하겠다고 주문하면 변조된 신호가 바르게 복원되었다.

이 기술이 처음 모습을 드러낸 건 1970년대 후반이었고, 1981년에 '슈거' 레이 레너드Sugar Ray Leonard와 토머스 '히트맨' 헌즈Thomas Hitman Hearns의 권투 경기로 인기를 얻었다. 1985년, 수많은 케이블 사업자들이 급성장하는 시장에 맞춰 뷰어스 초이스Viewer's Choice, 케이블 비디오 스토어Cable Video Store 등 유료 시청 프로그램만 내보내는 채널을 공급하기 위해 힘을 합쳤다. 곧 더 많은 성인 시청자들의 비위를 맞추기 위해 R등급 영화와 덜 노골적인 포르노 영화를 내보내는 뷰어스 초이스 II가 출시되었다. 1993년에는 이름을 핫 초이스Hot Choice로 바꾸었는데, 1996년까지 『플레이보이』와 스파이스 네트웍스Spice Networks가 주도하던 4대 성인 채널 중 하나였다. 이들은 전체 6억 달

SEX, BOMBS
and BURGERS

러에 달하는 미국 유료 시청 시장에서 3분의 1을 차지하고 있었다.[28] 성공 비결은 단순했다. 처음에는 케이블이 고객들에게 제품을 제공했다. 이로써 이제 포르노 구매자들은 음침한 동네에 있는 핍쇼를 기웃거리거나 길모퉁이 가게에서 주인의 눈치를 보며 멋쩍게 잡지를 살 필요가 없어졌다. 사생활을 침해받지 않고 자기 집에서 간단하게 포르노 영화를 주문하고 즐길 수 있었다. 이런 추세는 케이블 사업자들이 쌍방향 텔레비전 통신이 가능한 새로운 광섬유 네트워크에 수억 달러를 투자하던 1990년대 후반까지 이어졌다. 광섬유 네트워크는 케이블 TV 가입자들이 미리 정해진 시간에 맞춰 영화를 보는 게 아니라 언제든 자기가 보고 싶을 때 주문해서 볼 수 있게 해주는 신기술이다. 케이블 사업자들은 포르노로 이 기술에 대한 투자금을 충분히 뽑을 수 있을 거라고 내다보았다. 2000년에 그들은 포르노로 약 5억 달러를 벌었다. 유료 케이블 총수익의 15퍼센트에 해당하는 금액이었다.[29]

기술 전쟁으로 시작된 홈비디오 시장이 엄청난 성공을 거둔 것도 제품을 고객들에게 직접 전달하는 똑같은 원리에 바탕을 두었다. 1975년에 소니가 베타맥스Betamax라는 가정용 비디오카세트리코더 VCR로 처음 시장의 문을 열었다. 그로부터 2년 뒤에는 JVC에서 가정용 비디오테이프 녹화 방식 VHS를 선보였다. 네덜란드에 있는 필립스Philips는 제3의 가정용 VCR 포맷이라고 할 수 있는 비디오 2000Video 2000을 유럽 시장에 선보였다. 이렇게 새로운 포맷이 나오면 기존 제품은 바로 구식이 되고 마는 게 전자제품을 둘러싼 기술 전쟁의 세계다. 그러나 VCR은 새로운 포맷의 공세 속에도 꿋꿋하게 살아남았다. 사실 VCR은 값도 아주 비쌌다. 1979년에는 800달러에서 1000달러 정도 했다. 지금으로 치면 2300달러에서 2900달러에 이르는 값이다.[30] 그런데도 1970년대가 지나기 전까지 80만이 넘는 가정에서 VCR을 가지고 있었다.[31]

비디오 플레이어 덕분에 가정에서는 여러 가지 새로운 경험을 할 수 있었다. 우선, 텔레비전 프로그램을 녹화했다가 다시 보거나 나중에 볼 수 있었다. 비디오테이프를 사거나 빌릴 수도 있었다. 처음에 영화 및 TV 스튜디오에서는 팔거나 대여할 수 있는 특정 포맷을 허가하는 문제를 놓고 고심했다. 애써 만든 제품이 쉽게 불법 복제될 수도 있었기 때문이다. 1983년, 유니버설 스튜디오스Universal Studios와 월트 디즈니는 VCR이 저작권 침해를 부추긴다면서 소니를 고소했다. 일명 베타맥스 소송에서 1984년 미국 연방대법원은 나중에 시청할 목적으로 텔레비전 방송을 녹화하는 행위는 정당하며 저작권을 침해하는 행위로 볼 수 없다고 판결함으로써 비디오 플레이어 산업이 계속해서 발전할 수 있게 길을 터주었다.

나중에는 영화사들도 입장을 번복하고 비디오테이프를 중요한 수익원으로 주목했다. 하지만 초기에는 자기들이 만든 영화를 마지못해 내주는 식이었다. 포르노가 여기에서 생긴 공허감을 재빨리 메웠다. 텔레비전 기술 산업 잡지인 『비디오그래피Videography』 1979년 6월호에 실린 최다 판매 영화 10선 중에 포르노 영화가 두 편이나 올랐다(〈매시M*A*S*H〉가 1위였고 〈사운드 오브 뮤직The

Sound of Music〉이 그 뒤를 이었다). 대여점 주인들에 따르면 포르노가 비디오 대여 산업을 이끈다는 데는 이견이 없었다. "포르노는 다른 영상 자료보다 50배는 더 팔린다"고 뉴욕에 있는 한 대여점 주인이 말했다. "저희 가게는 모든 연령대를 두루 아우르는 모든 종류의 비디오테이프를 취급합니다. …… 대부분은 남자들이지만 여자들도 종종 포르노 테이프를 빌리러 옵니다."[32]

메릴 린치Merrill Lynch는 1970년대 후반 미리 녹화된 테이프 전체 매출의 반이 포르노였다고 추산했다. 1980년대 중반 주류 영화가 따라잡을 때까지 포르노 장르가 계속해서 전체 시장의 반을 차지했다.[33] 케이블 TV나 VCR에서 포르노가 성공할 수 있었던 비결은 지저분하고 평판이 안 좋은 시설을 일부러 찾아다닐 필요가 없도록 고객들에게 제품을 직접 가져다준다는 데 있었다. 대부분의 대여점은 고객들이 포르노 영화를 둘러볼 수 있게 구획을 따로 마련했다. "성인 영화관에 자주 가고 싶어 하는 사람들이 있었지만, 여러 가지 이유 때문에 그렇게 하지 못했죠. 성인 영화관에 가는 게 창피하기도 했고, 아내나 여자 친구를 데려가고 싶지도 않았던 거죠." 1970년대 최대 포르노 제작업체 중 하나인 에섹스 디스트리뷰팅 컴퍼니 Essex Distributing Company 조지프 스테인먼Joseph Steinman 회장이 말했다. "그런데 케이블 TV와 VCR 덕분에 성인 등급 영화를 집에서 편안히 볼 수 있게 된 겁니다. 사생활을 침해받을 일도 불쾌해질 일도 없었죠."[34]

VCR은 포르노 산업 자체에도 크나큰 영향을 끼쳤다. 비디오 가게용 촬영은 필름을 이용하는 것보다 훨씬 돈이 적게 들었다. 보통 장편영화 한 편을 찍는 데 10만 달러에서 30만 달러가 들지만, 비디오는 비용이 10분의 1밖에 들지 않았다. 1980년대 중반에 이 비용은 다시 반으로 줄어 5000달러에서 1만 5000달러 수준이 되었다. 포르노 영화 시장의 진입 장벽이 급격히 낮아지면서 생산량이 폭발적으로 증가했다. 1976년에 출시된 신작 포르노 영화는 100편 남짓이었지만, 1996년에는 그 숫자가 8000편 이상으로 치솟았다.[35]

성혁명을 시작한 건 1960년대에 히피족과 자유연애에 대한 열망이었지만, 성혁명이 절정에 이른 건 1970년대 후반과 1980년대 초반 섹스가 완전히 주류에 편입되면서였다. 1990년대 중반, 당시 뉴욕 시장이었던 루돌프 줄리아니Rudolph Giuliani는 모든 마약상과 매춘부, 포르노 상점을 축출함으로써 타임스퀘어를 정화했다는 평을 얻었다. 그러나 사실 그 일은 포르노를 고객들에게 직접 가져다주는 케이블 TV와 페이 퍼 뷰, VCR이 이미 반은 이뤄놓은 일이었다. 타임스퀘어에 빠르게 퍼졌던 음침하고 초라한 핍 쇼는 이미 고객이 줄어 돈에 쪼들리고 있었다. 1990년대가 흘러가면서 포르노는 집 안에서 확고하고 안락하게 자리를 잡았다.

VCR 포맷 전쟁은 소니가 1988년에 베타맥스의 패배를 인정하면서 마침내 끝이 났다. 상영 시간도 더 길고 만드는 데 돈도 덜 드는 JVC의 VHS 포맷이 전체 시장의 90퍼센트를 차지했다. VCR 총 판매량 1억 7000만 대 중에서 베타맥스는 2100만 개에 불과했고, 필립스 포맷은 극소수에 불과했다.[36] 그 여파로 마케팅과 경영학계에서는 소니가 패배한 이유를 분석하는 이론이 쏟아져 나왔다. 어떤 이들은 소니가 처음에 윤리적인 이유로 포르노 제작자들이 자사 기술을 사용하는 걸 허락하지 않았다는 사실을 지적했다. 이에 포르노 제작자들이 VHS 쪽으로 방향을 틀었다는 것이다. VHS가 가격도 더 저렴하니 마다할 이유가 없었다. 또 어떤 이들은 소니가 VCR 시장을 오해한 탓이라고 분석했다. VCR을 영화 판매나 대여보다는 텔레비전을 녹화하는 데 주로 사용할 거라고 잘못 생각했다는 거였다. 나중에 밝혀진 것처럼 소비자들은 VCR을 주로 영화를 만들어 팔거나 대여하는 데 사용했고, 여기에는 상영 시간이 긴 VHS가 더 적합했다. 두 이론 다 그럴듯하지만, 어느 쪽이 더 그럴듯하냐와 관계없이 초기에 VCR을 먹여 살린 건 머뭇거리는 주류 영화사를 대신하여 틈새를 메운 포르노 제작자들이었다.

포르노는 1977년에 RCA에서 처음 출시한 비디오카메라에도 비슷한 영향을 끼쳤다. 1984년, 코닥, RCA, 제너럴 일렉트릭 등 미국의 대형 카메라 회사들이 히타치, 마쓰시타(파나소닉의 전신) 같은 일본 제조업체들과 손을 잡고 소형 캠코더를 출시하고 1000달러에서 2000달러에 판매했다.[37] 제조업체들은 가족 행사 등을 녹화하는 데 최적이라며 캠코더를 시장에 내놓았지만, 업계 관계자들은 캠코더의 용도는 따로 있다고 보았다. 『포춘』지는 1978년에 새롭게 떠오르는 비디오카메라 시장을 평가하면서 공식적인 마케팅 노력에도 불구하고 "캠코더의 가장 큰 시장이 어딘지는 공공연한 비밀이다"라고 썼다.[38] 실제로 초기 캠코더는 대부분 저조도 방식이라 스포츠 경기나 가족 행사를 촬영하기에는 적합하지 않았다. 텍사스 A&M 대학교 기술학 교수 조너선 쿠퍼스미스가 말한 대로 "캠코더로 아이들 생일 파티를 찍기에는 조명이 너무 어두웠다".[39]

캠코더를 이용해 섹스 비디오를 찍는 게 인기를 끌자 몇몇 사업가들은 여기에 편승해 돈을 벌었다. 1980년대부터 매춘업소에서는 비디오카메라와 VCR을 갖춘 '판타지 룸'을 도입했다.[40] 이런 추세에 힘입어 캠코더는 빠르게 팔려나갔다. 1986년에는 100만 대를 돌파했다. 1985년에 51만 7000대를 판매한 것에 비하면 거의 두 배에 가까운 수치였다. "캠코더는 출시 2년 만에 수십억 달러짜리 사업으로 빠르게 입지를 다졌다."[41] RCA 가전제품 부문 부사장 윌리엄 보스William Boss의 말이다.

1980년대에는 캠코더 가격이 꾸준히 떨어져 1986년에는 평균 1000달러가 안 되었다. 덕분에 캠코더를 이용해 아이들 생일 파티나 야구 경기를 촬영하는 주류 구매자들도 훨씬 많이 생겼다. 그 결과 주로 섹스 비디오를 찍을 생각으로 캠코더를 사는 구매자들이 전체 시장에서 차지하는 비율은 줄어들었다. 그러나 초기 캠코더 발전에 포르노가 영향을 끼친 것만은 부인할 수 없다.

내게 다 말해요

눈에 관한 이야기가 전부가 아니다. 케이블 TV, 디지털 사진과 함께 포르노는 전화 기술 발전에도 상당한 영향을 끼쳤다. 개발도상국에서 특히 그러했다. 남아메리카 북단에 있는 작은 국가 가이

아나를 예로 들어보자. 오늘날 가이아나 경제는 농업과 광업에 의존한다. 설탕, 쌀, 보크사이트, 금을 주로 수출하는데, 대부분 미국과 영국에 내다 판다. 그러나 1990년대에 가이아나는 지금과는 전혀 다른 제품을 수출했다. 수출 대상국은 같았지만, 수출 제품은 폰섹스였다.

폰섹스는 연방통신위원회FCC가 전화 녹음 메시지에 대한 전화 회사들의 독점을 끝장낸 1982년에 미국에서 시작되었다. 폰섹스 사업자들이 기다렸다는 듯이 속속 생겨났다. 이들은 새로운 전화 기술을 이용해 976개 번호로 고객들에게 녹음된 음란 메시지를 유료로 서비스했다. 사업을 시작하자마자 엄청난 수익을 거둬들였다. 한 폰섹스 사업자는 첫해에만 1억 8000만 통의 전화를 받아서 360만 달러를 그러모았다.[42] 워싱턴에 있는 C&P 텔레폰C&P Telephone은 1985년부터 1986년까지 폰섹스로 170만 달러를 벌었을 뿐 아니라 이 지역 기본 통화 요금을 낮추는 데 기여했다고 발표하기도 했다.[43] 1986년에 폰섹스 사업이 처음 생긴 영국도 상황은 비슷했다. 1987년이 되자 영국 폰섹스 산업은 8000만 파운드의 수익을 냈다.[44]

폰섹스 서비스는 아이들도 쉽게 이용할 수 있있다. 그래서 곧 윤리 문제가 불거졌다. 1985년, 뉴욕에 있는 칼린 커뮤니케이션스Carlin Communications가 외설물을 다른 주에 전송한 혐의로 연방 검찰에 기소되었다. 그리고 1988년에 검찰 당국은 상업적인 목적으로 음란한 메시지를 제공하는 것을 불법화하여 일 년에 20억 달러를 벌어들이는 폰섹스 사업을 뿌리뽑으려고 했다. 그러나 일 년 뒤 대법원이 외설적인 전화 통화를 금지하는 것은 헌법에 명시된 언론의 자유를 침해하는 것이라고 판결함으로써 계획이 수포로 돌아가고 말았다. '외설적인' 통화를 금지할 수는 있지만, 어디서부터가 외설적이냐는 판단은 지역 배심원들이 '지역공동체의 기준'에 따라 판단해야 했다.[45] 1990년, 연방통신위원회는 폰섹스 사업자들이 신용카드 승인, 접속 코드, 신호 변조 등 연령 인증 기술을 채택하도록 새로운 규칙을 만들었다.

영국에서도 그대로 따라했지만, 이런 규제 조치도 폰섹스 사업자들이 문을 닫게 만들지는 못했다. 이들은 해외로 자리를 옮김으로써 간단하게 문제를 해결했다. 폰섹스 사업자들은 다른 나라에 있는 전화 은행에 통화를 보냈다가 실제로 전화를 받는 제삼국으로 다시 보내는 방식으로 규제를 교묘히 피했다. 1980년대에 해외 이전이 시작되어 1980년대 말에는 폰섹스 사업자가 국제전화로 벌어들이는 돈이 거의 10억 달러에 이르렀다. 유럽 전체 국내 통화 시장과 맞먹는 규모였다.[46] 폰섹스 사업자들은 통화를 전송할 나라로 작고 가난한 곳을 택했다. 이들 국가는 돈이 필요했고, 폰섹스 사업자들은 가이아나, 몰도바, 니우에 등에서 쓰는 세 자리 국가번호가 미국 지역번호와 비슷해서 해외로 전화를 걸고 있다는 사실을 발신자들에게 숨길 수 있었기 때문이다. 이 시스템은 개발도상국에 후한 대가를 지불했다. 1995년에 가이아나는 폰섹스 통화를 전송하는 서비스만으로 1억 3000만 달러를 벌었다. 국내총생산의 거의 40퍼센트에 해당하는 돈이었다.[47]

폰섹스는 인터넷의 등장으로 상당히 줄었다. 인터넷은 포르노 산업을 훨씬 높은 차원으로 끌어올렸다. 온라인 포르노 추적자 패밀리 세이프 미디어Family Safe Media는 케이블 TV, 페이 퍼 뷰, 호텔 방 포르노, 휴대전화 포르노와 결합한 폰섹스가 2006년에 약 26억 달러를 벌어들인 것으로 추정했다. 10년 전 전성기에 폰섹스 하나 만으로 벌어들인 평균치보다 조금 많은 액수다.[48]

그러나 하락은 잠깐뿐이었다. 나머지 국가에서도 전화 시스템이 발전하면서 상황은 또 변했다. 2006년 기준으로 인도인의 13퍼센트, 중국인의 23퍼센트가 전화 시스템을 가지고 있었다.[49] 세계에서 가장 인구가 많은 두 나라가 전화를 추가로 설치하자 폰섹스도 바로 뒤를 따라왔다. 중국은 초창기부터 문제에 부딪혔다. 미국과 영국에 비하면 20년이나 늦긴 했지만 말이다. 2004년부터 중국 정부는 폰섹스 서비스를 엄중히 단속하기 시작했다. 그해 하반기에 100여 개의 사업체가 문을 닫았다. 중국 정보산업부 왕쉬둥王旭東 장관은 이렇게 말했다. "중국에서 유료 전화 서비스 시장이 급속히 발전하면서 일부 범법자들이 외설적인 메시지를 퍼뜨리거나 심지어 성매매를 하는 데 이용했다. 이는 사회의 도덕을 타락시키고 이 나라 젊은이들의 정신에 큰 해를 끼친다."[50]

21세기의 첫 10년이 끝나갈 무렵, 산업 분석가들은 중국 폰섹스 사업자들이 해외로 발걸음을 옮겼던 미국 사업자들의 뒤를 따를 거라고 전망했다. 이미 반은 비슷한 길을 걷고 있다.

1980년대와 1990년대에 선진국에서 폰섹스 시스템이 널리 퍼지면서 그 파급효과는 대단했다. 첫째, 폰섹스는 다른 투자 유인책이 없는 개발도상국들이 해외 투자를 유치하도록 해주었다. 예를 들어 가이아나는 1991년에 미국 회사 애틀랜틱 텔레 네트워크^{Atlantic Tele} ^{Network}가 가이아나에서 가장 큰 통신 회사 가이아나 텔레폰 앤드 텔레그래프^{Guyana Telephone and Telegraph, GT&T}의 지분 80퍼센트를 인수할 때 많은 이득을 보았다. 그 후 폰섹스의 파도는 썰물처럼 빠져나갔지만, 애틀랜틱 텔레 네트워크는 GT&T의 지분을 계속 보유했고 인터넷과 휴대전화 서비스로 사업을 확장했다. 가이아나의 인터넷 및 휴대전화 사용률은 다른 나라와 비교하면 낮은 편이지만, 가이아나의 GDP를 감안하면 둘 다 높은 축에 속한다. 가이아나의 GDP는 개발도상국 중에서도 최하위에 속한다. 폰섹스에 대한 초기 투자는 가이아나에 견고한 통신 유산을 세우는 데 도움이 되었다.

선진국에서 폰섹스 사업자들은 버튼 식 전화기에 기반을 둔 신용카드 인증과 접속 코드 인증을 포함하여 많은 통화 기술을 개척했다. 다음에 음성 메시지를 확인하거나 전화로 피자를 주문하고 신용카드로 결제할 때는 그 기술이 처음에는 남자들이 누군가에게 접근할 수 있게 하려고 만들어졌다는 걸 기억하라.

최근에 폰섹스라는 용어는 아주 다른 의미로도 쓰인다. 지금 포르노 제작자들은 인터넷에 접속할 수 있는 더 새롭고 더 발전된 휴대전화로 우르르 몰려가고 있다. 몇 년 전까지만 해도 포르노 제작자들은 휴대전화 제조업자들 앞에서 속수무책이었다. 특히 성에 대해 보수적인 북미 지역 휴대전화 제조업자들이 윤리적인 이유를 내

세워 고객들이 자사 휴대전화로 포르노 같은 외설물에 접근하지 못하게 차단했기 때문이다. 2007년, 캐나다에서 가장 큰 휴대전화 제조업체 텔러스Telus가 고객들이 한 번에 몇 달러를 내고 휴대전화로 성인 콘텐츠를 다운받을 수 있게 허용했다. 그러나 가톨릭교회에서 들고일어나는 바람에 한 달 만에 해당 기능을 차단할 수밖에 없었다. 2007년에 애플에서 아이폰을 출시하자 포르노 제작자들이 일제히 환호성을 지른 것도 이 때문이다. 아이폰은 데스크톱 컴퓨터와 똑같은 웹서핑을 경험할 수 있게 만든 최초의 휴대전화다. 애플은 고객들이 나운받을 수 있게 주문 제작한 포르노 어플리케이션을 올리는 건 허용하지 않았지만, 아이폰 브라우저를 이용하면 애플의 간섭 없이 보고 싶은 웹사이트는 무엇이나 볼 수 있다. 포르노 제작자들은 아이폰과 여타 스마트폰에서 자사 웹사이트를 아무 불편 없이 볼 수 있게 웹사이트 포맷을 바꿨다. 결과적으로 모바일 포르노 시장이 폭발적으로 증가하고 있다. 분석가들은 세계 모바일 포르노 시장이 2013년에 49억 달러에 이를 것이라고 전망한다. 2008년에 벌어들인 22억 달러의 두 배가 넘는 액수이고 웹사이트 수익과는 별개로 계산한 수치다.[51]

모바일 포르노 시장이 이렇게 크게 성장한 비결 역시 VCR과 페이 퍼 뷰의 논리와 동일하다. 휴대전화는 소비자들에게 포르노 콘텐츠를 가져다줄 뿐 아니라 그들이 어디에 있든, 또 언제든 보고 싶을 때 볼 수 있게 해준다. "비행기에서는 당신 옆에 앉은 누군가가 당신 휴대전화을 훔쳐볼 수도 있으니 쉽지 않을 겁니다. 하지만 어딘가로 이동할 때나 호텔 방에 있을 때는 노트북을 꺼내는 것보다 휴대전화를 꺼내는 게 훨씬 쉽습니다."[52] 『허슬러』 회장 마이클 클레인의 말이다. 성인물 제작업체 핑크 비주얼의 브랜드 매니저 킴 카이자[Kim Kysar]는 한마디로 이렇게 요약했다. "휴대전화는 당신이 소유한 과학기술 중 가장 사적인 기술입니다."[53]

7 인터넷 :
군에서 만들고 포르노에 안성맞춤

당신이 개발한 기술이 쓸 만하고 튼튼한지 알려면,
그 기술이 포르노 업계에서도 잘 통하는지 보면 된다.[1]
선 마이크로시스템즈 대변인 수전 스트러블Susan Struble

포르노 스타가 없는 세상이라고 하면 머나면 옛날이야기처럼 들리겠지만, 성인 엔터테인먼트에서 가장 유명한 인물 중 한 명인 테라 패트릭Tera Patrick에 따르면 가까운 장래의 이야기가 될 수도 있다. 인터넷이 포르노 산업에 안겨준 부를 인터넷이 다시 가져갈 수도 있기 때문이다.

1976년에 태국인 어머니와 영국인 아버지 사이에서 태어난 린다 앤 홉킨스Linda Ann Hopkins는 흑발에 올리브색 피부를 지닌 미녀로 포르노 업계에서는 전설적인 인물이다. 그녀는 이국적인 외모와 약간의 기업가 정신, 그리고 각고의 노력으로 여기까지 왔다(믿든 안 믿든 섹스를 아주 많이 하고 신나는 파티에 다니는 것만으로 포르노 스타가 되는 건 아니다. 진력이 날 정도로 여기저기 옮겨 다니고 매스컴의 관심과 끊임없이 씨름하는 아주 길고 따분한 시간을 견뎌야 한다). 홉킨스의 여정은 일찍이 시작되었다. 십대 때 의류 카탈로그 모델로 일을 시작했다. 그러다 1990년대 후반에는 『허슬러』와 『스 웽크Swank』 같은 성인잡지 누드모델로 일했다. 그리고 1999년에 테라 패트릭으로 이름을 바꾸고 포르노 업계에 투신했다. 테라는 지구에 대한 관심을 반영하여 지은 이름이고, 패트릭은 아버지의 중간 이름에서 따왔다.

패트릭은 많은 이들의 기대와 달리 섹스에만 열광하는 머리가 텅빈 여자가 아니다. 보이시 주립대학교에서 이학 학사학위를 받았고 간호사가 되려고 준비했지만, 포르노가 안겨줄 부를 알고 나서 그속에 빨려들었다. 그 후 10년 넘게 100편 가까운 영화에 출연했다. 2009년에는 『어덜트 비디오 뉴스Adult Video News』 명예의 전당에 추대되었다. 주류 영화계로 치면 오스카에서 공로상을 받는 것에 견줄 만한 영예다.

패트릭은 비비드, 디지털 플레이그라운드 등 세계 최대의 포르노 제작사들과 함께 작업한 뒤 직접 테라비전이라는 회사를 차렸다. 그녀가 '아름답고 섹시한 비디오 도서관'이라 부르는 것을 함께 만들어가는 회사다. 사업을 꾸리고 운영하는 데 필요한 모든 것은 인터넷에서 구했다. 2003년, 패트릭은 고객들이 온라인에서 그녀의 사진과 비디오를 보고 DVD를 주문할 수 있는 클럽테라닷컴 ClubTera.com이라는 웹사이트를 개설했다. 클럽테라는 다른 성인 사이트와도 연결되어 있다. 이를 통해 패트릭은 더 많은 이들에게 모습을 드러내고 팬들과도 끊임없이 소통한다.

나는 로스앤젤레스에 있는 패트릭의 사무실에서 이야기를 나누었다. 그녀는 밝고 명랑한 목소리로 포르노 업계에서 다른 여성들에게 좋은 역할 모델이 되고 싶다고 말했다. 그러나 독립해서 자기 사업을 시작하려는 이유를 말할 때는 침울해졌다. 패트릭이 속해 있던 회사의 제작자들은 항상 남자였고, 그녀의 인기를 등에 업고 돈을 벌었다. 그러나 그녀를 부자로 만들어주겠다던 약속은 한 번도 지키지 않았다. "그 남자들은 여자들을 이용하기만 해요. 돈은 다 남자들이 벌고 여자들은 공짜 아니면 싼값에 일을 하죠. 나도 그런 여자들 중 하나였어요. 필사적으로 일을 해도 손에 들어오는 돈은 적어요. 회사에서 다 가져가니까요. …… 이제 나는 포르노 업계에서 돈을 버는 몇 안 되는 여자 중 하나예요."[2]

토머스 프리드먼은 약한 이들에게 힘을 부여하는 이런 평등화를 두고 '세계가 평평해진다'고 할 테지만, 어쨌거나 오늘날 이런 경향은 포르노 업계를 넘어 세계에서 가장 역동적인 힘을 보여주는 인터넷까지 뻗어가고 있다.[3] 인터넷은 권리를 빼앗긴 이들에게 목소리를 찾아주고 아주 거시적인 수준부터 미시적인 수준까지 이전에는 없던 기회를 창출했다. 일례로 인도는 인터넷을 활용하여 가난과 절망으로 점철된 10년의 시간을 지나 가장 중요한 세계경제 국가 중 하나로 변신했다. 차고와 지하실에서 시작한 구글, 이베이, 아마존 같은 회사들은 인터넷을 이용해 말 그대로 우리의 손가락 끝에 세계 정보를 가져다주고, 집 밖에 나가지 않고도 세속적 필요를 모두 채울 수 있게 함으로써 우리의 생활방식을 근본적으로 바꿔놓았다. 개인적인 차원에서 보면, 패트릭 같은 포르노 스타든 그냥 평범한 십대든 개개인이 자기 회사나 블로그를 시작하고, 페이스북과 트위터 같은 소셜 네트워크를 통해 다른 이들과 관계를 맺고 소통하고 나눌 수 있게 힘을 불어넣었다. 이렇듯 인터넷은 전 세계 사람들에게 무한한 가능성의 새 지평을 열어주었다. 그러나 인터넷의 변화무쌍한 능력과 영향력은 이제 막 시작되었을 뿐이다.

또한 인터넷은 옛날 방식을 파괴한다. 우리는 일상에서 인터넷의 영향력을 목격하고 있다. 음반사에서 매출이 감소한다고 투덜대고, 할리우드는 저작권이 있는 비디오를 유포한다고 웹사이트들을 고소하고, 신문사는 폐업한다. 전통 산업들은 새로운 디지털 세계에서 옛날 방식은 더 이상 통하지 않는다는 사실을 뼈저리게 깨닫는 중이다.

이는 포르노 산업도 마찬가지다. 이제 컴퓨터와 웹캠, 고속 인터넷만 있으면 누구나 포르노 제작자가 될 수 있다. 패트릭 같은 대형 스타 중심으로 돌아가던 예전 시스템이 공격을 받고 있다. 소비자 입장에서 보면 포르노 산업은 주류 매체와 똑같은 문제에 봉착해 있다. 디지털화된 포르노 콘텐츠가 공짜로 유포되는 일이 점점 더 많아지고 있다. 인터넷 포르노의 파도가 꼭대기까지 차오르자 패트릭은 자신을 스타로 만들어준 이 시스템이 양끝에서 압박을 받고 있다고 느꼈다. 패트릭은 이렇게 말했다. "새로운 포르노 스타가 다

시 나올 수 있을지 모르겠어요. 시장이 포화 상태인데다가 여자들은 너무 많지만 정말 눈에 띄는 인물은 없거든요. 당신이 인터넷에 접속할 수 있고 공짜로 포르노를 다운받을 수 있다면, 누군가의 열렬한 팬이 아닌 이상 돈을 내야 하는 웹사이트를 굳이 방문하고 싶겠어요?"

오늘도 유튜브 동영상을 시청하고 트위터에 글을 올리고 페이스북에서 사진을 공유하는 이 세계적인 네트워크가 사실은 미국 국방부에서 만들었고 포르노 산업에 안성맞춤이라는 걸 아는 사용자는 거의 없다. 그러나 이미 포르노 산업은 인터넷이 지금 이 모습으로 발달하도록 그때 발 벗고 나서는 게 아니었는데, 하고 후회하기 시작했다.

무언가에 미쳐 있는 사람들

인터넷은 소련에 대한 대응으로 고등연구계획국^{ARPA}이 시작한 아이젠하워 대통령의 또 다른 비밀 무기였다. NASA와 마찬가지로 ARPA는 1958년에 소련의 스푸트니크호 발사에 대한 직접적인 반응으로 결성되었다. ARPA는 민간에서 운영하는 기관으로, 모든 선진 군사 연구를 감독하고 미국이 다시는 기술로 제압당하지 않기 위해 만들었다. 초대 국장으로 제너럴 일렉트릭 부회장 로이 존슨^{Roy Johnson}을 임명하고, 연간 예산 1억 5000만 달러를 책정했다. 존슨은 세계 정찰위성, 우주방어 요격기, 전략적 궤도무기 체계, 정지 통신위성, 유인 우주정거장, 달 기지에 이르는 야심 찬 계획을 세웠다.[4]

1972년에 'Defense'의 'D'를 더해 방위고등연구계획국DARPA으로 이름을 바꾼 이 기관은 전통적인 연구 그룹과는 다르게 조직되었다. 규모도 작았고 권력이 분산되어 있었다. 그나마 몇 안 되는 프로그램 관리자는 세계 곳곳에 흩어져 있었다. 2009년 DARPA 국장직에서 물러난 토니 테더Tony Tether는 "프로그램 관리자들은 DARPA에서 일하지 않는다. 그들이 DARPA다"라고 이야기하길 좋아했다.[5] 자기 분야 최고의 과학자 혹은 엔지니어인 프로그램 관리자들은 보통 4년에서 6년간 그들을 필요로 하는 곳에서 일했다. 자기들이 원래 사는 곳에서 일하기도 하고 세계 곳곳을 옮겨 다니기도 했다. 이 때문에 어떤 이들은 DARPA의 특징을 "여행사 직원 한 명으로 연결된 백 명의 천재"라고 묘사했다.[6]

초창기 ARPA의 임무는 탄도미사일 중심으로 진행되었다. 우주탐험을 위해 기술을 개발하고 다른 국가의 핵실험을 탐지하는 일을 했다. 1960년대 후반에는 아폴로 계획을 위해 개발한 새턴 로켓, 코로나 위성 등 이 부문에서 이뤄진 연구 작업이 대부분 무르익어서 NASA와 군 및 정보기관의 관련 부서로 이관되었다. ARPA의 우선순위는 아직 밝혀지지 않았거나 위험한 기술, 즉 국장들이 '초고공Far Side'이라 부르곤 했던 기술에 투자하는 쪽으로 바뀌었다. 오늘날 많은 이들이 '인터넷의 아버지'라고 숭배하는 빈트 서프는 DARPA가 야심 차게 진행하던 통신망 프로젝트 책임자로 1976년에 합류했다. 이 젊은 엔지니어는 당시 스탠퍼드 대학 조교수였지만, 전 세계를 하나로 잇는 통신망을 만드는 데 더 열중했다. 당시에는 그저 꿈에 불과했던 발상이었다. 그런 의미에서 빈트 서프는 DARPA에 딱 맞는 사람이었다. "DARPA는 머리가 이상해질 정도로 어떤 생각에 골몰해 있는 사람, 뭔가 일을 벌이고 싶어 하는 사람을 고용했다"고 그는 말한다.[7]

서프는 내가 인터뷰하고 싶어 하는 부류이다. 구글 '수석 인터넷 전도사'라는 별명과 달리 설교조로 이야기하는 법이 없고 늘 솔직하다.[8] 게다가 유머 감각까지 갖추고 있다. 이 점이 정말 마음에 든다. 2007년, 서프는 캐나다에 있는 워털루 대학교에서 컴퓨터공학과 학생들에게 강의하는 동안 디셔츠를 입고 찍은 슬라이드 사진을 보여주었는데, 티셔츠에는 이렇게 쓰여 있었다. "모든 것에 대한 IP^{IP on everything}." 강의실에 모인 컴퓨터 괴짜들 사이에서 한바탕 웃음이 터질 만큼 재치 넘치는 말이었다.

서프는 요즘 계속해서 인터넷을 무료로 개방하도록 워싱턴에 있는 정부 관료들에게 로비를 하며 거의 모든 시간을 보낸다. 워싱턴에 있는 구글 지사는 다른 지사에 비해 훨씬 더 진지해 보인다. 건물에 원색도 덜 쓰고 구글을 유명하게 해준 유치원 분위기도 덜하다. 트레이드 마크인 스리피스 슈트를 잘 차려입고 흠잡을 데 없는 성품과 태도로 사람을 대하는 서프는 정치인들을 만나 구글의 입장을 전하는 이 일에 제격이다. 서프는 인터뷰 내내 언제나처럼 겸손했다. 인터넷을 만든 일등 공신이라고 우쭐대는 법이 없었다. 인터넷의 선조 격인 아르파넷은 세 사람의 생각이 한 지점에서 합류하여 만들어졌다. 1960년대 초반, 랜드 연구소^{RAND Corporation}에서 일하던 엔지니어 폴 배런Paul Baran은 "상상도 할 수 없는 일을 상상하느라" 정신이 팔려 있었다. 바로 핵 공격에도 견딜 수 있는 통신망을 만드는 일이었다. 배런은 각 메시지의 소속 주소를 읽고 연이어 네트워크상의 다음 접속점으로 보내는 핫포테이토 라우팅hot-potato routing에 기반을 둔 지휘 통제 시스템을 생각해냈다. 리던던시redundancy라 불리는 이 시스템을 사용하면 전화 통화가 A지점에서 B지점으로 바로 향하지 않고 A지점에서 B, C, D, E 등 각기 다른 여러 접속점에 전송되고 각 접속점에 저장된다. 따라서 핵 공격을 받아 몇몇 접속점이 망가지더라도 남아 있는 다른 접속점을 통해 통신을 계속할 수 있다. AT&T 같은 전화 회사들은 그런 통신망을 만들려면 돈이 많이 든다는 걸 알고는 통신에 대해 아무것도 모른다며 배런을 비웃었다.

두 번째 인물은 MIT 컴퓨터 공학자로 1960년에 ARPA 정보처리 기술국 국장으로 임명된 J. C. R. 리클라이더J. C. R. Licklider다. 친구들 사이에서 '릭'이라는 애칭으로 불리던 리클라이더는 사람들이 컴퓨터를 사용하는 심리에 관심이 많았다. 1960년대 내내 리클라이더는 인터걸랙틱 컴퓨터 네트워크Intergalactic Computer Network라는 개념을 개발했다. 지금 우리가 인터넷으로 하는 모든 일을 예견한 개념이었다. 메인프레임컴퓨터 1대가 아주 효율적이라면, 컴퓨터 2대로 공동 작업을 하면 그보다 더 효율적일 것이고 계산 능력이 추가될수록 더욱 효율적일 것이라고 생각했다. 그렇지만 리클라이더는 MIT 관료들을 설득하는 데 애를 먹었다. 관료들은 컴퓨터끼리 연결하는

데 돈을 쓰기보다는 컴퓨터를 사는 데 투자하려 했다.

세 번째는 영국 국립물리학연구소에서 일하면서 '패킷 교환'이라는 개념을 생각해낸 월시^{Welsh}의 컴퓨터 공학자 도널드 데이비스 Donald Davies다. 패킷에 들어 있는 비음성 데이터를 분산된 전산망으로 전송하는 것만 빼면 배런이 생각해낸 것과 거의 비슷한 개념이었다. 데이비스는 자신의 연구실에 작은 전산망을 만들긴 했는데, 이 전산망을 대규모로 구축하는 데 필요한 돈을 구하지 못했다.

이들은 1967년 테네시 주에서 열린 한 시스템공학총회에서 만났다. 기록을 비교 분석해보면 공통된 신념이 발견된다. 그들이 그 사실을 깨닫기 전에 리클라이더의 MIT 동료 래리 로버츠^{Larry Roberts} 교수가 ARPA의 새로운 패킷 교환 음성 및 데이터 망 개발 책임자로 발탁되었다. 계획이 세워지고 ARPA로부터 2~3백만 달러에 달하는 예산을 승인받자 매사추세츠 주에 있는 기술회사 볼트 베라넥 앤드 뉴먼^{Bolt, Beranek and Newman, BBN}과 계약을 맺고 통신망 구축에 들어갔다. 통신망으로 연결할 최초의 두 접속점은 서프가 근무하고 있던 UCLA와 스탠퍼드 대학으로 정했다. 1969년 11월 21일, 아르파넷 최초의 고유 링크가 설정되었다. 그러나 첫 번째 통신은 제대로 이뤄지지 않았다. UCLA에서 스탠퍼드에 'login'이라는 단어를 보냈는데, 알파벳 'l'과 'o' 자밖에 들어오지 않았다. 시스템이 충돌한 것이다. 그런데도 1944년 시카고에 있던 최초의 원자로에서 짧은 순간 일어났던 핵분열과 흡사한 그 찰나에 역사가 만들어졌다. 많은 컴퓨터 공학자들이 힘을 합쳐 프로젝트를 진행하고 있었기에 국방을 위해 통신망을 구축하는 것보다는 계산 능력에 새로운 효율성을 창출하는 게 먼저였다. 서프는 이렇게 말했다. "지휘 통제 시스템의 분위기가 나긴 했지만, 시스템 자원을 공유하는 것과 일맥상통하는 작업이었습니다. 모든 사람을 위해 계속 새 컴퓨터를 살 수는 없었으니까요."

처분 경매

아르파넷에 더 많은 접속점이 추가되면서 『플레이보이』 모델 사진 같은 더 많은 데이터가 아르파넷으로 전송되었고 새로운 문제가 불거졌다. 1970년대 초반, 미국 전역에서 사용하던 메인프레임컴퓨터는 모두 각기 다른 회사에서 만든데다 다른 소프트웨어로 운영했다. 예를 들어 IBM이 만든 컴퓨터는 IBM 컴퓨터하고만 연결이 되었다. 개인용 컴퓨터가 유행하고 애플과 마이크로소프트 같은 회사가 표준 운영체제를 만드는 일에 관심을 보이려면 아직도 10년은 더 있어야 했다. 처음 고안한 사람들이 원하는 대로 아르파넷을 정말로 보편적인 통신망으로 확장할 생각이 있다면, 통신망을 운영할 공통의 언어가 필요했다. 바로 이 지점에서 서프가 아르파넷에 합류했다. 1976년, DARPA에 임명을 받은 서프는 인터넷 프로토콜 스위트Internet Protocol Suite를 만들었다. 통신망에서 어떻게 정보를 주고받을지를 정하는 프로토콜을 모아놓은 것이다. 상업용 컴퓨터 제조업자들과 통신망 장비 제작자들이 DARPA에서 만든 프로토콜을 받아들이게 하기 위해 서프와 DARPA가 할 수 있는 일은 한 가지뿐이었다. 프로토콜을 무료로 이용할 수 있게 하는 것이었다. "어떤 식으로든 프로토콜에 대한 접근을 제한하면, 우리가 만든 프로토콜을 국제 표준으로 만드는 게 불가능하다는 걸 알고 있었습니다. 더구나 냉전이 한창인지라 DARPA는 레이더를 피해 도망 다녔어요. 하지만 우리는 러시아인들이 우리가 만든 프로토콜을 사용하길 바랐죠. 그러면 이후 20년간 우리 프로토콜이 그들을 점령할 테니까요." 서프의 말이다.

아르파넷은 곧 이익을 내기 시작했다. DARPA는 통신망으로 연결된 컴퓨터를 사용하면 그만큼 컴퓨터를 여러 대 구비할 필요가 없어진다는 걸 깨달았다. 당연히 메인프레임컴퓨터를 구입하는 비용도 30퍼센트나 줄었다.[9] 기술 발명이 이뤄지는 곳에서는 흔하게 나타나는 의도하지 않은 결과의 법칙이 여기서도 고개를 들었다. 과학자들은 이 통신망이 전자 문자메시지를 보내는 데도 제격이라는 걸 알아냈다. 신기술이 처음 실용적인 용도로 쓰일 때 자주 사용하는 용어인 '킬러 어플리케이션killer application'을 발견한 것이다. 그게 바로 이메일이었다.

연구를 거의 끝마친 서프는 1982년에 DARPA를 떠나 통신 회사 MCI로 자리를 옮겼다. 그리고 여기에서 최초의 상업용 이메일 시스템을 만들었다. 1983년, 미군은 가동중인 접속점 113개를 가지고 아르파넷에서 밀넷MILnet을 분리했다. 남아 있는 아르파넷 접속점은 학술적인 용도로 구축된 새로운 국립과학재단 통신망NSFnet으로 전환했다. 아마도 요즘 사람들은 이름 때문에 부도수표NSF cheque를 잡아내는 데 쓰는 무언가를 떠올릴지도 모르겠다. 규제기관에서 서프가 만든 MCI 이메일 시스템을 허용하고 국립과학재단 통신망에 이 시스템을 연결한 1988년에 드디어 퍼즐의 마지막 조각이 맞춰졌다. 1989년 여름에 MCI 링크가 만들어졌고, 그리하여 상업용 인터넷이 탄생했다.

초기 인터넷은 거의 다 텍스트였다. 그러나 이런 초기 단계에도 포르노는 있었다. 1995년, 텍스트 위주의 유즈넷^{Usenet}에 올라온 내용은 섹스와 포르노가 대부분이었다. 가장 인기 있는 게시판 10개 중 4개는 알트닷섹스^{alt.sex} 같은 대화방이었다. 약 185만 명에 이르는 독자를 유인했다.[10] 성인 사업은 유유엔코드^{UUENCODE}를 개발하는 데도 일조했다. 유즈넷에 올라온 텍스트 코드를 그림으로 바꿔주는 도구로 대개는 잡지나 전화방 광고가 붙어 있었다.[11]

그러나 이 인터넷은 월드 와이드 웹이라는 형태로 반짝이는 페인트칠을 새로 하기 전까지는 별로 인기를 끌지 못했다. 텍스트도 나쁘진 않았지만 그게 다였다. 사실 사람들은 컴퓨터로 무언가를 보고 싶어 했다. 특히 포르노 같은 것 말이다. 이 작업은 제네바에 있는 유럽원자핵공동연구소^{CERN}에서 일하던 영국 출신의 MIT 교수 팀 버너스리^{Tim Berners-Lee}가 시작했다. 1980년대 후반, 버너스리는 HTML이라는 코드를 만들었다. HTML을 이용하면 한 페이지에 텍스트와 전자 이미지를 동시에 넣을 수 있고 페이지 간에 서로 링크를 걸 수도 있었다. 1991년 8월 6일, CERN이 연구소 페이지를 올렸다. 버너스리가 월드 와이드 웹이라 부른 것에 올라온 최초의 스레드^{thread}였다. 이 페이지에는 HTML 코드로 볼 수 있는 브라우저를 만드는 법을 알려주는 링크가 들어 있었다. 일리노이 대학교에 있는 전미슈퍼컴퓨터응용연구소^{NCSA}에서 일하던 프로그래머 마크 앤드리슨^{Marc Andreessen}과 에릭 비나^{Eric Bina}가 이 전보를 활용해 모자이크라는 웹 브라우저를 만들었다. 1993년에는 일반 대중도 무료로 이 웹 브라우저를 사용할 수 있었다.

모자이크는 텍스트와 그래픽, 링크를 사용하기 쉬운 인터페이스로 균일하게 통합한 최초의 브라우저였다. 나중에 모자이크는 넷스케이프^{Netscape}로 바뀌었다. 모자이크는 대학생들이 학교를 졸업하고 사회로 나가는 때에 딱 맞춰 출시되었다. 서프가 말한 대로 "사람들은 대학을 떠난 뒤 이렇게 이야기했다. '내 인터넷은 어디 갔지? 대체 어디서 접속해야 하지?'" 인터넷과 웹이 날아오를 무대가 준비되었다. 사람들이 기다리던 포르노를 위해 준비된 무대이기도 했다. 버너스리는 이 사실을 잘 알고 있었다. 버너스리는 모자이크를 만들고 몇 년 뒤에 이렇게 말했다. "모든 도구가 좋게도 쓰일 수 있고 나쁘게도 쓰일 수 있다는 걸 인정해야 합니다. 어떤 신기술이든 처음에는 모두 섹스나 포르노와 관련이 있는 무인가에 쓰인다는 이야기가 있죠. 그게 인간인 것 같아요."[12]

포르노를 위한 놀이터

1994년 8월, 플레이보이 사는 웹사이트를 개설함으로써 웹을 받아들인 최초의 대기업 중 하나가 되었다. 경영진은 『플레이보이』가 웹사이트가 있는 최초의 미국 잡지였다고 말한다.[13] 웹사이트를 만든 이유는 꽤 단순했다. 포르노는 상당히 시각적인 매체이고, 웹은 포르노와 성 관련 서비스를 파는 데 가장 큰 걸림돌을 없애주었다. 들킬까봐 가슴 조이고 창피해할 필요가 없어진 것이다.[14] 사람들이 누드 사진이 모여 있는 웹사이트에 달려든 건 당연했다. 1995년 3월, 『펜트하우스』에서 웹사이트를 개설하자마자 첫날 방문자 수가 80만 2000명에 달했다. 1997년에는 『플레이보이』홈페이지 일간 방문자 수가 500만 명을 넘어서면서 세계에서 가장 인기 있는 웹사이트 반열에 올랐다.[15]

그러나 성공이 빠른 만큼 시작부터 저작권 침해 문제로 골치를 앓아야 했다. 저작권 침해 문제는 인터넷이 시작되면서부터 지금까지 고질병으로 지적되어왔다. 물론 웹사이트가 생기기 전에도 진취적인 컴퓨터 프로그래머들은 유즈넷에 전송하기 위해 『플레이보이』와 『펜트하우스』에 실린 사진을 디지털로 만들었다(알다시피 화상처리 연구자들은 레나 사진을 다운받았다). 그런데 웹이 이런 불법 복제를 훨씬 수월하게 만들어주었다. 이제 누구나 『플레이보이』와 『펜트하우스』웹사이트에서 사진을 복사해서 똑같은 웹사이트를 직접 개설할 수 있었다. 끊임없이 기술을 쇄신하고 법적 규제를 강화하는 것 외에는 다른 해결책이 없었다. 1997년, 『플레이보이』는 사진에 디지털 워터마크를 삽입하는 기술을 도입했다. 육안으로는 보이지 않지만, 디지털 워터마크를 찾아 웹을 기어 다니는 '스파이더' 도구를 이용하면 쉽게 판별할 수 있었다. 한 잡지 관계자는 이렇게

말했다. "이 벌레는 아주 매력적입니다. 이제 우리는 누가 우리 저작물을 가지고 언제 어디서 무엇을 하는지 파악할 수 있습니다."[16]
요즘에는 콘텐츠를 만들어 웹에 올리는 대다수 업체들이 이 기술을 저 나름대로 활용하고 있다. 1998년, 플레이보이 사는 『플레이보이』 사진을 유즈넷에서 장당 5달러에 판매한 캘리포니아 기업을 상대로 소송을 제기해 370만 달러를 배상받았다.[17] 음악 및 영화 업계에서 저작권 침해자들을 상대로 대형 소송을 제기하기 전에 이룬 쾌거였다. 갑자기 플레이보이는 자사에서 만든 포르노물을 배포했다는 이유로 누군가를 고소하는 특이한 입장에 놓였다.

하지만 이제 시작이었다. 그로부터 아주 오랫동안 포르노는 그런 일을 해왔다. 곧 수많은 포르노 기업이 온라인 동영상을 개발하는 쪽으로 눈을 돌렸다. 유튜브가 나오기 10년 전에 파이썬비디오닷컴 Pythonvideo.com은 암스테르담 홍등가에 있는 수많은 성인 극장과 계약을 맺고 동영상을 실시간으로 내보내는 서비스를 선보였다. 1995년에 시작한 이 웹사이트는 초기 동영상 압축 기술과 느려터진 인터넷 속도 때문에 한계가 많았다. 화면이 작고 뚝뚝 끊어졌다. 그런데도 불구하고 엄청난 성공을 거뒀다. 원래는 성인 극장에 관광객을 끌어들일 목적으로 시작했는데, 2001년에는 웹사이트 3000곳에 동영상 콘텐츠를 실시간으로 내보내는 서비스 업체로 성장했다.

버추얼 드림스 Virtual Dreams를 비롯한 다른 회사들은 파이썬에서 아이디어를 얻어 쌍방향 화상회의 방식의 스트립쇼를 도입했다. 사이트 방문객들은 화면을 보고 스트립쇼를 할 남자나 여자를 고를 수 있었다. 선견지명이 있었던 버추얼 드림스 소유주들은 쌍방향 화상회의 기술이 "의학적으로나 교육적으로 유익할 뿐 아니라 무엇보다 상업 거래에 유익할 것"이라고 내다보았다.[18] 물론 이제 화상채팅은 애플, 구글, 스카이프Skype, 마이크로소프트, 야후 같은 회사들이 기본으로 제공하는 서비스다. 심지어 몇 년 뒤에는 버거킹도 화상채팅을 접목해 '복종하는 닭'이라는 우스꽝스러운 웹사이트를 만들었다. 이 사이트에서는 닭 복장을 한 남자가 방문객들이 입력하는 명령어에 따라 움직인다.

21세기에 접어들면서 로스앤젤레스에 있는 위키드 픽처스Wicked Pictures를 포함하여 여러 포르노 제작업체가 더 빨라진 인터넷 속도를 이용해 H.264 코덱같이 데이터 압축률이 높은 영상표준을 채택했다. MPEG-4로도 알려진 H.264 코덱은 요즘 온라인 동영상에서 폭넓게 사용하는 압축 표준이다. "우리는 주류 영화사처럼 영화 한 편을 만들어 수백만 개씩 팔 수 있는 게 아니거든요. 그래서 제품을 배달할 새로운 통로를 모색해야 합니다." 위키드 픽처스 창업자 스티브 오렌스테인Steve Orenstein의 말이다. "고화질 스트리밍 서비스를 위해 일찌감치 H.264를 기본 코덱으로 받아들였어요. 저장해둔 파일이든 실시간 재생이든 상관없이 H.264를 표준 코덱으로 삼았죠."[19]

주류 산업계에서도 포르노 업계에서 진행되는 이런 기술혁신을 간과하지 않았다. 그들도 조용히 신기술을 제 몸에 맞게 적용해나갔다. 한 회사 임원은 자기가 일했던 다국적 은행에서 어떻게 포르노 기술을 활용해 고객들에게 투자자문을 했는지 이야기해주었다.[20]

2003년에 이 은행은 매일 아침 투자 정보를 담은 동영상을 여러 사람에게 동시에 보낼 방법을 찾고 있었다. 하지만 그런 서비스를 맡아줄 만한 업체가 하나도 없었고, 은행 IT 연구팀은 난관에 봉착했다. "그때 우리는 이런 말을 했죠. '잠깐만, 인터넷을 통한 화상채팅은 포르노 업계에서 오랫동안 해왔잖아.'"

IT 연구팀은 직원 한 사람을 뽑아서 여러 포르노 사이트에 가입시켜 기술을 염탐하려 했다. 하지만 인사부에서 강하게 반대했다. 당연한 일이었다. 그래서 할 수 없이 하급 직원 한 사람에게 신용카드를 쥐여주고 집에 보냈다. 조사를 진행하는 동안 먹을 음식을 잔뜩 사들고 집에 처박혀서 포르노 회사들이 동영상을 방송하는 방법을 알아내는 게 임무였다. 그 직원은 몇 주 뒤 완벽한 비디오 시스템을 가지고 돌아왔다. "다이렉트 아날로그였습니다. 다 똑같은 방식과 똑같은 기술을 쓰고 있었습니다." 내게 이야기를 전해준 그는 이렇게 덧붙였다. "윗사람들은 관심이 없었어요. 완전히 도박이었으니까요. 그냥 허허 웃곤 했습니다. 의견이 분분했어요."

포르노 회사들은 사업 특성상 해커들의 주요 목표물이 되곤 했기에 보안 장치를 개발하는 데에도 힘을 쏟았다. 그런데 주류 산업체에서는 이들이 개발한 보안 장치도 가져다 썼다. "성인 엔터테인먼트를 바라보는 사회의 시선과 이 사업에 흘러드는 돈 때문에 해커들이 모여들곤 하지." 인기 있는 동영상 다운로드 사이트 트위스티스닷컴을 운영하는 폴 브누아의 말이다. "성인 엔터테인먼트 회사들은 해킹을 당해도 미국 FBI나 캐나다 왕립 기마경찰대^{RCMP}에 도움을 청하지 않아. 사업 성격상 은행 업무나 서적 판매와 똑같은 대우를 기대하기 어려우니까."[21]

성인 웹사이트들도 주류 웹사이트와 마찬가지로 서비스 거부 공격이나 웜 또는 바이러스 문제에 대처해야 하지만, 이외에도 해커들이 웹사이트에 침입해 콘텐츠를 빼가지 못하게 막아야 한다. 원래 성인 콘텐츠는 유료 회원들에게만 개방하는 게 상례다. "허가를 받은 유료 고객만 회원 전용 페이지에 접근할 수 있게 보안을 철저히 해야 합니다. 패스워드를 공유하지 못하게 막고, 가능한 모든 문자 조합을 동원해 패스워드를 풀려는 무차별 공격을 막고, 프록시 서버를 악용하지 못하게 해야 합니다." 핑크 비주얼을 포함해 수많은 성인 웹사이트의 전체 시스템을 관리하는 잭 다울런드Jack Dowland의 말이다. "사람들은 모두 공짜를 좋아합니다. 원래 공짜인 것뿐 아니라 돈을 내야 얻을 수 있는 것을 공짜로 손에 넣고 싶어 하죠. 기술을 동원해 이런 문제에 적절히 대응하지 않으면, 웹사이트는 금세 잠재적인 크래커cracker(다른 사람의 컴퓨터시스템에 무단으로 침입하여 정보를 훔치거나 프로그램을 훼손하는 등의 불법행위를 하는 사람. 정보의 공유를 주장하는 고도의 컴퓨터 전문가로서 컴퓨터프로그램 발전에 기여하는 해커와 달리 악의적인 범죄의 수단으로 해킹 기술을 이용한다는 차이가 있다—옮긴이)들의 놀이터가 되고 맙니다."[22]

이와 같이 포르노 사이트들은 시간이 남아돌아 주체를 못하는 열다섯 살짜리 컴퓨터광들의 목표물이 되어왔다. 이 때문에 플레이보이가 워터마크 소프트웨어를 개발한 것처럼, 포르노 사이트들은 자사 콘텐츠와 고객들의 개인정보를 보호하기 위해 일찍부터 많은 투자를 해야 했다. 성인 콘텐츠를 생산하는 것 못지않게 보안이 중요했다. 이런 까닭에 포르노 사이트 웹마스터들은 새로운 IT 인재를 찾는 주류 회사들로부터 열렬한 환영을 받는다. 포르노 스타들과 함께 일했다는 경력이 클린트 이스트우드나 메릴 스트립 같은 배우들과 함께 호흡을 맞춘 것만큼 영예롭진 않아도 웹마스터들의 경우는 이야기가 달라진다. 그렇다고 포르노 사이트 웹마스터들이 담장을 넘고 싶어 한다는 얘기는 아니다. 사실 포르노 회사가 규모는 작아도 보수도 더 많고 훨씬 자유롭다. 트위스티스 최고운영책임자 폴 브누아에 따르면, 포르노 산업에서 일한다는 건 "우리가 상상할 수 있는 건 뭐든" 한다는 뜻이다.

이처럼 에로영화를 만드는 회사들이 웹개발에 이바지한 바는 크다. 그런데 불행하게도 이들은 성에 대한 인간의 욕망을 더 어둡고 섬뜩하게 만드는 데도 일조했다. 다양한 멀티미디어 어플리케이션을 개발할 수 있게 해주는 프로그래밍 언어 자바 Java가 대표적인 예다. 패트릭 노턴 Patrick Naughton은 1990년대 중반 자바를 개발한 선 마이크로시스템즈에서 근무했다. 1999년, 노턴은 로스앤젤레스 산타모니카 피어에서 FBI의 함정수사에 걸려들었다. 원래는 인터넷에서 알게 된 열세 살짜리 소녀와 은밀히 만나기로 되어 있었다. 당시 디즈니의 인터넷 콘텐츠를 감독하던 노턴은 미성년자와 성관계를 갖기 위해 주 경계를 넘은 죄로 유죄를 선고받았다. 하지만 FBI가 인터넷을 통해 활동하는 소아성애자를 체포할 수 있게 협력하는 조건

으로 실형을 면했다.[23]

한편, 자바는 브라우저용 어플리케이션을 만드는 데 많은 도움이 되었다. 자바를 이용하면 게임부터 실시간 채팅 기능, 웹상에서 일기정보를 그래픽으로 제공하는 대화형 기상도까지 모든 어플리케이션을 손쉽게 만들 수 있었다. 더욱이 많은 기업에서 사용하는 방화벽을 어떻게 뚫을지 걱정하지 않고 새로운 기능을 추가할 수도 있었다. 기업에서는 직원들이 회사 컴퓨터에 추가 소프트웨어를 다운받지 못하게 하려고 방화벽을 사용하곤 했다. 자바는 트래픽(웹사이트에 방문하는 사람들이 데이터를 주고받은 양—옮긴이)의 70퍼센트 정도가 주중 근무시간에 몰리는 포르노 산업에도 아주 요긴했다.[24] IT 업계 관계자들은 노턴이 기업 방화벽을 통과할 수 있는 통신 도구를 만드는 일에 그렇게 관심을 보인 이유를 일찌감치 짐작하고 있었다.

돈이 되는 사업

어쨌든 포르노 사업도 하나의 사업이다. 돈이 되지 않았다면 기술혁신도 없었을 것이다. 성인 엔터테인먼트 회사들은 다양한 결제 방식을 발 빠르게 개발했다. 그중에는 썩 괜찮은 것도 있었고 별로인 것도 있었다. 포르노 제작자들은 일찍이 폰섹스에 신용카드 자동 결제 방식을 도입했다. 이외에도 신용카드 없이 온라인에서 상품 값을 지불할 수 있게 해주는 이-골드e-gold나 옴니페이OmniPay 같은 전자화폐 개발에도 투자를 아끼지 않았다. 그런데 온라인 카지

노에서 이들 전자화폐를 주요 결제 수단으로 활용하면서 평판이 나빠졌다. 대부분의 북미 지역에서는 이-골드나 옴니페이를 전통 금융 거래에 사용하지 못한다(그런데도 이들 전자화폐는 이베이에서 쓰는 페이팔처럼 평판이 좋은 결제 방식을 개발하는 데 도움이 되었다). 가장 수상한 결제 유형 중에는 고객에게 특정 소프트웨어를 다운받아 설치하게 하는 경우도 있었다. 연방통상위원회가 조사한 바에 따르면, 이들은 이 소프트웨어로 몰도바에 있는 한 인터넷 서비스 공급업체에 연결한 다음 고객 모르게 엄청난 장거리 전화 요금을 갈취했다. 고객들은 전화 요금 고지서를 받고서야 신용사기를 당했다는 걸 알았다.[25]

물론 좋은 쪽으로도 기여했다. 포르노 회사들은 한 웹사이트를 다른 웹사이트에 광고하는 제휴 시스템도 개척했다. 방문자가 Y사이트에 있는 링크를 따라가면 X사이트에 연결되고, X사이트는 Y사이트에 소개료를 지불하는 방식이다. 아마존과 이베이 같은 주류 기업들이 이런 혁신 기술을 끌어다 썼다. 또한 이 기술은 구글이 사용하는 문맥 기반 광고 시스템의 토대가 되었다. 여러분이 구글에 질문을 입력하면, 수많은 문맥 광고가 검색창 오른쪽에 뜬다. 그중 하나라도 클릭하면 해당 기업은 구글에 소개료를 지불하게 되어 있다. 이 광고 시스템 덕분에 구글은 불과 10년 만에 지금처럼 엄청난 수익을 올리는 대기업이 되었다.

어떤 결제 방식을 쓰든 인터넷에 포르노를 올리는 일은 돈을 찍어내는 것이나 다름없었다. 물론 그건 지금도 마찬가지다. 포르노 제작자 대부분이 수익을 보고해야 하는 대규모 주식공개 기업이 아니라서 정확한 수치를 측정하기는 어렵지만, 사이트 방문객들이 다운받는 데이터양도 엄청나고 수익도 엄청나다. 분석가들이 추정한 금액은 너무 어마어마해서 믿기 어려울 정도다. 웹 초창기에 성 관련 제품은 전체 온라인 소매 시장의 10퍼센트에서 30퍼센트 정도였다.[26] 21세기에 들어 월스트리트저널 The Wall Street Journal 같은 주류 콘텐츠 제공업체들은 온라인 구독자들에게 일 년에 59달러를 청구한다. 그런데 대니스 하드 드라이브 Danni's Hard Drive 같은 성인 사이트들은 한 달에 25달러를 청구하고도 장사가 된다. 1999년에 사람들이 온라인 콘텐츠에 약 20억 달러를 지출했는데, 그중 절반이 넘는 액수가 포르노였던 이유가 충분히 설명이 된다.[27] 성과 관련 없는 웹사이트 중 가장 높은 수익을 올리는 온라인 도박 사이트가 2000년 한 해 동안 벌어들인 돈은 1억 5000만 달러에 불과했다. 성인 사이트가 벌어들인 17억 달러에 비하면 보잘것없는 액수다.[28] 주류 기업들도 포르노 사이트에 몰리는 엄청난 트래픽 덕분에 소리 소문 없이 이득을 봤다. 2001년 3월, 야후와 MSN에 접속한 8100만 명 중 3000만 명이 이들 사이트를 거쳐 성인 사이트에 접속했다.[29] 같은 시기에 독일과 이탈리아 전체 웹 트래픽의 약 40퍼센트가 결국 포르노 사이트로 향했다. 다른 유럽 국가에서도 비슷한 수치가 나왔다.[30] 웹 트래픽은 포털 사이트들이 광고 지면을 팔 수 있게 도와주었다.

느려터진 전화 접속을 통해 인터넷을 이용하던 고객들이 훨씬 비

싼 초고속 광대역 서비스로 전환하면서 인터넷 서비스 공급업체들도 돈을 챙겼다. 미국에서 AT&T 사의 초고속 인터넷을 사용하는 고객의 20퍼센트 정도가 온라인으로 포르노를 시청하기 위해 돈을 지불했다. 유럽에서는 초고속 인터넷 가입자가 2002년에 136퍼센트나 증가했다. 사람들이 초고속 광대역 서비스로 갈아탄 주요 원인은 음악 파일 공유 서비스와 성인 콘텐츠 때문인 것으로 확인되었다.[31] 당시 한 분석가는 이렇게 말했다. "성인 콘텐츠는 확실히 가입자 서비스 방식을 택한다. 이미 수익성이 입증되었기 때문이다."[32] 온라인 포르노의 수익은 2000년대 중반끼지 꾸준히 증가했다. 특히 미국에서 증가세가 두드러졌다. 2006년도 포르노 전체 매출인 50억 달러 중 30억 달러 정도를 미국 제작자들이 벌어들였다.[33] 2009년에는 전체 검색어의 25퍼센트가 성인 콘텐츠였고, 전체 웹사이트의 3분의 1이 포르노 사이트였다. 하루 조회 수가 6800만에 이르고, 1초에 2만 8000명이 포르노물을 보았다.[34] 요즘에는 매초마다 89달러를 포르노에 쓰고 있다.[35] 에누리해서 들어도 입이 다물어지지 않는 수치다.

좋은 것도 한두 번이지

그러나 이렇게 돈을 찍어내는 포르노 사업이 지금 공격을 받고 있다. 최근 『이-커머스 저널E-commerce Journal』이 발표한 바에 따르면, 온라인 포르노 시장은 20억 달러에서 더 이상 늘지 않고 있다. 이 금액은 이미 2000년대 초반에 기록했던 수치다.[36] 성인 DVD 판매 및 대여도 15퍼센트나 감소했다. 역사상 처음 있는 일이다. 불경기에도 끄떡없다고 여겼던 성인 엔터테인먼트 사업의 수익이 줄고 있다. 포르노 업계의 월스트리트저널로 통하는 어덜트 비디오 뉴스 Adult Video News는 수익 감소의 원인이 콘텐츠가 너무 많고 불법 복제가 성행한 탓이라고 보았다. 테라 패트릭이 염려했던 두 가지 요소와 일치한다. 2008년에 어덜트 비디오 뉴스 창업자 폴 피시바인 Paul Fishbein은 이렇게 말했다. "공급과 수요의 법칙이 뒤집어졌다. 우리는 올 한 해 1만 5000개를 새로 출시했다. 완전히 미친 짓이다. 둘째는 불법 복제물과 무료 콘텐츠가 인터넷에 넘쳐나는 탓이다. 음악 산업과 마찬가지로 성인물 제작자들도 이런 콘텐츠를 막을 방법을 찾느라 고심하고 있다."[37]

얄궂게도 제품 과잉은 인터넷 기술혁신이 불러온 결과다. 동영상을 전보다 싸고 쉽게 만들어 배포할 수 있게 되면서 이제는 인터넷을 사용하는 모든 사람이 비비드와 『허슬러』 같은 성인 엔터테인먼트 업체의 경쟁자가 되었다. 저작권 침해는 파일 공유와 무료 웹사이트라는 두 가지 형태로 이뤄지고 있다. 이미 주류 음악 및 영화 산업은 사용자들이 파일을 무료로 주고받을 수 있게 디렉토리를 제공하는 파이어럿 베이 Pirate Bay와 미니노바 Mininova 같은 웹사이트 때문에 피해를 입었다. 포르노 산업은 이보다 훨씬 더 큰 피해를 입을 수 있다. 위키드 픽처스의 스티브 오렌스테인이 말한 대로 포르노 산업은 라이브 공연이나 극장 수입처럼 기댈 수 있는 다른 수입원이 없기 때문이다. 사용자들이 섹스 동영상을 직접 올릴 수 있는 유포

른YouPorn, 레드튜브RedTube, 튜브8Tube8 등 유튜브 복제품들이 포르노의 옷을 입고 속속 등장하면서 상황은 더 악화되고 있다. 요즘에는 이런 사이트가 대형 포르노 업체에서 운영하는 사이트보다 트래픽이 훨씬 더 높고 사용 허가를 받은 콘텐츠도 가득하다. 화가 난 포르노 제작자들은 길길이 뛴다. "누군가 은행에 들어가 금고를 털려 하는 것과 같습니다. 같은 문제로 취급해야 해요. 내 생각에는 음반 산업이나 할리우드나 우리나 똑같은 문제에 직면해 있습니다. 똑같이 대응해야 해요." 디지털 플레이그라운드 회장 서맨사 루이스Samantha Lewis의 말이다. "이런 식으로 가다가는 우리 모두 망하고 말 겁니다."38

제작자들은 다양한 방식으로 앙갚음을 했다. 성공을 거둔 것도 있고 그렇지 못한 것도 있었다. 일단 불법 다운로드 사이트로부터 콘텐츠를 보호하는 일은 비교적 잘해냈다. 2008년, 워너브라더스 Warner Brothers는 자사 블록버스터 〈다크 나이트The Dark Knight〉를 극장 개봉 후 이틀간 불법 다운로드 사이트로부터 완벽하게 지켜냈다며 승리를 선언했다. 그런데 그 때문에 얼마 뒤에는 불법 다운로드가 더 쉬워졌다. 이에 대형 포르노 회사들은 자기들이 만든 포르노 영화들이 〈다크 나이트〉에 밀려 상대적으로 덜 공격을 받는다는 사실로 위안을 삼았다. 루이스는 할리우드에서 끈기 있게 불법 다운로드에 대응하지 않은 탓에 그런 결과가 나온 거라고 말한다. 일례로 디지털 플레이그라운드는 전담 직원 두 명을 고용해 불법 다운로드 사이트를 감시하고 저작권 침해 행위가 발견되면 즉각 대응하고 있다. "불법 복제물이 보이면 바로 이메일을 보냅니다. 그러면 30초 안에 해당 파일이 사이트에서 삭제됩니다. 그 사람들도 소송은 원치 않으니까요." 루이스는 이렇게 덧붙였다. "파일을 한 번 삭제한다고 해서 끝난 건 아니에요. 15분 내에 철자를 바꾸는 방식으로 교묘하게 속여서 파일을 다시 올리곤 합니다. 그러면 우리는 다시 이메일을 보냅니다. 이런 일이 한 번 더 반복되면, 이번에는 변호사가 편지를 보냅니다. 인내심을 갖고 끈기 있게 대응할 필요가 있습니다. 우리가 이 문제를 심각하게 보고 있다는 걸 당사자들도 알아야 하거든요."

저작권 침해를 막아 포르노 산업이 덩실덩실 춤을 추게 만들 궁극적인 해결책은 '혁신' 뿐이라고 보는 이들도 있다. 2009년에 수차례 신인여우상을 받고 포르노계의 스타로 떠오른 스토야는 소송과 복제 방지 기술이 음악과 영화 산업을 지켜내지 못한 것처럼 성인 엔터테인먼트 산업도 지켜내지 못하고 있다고 지적한다. 그러니 어쩌면 좀더 창의적으로 사고해야 할 때인지 모른다. "어차피 질 싸움을 계속할 필요가 있을까요? 다른 데로 눈을 돌려서 이길 수 있는 싸움을 해야죠. 새로운 사고를 할 필요가 있습니다. 그게 해결책이에요."

역시 제품이 너무 많은 것도 문제다. 다른 산업과 마찬가지로 똑같은 경제 법칙을 따라야 할 것이다. 통합이냐 확장이냐가 문제다. 수익이 계속해서 줄어든다면 몇몇 제작자들은 도산을 하거나 경쟁업체에 넘어가고 말 것이다. 확장을 택하자니 여전히 포르노를 엄중히 금하는 나라가 많다는 게 걸림돌이다. 그러나 이들 국가에 진출할 발판만 마련할 수 있다면 엄청난 수익을 거둘 수 있을 것이다. "포르노를 막는 중국의 만리장성도 언젠가는 무너질 날이 있을 겁니다." 혹시 모를 그날에 대비해 주변 아시아 국가에서 브랜드 구축 작업에 한창인 핑크 비주얼의 킴 카이자가 말했다. "빠르면 빠를수록 좋습니다. 앞으로는 중국이 가장 큰 시장이 될 겁니다."[39]

그러나 여전히 많은 이들은 걱정하고 있다. 『허슬러』 회장 마이클 클레인도 테라 패트릭의 말에 동의한다. 대형 포르노 제작업체들이 저작권 침해와 공급 과잉 문제를 해결하지 못하면, 결국 사업 방향을 완전히 바꾸는 수밖에 없다는 뜻이다. "앞으로는 제나 제임슨 Jenna Jameson이나 테라 패트릭 같은 대형 스타를 발굴하는 게 더 어려워질 겁니다."[40]

마지막 개척자

문제는 이런 파괴적인 힘이 바로 인터넷의 천성이라는 사실이다. 19/0년대에 빈트 서프와 DARPA가 인터넷을 만들 때 컴퓨터 사이의 접속을 관장하는 프로토콜을 무료로 배포하면서부터 시작된 일이다. 1990년대 초, 팀 버너스리가 HTML이라는 웹 브라우저 코드를 무료로 공개하면서 이런 특성은 더욱 강화되었다. 상업 인터넷과 웹을 형성하는 토대가 된 이 두 가지 행동은 지난 십 년간 미디어 사업의 방향을 뒤집어놓은 '공짜 문화'를 양산했다. 포르노든 주류 영화 산업이든 예외가 없었다. 공짜로 인터넷을 이용하는 기간이 길어질수록 특권 의식도 더 강해졌다. 아마 앞으로도 이런 경향은 계속될 것이다. 따라서 기업들은 새로운 시스템에 적응하는 법을 깨우치든지, 끊임없이 소송을 이어가면서 최대한 저작권법을 강화하는 수밖에 없다. 내 생각에는 이 두 가지가 복합적으로 이뤄질 것 같다. 콘텐츠 제작자들은 결국 새로운 패러다임 안에서 사업을 하고 돈을 버는 법을 이해할 것이고, 사용자들은 인터넷에 올라온 모든 게 무조건 공짜는 아니라는 사실을 받아들일 것이다.

물론 다른 가능성도 있다. 서프는 지금 로스앤젤레스에 있는 NASA 제트추진연구소JPL와 함께 일명 '은하 간 인터넷'을 개발하고 있다. 지구에 있는 통신 시설과 궤도에 오른 모든 위성 및 우주선을 연결해줄 새로운 통신망이다. 2000년에 처음으로 DARPA에서 연구비를 지원받아 연구를 시작했고, 2007년에 제2라운드에 접어들어 테스트를 성공리에 마치고 2009년에 제작에 들어갔다. 현재 시스템에서는 지구에 있는 과학자들이 허블우주망원경에서 자료를 내려받으려면, 허블우주망원경의 센서 배열이 지구에 있는 접속점을 지나갈 때에 맞춰서 일정을 잡고 기다려야 한다.

새로운 시스템은 최초의 통신망 아르파넷이 걸었던 길을 그대로 따른다. 각 접속점에 데이터를 저장했다가 가능한 한 빨리 전달하는 방식이다. 따라서 위성과 우주선은 접속점을 지날 때마다 자동으로 자기가 가지고 있는 데이터를 각 접속점에 전달할 수 있다. 복잡하게 위성과 우주선이 지나갈 날짜를 계산할 필요가 없다.

데이터 발송지와 목적지가 네트워크로 연결되어 있지 않을 때에

도 데이터를 저장했다가 이동하면서 전송하는 이런 기능은 우주에서뿐 아니라 우리가 사는 지구에서도 활용하고 있다. 2005년, DARPA가 스웨덴 북부에서 사슴을 기르며 사는 사미족을 대상으로 지연 허용 네트워크를 실험한 이래 미 해병대에서도 이 네트워크를 활용해왔다. 상업적으로는 구글이 안드로이드폰의 대역폭(특정한 기능을 수행할 수 있는 주파수의 범위—옮긴이)을 절약하는 데 이 네트워크를 활용한다. 안드로이드폰 사용자는 휴대전화 네트워크로 지도를 다운받은 다음 이 지도를 다른 안드로이드폰 사용자들에게 보낼 수 있다. 이렇게 하면 사용자들은 같은 지도를 휴대전화 네트워크에서 하나하나 다운받을 필요가 없어진다.

은하 간 인터넷의 작동 원리가 확실히 상업화된다면, 이것을 이용해 돈을 버는 방법을 터득하려고 가장 먼저 달려드는 쪽은 역시 포르노 회사들일 것이다. 이제껏 인터넷이 걸어온 역사로 보건대 틀림없는 사실이다. 포르노 시장을 우주 공간까지 확장하는 것이 지구에서의 수익 감소 문제를 해결해줄지 누가 알겠는가.

그러면 인터넷의 아버지 빈트 서프는 자신의 창조물을 기르고 성장시킨 포르노 산업을 어떻게 바라보고 있을까? "인터넷이 포르노와 함께 성장했다고 생각하면 조금 당황스럽긴 합니다. 하지만 꼭 인터넷만 그런 것은 아니에요. VCR 역시 포르노와 함께 발달했죠."

버거 아웃소싱

물론 인터넷 시대에 맞는 사업 모델을 새롭게 구상하는 건 포르노 산업만이 아니다. 독창적인 방법으로 인터넷을 활용하는 패스트 푸드 회사도 하나둘 늘고 있다. 선진국에서 개발도상국에 업무를 위탁하는 아웃소싱 방식도 인터넷이 낳은 부산물이다. 은행부터 전화 회사, 컴퓨터 제조업까지, 분야를 막론하고 모든 사업체들이 개발도상국의 저임금 노동력을 이용하고 있다. 이것도 다 인터넷 덕분에 인도, 브라질, 필리핀 같은 국가에 고객 서비스 및 전산 업무를 이전하면서 가능해진 일이다. 고객이 뉴욕에서 도움을 요청한다고 가정할 때, 고객 서비스 차원에서 보면 회사 직원이 휴스턴에 있느냐 뉴델리에 있느냐는 전혀 중요하지 않다. 그러나 회사의 순익을 고려하면 직원이 개발도상국에 있는 편이 훨씬 유리하다. 미국이나 영국에 직원을 두는 것보다 인건비가 확실히 덜 들기 때문이다.

그렇지만 아웃소싱은 양날의 칼이다. 아웃소싱을 활용하면 기업들은 생산비를 줄이는 동시에 인도 등지에 수십 개의 일자리를 창출할 수 있다. 하지만 정작 고객들은 지구 반대편에 있는 직원과 이야기하는 것을 그다지 좋아하지 않는다. 오히려 기업이 인건비가 싼 개발도상국 노동자들을 고용하면 인간미 없고 매정하다고 생각한다. 이런 불만은 대개 심리적인 이유 때문이다. 인도인 고객 서비스 담당자가 똑같은 서비스를 제공해도 대부분의 미국인은 같은 미국인에게 불만을 토로하고 싶어 한다. 마찬가지로 오스트레일리아인은 같은 오스트레일리아인이 자신을 응대해주길 바란다.

대형 패스트푸드 회사들도 발 빠르게 아웃소싱이라는 시류에 편승했다. 21세기 초반에 대부분의 회사가 다국적기업들과 발을 맞추어 고객 서비스 및 전산 업무를 개발도상국으로 이전했다. 그런데 패스트푸드 회사들은 여기서 멈추지 않고 한 걸음 더 나아갔다. 드라이브 스루(고객이 차에 탄 채로 음식을 구매할 수 있게 해주는 서비스 —옮긴이)까지 아웃소싱을 주기로 한 것이다. 언제나처럼 그 선봉에는 맥도날드가 있었다. 2004년에 맥도날드는 이 주에서 하는 주문을 다른 주에 있는 직원이 처리하는 방식을 처음 도입했다. 이게 성공하자 나중에는 개발도상국으로 주문 접수 업무를 이전했다. 방법은 간단하다. 고객은 차를 몰고 평소처럼 주문을 한다. 그런데 스피커로 주문을 받는 직원은 수백 수천 마일 떨어진 곳에 있다. 인도에 있는 사람과도 쉽고 저렴하게 통신할 수 있는 인터넷 전화를 활용한 것이다. 주문을 받은 직원은 고객이 위치한 각각의 매장에 주문 내용을 전달한다. 그러면 그곳에 있는 직원들이 주문을 처리한다.

미국과 세계 곳곳에 있는 많은 패스트푸드 체인점으로 퍼져나간 이 시스템은 확실히 예전 시스템보다 여러 가지 장점이 있다. 일단 매장에서 근무하는 직원이 여러 가지 업무를 함께 처리하지 않아도 된다. 헤드셋을 끼고 뛰어다니며 여기저기서 주문을 받고 각 담당자에게 주문을 전달할 필요 없이 한 가지 단순 작업에만 몰두할 수 있다. 당연히 실수도 줄어들었다. 또한 새 시스템 덕분에 드라이브스루 고객들의 주문을 받아서 처리하는 시간도 단축되었다. 일례로 웬디스는 고객 주문 시간을 30초에서 1분 사이로 줄일 수 있었다. 드라이브 스루가 패스트푸드 식당 전체 매출의 3분의 2를 차지한다는 걸 감안하면, 이 몇 초의 차이가 곧 큰돈이란 걸 알 수 있다.

2006년, 웬디스는 새로운 시스템을 적용한 매장에서 매출이 12퍼센트나 껑충 뛰었다고 말했다. "이것이 패스트푸드 산업의 미래입니다. 이 시스템을 좀더 빨리 도입하지 않은 건 정말 바보 같은 짓이었습니다."[41] 웬디스 중역의 말이다.

미국 내에서 덜 비싼 노동력을 활용할 수 있게 해준다는 것이 새로운 시스템이 갖는 또 하나의 장점이다. 최저임금과 법정 복리후생 조건이 상대적으로 높은 주에서 상대적으로 낮은 주로 드라이브 스루 주문을 아웃소싱하는 것이다. 예를 들어 법률이 정한 최저임금이 없는 미시시피 주에서 콜센터 직원을 고용하는 것이 패스트푸드의 고향이라고들 말하는 캘리포니아 주에서 고용하는 것보다 이득이다. 2009년, 캘리포니아 주에서 정한 시간당 최저임금은 8달러다. 이 논리대로라면 패스트푸드 회사들은 서둘러 드라이브 스루 콜센터를 개발도상국으로 아웃소싱하는 게 맞다. 그러면 인건비를 확실히 줄일 수 있을 테니 말이다. 사실 이미 많은 기업이 그렇게 하고 있다. 2006년에는 영국 카레 전문점이 주문 접수 업무를 인도로 아웃소싱했다. 이 식당 주인은 이렇게 말했다. "음식 주문이 장장 5000마일을 돌아서 고객과 0.5마일 떨어진 곳에 도착한다니 놀라울 뿐입니다."[42]

패스트푸드 회사들은 인터넷에 기반을 둔 아웃소싱 방식을 도입하고, 새롭고 혁신적인 고객 서비스 어플리케이션을 활용함으로써 기술혁신의 최첨단에 서 있다는 사실을 다시 한 번 입증했다. 맥도날드의 초기 아웃소싱 업무를 관리했던 브론코 커뮤니케이션스

Bronco Communications는 자사 기술을 홈데포^{Home Depot} 같은 체인점에도 적용할 방법을 찾고 있다. 고객들의 손에 인터넷이 가능한 장바구니를 쥐여주려는 생각이다. 이때 콜센터 직원은 고객을 상점 안으로 안내하는 역할을 한다. 브론코 커뮤니케이션스 창업자는 이렇게 설명한다. "당신이 D6 구역에 있다고 칩시다. 그럼 저는 16페니짜리 못을 찾을 수 있는 곳으로 당신을 데려갑니다."[43] 장단점이 있긴 하지만, 어쨌든 가능성은 무한하다. 인터넷 덕분에 패스트푸드가 조금 더 빨라진 것뿐이다.

8 갈등의 씨앗

세상 사람들이 다 배불리 먹을 수 있게 된 다음에야
세계평화를 꿈꿀 수 있다.[1]

노벨상 수상자 존 보이드 오어John Boyd Orr

역사가 조지 W. 부시 대통령을 과학의 친구로 기억할 것 같지는 않다. 그는 대통령으로 재임하던 8년 동안 우리 시대에 가장 중요한 과학 이슈 두 가지, 즉 줄기세포 연구와 지구온난화 문제를 해결하는 데 방해만 되었다. 2001년, 부시는 라디오 방송을 통해 의료 연구를 위해 인간 복제 배아로부터 줄기세포를 개발하는 문제에 심각한 우려를 나타냈다. 그로부터 한 달 뒤 테러리스트들이 세계무역센터를 공격했다. 그 바람에 미국 국내외 정책은 오로지 테러와의 전쟁에만 집중되었다. 과학이 밀고 들어갈 틈이 없었다. 줄기세포 연구를 반대한 건 윤리적, 종교적 딜레마가 끊임없이 그를 괴롭혔기 때문이다. "과학자들은 다음번에는 개인별 줄기세포를 만들기 위해 인간을 복제할 수 있다고 말합니다. 심장이나 폐, 간이 필요할 때를 대비해 나를 하나 더 만들어 키운다고 말입니다. 나는 대부분의 미국인과 마찬가지로 인간 복제를 강력히 반대합니다." 대국민 담화에서 부시는 이렇게 말을 이었다. "여러분의 신체 부위를 마련하기 위해 인간을 복제해서 키운다거나 인간의 편의를 위해 생명을 창조한다는 생각에 흠칫 놀라지 않을 수 없습니다. …… 목적이 아무리 고상하다 해도 수단을 정당화할 수는 없습니다."[2]

그리고는 바로 줄기세포 연구에 연방정부 예산을 투입할 수 없다며 분자생물학계의 간담을 서늘하게 했다. 부시가 줄기세포 연구를 오해하고 대중에게도 잘못된 인식을 심어주는 모습을 보고 어처구니없어하던 많은 과학자들이 영국같이 좀더 자유로운 환경에서 연구를 계속하기 위해 미국을 떠났다. 줄기세포 연구는 인간 복제에 관한 연구가 아니라 인류를 괴롭히는 심각한 질병의 원인을 밝히고 문제를 해결하기 위한 연구다. 미국과 달리 다른 국가들은 줄기세포를 연구하는 과학자들을 흔쾌히 지원했다. 그 결과 미국은 줄기세포 연구에서 뒤처지고 말았다. 2005년, 한국 과학자들이 인간 배아를 복제했다고 발표하자(얼마 안 있어 거짓으로 밝혀졌다), 부시는 또다시 반대 의사를 분명히 밝혔다. "복제를 용납하는 세상이 심히 걱정스럽습니다."[3]

마찬가지로 부시 대통령은 지구온난화에 즉각 대처해야 한다는 입장에 거부감을 보임으로써 과학자들과 환경운동가들을 격분시켰다. 대중에게는 기후변화에 대처해야 한다고 입바른 소리를 하면서도 정작 미국 기업의 이산화탄소 배출을 억제하는 정책에는 서명하지 않았다. 게다가 부시 행정부가 집권 기간에 지구온난화 연구를 감시하고 과학자들이 연구 결과를 발표하지 못하게 압력을 가했다는 정황까지 드러났다. 2002년부터 2007년까지 부시 행정부가 지구온난화 연구를 방해한 사례가 수백 건이나 보고되었다. 부시 행정부는 지구온난화 문제를 모호하게 만들고 은폐하려고 혼신의 노력을 다했다.[4] 뉴욕타임스는 사설을 통해 이런 행태를 강하게 비난했다. "현 정부는 오랫동안 정치적 목적을 위해 과학적 사실을 왜곡해 왔다. 역사상 유례가 없는 일이다. 이 때문에 미국은 어느 쪽에도 도움이 되지 않는 싸움을 하느라 7년을 허비하고 말았다. 엄청나게 비싼 대가를 치른 셈이다."[5]

　기이한 건 부시 대통령이 재임 기간에 논란의 여지가 많은 유전자변형농산물GMO에는 상당히 다른 입장을 취했다는 점이다. 인간의 유전자에 손을 대는 문제에 대해서는 심각하게 걱정하던 대통령이 우리가 먹는 농산물의 DNA를 재배열하는 문제에 대해서는 전혀 걱정하지 않았다. 실제로 부시 행정부는 유전자변형식품을 강력히 지지했고 전 세계를 상대로 타당성을 변호하는 역할을 도맡았다. 2003년, 미국 통상 대표 로버트 졸릭Robert Zoellick은 유럽연합이 유전자변형식품에 반대하여 배고픔으로 고통받는 아프리카 아이들을 죽이고 있다며 힐난했다. 유럽연합을 산업혁명에 반발했던 러다이트와 비교하기도 했다. "생명공학의 위험을 운운하며 아프리카에 있는 사람들에게 식량을 공급하지 않는 것은 비도덕적인 행위입니다."[6] 몇 달 뒤 부시는 졸릭이 했던 말을 똑같이 반복하면서 유럽연합을 향해 유전자변형식품에 대한 반대를 철회하라고 촉구했다.

우리는 과학이 이룬 최근의 성과를 받아들임으로써 오랫동안 계속되어온 아프리카 기아 문제를 상당 부분 해결할 수 있습니다. 다수확 신품종 사용을 확대하고 시장을 활성화함으로써 농업 생산량을 극적으로 끌어올릴 수 있고, 그러면 이 대륙을 넘어 더 많은 사람들에게 식량을 공급할 수 있습니다. 그런데 함께 힘을 합쳐야 할 유럽 국가들이 이런 노력에 찬물을 끼얹고 있습니다. 유럽연합은 근거도 없고 과학적이지도 않은 두려움에 사로잡혀 새로 개발한 작물을 전면 금지했습니다. 이 때문에 많은 아프리카 국가가 생명공학에 투자하지 않으려 합니다. 애써 재배한 농산물이 유럽 시장에서 철퇴를 맞을까 두려워하는 까닭입니다. 유럽 정부들은 지체 없이 아프리카 기아 문제를 끝내는 대의에 동참해야 합니다.[7]

유전자변형농산물에 대해서는 왜 이렇게 180도 다른 태도를 취한 걸까? 대체 유전자변형농산물에 어떤 매력이 있기에 줄기세포와 지구온난화 문제와는 완전히 다른 견해를 밝힌 걸까? 일부는 미국 경제를 부양해야 한다는 의무감 때문이었고, 일부는 종교적 신념 때문이었다. 게다가 부시 행정부 안에는 유전자변형식품을 제조하는 회사들과 연줄이 있는 인물이 여럿 있었다.

사실 인간 복제는 여러 가지 윤리적 질문을 이끌어냈다. 심지어 줄기세포 연구에 참여하는 과학자들 중에도 자신들의 연구에 도덕적 선을 긋는 이들이 꽤 많았다. 그러니 독실한 기독교인을 자처하는 부시가 줄기세포 연구에 미심쩍은 시선을 보낸 건 그리 놀랄 일이 아니다. 그러나 지구온난화는 윤리적 딜레마가 비교적 덜한 이슈였다. 가능하다면 온 힘을 다해 지구온난화를 막고 현 상황을 뒤집어야 한다는 데 모든 사람이 동의했다. 그런데도 부시가 기후변화에 대처하는 정책을 반대한 이유는 무엇일까? 미국의 경제 이익을 고려했기 때문이라는 의견이 지배적이다. 미국 회사들이 오염물질을 많이 배출하는 건 자명한 사실이다. 그렇다고 이산화탄소 배출을 억제하는 정책을 통과시키면, 환경문제에 별 관심도 없고 제약도 받지 않는 다른 나라 경쟁 업체들과의 싸움에서 불리해질 게 뻔했다. 중국이 대표적이었다. 부시는 그 점을 우려했던 것이다.

유전자변형농산물을 지지한 것도 미국 경제 발전을 위해서였다. 더욱이 유전자변형 기술을 개발한 몬산토, 카길Cargill, 듀폰 같은 다국적기업이 대부분 미국에 기반을 두고 있다. 미국 정부는 전 세계 미국 기업을 후원할 책임이 있다. 식품 산업이 진정으로 세계적인 사업임을 감안하면, 부시가 유전자변형농산물을 열렬히 지지하고 나선 것도 충분히 이해할 만하다.

그러나 부시가 줄기세포와 지구온난화 연구는 극구 반대하면서 유전자변형농산물을 지지한 이유는 또 있다. 2001년 9월 11일은 대통령이 앞으로 무슨 일을 해야 하는지 분명히 밝혀준 날이었다. 테러리스트들이 뉴욕을 공격한 다음부터 부시가 결정한 모든 정책은 테러와의 전쟁에 단단히 묶여 있었다. 국토안전부 창설부터 국경 경비 강화, 국방예산 증액, 아프가니스탄과 이라크 침공까지, 테러 와의 전쟁이 그 후 7년이라는 긴 시간 동안 미국의 국내외 정책을 모두 집어삼켰다. 모든 정책이 전쟁에 초점을 맞췄다. 경제 및 과학 정책도 예외는 아니었다. 제2차 세계대전 때보다 상황이 더 심각했 다. 과학기술은 악의 축과 맞서 싸우는 데 모아졌다. 미국은 알카에 다를 비롯한 전 세계 테러리스트 집단과의 싸움에 모든 걸 쏟아부 었다. 끝이 보이지 않는 싸움이었다. 각 분야 과학자들과 엔지니어 들에게도 도움을 청했다. 나중에 살펴보겠지만, 그 결과 군수품 전 문가들은 새로운 무기를 만들었고, 로봇 기술자들은 새로운 인공지 능 로봇을 개발했으며, 우주탐사 연구진은 새로운 정찰 능력을 개 발했다. 이전에 미국이 치른 모든 전쟁에서 그랬던 것처럼 식품공 학자들도 자기 몫을 톡톡히 해냈다.

테러와의 전쟁에서 유전자변형식품은 또 하나의 중요하고도 미 묘한 무기였다. 미사일과 탱크, 총은 테러리스트들을 죽이거나 불 구로 만드는 게 목적이었다. 그러나 유전자변형식품은 조금 다른 역할을 떠안았다. 우선 미국 정부는 이 식품이 테러리스트가 생겨 나고 전쟁이 일어날 수밖에 없는 여건을 개선해주길 바랐다. 과학 자들은 가뭄과 홍수, 병충해, 기타 자연재해에도 끄떡없는 농작물 을 만들고 재배함으로써 가난한 국가에 돌아갈 식량의 양을 늘릴 수 있었다. 농부들에게 식량 부족을 완화할 농작물이 있다면, 먼저 자국민이 배 곯지 않고 밥을 먹을 수 있고 그다음에는 수출을 할 수도 있을 터였다. 그러다 보면 경제적 번영이 찾아올지도 모른다. 식량을 이용해 개발도상국을 가난에서 구제하고 사람들을 전쟁과 테러로 내모는 절망을 몰아낸다는 생각은 세계평화를 염원하는 우리의 간절한 바람이다. 또한 부시처럼 유전자변형농산물을 지지하는 자들이 사람들이 믿어줬으면 하는 바람이기도 하다.

적색혁명보다는 녹색혁명

식량을 무기로 바라보는 이런 시각은 새로운 것이 아니다. 요새든 도시든 적의 근거지를 에워싸고 식량 보급을 차단하여 결국 항복을 받아내는 건 지난 수세기 동안 포위작전에서 빠지지 않던 전략이다. 중세시대에 전쟁이 벌어지면 거주민들이 항복할 때까지 성을 에워싸고 보급로를 차단하곤 했다. 이런 전략이 21세기에도 살아남아 제 몫을 해낸 것이다. 몇십 년 전에 미국이 쿠바와의 외교를 단절하고 제재조치를 단행한 것이 대표적인 예다(쿠바는 포위작전이 먹히지 않은 대표적인 예이기도 하다). 그러나 20세기를 거쳐 식량을 무기로 사용하는 방식이 미묘하게 바뀌었다.

이미 앞에서 살펴보았듯이 냉전은 다양한 방식으로 표출되었다. 훨씬 강한 핵무기를 비축하고 한국과 베트남 등지에서 대리전쟁을 치르고 우주개발 경쟁을 통해 간접적인 전투를 이어나갔다. 또한 미국과 소련은 자기들보다 덜 강하다고 생각하는 나라들을 자기편으로 끌어들이려고 치열하게 경쟁했다. 소련은 제2차 세계대전이 끝날 무렵 동유럽 전체를 확실히 자기편으로 끌어들인 다음에도

1950년대에 아프리카부터 남아메리카, 아시아에 이르기까지 세계 곳곳에서 공산당 운동이 일어나도록 분위기를 조성했다. 이에 미국은 소련의 목표가 된 개발도상국을 경제적으로나 군사적으로 지원하며 이들이 소련의 꾐에 넘어가지 않도록 애썼다. 라틴아메리카와 서유럽에서는 이 전략이 상당히 잘 통했다. 그러나 몇몇 예에서 미국 정부는 좀더 괜찮은 전략을 시도했다. 개발도상국이 경제적으로나 군사적으로 자립할 수 있도록 지원하는 방식을 택한 것이다. 멕시코가 첫 번째 실험 대상이었다.

1940년, 마누엘 아빌라 카마초Manuel Ávila Camacho가 멕시코 대통령으로 당선되었다. 당시 멕시코는 식량 부족에 시달리고 있는데다 국내에서 소비하는 밀의 반 이상을 수입에 의존했다. 중산층 가정에서 태어나 농장에서 일한 경험이 있는 카마초는 산업화에 앞장서는 한편 미국과의 관계를 강화해나갔다. 종전을 앞두고 카마초는 부유한 록펠러 가문과 손을 잡고 멕시코에 새로운 농경법을 도입했다. 양쪽 다 사람들을 배불리 먹이고 행복하게 하는 문제에 관심이 지대했다. 카마초는 록펠러 재단과 석유 사업 등을 함께 추진하는 동안 멕시코에서 이리저리 휘청대는 민주주의를 지키고 싶었다. 공산주의에 빠지면 나라 전체가 위태로워질 게 뻔하다고 생각했기 때문이다.

1944년, 노먼 볼로그Norman Borlaug가 밀 문제를 해결하기 위해 멕시코로 갔다. 아이오와 주 출신의 미생물학자로 제2차 세계대전 기간에 듀폰에서 수통 소독약, 소금물을 막는 접착제 등 많은 화학 약품을 개발했던 인물이다. 그가 거의 십 년에 걸쳐 다양한 밀 종자를 교배한 끝에 내놓은 건 키가 작고 다부진 잡종 식물이었다. 물을 충분히 공급하고 화학비료를 주어 재배한 새로운 품종은 멕시코에서 흔하게 나타나는 검은녹병도 잘 견디고 재래 종자로 재배한 밀보다 낟알도 훨씬 많이 맺었다. 결과는 아주 놀라웠다. 수확량이 늘어 1950년대 중반에는 밀을 자급자족할 수 있었다. 1960년대 중반에는 연간 50만 톤을 수출하는 밀 수출국으로 우뚝 섰다.[8]

1970년대에 멕시코는 교육과 사회기반시설에도 꾸준히 투자하면서 확실한 경제성장을 이루었다. 그러나 무엇보다 멕시코의 기적을 떠받친 핵심 기둥은 안정적인 식량 공급이었다. 식량의 역사를 연구하는 한 역사가가 말한 대로 "식량에 대한 불안을 해소하는 열쇠는 전통적인 유전학을 화학이라는 기적과 결합시키는 데 있었다".[9] 세계시장에서 수출국으로 우뚝 서고 국민을 배불리 먹일 수 있게 해준 이 기적 덕분에 가난에서 벗어나려면 공산주의로 돌아서야 한다는 생각을 쉬이 떨칠 수 있었다.

멕시코에서 성공을 거둔 미국 정부는 볼로그가 개발한 농경 기술을 다른 나라에 수출했다. 다음 목표는 인도와 파키스탄이었다. 1960년대에 두 나라는 수년간에 걸친 잘못된 농업 정책으로 기아와 씨름하고 있었다. 볼로그가 개발한 잡종 밀 종자는 인도와 파키스탄에서도 멕시코에서와 똑같은 성과를 냈다. 새로운 종자를 처음 심은 그해에 인도에서 밀 생산량이 80퍼센트 가까이 증가했다. 이듬해에는 다시 두 배가 늘었다. 파키스탄에서도 비슷한 증가세를

보였다. 1970년대 중반, 두 나라는 밀을 자급자족하게 되었다.[10]

관개시설을 확충하고 화학비료를 도입하는 한편 교배종을 만들어 재배하는 방식은 밀뿐 아니라 쌀에도 그대로 접목되었다. IR8이라 불리는 새로운 잡종 종자가 개발되어 필리핀에서 재배되었다. 밀이 그랬던 것처럼 생산량이 두 배로 늘었다. 얼마 안 있어 필리핀은 쌀 순 수출국으로 돌아섰다. 볼로그는 수백만 명의 생명을 살린 공로를 인정받아 1970년에 노벨평화상을 받았다. 그가 개발한 종자 개량 기술 덕분에 들판이 녹색으로 물들었다. 1960년대에 종자 개량, 화학비료, 농약, 관수법 등으로 이뤄진 농업 기술혁신을 '녹색혁명'이라 부른 것도 이 때문이다. 경제적, 군사적 지원 등 다른 많은 요인도 멕시코와 인도, 파키스탄, 필리핀이 소련식 공산주의라는 유혹을 뿌리치는 데 도움이 되었다. 그렇지만 전문가들은 수확량이 좋아지고 그로 말미암아 경제적으로 자립한 것이 이들을 공산주의라는 마수로부터 지켜냈다고 입을 모은다. 볼로그 역시 노벨평화상을 받으면서 식량이 어떻게 갈등을 줄이고 관계를 개선하는지 넌지시 언급했다. "노벨평화상 위원회가 녹색혁명을 이루는 데 공헌했다며 나를 1970년도 수상자로 지명했습니다. 이는 농업 및 식량 생산의 역할이 빵을 위해서나 세계평화를 위해서나 치명적으로 중요하다는 것을 상징적으로 보여주려는 의도라고 생각합니다."[11]

잠자는 유전자를 깨워라

녹색혁명을 비판하는 이들도 있다. 세계 기아 문제를 끝장낼 특효약이라 부르기에는 몇 가지 한계가 있다는 이야기를 하는 게 아니다. 녹색혁명이 한창인 곳에서 혁명을 주도하는 농부들은 필연적으로 몬산토와 듀폰 같은 화학비료 회사에 의존할 수밖에 없다. 비판론은 바로 여기에서 나온다. 또 농약을 계속 사용하다 보면 잡초도 화학비료에 내성이 생기게 마련이다. 그러면 더 새롭고 더 강한 농약이 필요하다. 이런 악순환은 계속 반복된다. 비판론자들은 또한 여러 품종을 재배하는 대신 단일 품종의 밀과 쌀을 재배하다 보면 다양한 농작물이 나올 수 없고, 이에 따라 식사의 영양가가 떨어지고 영양실조에 빠질 위험도 높아진다고 지적한다. 그 밖에 농작물에 물을 너무 많이 끌어다 쓰는 등 환경에 좋지 않은 농경법을 도입했다고 지적하는 이들도 있다. 물을 너무 많이 끌어다 쓰면 인도 같은 곳에서는 지하수면이 고갈되고 사막화가 가속화될 수밖에 없다.

녹색혁명은 유독 아프리카에서 뿌리를 내리지 못했다. 아프리카 대륙은 대개 물이 부족하고 토양질이 아주 다양하기 때문이다. 다른 대륙에서 녹색혁명이 가능했던 건 대부분 과학기술로 유전자를 조작한 잡종 식물과 화학비료 덕이지만, 옛날식 관수법이 뒷받침되지 않았더라면 기적이 일어나긴 어려웠을 것이다. 게다가 아프리카의 토양질은 아주 다양해서 그리 멀리 떨어지지 않은 곳에도 다른 토양이 나타나곤 한다. 이 때문에 모든 토양에 맞는 단일 종자를 심고 재배하기가 어려웠다. 그러나 비판론자들은 아프리카에 공산주의가 뿌리를 내리지 못한 데서 원인을 찾기도 한다. 사실 그건 자본주의도 마찬가지다. 한 가지 정부 형태가 오래 지속되는 데 필요한 안정된 정치 구조와 사회기반시설이 없기 때문이다. 결국 아프리카에서 녹색혁명은 지정학적으로 완전히 중립적인 의미를 지닌다.

과학자들은 녹색혁명의 한계를 염두에 두고 생명체를 대상으로 유전자 실험을 이어나갔다. 그리고 1973년에 일대 전기를 맞이했다. 스탠퍼드 대학교 연구진이 개구리에서 유전자를 추출해 세균 세포에 이식한 것이다. 재조합 DNA를 만든 첫 성공 사례였다. 연구가 성공하자 과학계 안에서도 인간이 신의 영역을 침범하려 한다는 비판론이 고개를 들면서 논쟁에 불이 붙었다. 속도를 늦출 필요가 있다는 쪽으로 의견이 수렴되었다. 그러다 1980년대 초반이 되자 이런 비판론이 완전히 자취를 감췄다. 1976년, 스탠퍼드 연구진 중 한 명인 허버트 보이어 Herbert Boyer가 최초의 생명공학 회사 제넨테크 Genentech를 창업하고 재조합 DNA를 상업화하기 시작했다. 1982년, 제넨테크는 휴물린 Humulin이라는 인슐린 제품을 출시했다. 유전자 조작을 거친 약물로는 최초로 미국 FDA 심사를 통과한 것이다. 휴물린은 인간의 장에서도 흔히 발견되는 대장균 세균 세포를 합성하여 전통적인 인슐린에 주입했다. 그 결과 인간의 혈류에 더 잘 흡수되고 오래 지속되었다. 휴물린은 엄청난 성공을 서뒀고, 제넨테크는 『비즈니스 위크Business Week』와 『타임』 지 표지를 장식했다. 두 잡지는 제넨테크의 성공과 함께 전성기를 맞이한 생명공학 산업을 특종 보도했다. 1980년대 내내 제약회사 안에서 혁명이 착착 진행되었다. 유전자 조작을 거친 거의 모든 약물이 시장에서 성공을 거뒀다. 성장호르몬결핍증부터 혈액응고까지 분야도 다양했다.

동시에 재조합 DNA를 이용해 더 좋은 식품을 만드는 연구가 계속되었다. FDA 심사를 통과한 최초의 제품은 플레이버 세이버^{Flavr Savr} 토마토로 캘리포니아 주 데이비스에 있는 칼젠^{Calgene}이라는 작은 회사가 만들었다. 생명공학의 중심지인 스탠퍼드와 샌프란시스코 근처에 있던 회사다. 토마토를 재배하는 농부들은 전통적으로 토마토의 부드러운 성질 때문에 골치를 썩곤 했다. 수백 수천 킬로미터를 이동해도 상하지 않으려면, 토마토가 아직 익지 않아서 파랗고 단단할 때 따야 했다. 최종 목적지에 다다르면 에틸렌 가스 스프레이를 사용해 인공적으로 숙성시켰다. 그런데 칼젠 과학자들이 단단한 성질은 그대로 지키면서 과일을 숙성시키는 유전자를 넝쿨에 주입하여 토마토가 쉽게 상하지 않게 만들었다. 플레이버 세이버는 1994년에 FDA 승인을 받았지만, 결국 완전히 실패하고 말았다. 유전자변형농산물이 약속했던 것과는 반대 결과가 나왔기 때문이다. 칼젠이 만든 토마토를 재배하려면 전통 품종보다 넓은 땅이 필요했다. 이 말은 결국 돈이 더 많이 든다는 얘기다. 플레이버 세이버는 전통 품종보다 더 좋은 맛과 질감을 내는 데도 실패했다. 농부들과 소비자들을 실망시킨 건 바로 그 점이었다. 고군분투하던 칼젠은 결국 1996년에 몬산토에 합병되었다. 당시 몬산토는 묵묵히 유전자변형식품을 연구하며 제국을 건설하고 있었다.

유전자변형수익

몬산토만큼 오랫동안 논란이 되었던 기업도 없다. 몬산토는 존

프랜시스 퀴니John Francis Queeny가 20세기에 막 접어든 1901년에 창업했다. 퀴니는 이제 막 태동한 제약업계에서 전문가로 통하는 인물이었다. 몬산토를 찾은 첫 번째 고객은 코카콜라였다. 몬산토는 이 음료 회사에 인공감미료 사카린을 파는 한편 처음으로 콜라에 카페인을 사용했다. 그리고 다른 음료에도 카페인을 가미했다. 1940년대에 몬산토는 다국적기업으로 성장했고 플라스틱과 여타 화학물질까지 사업 범위를 넓혔다. 당시 거의 모든 미국 기업이 그랬던 것처럼 몬산토도 독일 및 일본과의 싸움에 뛰어들어 맨해튼 프로젝트에 필요한 화학물질을 생산하는 데 이바지했다. 제2차 세계대전이 끝났을 때 몬산토는 디디티DDT 최대 생산업체가 되어 있었다. 덕분에 베트남전쟁에서는 미군이 밀림을 뚫고 나갈 고엽제를 만드는 역할을 했다. 에이전트 오렌지Agent Orange라 불리는 이 화학약품은 디디티만큼이나 위험한 것으로 밝혀졌다. 인체에 닿으면 암을 유발할 가능성이 아주 높았다. 이 때문에 결국 몬산토는 소송에 휘말렸고 피해자들에게 보상금으로 수억 달러를 지불해야 했다. 몬산토는 또한 여러 국가의 강과 호수에 유독성 폐기물을 무단 방류했다가 된서리를 맞았다. 화학산업을 주도해온 역사적 위치와 기대한 사업규모 때문에 몬산토는 수년간 환경운동가들이 주시하는 공공의 적이 되었다. 방향을 정하고 한 걸음 내디딜 때마다 압력을 받고 소송을 당하고 괴롭힘을 당하는 전형적인 대기업으로 대중의 미움을 한 몸에 받았다. 책과 다큐멘터리 영화에서는 수년간 몬산토를 비판하는 내용을 쏟아냈고, 몬산토는 핼리버튼Halliburton, 맥도날드와 함께 가장 욕을 많이 먹는 미국 기업이 되었다.

몬산토는 녹색혁명을 지휘하는 동시에 유전자변형농산물 연구에 박차를 가했다. 글리포세이트^{glyphosate}라는 제초제를 개발해서 특허를 받고 1973년에 라운드업^{Roundup}이라는 브랜드로 팔기 시작했다. 방충제 레이드^{Raid}의 광고 문구를 살짝 비튼 "잡초를 죽여 없애라"라는 문안 덕분인지 농부들에게 열렬한 지지를 받았다. 1980년대 초까지 세계에서 가장 많이 팔린 제초제가 라운드업이다.

그러나 모든 기술 관련 기업이 알고 있듯이 최신 제품이 제일 좋은 법이다. 특허가 만료될 때는 특히 더 그렇다(미국 특허 기간은 70년이다). 몬산토가 내놓은 다음 제품은 아주 기발했다. 특허가 만료된 다음에도 농부들이 라운드업을 버리고 더 저렴한 유사품을 구입하지 않도록 라운드업과 함께 써야만 효력이 있는 유전자변형 종자를 개발했다. 라운드업 레디^{Roundup Ready} 콩이 1996년에 시장에 나왔고, 1998년에는 라운드업 레디 옥수수가 나왔다. 곧이어 캐놀라와 목화도 선보였다. 라운드업에도 견딜 수 있게 유전자를 변형한 덕분에 제초제를 밭 전체에 뿌려도 아무 이상이 없었다. 잡초가 있는 위치를 정확히 찾아내서 하나씩 없앨 필요가 없으니 시간을 엄청나게 절약할 수 있었다. 기술 용어를 빌리자면, 몬산토가 '화이트리스트'(이동통신사가 자사 전산망에 단말기 인증번호를 등록하고, 등록하지 않은 단말기 사용을 금지하거나 제한하는 제도—옮긴이)를 만든 셈이다. 몬산토에서 개발한 유전자변형 종자를 심으려면 몬산토의 제초제를 쓸 수밖에 없으니 말이다. 상업 용어로 표현하자면, 라운드업의 특허가 만료되어도 경쟁업체가 따라올 수 없도록 시장에서 자기만의 강점을 만들어냈다고 할 수 있다.

또한 몬산토는 소에게 먹이면 우유 생산량을 늘려주는 하이게트로핀Hygetropin이라는 약을 만들어 1994년에 포실락Posilac이라는 이름으로 출시했다. 하이게트로핀은 제넨테크에서 만든 휴물린 못지않게 인기를 끌었다. 소의 천연 성장호르몬을 대장균 박테리아에 주입하면 더 순수한 형태로 호르몬이 분리되는데, 이것을 다시 소에게 주사했다. 그 결과 소의 우유 생산량이 1년에 약 10퍼센트씩 증가했다. 몬산토는 또한 두린지엔시스균에서 추출한 유전자를 주입하여 병충해에 강한 옥수수와 목화 종자도 만들었다. 그 결과로 생긴 Bt 옥수수와 Bt 목화 식물은 필연적으로 박테리아를 분비했다. 인체에는 해가 없지만 먹이를 찾는 곤충에게는 치명적이었다.

1980년대와 1990년대에 걸쳐 몬산토는 유전자변형농산물을 적극적으로 연구하고 공급하는 가장 큰 회사였다. 그렇다고 유일한 회사는 아니었다. 듀폰과 카길을 포함한 대형 미국 화학 회사들과 영국의 제네카Zeneca, 프랑스의 아벤티스, 벨기에의 플랜트 제네틱 시스템즈Plant Genetic Systems 모두 급성장하는 생명공학 산업에 뛰어들었다. 1990년대 중반, 생명공학 산업의 규모는 수십 수백만 달러에 달했다. 그러나 부자가 되는 길은 순조롭지 않았다.

광우병 파동
유전자변형농산물에 대한 대중의 격렬한 반응은 전쟁이 아니라

소 때문에 터져 나왔다. 1980년대 후반, 영국에서는 흔히 광우병으로 알려진 소해면상뇌병증으로 소떼가 한꺼번에 맥없이 쓰러졌다. 소의 뇌를 서서히 곤죽으로 만드는 이 병은 소에게 항생제, 호르몬, 농약, 사료, 단백질 보충식을 혼합하여 먹여서 발병한 것으로 밝혀졌다. 소가 원래 풀을 먹는다는 점을 감안하면, 정크푸드를 많이 먹어 병이 생긴 셈이니 그리 놀랄 일도 아니다. 1990년대 초반, 광우병이 전염되는 것으로 밝혀지자 다른 유럽 국가들이 영국 쇠고기 수입을 금지하고 나섰다. 그러나 영국 식품 규제기관은 광우병이 소에게만 영향을 끼칠 뿐 인간에게는 아무런 영향도 끼치지 않는다는 입장을 고수했다. 완전히 틀린 말이었다. 1996년에 플레이버 세이버로 만든 토마토 페이스트 통조림이 영국에 슬금슬금 들어가기 시작할 무렵, 과학자들은 광우병이 변종 야콥병과 관련이 있다는 생각을 하게 되었다. 야콥병은 사람이 병난 소처럼 정신이 나가는 질환이다. 광우병에 걸린 쇠고기를 먹으면 인간도 치명적인 뇌질환에 걸릴 수 있었다. 곧이어 실제 사례가 쏟아져 나왔다. 2009년 초까지 영국에서 165명이 죽었고, 프랑스에서 23명이 사망했다. 사망자는 더 나올 것으로 예상되었다. 체내에 침입하여 발병하기까지 최대 40년이 걸리기 때문이다.[12]

갑자기 난장판이 벌어졌다. 인간에게는 무해하다고 안심시킨 식품 규제기관에 격분한 대중은 미친 소를 만든 모든 것, 즉 소에게 먹인 화학 혼합물 사용을 전면 반대한다고 성명을 발표하며 분노했다. 사람들은 그동안 식품 생산에 사용해도 안전할 거라고 여겼던 모든 기술에 적개심을 드러냈다. 새로 나온 유전자변형식품 역시 분노의 불길을 피할 수 없었다. 등장 시기를 아주 잘못 잡은 셈이다. 그린피스Greenpeace와 찰스 왕세자 등 세상의 이목을 끄는 이들이 앞장서서 유전자변형농산물에 반대하는 운동을 이끌었다. 그린피스는 미국에서 유전자변형농산물을 실은 배가 도착하자 유럽 항만을 봉쇄했다. 한쪽에서는 영국의 왕위를 이을 후계자가 대중매체에 나와 유전자변형농산물에 대한 공포심을 부추겼다. 1999년 여름, 데일리 메일 1면에서 왕세자는 10가지 질문을 제기했다. "이 나라에 유전자변형식품이 필요합니까?" "유전자변형식품을 먹어도 안전한가요?" 그는 두 가지 질문에 단호히 "아니요"라고 답했다. 그리고 유전자변형식품이 우리를 "오웰이 경고한 미래"와 "생명 자체를 산업화하는 세상"으로 안내할 거라고 강조했다.[13]

유럽 식료품점에서는 유전자변형 성분이 들어간 식품에 라벨을 붙여 표시했다. 그리고 아무도 사는 사람이 없자 매장에서 모조리 치워버렸다. 패스트푸드 체인점을 포함한 식당들은 대중의 반발을 염려하여 공급업자들이 유전자변형농산물을 취급하지 못하게 했다. 북아메리카에서는 기업 이미지를 의식하는 식품 회사들이 유전자변형식품 반대 운동의 목표물이 되어 타격을 입지는 않을까 염려하여 조용히 잠재적 위험 인자를 제거해나갔다. 2000년에 감자 회사 심플롯은 몬산토가 만든 뉴 리프New Leaf 감자를 차버렸다. 이전에 맥도날드로부터 특별 주문을 받아서 만들었던 Bt 옥수수와 Bt 목화처럼 유전자를 변형한 종자로 라운드업 살충제를 써서 생산한 감자였다. "거의 모든 패스트푸드 체인점이 자기네는 유전자를 변형하지 않은 감자를 원한다고 말하더군요."[14] 심플롯 대변인의 말이다. 포테이토칩 제조업체 프리토 레이^{Frito Lay}, 갬블^{Gamble}마저 구매를 거부하자 일 년 뒤 몬산토는 뉴 리프 생산을 포기했다. 몬산토는 소에게 주사하는 성장호르몬 포실락을 폐기하라는 압력에 시달렸다. 비평가들은 포실락이 소의 가슴조직에 염증이 생기는 유선염을 촉진한다고 비난했다. 유선염에 걸린 소는 고름이 가득한 우유를 생산하고 이 우유는 사람들에게 암을 유발한다고 했다. 원래는 유전자변형농산물에 아주 우호적이었던 일본, 오스트레일리아, 뉴질랜드, 캐나다의 식품 규제기관도 유전자를 변형한 소 성장호르몬 판매를 금지했다. 결국 2008년에 몬산토는 비평가들이 '세상에서 가장 혐오스러운 제품'이라 부른 이 약품을 제약 회사 일라이 릴리^{Eli Lilly}에 팔았다. 그러나 이 거래가 포실락의 종말을 의미하지는 않았다. 일라이 릴리는 "낙농가들에게 이 중요한 생산 도구를 계속 공급할" 것이라고 발표했다.[15]

　유럽인의 분노는 아프리카에도 중요한 영향을 끼쳤다. 귀중한 유럽 시장에서 철퇴를 맞을까 두려워한 아프리카 정부와 농부 들이 유전자를 변형한 농작물을 재배하지 않기로 한 것이다. 나이지리아, 수단, 앙골라, 짐바브웨, 나미비아, 모잠비크, 말라위 등 많은 국가가 한 걸음 더 나아가 유전자변형농산물이 들어 있는 식량 원조를 받지 않기로 했다. 이런 제품이 자국 농작물을 오염시킬까봐 두려웠던 것이다. 이들 국가의 정부는 정체불명의 물질로 식량 공급

원을 오염시키는 위험을 감수하느니 차라리 굶주리는 쪽을 택했다. 부시 행정부가 유럽을 겨냥했던 '러다이트'나 '아이를 죽이는 행위' 등등의 발언이 부메랑이 되어 돌아왔다.

진보를 멈출 수 없다

그러나 이렇게 치열한 논쟁도 유전자변형식품의 거침없는 행군을 막지는 못했다. 사실상 유전자변형농산물에 대한 사용 규제가 없는 북아메리카에서는 어디서나 유전자변형식품을 볼 수 있었다. 1992년에 아버지 조지 부시 대통령이 유진지변형농산물과 전통적인 방식으로 재배한 농산물이 실질적인 차이가 없으니 표기를 따로 할 필요가 없다고 결정한 것이 기폭제가 되었다. 미국의 위생 수칙을 거의 그대로 받아들이는 캐나다는 당연히 선례를 따랐다. 이제는 북아메리카 식료품점에 진열된 전체 가공식품 중 3분의 2가량이 유전자변형원료를 함유하고 있다.[16] 당연히 식품 코너는 유전자변형식품으로 가득 차 있다. 가축에게도 옥수수를 비롯한 유전자변형농산물을 먹이니 정육 코너 역시 여기에서 자유롭지 않다. 식당도 손님에게 유전자변형식품을 내놓을 수밖에 없다. 몬산토에서 생산한 유전자변형 감자를 퇴짜 놓고 유럽 전역에서 유전자변형농산물 사용을 금지했던 맥도날드 같은 패스트푸드 체인점도 북아메리카에서는 아무렇지도 않게 사용하고 있다.

미국인과 캐나다인은 유전자변형식품을 소비하지 않으려 해도 사실상 그게 불가능하다. 모든 식품에 이 기술을 도입하고 있고, 유전자변형농산물을 썼다는 걸 따로 표기하도록 강제하는 법안도 없기 때문이다. 실제로 아이스크림 체인점 벤 앤드 제리스Ben & Jerry's가 자사 제품에는 유전자변형농산물을 사용하지 않는다고 표기하려 하자 몬산토 같은 회사들이 연합하여 조용히 소송을 제기하기도 했다. 벤 앤드 제리스가 사용하는 'GM-free' 표기가 유전자변형농산물을 사용한 다른 제품보다 우수하다는 의미를 담고 있어서 문제가 된다는 주장이었다. 북아메리카 지역에서 유전자변형식품에 대한 행정부의 태도는 버락 오바마 대통령하에서도 변할 것 같지 않다. 오바마 행정부는 줄기세포 연구에 연방정부 예산을 투입할 수 없게 한 정책을 포함하여 전임 부시 행정부가 추진한 많은 정책을 즉각 뒤집어엎었지만, 유전자변형식품에 관해서는 변화의 조짐이 보이지 않는다. 유전자변형농산물을 든든하게 지원한 건 두 부시 대통령이지만, 오바마도 아이오와 주 변호사 출신으로 유전자변형농산물을 지지하는 톰 빌색Tom Vilsack을 농무부 장관에 임명함으로써 부시 행정부의 정책을 이어나갔다. 그러나 오바마는 유기농식품 전문가 캐슬린 메리건Kathleen Merrigan을 농무부 차관에 임명하고 톰 빌색을 보필하게 함으로써 다른 쪽 이야기에도 귀를 기울이는 태도를 취했다. 이는 다분히 영부인 미셸 오바마의 입김이 작용한 결과다. 유기농법을 공공연히 지지해온 미셸 오바마는 2009년 초 백악관에 유기농 텃밭을 만들어 생명공학업계를 초조하게 만들었다.

전 세계 생산량을 기준으로 보면 생명공학작물의 성장 속도는 가파르게 올라가고 있다. 2008년, 유전자변형농산물을 재배하는 농지는 전 세계적으로 1억 2500만 헥타르에 달했다. 1년 전과 비교하면 거의 10퍼센트나 상승한 수치다. 1996년부터 2008년까지 재배한 전체 농작물은 20억 에이커에 달했다. 처음 10억 에이커를 넘기는 데 꼬박 10년이 걸렸지만, 20억 에이커를 넘기는 데는 3년밖에 걸리지 않았다. 2015년까지는 전체 면적이 최소한 2배 이상 늘어날 것으로 내다보고 있다. 2008년에 유전자변형농산물을 재배하는 국가는 25개국이었다. 그중 콜롬비아, 온두라스, 부르키나파소, 이집트 등 15개국이 개발도상국으로 분류된다.[17] 생산량에서는 역시 미국이 선두를 지키고 있다. 전 세계 유전자변형농산물 생산량의 60퍼센트에 가까운 양이 미국에서 나온다. 아르헨티나가 20퍼센트, 캐나다와 브라질이 각각 6퍼센트, 중국이 5퍼센트로 그 뒤를 잇는다.[18] 전문가들은 2015년까지 유전자변형농산물을 재배하는 국가 수가 40개국으로 증가할 거라고 전망하고 있다.

그중에서도 콩이 가장 인기가 있다. 유전자변형농산물을 재배하는 전체 면적의 반 이상을 콩이 차지한다. 옥수수와 목화, 캐놀라가 그 뒤를 잇는다. 최근에는 몇몇 국가에서 여기에 새로운 작물 몇 가지를 추가했다. 미국은 지금 유전자변형 호박, 파파야, 자주개자리, 사탕무를 재배하고 있고, 중국은 토마토와 피망을 재배한다. 전 세계적으로 소비량이 가장 많은 밀과 쌀의 유전자를 변형한 작물도 이미 만들어졌고 이에 대한 다양한 규제 심사가 이뤄지고 있다. 과학자들은 유전자를 변형한 종자뿐 아니라 가뭄에도 타지 않는 내건성작물을 실험하여 성공했다. 몬산토는 2010년에 스마트스택스

SmartStax를 상용화해 시장에 내놓았다. 스마트스택스는 기존의 유전자 변형 품종을 교잡해 만든 후대교배종으로서, 무려 8개의 유전자가 삽입된 초복합형질 유전자변형농산물이다. 몬산토에서 출시한 제초제 라운드업과 해충에도 면역력이 있다.

그러나 유전자변형농산물의 확산 속도에도 불구하고 이에 대한 저항은 여전히 확고했고 유럽 일부 지역에서는 이런 시각이 단단히 자리를 잡았다. 2000년에 유럽연합은 회원국들이 유전자변형농산물의 상업적 이용을 승인하기 전에 이들 농산물이 환경에 끼치는 영향을 실험하고 감시하게 강제하는 국제 협약을 체결하기도 했다. 그러나 2003년부터 발효된 카르타헤나 의정서는 세계무역기구[WTO] 규정과 상치될 가능성이 있었다. 미국은 지체 없이 이 문제를 WTO에 상정했고 2006년에 유럽연합을 누르고 역사적으로 중요한 판결을 얻어냈다. 이 결정에 따라 유럽 국가들은 자국 안에서 유전자변형식품에 대한 수요가 있을 경우 수입을 규제할 수 없게 되었다.

유전자변형식품이 유럽에 살금살금 기어 들어가기 시작했지만, 투쟁은 계속되고 있다. 최근에는 유럽연합 회원국 사이에 다시 주권 논쟁이 불붙으면서 개별 국가 단위에서 반대 움직임이 일고 있다. 오스트리아와 헝가리, 그리스, 프랑스, 독일이 유전자변형농산물 사용 금지를 선언했다. 유럽연합 회원이 아닌 스위스와 알바니아도 여기에 동참했다. 미국 이익단체들은 즉각 소송으로 대응했다. 2009년 4월, 독일 정부가 몬산토 옥수수 수입을 금지한다고 발표하자 며칠 후에 몬산토는 독일을 비난하고 나섰다. 몬산토 대변

인은 이렇게 말했다. "독일 정부는 유럽연합의 규정을 어기고 있습니다."[19]

유전자변형농산물에 대한 반대 움직임도 계속되었다. 2008년, 찰스 왕세자는 거의 10년 전에 했던 말을 반복하며 우려를 나타냈다. 텔레그래프 지와의 인터뷰에서 찰스 왕세자는 몬산토를 위시한 회사들은 "자연과 인류 전체를 대상으로 거대한 실험을 하고 있다. 이것은 아주 심각한 잘못이다"고 말했다. 또한 유전자변형식품 개발에 앞장서는 대기업들에게 식량 공급을 의존하다가는 "최악의 재앙"을 만날 것이고 "이 세상 전체가 파멸하고 말 것"이라고 목소리를 높였다.

"교묘한 유전공학으로 한 가지를 생산해내면 다음에는 또 다른 것을 생산할 테고 계속해서 이런 일을 반복할 것이다. 나는 여기에 동참하고 싶지 않다. 결국 유전자변형농산물이 사상 최악의 환경 재앙을 유발할 거라고 확신하기 때문이다."[20]

적을 죽이고 배를 채워라

이에 대한 반론도 서서히 고개를 들었다. 미국 기업들의 이해관계가 얽혀 있는 상황에서 많은 과학자가 유전자변형농산물을 지지하고 나섰다. 생명공학자들뿐 아니라 사회과학자들도 논쟁에 가세했다. 유전자변형농산물 반대론자들이 세계에는 이미 충분한 식량이 있다면서 필요한 이들에게 제대로 분배되지 않는 것이 문제라고 주장하자, 사회과학자들은 그들의 발언이 사실과 다르다고 지적했다. 실제로 세계는 재앙을 향해 달려가고 있다. 기하급수적으로 늘어나는 인구 때문이다. 지난 반세기 동안 증가한 세계 인구가 이전 400만 년 동안 증가한 것보다 많고, 향후 50년 안에 세계 인구는 두 배가 될 것으로 전망하고 있다.[21] 게다가 인구 증가는 모두 개발도상국에서 이루어질 것이다. 이미 8억 명이 식량 부족으로 신음하고 있는 나라들이다.[22] 동시에 사막화, 염화작용, 도시화 때문에 농사를 지을 수 있는 경작지는 1년에 1.5퍼센트씩 줄어들고 있다.[23] 세계에서 가장 인구가 많은 중국과 인도는 이미 위기에 직면했다. 이들은 각각 사용 가능한 농지의 4분의 3을 전면 가동하고 있다.[24]

유전자변형농산물을 지지하는 쪽에서는 이런 사실을 거론하며 찰스 왕세자가 언급했던 '최악의 재앙'이라는 말을 다른 의미로 사용하곤 했다. 사회과학자들은 녹색혁명 기간에 이런 상황을 깔끔하게 요약하여 인구-국방 이론이라는 개념을 만들었다. 인구 증가는 인구 과밀과 자원 고갈을 낳고, 이는 결국 기아와 정치 불안으로 이어진다는 이론이다. 정치 불안은 공산주의자들의 반란 사태로 이어지고, 이는 미국의 국익에 방해가 된다. 미국의 국익을 위협하면 그 결과는 무엇이겠는가? 대개는 전쟁이다. 1949년 취임사에서 해리 트루먼 대통령이 이 이론을 보증하고 나섰다. "전 세계 인구의 반이 넘는 사람들이 비참하게 살고 있습니다. 그들에게는 식량이 부족합니다. …… 그들이 겪는 가난은 그들에게만 걸림돌이자 위협이 되는 것이 아니라 번영을 누리는 국가에도 위협이 됩니다. 생산을 늘리는 것이야말로 번영과 평화로 가는 비결입니다. 생산을 늘리려면 현대 과학기술을 훨씬 더 활발하게 더 넓은 범위에 적용해야 합니다."[25]

요즘에는 이 이론이 다른 용도로 쓰인다. '공산주의자' 대신에 '테러리스트'가 그 자리를 대신 차지하고 있다. 조지 부시 대통령을 위시하여 정부 안에 이 이론을 지지하는 사람들이 많이 있고 과학계도 예외가 아니다. 노먼 볼로그도 개발도상국에서 전쟁과 테러가 일어나지 않도록 예방하고 식량 생산을 늘리기 위해 유전자변형농산물을 적극 사용하자고 목소리를 높인다. "가난은 테러를 포함하여 과격주의가 자랄 수 있게 돕는 비옥한 토지나 마찬가지입니다. 솥이 끓어 넘치면 선진국 국민들도 평화와 평온을 누리며 살 수 없습니다. 우선, 해당 국가 안에서 내전이 일어나겠죠. 그러면 다른 나라들이 개입하고, 또 전쟁이 시작되겠지요. 그게 위험한 겁니다."

노벨평화상에다 대통령훈장, 의회훈장, 국가과학상을 받고, 거기다 외국인이 받을 수 있는 인도 최고의 훈장 파드마 비브후산Padma Vibhushan까지 받은 노먼 볼로그는 이 논쟁에서 상당히 큰 힘을 발휘할 수밖에 없다. 이미 2억 4000만 명을 기아에서 구출한 공로를 인정받은 노먼 볼로그는 아흔이 넘은 나이에도 기술을 이용해서 기아 문제를 해결하자는 운동에 발 벗고 나섰다.[26] 심지어 몬산토가 자사에서 출시한 유전자변형 옥수수를 옹호하려고 만든 홍보 영상에도 얼굴을 내밀었다. 볼로그는 홍보 영상에서 이렇게 말한다. "우리에게 필요한 건 용기입니다. 구식에다 효율성이 떨어지는 경작법 말고는 다른 선택권이 없는 농부들이 사는 나라의 지도자들이 용기를 내야 합니다. 녹색혁명과 지금의 식물유전공학은 자연을 보호하여 후세에게 물려주는 동시에 점점 심각해지는 식량 부족 문제를 해결할 수 있습니다."[27]

그러면 사람들이 결국 무기를 들기까지 굶주림이라는 한 가지 요인이 과연 얼마나 큰 영향을 끼치는 걸까? 정치, 종교, 단순한 공격성까지, 전쟁에 기여하는 요인은 아주 많다. 그러나 사회과학자들과 전쟁사가들은 그중에서도 가난과 굶주림, 절망이 가장 큰 동기로 작용한다고 입을 모은다. 워싱턴 D.C.에 있는 브루킹스연구소에서 일하는 사회과학자로 전쟁에 관한 책을 여러 권 집필한 피터 싱어Peter Singer가 하는 말도 크게 다르지 않다. 그는 사람들이 범죄를 저지르는 이유를 이렇게 설명한다. "사람들은 절망 때문에 혹은 가난 때문에 범죄를 저지릅니다. 탐욕 때문에 범죄를 저지르기도 합니다. 또는 순전히 사악한 본성 때문에 범죄를 저지르기도 하지요. 갈등이 생기고 전쟁이 시작되는 이유는 대동소이합니다." 가난과 절망은 제대로 된 통치가 이뤄지지 않고 안정과 번영을 보장해주지 않는 사회제도와 정치제도를 전복한다. "갈등을 끌어내는 사람들은 정부가 제대로 통치하지 못할 때를 이용하기 마련입니다."[28]

아프리카 지역에서 반군을 모집할 때 가장 잘 통하는 전술이 식량 공급과 가난 탈출을 약속하는 것이다. 나이가 어릴수록 이런 전략에 넘어가 반군에 가담하기가 쉽다. 거리에 사는 2억 5000만 명의 아이들, 자신과 가족을 부양하기 위해 일을 해야 하는 2억 1000만 명 이상의 아이들, 그리고 전체 아동의 3분의 1이 기아에 허덕이고 있다. 피터 싱어는 『전쟁 중인 아이들Children at War』이라는 책에서 지난 몇십 년 사이에 소년병의 숫자가 엄청나게 늘어났다는 사실에 주목한다. 그리고 대규모 아동 인력이 조직적인 범죄나 무력 충돌 같은 지하 경제에 내몰리는 원인이 절망 때문이라고 지적한다.[29]

아이들 역시 군인이 되는 가장 큰 이유로 식량을 꼽는다. 전투에 나서야 하는 군인이라는 직업은 분명 위험한 선택이지만, 더 나은 대안이 없기 때문이다. 콩고에 사는 열두 살짜리 소년병의 이야기를 들어보자. "엄마와 아빠가 어디 계신지 몰라요. 먹을 게 아무것도 없었어요. 식량을 얻기 위해 군에 합류했어요."[30] 열네 살짜리 소년병은 이렇게 말했다. "이 마을을 떠나면 반란군은 내가 스파이라고 생각하고 죽일 거예요. 하지만 이 마을에 남아서 군에 입대하지 않으면, 식량을 받지 못할 거고 결국엔 쫓겨나고 말 거예요. 그럼 죽는 거나 마찬가지예요." 또 다른 소년병은 이렇게 말했다. "최소한 반란군은 밥은 먹는다고 들었어요. 그래서 들어왔어요."[31]

중동에서도 사정은 비슷하다. 수십 년에 걸친 전쟁으로 거의 모든 시설이 파괴된 아프가니스탄에서는 굶어죽는 사람 천지다. 피터 싱어는 아프가니스탄 소년 두 명의 이야기를 들려준다. 소년들에게는 두 가지 길이 있었다. 하나는 소를 따라다니면서 배설물을 주워다 연료로 파는 것이고, 다른 하나는 무장 세력의 일원이 되는 것이었다. 입대하면 옷과 식량과 일말의 자존감을 얻을 수 있었다.[32] 3년간 글로브 앤드 메일에 최근에 일어난 전쟁에 관한 기사를 썼던 캐나다인 저널리스트 그래엄 스미스^{Graeme Smith}는 이런 이야기를 수도 없이 들려준다. 스미스는 내 전 직장 동료이기도 하다. 아프가니스탄 사람들이 알카에다와 탈레반에 입대하는 이유는 정치나 종교와는 무관하다. 그래엄 스미스는 이렇게 말했다. "배고픔과 전쟁은 불가분의 관계에 있다. 갈등을 일으키는 중요한 요인 중 하나가 바로 배고픔이다."[33]

2001년에 미국의 침입 이래 이 지역에서는 전투로 인한 사망자 수가 기후와 농한기 때문에 죽는 사망자 수를 바짝 뒤쫓고 있다. 전투는 대개 이 나라의 주요 환금작물인 양귀비를 수확하는 봄철에 시작되어 12월에 날씨가 추워질 때까지 이어진다. 양귀비는 아편의 원료다. 스미스에 따르면 하루 벌어 하루 먹고사는 일꾼들도 양귀비를 수확하는 동안에는 꽤 괜찮은 수입을 올린다. 하지만 식량을 살 방도가 없다. 소똥을 찾아다니는 소년들을 포함하여 많은 이들은 실질적으로 무장 세력에 합류하는 것 말고는 다른 선택지가 없다. 전 탄자니아 주재 미국 대사 찰스 스티스^{Charles Stith}가 지적한 대로 이곳은 테러 집단이 손쉽게 모병을 할 수 있는 비옥한 땅이다. "테러 집단에서 보병은 사회경제 사다리의 맨 아래 칸에 속하는 사람들이다"라고 스티스는 말한다. "희망이란 게 있는 사람들은 자기 몸에 100파운드짜리 폭약을 둘러메고 군중 속에 들어가 자폭하려 하지 않습니다. 희망이 있는 사람들은 관광객으로 가득 찬 비행기를 격추시키려고 미사일을 가지고 공항 밖에서 숨어서 기다리려 하지 않아요."[34]

가난하고 굶주리고 절망 속에 허덕이는 사람들을 모집하는 건 테러리스트들과 아프리카 반군 지도자들만 쓰는 전략이 아니다. 선진국에서도 오래전부터 똑같은 일을 해왔다. 물론 이들 국가와 비교하면 가난의 개념이 상당히 다르긴 하다. 잘사는 나라들도 식량을 미끼로 교육도 제대로 못 받고 취업 전망도 밝지 않은 가난한 사람들을 모병해왔다. 지나치게 가공이 많이 되고 건강에 좋지 않은 음식을 싼값에 사다가 넉넉히 공급하면서 가난한 사람들을 꼬드겼다. 일례로 베트남전쟁 이후 징병제에서 모병제로 바뀐 미국 정부는 모병에 애를 먹었다. 대학 등록금을 벌 수 있는 좋은 기회라고 군복무를 홍보하지만, 여전히 군대에 들어오는 사람은 저소득층 출신이 훨씬 많다. 이 때문에 '빈민 모병'이라는 비아냥거림을 받기도 한다. 첫 번째 걸프전쟁이 한창일 때 아프리카계 미국인 지도자들은 인구 비율과 비교할 때 백인 대비 흑인 병사 수가 불균형적으로 많다고 비판하기도 했다. 1991년 이라크전에 참전한 전체 군인의 4분의 1이 아프리카계 미국인으로, 대개 경제적으로 낙후된 지역에 살고 있었다. 인구 비율로 따지면 아프리카계 미국인은 전체 인구의 12퍼센트에 불과한데 말이다. 한 연구 결과에 따르면 당시 군에 입대할 자격이 있는 전체 흑인 남자의 33퍼센트에서 35퍼센트가 군복무를 한 것으로 드러났다. 백인 남성과 비교하면 두 배가 넘는 비율이었다. "젊은이들은 인생에서 가장 빛나고 가장 좋은 시기에 군이 좋아서 자원입대하는 것이 아니라 나라에서 다른 좋은 일자리를 제공하지 못하기 때문에 어쩔 수 없이 군에 입대하고 있습니다. 미국은 이 사실을 부끄러워해야 합니다."[35] 전미유색인종인권협회[NAACP] 회장 벤저민 훅스[Benjamin Hooks]의 말이다.

15년 뒤 일어난 제2차 이라크전쟁 때에도 바뀐 것은 아무것도 없었다. 일례로 신병 모집원들은 동부 할렘 같은 가난한 지역에서 고등학교 학생들을 대상으로 적극적으로 모병 활동을 벌였다. 결국 이를 목격한 뉴욕 시민들이 들고일어나 신병 모집 반대 활동을 벌이는 상황이 연출되었다. 시위자 중에 바버라 해리스[Babara Harris]라는 사람은 고등학생들에게 대학을 다니면서 재정 지원을 받을 수 있는 정보를 인쇄한 유인물을 나눠주었다. "젊은 학생이 입대하고 싶어 한다면, 적어도 군인이 된다는 게 뭔지, 신병 모집에 관한 진실이 뭔지 알아야 합니다. 정확한 사실을 알고도 입대가 최선이라고 선택한다면 문제될 게 없습니다."[36]

그런데도 미국은 이라크에서 갈등을 일으키는 주범인 굶주림과 싸우려고 발걸음을 재촉해왔다. 특히 유전자변형농산물에 기대하는 바가 크다. 2003년에 미국은 이라크를 침공하면서 임시연립정부를 세웠다. 2004년, 임시연립정부는 이라크 정부에 통제권을 돌려주면서 100가지 명령을 하달했다. 물론 논란이 많았다. 미국이 내린 명령은 이라크를 중앙계획경제에서 시장주도경제로 탈바꿈시키기 위해 고안한 것이었다. 하지만 비평가들은 미국이 정말 원하는 건 이라크를 미국의 경제 식민지로 만드는 거라고 말했다. 81번 명령에는 미국 유전자변형농산물 제조업체를 위해 문호를 개방하라고 명시되어 있다. 영화 〈스타워즈〉에서 사악한 황제가 우주의 평화와 정의를 지키는 기사단 제다이를 몰살하려고 내리는 불길한 명령 같았다. 여기에 딸린 식물 다양성 보호 조항은 새로운 품종 또는 유전자변형농산물의 특허를 허용하라고 되어 있다. 이라크의 농경 방식은 1차 걸프전쟁을 치르는 동안 완전히 파괴되고 말았다. 그 뒤에도 미국과 영국이 가한 제재 때문에 완전히 회복되지 못했다. 그래도 아프가니스탄보다는 상황이 나은 편이었다. 이런 상황에서 2000년에 전 세계 이슬람법학위원회가 유전자변형농산물 소비를 승인했다. 이제 이라크 농부들이 라운드업 레디 제품에 뒤덮이는 건 시간문제였다. 이라크보다 못한 아프가니스탄이야 더 말할 것도 없다. 아프가니스탄의 농업 제도는 흡사 석기시대를 방불케 한다.

인도주의 전매특허

그러나 유전자변형농산물에 반대하는 사람들은 "식량을 만들어 전쟁을 막는다"는 주장을 받아들이지도 않았고, 이들 식품 공급업자들이 내세우는 인도주의에 대한 약속도 곧이곧대로 믿지 않았다. 찰스 왕세자는 이들이 아프리카 카드를 꺼내들고 죄의식을 자극하여 유전자변형농산물을 받아들이도록 대중을 협박하고 있다고 시적했다. 그린피스 역시 유전자변형식품으로 이득을 얻는 사람은 대형 생명공학 회사의 주주들뿐이라는 입장을 고수했다. 유전자변형농산물 반대 운동에 앞장서는 그린피스 캐나다의 에릭 다리어 Eric Darier는 백문이 불여일견이라고 말한다. 기술을 이용해 가뭄에 타지 않는 내건성작물이나 영양분이 강화된 작물을 생산할 수는 있다.

하지만 1990년대 중반 이래 상용화된 종자들은 모두 화학비료와 연관되어 있다. "그 자체로는 새로울 게 전혀 없습니다. 허망한 약속은 수도 없이 많았습니다. 그러나 정작 그 약속을 이행하고 있느냐고 물으면 그들은 우리에게 말합니다. 그게 자기들이 이루려는 목적은 아니었다고요. 그러면 그들의 목적은 과연 무엇일까요? 몬산토의 목적은 종자 시장을 장악하고 자사 제초제를 사용할 수밖에 없도록 밀어붙이는 겁니다. 시장을 장악하는 아주 교묘한 방법이죠."[37] 에릭 다리어의 말이다.

몬산토 씨앗을 심은 농부들 중에는 실제로 몬산토가 요구하는 기술 사용자 협약에 불만을 토로하는 이들이 있다. 제한 조항이 너무 많기 때문이다. 이는 북아메리카나 인도나 마찬가지다. 일례로 제한 조항에는 그해 씨앗은 그해 다 쓰되 남겨서는 안 된다는 내용이 있다. 비평가들은 이것이 농부들로 하여금 매년 새 씨앗을 사게 하려는 의도라고 지적한다. 그러나 몬산토는 이전에 나왔던 노먼 볼로그의 잡종 종자와 마찬가지로 묵혀둔 씨앗을 심으면 유전자변형 농산물이 잘 자라지 않기 때문이라고 주장한다.

비평가들은 또한 유전자변형농산물을 지지하는 세력이 인도주의라는 용어를 쓰면서 실제로는 자기들이 개발한 종자에 특허를 받고 있다는 점을 지적한다. 1999년, 독일인 식물과학자 잉고 포트리쿠스Ingo Potrykus가 스위스연방공과대학교에서 근무하는 동안 황금쌀이라는 종자를 만들어냈다.[38] 덕분에 잉고 포트리쿠스는 생명공학계의 노먼 볼로그라 불렸다. 이 유전자변형 쌀은 노란색이나 주황색

을 띠며 비타민 A 함유량이 아주 높아서 비타민 A 결핍으로 인한 영양실조 문제를 해결할 수 있다고 한다. 세계보건기구는 118개국 최대 2억 5000만 명에 달하는 미취학 아동이 비타민 A 결핍으로 고통을 받고 있다고 밝혔다. 비타민 A가 부족하면 시력을 잃고 심하면 목숨을 잃을 수도 있다.[39] 미국 식품공학회 공학자들은 매년 비타민 A 결핍으로 사망하는 숫자가 100만에서 200만 명에 달하는 것으로 보고 있다.[40] 21세기가 다가오면서 식품공학자들은 이 최신 식품공학 기술에서 수많은 생명을 구할 수 있는 잠재력을 보았다.

그러나 잉고 포트리쿠스는 시기업의 영향을 받지 않고 학계에서 황금쌀을 만들어도 지적재산권 문제가 따라올 수밖에 없다는 걸 깨달았다. 몬산토를 비롯한 생명공학 회사들은 자기들이 만든 모든 종자에 특허를 받았을 뿐 아니라 종자를 만드는 데 사용된 기술까지 보호하고 있었다. 알고 보니 포트리쿠스가 개발한 황금쌀은 부지불식간에 32개 회사가 보유한 총 70가지 지적재산권을 침해하고 있었다. 황금쌀을 가난한 농부들에게 전하려면, 지적재산권을 보유한 회사들과 개별적으로 협상을 진행해야 했다. 포트리쿠스는 그 사실을 알고 이렇게 개탄했다.

전적으로 공공기금의 지원을 받아 공공기관에서 인도주의적인 목적으로 사용하려고 진행했던 연구가 성과를 냈지만, 이 성과는 일찌감치 기술 특허를 취득했거나 초창기에 이뤄진 실험에 대하여 쥐도 새도 모르게 기술이전계약MTA을 체결한 이들의 손에 달려 있었다.

도저히 용납할 수도 없고 부도덕하다는 생각까지 들었다. 공공기관에서 어떤 연구를 진행하든 결국에는 모든 게 산업계(와 몇몇 대학)의 손에 달려 있다는 사실이 밝혀졌다.[41]

그러나 포트리쿠스는 곧 어조를 바꿨다. 황금쌀에 사용된 지적재산권을 상당히 많이 보유하고 있는 대형 제약 회사 아스트라제네카 AstraZeneca가 자사 특허 기술을 농부들이 무료로 이용할 수 있게 하겠다고 협상을 제안한 것이다. 그러자 포트리쿠스는 황금쌀 사용 허가를 받기까지 갖은 고생을 하게 만드는 전 세계 규제기관에 비난의 화살을 돌렸다. 특히 유럽을 맹비난했다.

개발한 지 10년이 지났지만 여전히 세계 어디에서도 황금쌀을 볼 수 없다. 유전자변형농산물을 지지하는 식품공학자들은 엄격한 규제 심사 때문에 너무 많은 사람이 죽어가고 있다는 사실에 몹시 화를 냈다. 이는 선진국에 사는 사람들이 식품에 대해 얼마나 감정적이고 피해망상적인지를 설명해준다. 개발도상국에 사는 사람들은 꿈도 꾸지 못할 사치다. 일리노이 대학교 생명공학연구소 부소장 브루스 체시 Bruce Chassy는 유전자변형농산물 같은 제품은 에이즈 약물을 심사할 때와 똑같이 신속히 처리해야 한다고 말한다. "사람들이 죽어가는데 약 하나를 심사하느라 30개월씩 허비할 수는 없는 겁니다. 100만에서 200만 명에 달하는 사람들이 비타민 A 결핍으로 죽어가는데 뭐라도 시도해봐야 하지 않겠습니까?"

결국 황금쌀은 2008년에 필리핀에서 현장 실험에 들어갔다. 이제 곧 필리핀 농부들이 황금쌀을 재배해서 팔게 될 것이다. 그러나 시장에 진출하기까지 황금쌀이 걸어온 멀고 먼 여정은 유전자변형농산물을 인도주의적인 용도로 사용하는 문제에 사람들이 더 많은 관심을 기울이게 했다. 비평가들은 특허 문제가 비영리 목적으로 유전자변형농산물을 연구하는 이들의 발목을 잡는다고 지적한다. 반면에 지지자들은 규제기관들이 지나치게 신중한 태도를 취하고, 비평가들이 감정에 치우친 유언비어로 불안감을 조성하는 게 더 큰 문제라고 주장한다.

지금 이 세상에 많은 갈등이 있다고 생각한다면, 아직 아무것도 보지 못한 것이다. 찰스 왕세자가 말한 대로 유전자변형농산물이 실제로 거대한 실험이라면, 이는 분명 시도할 만한 가치가 있다.

9 완벽한 기능을 갖춘 로봇

사람들은 공기인형과 기꺼이 섹스를 하려 할 것이다.
따라서 처음에는 개선할 필요성을 못 느낄 것이다.[1]
유럽로봇연구네트워크EURON 회장 헨리크 크리스텐센Henrik Christensen

저널리스트가 되어 누리는 이익은 많지 않다. 봉급도 많지 않고, 마감 일자에 대한 스트레스도 끊임없이 견뎌야 한다. 게다가 사람들은 걸핏하면 '언론의 선정성이 문제'라고, 지나친 확대 해석이라고, '전후관계를 무시하고' 보도했다고 비난하기 일쑤다. 그렇지만 좋은 것도 몇 가지 있다. 공짜 커피와 샌드위치를 먹을 때도 많고 이따금 어린 시절 우상이었던 인물을 인터뷰할 기회를 얻기도 한다. 내게는 쿵후 액션배우 청룽이 그런 경우였다. 드물기는 하지만 이렇게 나쁜 점을 전부 만회할 수 있을 정도로 몹시 흥분되는 무언가를 보거나 경험하기도 한다.

2008년 1월에 내게도 그런 일이 일어났다. 라스베이거스에서 국제전자제품박람회를 취재하고 있을 때였다. 나는 박람회장에 전시된 최신 제품에 너무 많은 자극을 받아 감각과부화 상태인 채로 잔뜩 몰려든 군중을 힘겹게 헤치고 나와 '보스'를 만나기 위해 주차장으로 휘청휘청 걸어갔다. 보스는 카네기멜론 대학교 공학자들이 피츠버그에서 만든 로봇 차량이다. 불과 두 달 전, 마력을 올린 제너럴모터스의 레저용 자동차 보스는 DARPA에서 개최한 무인자동차경주대회 그랜드 챌린지Grand Challenge에서 우승을 차지했다. 전자동 시스템을 갖춘 보스는 이 대회에서 가상으로 꾸민 도심을 96킬로미터나 주행했다. 프로젝트 관리자 크리스 엄슨Chris Urmson은 차량의 작동 원리를 설명하고 나서 나를 태우고 주차장에 설치한 장애물 코스를 달렸다. 보스는 레이더와 레이저 센서, 카메라, GPS를 복합적으로 사용하여 작동했다.

조수석과 뒷좌석에 각각 나와 엄슨을 태운 보스는 시동을 걸더니 타원형 트랙을 달리기 시작했다. 쓰레기통과 철탑 장애물 근처에서는 능숙하게 방향을 바꾸었다. 나는 비어 있는 운전석과 알아서 왼쪽으로 돌았다가 오른쪽으로 돌고 다시 왼쪽으로 도는 핸들을 경이로운 눈으로 바라보며 입을 떡 벌리고 조수석에 앉아 있었다. 순간 어렸을 때 보았던 1980년대 TV 드라마 〈나이트 라이더Knight Rider〉가 떠올랐다. 〈나이트 라이더〉에서는 데이비드 하셀호프가 키트라는 인공지능 자동차를 운전했다(스스로 운전하는 키트는 사람과 대화를 하는가 하면 도박을 하는 하셀호프의 주사위를 자기 마음대로 움직여 도와주기까지 한다). 그 키트가 현실에 존재했다. 벌어지는 광경을 보고 있자니 현기증이 났다. 물론 TV에서 로봇을 보기도 했고 사람이 조종하는 단순한 로봇을 직접 본 적도 있다. 그런데 지금 이 로봇은 내 기사 노릇까지 하고 있지 않은가.

코스를 몇 바퀴 돈 다음 보스는 몽상에 빠진 나를 흔들어 깨우기라도 하듯 돌연 왼쪽으로 방향을 바꿨다. 그리고 장애물 코스 한쪽에 놓아둔 쓰레기통 몇 개를 들이받더니 갑자기 멈춰 섰다. "전에는 한 번도 이런 일이 없었는데!" 엄슨이 뒷좌석에서 소리쳤다. 너무 영화를 많이 본 탓에 나는 즉시 보스가 〈아이, 로봇I, Robot〉이나 〈매트릭스The Matrix〉에서처럼 우리에게 덤벼들지는 않을까 하는 생각을 했다. 〈터미네이터The Terminator〉에서 사라 코너가 아널드 슈워제네거를 어떻게 물리쳤는지 기억해내려고 애쓰는 몇 초 동안 긴장감이 흘렀다. 보스가 다시 혼자서 시동을 걸었다. 그리고 태연하게 후진을 하더니 장애물 코스를 다시 달렸다. 몇 분 뒤 시험 운전이 끝나자 엄슨은 무슨 일이 벌어졌던 건지 바로 알아냈다. 카메라가 꺼져서 특정 부분의 차선 표시를 볼 수 없게 되자 방향을 틀었던 것이다. 손상된 부분은 없었다. 하지만 로봇 자동차가 도로에 나오려면 시간이 좀더 필요하다는 생각이 들었다.

엄슨에 따르면 실제로 한 번에 하나씩 로봇 기능을 추가하려면 시간이 걸린다고 한다. 제너럴 모터스 자동차 중에는 보스에 사용했던 기술을 적용한 자동차도 더러 있다. 운전자가 방향을 바꿀 때 주의를 주는 차선 및 사각지대 탐지기가 대표적이다. 다음에는 앞에서 달리는 자동차가 얼마나 빠른지 혹은 얼마나 느린지 감지하고 거기에 맞춰 자동차 속도를 조절할 수 있는 주행속도 유지장치를 도입할 것이다. 그러다 보면 언젠가는 스스로 운전하는 자동차로 고속도로를 달리는 게 허용될지도 모른다. 고속도로 운행이 일반 도로보다 훨씬 간단하니까 말이다. 그러면 사람들은 장거리 여행을 하는 동안 운전에서 해방되어 다른 일을 할 수 있다. 엄슨은 이렇게 말했다. "단계적으로 서서히 이뤄지겠지만, 우리는 향후 10년 안에 완전히 자율 주행이 가능한 자동차가 도로에 나올 거라고 기대하고 있습니다. 그러면 장거리를 여행할 때 책을 읽거나 영화를 보거나 잠을 잘 수도 있죠." 우리의 대화를 듣고 있던 제너럴 모터스 간부 는 자동차가 고장이 나더라도 감정이 없는 로봇 운전자가 인간 운전자보다 안전할 거라고 이야기했다. "운전하다 분통 터질 일도 없을 겁니다. 로봇은 논리적인 행동만 하니까요. 〈스타 트렉〉에 나오는 스팍처럼요."[2]

로봇 업계의 IBM?

그날 라스베이거스에서 곧 불어닥칠 로봇 혁명의 현실이 나를 강타했다. 로봇은 이제 공상과학 작품에나 나오는 이야기가 아니다. 자동차공장에서 볼 수 있는 로봇 팔이나 깜찍한 짓을 하는 장난감개 수준도 진작 뛰어넘었다. 로봇은 지금 우리와 함께 있고 대개는 일을 하고 있다. 머지않아 어디에서나 로봇을 볼 수 있는 날이 올 것이다. 스스로 운전하는 자동차는 앞으로 우리가 만날 로봇 혁명의 일부에 불과하다. 자동화된 로봇 팔이 대부분인 현재의 로봇 시장은 2008년에 173억 달러에 이르렀다. 다들 앞으로 10년 동안 엄청나게 성장할 것으로 기대하고 있다. 새로운 용도의 로봇이 속속 개발되면 최대 1000억 달러의 시장이 형성될 거라고 추정하는 이도 있다.[3] 지금은 전 세계 가정에 약 5500만 개의 로봇이 있다. 대개는 장난감, 진공청소기, 잔디 깎는 기계, 보안 모니터 형태다. 어떤 이들은 모든 가정이 로봇 하나쯤은 갖게 될 날도 멀지 않았다고 생각한다. 실제로 한국 정부는 2020년까지 이런 계획을 실현하라고 관련 부처에 지시했다. 머지않아 로봇이 우리를 먹이고 입히고 씻길 것이다. 우리 곁에 있어주고 냉장고에서 맥주를 가져다주기도 할 것이다. 심지어 우리는 이런 로봇들을 통제하는 로봇을 갖게 될 것이다. 많은 이들이 로봇 산업의 가파른 성장을 보고 1970년대 개인용 컴퓨터 시장과 비교하곤 한다. 마이크로소프트 창업자 빌 게이츠Bill Gates는 이렇게 말한다. "우리는 개인용 컴퓨터가 책상에서 벗어나 우리가 물리적으로 실재하지 않는 곳에서 물체를 보고 듣고 만지고 조작할 수 있게 해주는 새로운 시대에 직면해 있다."[4]

그러면 로봇 혁명이 일어날 때 이 혁명을 주도할 인물은 누구일까? 마이크로소프트 로봇부서 총책임자 탠디 트라워Tandy Trower는 일본 자동차 제조업체 도요타Toyota가 새로운 시대로 우리를 안내할 거라고 믿는다. 아직은 로봇 산업을 주도하는 독보적인 회사가 등장하지 않았지만, IBM이 초창기 컴퓨터 산업을 주도하고 마이크로소프트가 소프트웨어 시장을 주도했던 것처럼 도요타는 다른 로봇 제조업체들을 능가하는 많은 이점을 가지고 있다고 탠디 트라워는 말한다. 도요타는 대규모 자동 생산 라인을 구축하는 데 앞장서면서 수십 년간 로봇공학 기술을 익혀왔다. 또한 인간의 신체와 유사한 모습을 갖춘 휴머노이드 아시모^{ASIMO}와 트럼펫이나 바이올린을 연주할 수 있는 로봇 등을 만든 저력이 있는 회사다. 더욱이 연구개발에 필요한 막대한 자금을 감당할 만한 능력도 갖추고 있다. 뿐만 아니라 자동차 업계에서 쌓은 다년간의 경험을 바탕으로 로봇이 진출할 소비 시장과 유통망을 제대로 알고 있다.

트라워는 도요타가 군납에만 과도하게 집착하는 대부분의 미국 기업보다 훨씬 더 영리하게 로봇 산업에 접근했다고 말한다. 사실 로봇 산업에서 가장 큰 시장이 의료 서비스와 개인 생활을 보조해주는 부분인데, 도요타는 이것을 간파하고 있다는 것이다. "도요타는 군사용 로봇에 집중하기보다는 미래에 로봇이 어떻게 우리를 보조하게 될지 연구하는 사회적 측면에 초점을 맞추고 있습니다. 그런 점에서 도요타는 우리가 주시해야 할 아주 중요한 회사입니다. 로봇 업계의 IBM이 될 수 있는 회사예요."[5]

그러나 내 생각은 다르다. 역사가 정반대 사실을 입증하고 있기 때문이다. 가정을 염두에 두면 의료 분야나 노인을 돕는 로봇이 분명 가장 큰 시장이 될 것이다. 하지만 로봇 산업 전체를 놓고 볼 때 가장 큰 시장이라고 할 수는 없다. 이제까지 살펴본 내용을 조금이라도 기억한다면, 기술을 발전시키는 원동력 중에서 가장 강력한 영향력을 행사하는 것이 섹스와 폭력이라는 걸 알 것이다. 이 두 산업 중 어느 쪽과도 연결 고리가 없다면 도요타가 쥐고 있는 패는 별로 볼 것이 없다. 둘째로, 만일 일본 회사 중 하나가 로봇 상용화 바람을 이끈다면, 그건 도요타 같은 대기업이 아닐 것이다. 역시 역사가 입증하듯이 대기업이 신기술 보급을 주도한 예는 거의 없었다. 대기업은 대개 그들에게 성공을 안겨준 기존 기술, 즉 구식 기술에 매여 있기 마련이다. 새로운 기술 개발에 지나치게 투자를 많이 하다 보면 회사 자체가 약해지거나 기존 사업 부문에서 매출이 감소할 위험이 있다. 사실 탠디 트라워가 근무하는 마이크로소프트도 최근 이런 문제에 직면했다. 소프트웨어 사업의 거물인 마이크로소프트는 데스크톱 컴퓨터를 작동시키는 운영체제를 팔아 부자가 되었기 때문에 인터넷이 부상할 때 빠르게 대응하지 못했다. 사실 인터넷에서는 무슨 운영체제를 쓰느냐가 그리 중요하지 않다. 최근 마이크로소프트는 인터넷 업계에서 우뚝 선 구글을 견제하기 위해 검색엔진을 개발한답시고 컴퓨터 업계에서 그동안 쌓아온 기술과 힘을 낭비했다. 이에 반해 구글은 마이크로소프트가 컴퓨터 운영체제로 벌어들인 수익을 검색 관련 광고를 통해 인터넷에서 벌어들이고 있다. 구글은 앞날이 창창한 데 비해 마이크로소프트는 갈수록 영향력이 줄어들고 있다는 게 두 회사의 가장 큰 차이다.

똑같은 현상이 로봇 업계에서도 일어날 거라고 생각한다. 도요타 같은 회사가 전 세계 수천 개가 넘는 신생 로봇 회사들보다 자원과 경험 측면에서 크나큰 이점을 갖고 있는 건 사실이다. 하지만 여전히 도요타의 핵심 사업은 자동차다. 도요타 주주들도 로봇공학을 신기해하고 관심을 보이겠지만, 역시 주주들의 주요 관심사는 도요타가 자동차를 얼마나 많이 파느냐일 것이다. 주주들은 회사의 핵심 경쟁력과 별로 관계가 없는 사업에 큰돈을 투자하는 걸 달가워하지 않는다. 반면에 작은 로봇 회사들은 보호해야 할 기존 사업이 없기 때문에 기회를 엿보다가 언제든 빠르게 대응할 수 있다. 그런 회사 중 하나가 아이로봇이다. 내 생각에는 아이로봇이 로봇 업계의 마이크로소프트나 IBM이 될 가능성이 훨씬 큰 것 같다.

빨아들이는 로봇

녹음이 우거진 뉴잉글랜드를 거쳐 보스턴에서 북쪽으로 조금 차를 몰고 가면 매사추세츠 주 베드퍼드가 나온다. 아이로봇 본사가 여기에 있다. 본사 건물은 고속도로가 내려다보이는 공업단지에 자리 잡고 있다. 머지않아 세계에서 가장 중요한 회사가 될 거라는 기대를 안고 보면 너무 작아서 실망할지도 모른다. 그렇지만 대단할 것 없는 이 건물이 아이로봇과 로봇 산업 전반에 대해 많은 것을 말해준다. 아주 유망하고 몇 차례 성공을 거두기도 했지만, 아직까지는 초기 단계에 있는 사업이다. 아이로봇은 MIT에서 로봇을 연구하던 콜린 앵글Colin Angle, 로드니 브룩스Rodney Brooks, 헬렌 그라이너Helen Greiner가 1990년에 창업했다. 회사 이름은 아이작 아시모프의 소설 『아이, 로봇I, Robot』에서 따왔다. 윌 스미스가 출연한 동명 영화의 원작이다. 소설에서 인간과 기계는 비교적 조화를 이루며 함께 살아간다(로봇이 반란을 일으키기 전까지는 그렇다). 초창기에 이 회사는 장난감 공룡을 비롯해 인상 깊은 로봇을 몇 가지 만들었다. 하지만 시장을 찾는 데 어려움을 겪었다. "14개에서 18개 정도 사업 모델을 내놓았다가 돈이 안 된다는 걸 알고 폐기했죠."[6] 아이로봇 최고경영자 콜린 앵글의 말이다. 첨단기술 경영자들이 대부분 그렇듯 앵글도 편한 복장을 좋아해서 웬만하면 정장을 입지 않는다. 약간 부스스한 얼굴에 폴로셔츠 단추를 끝까지 채운 모습이 꼭 빌 게이츠를 보는 것 같다.

드디어 1997년에 기회가 찾아왔다. 공군을 위해 비행장에서 폭탄 조각을 청소하는 페치Fetch라는 로봇을 개발한 것이다. 덕분에 아이로봇은 이듬해에 DARPA와 계약을 맺고 팩봇을 만들기 시작했다. 생긴 건 잔디 깎는 기계와 비슷하지만, 차바퀴 둘레에 강판으로 만든 벨트가 걸려 있고 여러 개의 관절로 이루어진 긴 팔이 튀어나와 있다. 이 기본 형태를 아이로봇에서는 '플랫폼'이라 부르는데, '플랫폼'은 원하는 설비에 맞춰 무엇으로든 주문 제작이 가능했다. 팔에는 야간 투시용 카메라를 비롯해 다양한 카메라를 여럿 장착할 수 있다. 뿐만 아니라 발톱 모양의 손이나 폭발물과 생물 무기를 감지하는 센서를 추가할 수도 있다. 무게 20킬로그램에 가격이 15만 달러인 팩봇은 아프가니스탄과 이라크에서 제몫을 톡톡히 했다. 크기가 작고 투박해서 동굴부터 사무실 건물까지 어디든 갈 수 있었다. 게다가 주문 제작이 가능해서 정찰과 폭탄 제거 등 다양한 임무를 수행할 수 있다. 덕분에 이라크 반군이 주로 사용하는 급조 폭발물 IED을 처리하는 데도 아주 쓸모가 있다.

미군과 계약을 체결한 덕분에 재정적으로 한결 안정된 아이로봇

경영진은 진짜 목표인 소비 시장을 염두에 두고 개발에 박차를 가했다. 2002년, 아이로봇은 페치를 룸바Roomba로 탈바꿈시켰다. 원반 모양 진공청소기로, 던지기 놀이에 쓰는 프리스비처럼 생겼다. 가격은 200달러였다. 이로써 룸바는 가격도 합리적이고, 영리하며, 무엇보다 쓸모가 있는 최초의 가정용 로봇이 되었다. 버튼 하나만 누르면 알아서 방을 청소하다가 청소가 끝나면 충전대로 돌아왔다. 벽과 탁자 다리, 의자를 감지하고 피해서 다니는가 하면 소파 밑처럼 사람 손이 닿지 않는 곳에도 들어갈 수 있다.

룸바는 크리스마스 선물로 인기를 끌었고 회사의 최고 인기 상품이 되었다. 이에 힘입어 아이로봇은 마루 물청소 로봇 스쿠바Scooba, 지붕 홈통 진공청소기 루지Looj, 수영장 청소기 베로Verro 등 가정용 로봇을 속속 출시했다. 아이로봇은 군용 로봇을 개발하는 동시에 소비 시장을 공략함으로써 2003년에 흑자로 돌아선 이래 꾸준히 성장했다. 2005년, 아이로봇은 나스닥 시장에 주식을 상장했다. 그리고 세계적인 불황이 거의 모든 산업을 덮치기 전인 2007년 800만 달러의 수익을 냈다고 밝혔다. 2008년, 아이로봇은 전 세계에 가정용 로봇을 100만 대 넘게 팔았다. 룸바의 총 판매량은 300만 대를 돌파했고, 군에 납품한 팩봇 수는 2200대에 달했다.[7] 아이로봇은 두 시장에서 각기 다른 교훈을 얻었다. 하지만 결국엔 우리 생각과 비슷했다. 콜린 앵글의 말을 들어보자. "소비 시장이 가격에 훨씬 민감합니다. 그리고 모든 건 유행에 맞게 제작해야 합니다. 일단 부피가 크고 디자인이 날렵하지 않으면 돈을 벌 수 없습니다." 그러나 유용성을 중시하는 건 두 시장이 똑같다. "룸바가 마루를 깨끗이 청소하지 못한다면 팔리지 않겠죠. 군에서도 마찬가지입니다. 로봇이 군인들에게 눈에 보이는 혜택을 제공하지 않는다면, 팔릴 리 없죠. 로봇은 유용성 때문에 팔리는 겁니다. 오락 기구와는 완전히 달라요. 사람들이 충동적으로 진공청소기를 사거나 재미 삼아 40파운드짜리 로봇을 끌고 다니지는 않으니까요."

군용 제품과 가정용 제품에서 차이점을 찾는다면, 그중 하나는 자율성의 정도라 할 수 있다. 룸바는 독립성이 아주 높아서 거의 모든 일을 자기가 알아서 한다. 혼자서 청소를 하다가 일어날 수 있는 가장 큰 문제라고 해봐야 애완견과 몸싸움을 벌이는 정도가 전부이기 때문이다. 그러나 팩봇을 비롯한 군용 로봇은 원격조종을 하게 되어 있다. 작전중에 예기치 못한 사태가 벌어지면 안 되기 때문이다. 해군 중장으로 은퇴한 뒤 아이로봇에서 정부 및 산업용 로봇 개발을 지휘하고 있는 조 다이어가 더 정교해진 로봇에 자율성을 부여하는 작업이 고양이가 걸음을 옮기듯 아주 조심스럽게 이뤄지고 있다고 말한 이유가 여기에 있다. 다이어의 사무실에 가면 회의 탁자에 예전에 그가 몰던 전투기 F-18 조종간이 전시되어 있다. 다이어에 따르면 요즘 최첨단 항공기는 방향 안정부터 시작해서 주행속도 유지, 착륙에 이르기까지 모든 작업이 자동화되어 있다고 한다. 로봇의 자율성도 같은 방식으로 이뤄질 것이다. "한 단계 더 나아가면 아마 로봇에게 이렇게 말하게 될 겁니다. '로봇, 잘 들어. 만일 우리랑 통신이 안 되면 우리랑 이야기할 수 있는 곳으로 돌아오는 거야. 넌 충분히 그럴 수 있어.' 자율성을 부여하는 작업은 고양이 걸음으로 아주 조심스럽게 이뤄지고 있습니다."

향후 몇 년 안에 자율성 부여 작업 속도는 빨라질 것 같다. 지금처럼 로봇을 조종하는 사람에게 계속해서 보고하는 시스템은 지독히 비효율적이기 때문이다. 로봇을 조종하는 사람이 계속 필요하다면, 비용 측면에서도 사람을 로봇으로 교체해서 얻은 이득이 무용지물이 되고 만다. 가정용 로봇을 예로 들어보자. 만일 룸바가 청소를 잘하는지 사람이 계속 지켜보아야 했다면, 아이로봇은 룸바를 그렇게 많이 팔 수 없었을 것이다. 군사용 로봇도 마찬가지다. 로봇은 자기가 본 모든 것을 전송하고 조종자에게 돌아와야 한다. 따라서 상당히 많은 무선 대역폭을 이용하는데, 전투 상황에서는 무선 대역폭을 사용하기가 쉽지 않다.

문제를 해결하려면 전투 로봇을 더 똑똑하게 만들어서 더 많은 자율권을 부여해야 한다. 한 가지 가능한 시나리오는 로봇들끼리 신호를 주고받는 '군집 지능'을 활용하는 것이다. 잠시 다음과 같은 상황을 상상해보자. 무장한 비행 로봇들이 적진에서 정찰을 하다가 그중 하나가 적이 쏜 총탄에 격추되었다. 정찰대가 공격받고 있다는 걸 감지한 다른 로봇 군단이 이들을 지원하기 위해 정찰대가 있는 곳으로 향한다. 전투가 끝나면, 각각의 비행 로봇은 원래 자기가 있던 자리로 돌아가 다음에 있을 전투를 준비한다. 어쩌면 〈스타 트렉〉에 나오는 보그Borg족이 떠오를지도 모르겠다. 어쨌거나 이들 로봇 군단은 개별적으로 인간의 조종을 받고 움직일 때마다 승인을 받아야 하는 로봇들보다 훨씬 빠르고 효율적으로 행동할 수 있다. 물론 상당한 위험이 따르는 만큼 이런 시스템을 개발하는 작업은 조심스럽게 이뤄질 것이다. "수많은 이유 때문에 될 때까지 몇 번이고 확인해야 합니다. 실수라도 생기면 앞으로 10년간은 로봇을 전투에 실전 배치하기 어려워지니까요." 미 육군 로봇 구입 최고 책임자 케빈 페히Kevin Fahey의 말이다.[8]

미래와의 싸움

로봇의 자율성도 개발하고 비용도 절감하기 위해 DARPA가 선택한 건 도로 경주였다. 2003년, DARPA는 그랜드 챌린지라는 로봇경주대회를 개최한다고 발표했다. 무인 차량으로 로스앤젤레스와 라스베이거스 사이에 있는 480킬로미터에 달하는 사막을 횡단하는 경주다. 경주 대회는 미니 맨해튼 프로젝트처럼 만들어졌다. 광고주부터 기업 후원자, 공상과학소설 작가, 영화제작자까지 모든 이들에게 참여를 독려했다. 프로그램 담당자는 이렇게 말했다. "DARPA 그랜드 챌린지를 성공시키려면 로봇 전문가들부터 열정적인 아마추어들까지 할 수 있는 한 많은 사람을 참여시켜야 했습니다."[9]

상금은 100만 달러였다. 출전자들이 비용 효율에 집중하게 하려고 일부러 낮게 책정했다. 100만 달러를 받으려고 1000만 달러를 쓸 사람은 없을 테니까 말이다. 코스를 사막으로 선택한 건 로봇이 조종하는 사람에게 달려들 경우를 대비한 것이기도 하지만, 이라크와 아프가니스탄 지형과 비슷하기 때문이기도 했다. 2004년 3월에 열린 첫 회 경주는 실패작이었다. 15개 참가자 중 완주한 로봇 차량이 하나도 없었다. 그나마 카네기멜론 대학의 샌드스톰^{Sandstorm}이 가장 먼 거리를 경주했는데, 전체 480킬로미터 중 12킬로미터쯤 달리다 수렁에 빠져 밖으로 나오지 못했다. 하지만 일 년 뒤에 똑같은 방식으로 두 번째 대회가 열렸다. 상금은 200만 달러로 올랐고, 거리는 212킬로미터로 줄어들었다. 23개 참가자 중 5개 로봇 차량이 완주했고, 그중에 스탠퍼드 대학교에서 출전한 스탠리^{Stanley}가 시속 38마일로 최고 속도를 기록했다.

2007년에 열린 세 번째 대회에서는 11개 팀 중에서 6개 팀이 완주에 성공했고 '보스'가 우승을 차지했다. 캘리포니아 주에 있는 폐쇄된 군사기지에 가상으로 만든 도시에서 교통신호와 규칙을 모두 지키면서 주어진 임무를 수행하며 코스를 완주해야 했다. DARPA의 토니 테더 소장은 불과 3년 만에 이뤄낸 기술 발전을 보고 황홀해했다. "2004년에 열린 대회는 라이트 형제가 키티호크에서 처음 비행기를 시승한 사건에 필적할 만했습니다. 라이트 형제가 탄 비행기는 멀리 날지 못했지만, 어쨌거나 비행이 가능하다는 걸 보여주었죠. …… 2004년 이후 이뤄진 의미심장한 기술 진보는 첫 대회를 보고 사람들이 무인차량경주가 가능하다고 믿게 된 덕분입니다."[10] 2005년에 우승을 차지한 스탠퍼드 대학 팀을 이끌었던 인공지능 권위자 세바스티안 스런^{Sebastian Thrun}은 다음과 같은 말로 대회의 의미를 요약했다. "우리 모두가 우승한 겁니다. 로봇공학계 전체가 우승한 거예요."[11]

DARPA가 경주 대회를 개최한 이유는 국방부로부터 지시받은 대로 군대를 변신시킬 전략을 짜는 데 도움을 얻기 위해서였다. 이 작업은 미 육군의 자만심과 경직성을 보여주는 당혹스러운 일을 겪고 나서 1999년에 시작했다. 당시 병참에 혼선이 생겨 코소보 전쟁에서 사용할 아파치헬기가 알바니아에 들어오는 걸 미 육군에서 막았다. 이 일로 미 공군은 가능한 한 빠른 시일 안에 군대를 더 가볍고 빠르게 재편한다는 계획을 세웠다. 소형 무인 로봇 차량을 주축으로 하는 미래전투시스템^{FCS} 계획은 2003년에 초안이 작성되어 의회 승인을 받았다. 추정 예산은 2000억 달러가 넘었고, 2030년에 완료될 것으로 예측되었다. 군 장성들은 이 계획을 놓고 제2차 세계대전 이래 가장 야심 찬 육군 현대화 작업이자 가장 값비싼 무기 개발 계획이라 불렀다.[12] 미래전투시스템 계획은 무인 비행 로봇과 무인 지상 로봇을 도입하는 것이 주요 골자였다. 다수의 정찰로봇과 폭발물 제거 로봇을 도입하는 것으로 시작해서 결국은 무기를 탑재한 로봇을 개발하는 쪽으로 나아갔다. 이라크와 아프가니스탄에서 많은 병력이 죽어나가면서 무인 시스템을 도입하자는 쪽이 더 힘을 얻었다. "전쟁 중에 국방부가 돈을 요구하면 의회는 따를 수밖에 없습니다. 대개는 국민들이 자금을 댑니다. 국민들은 위험을 무릅쓰고 전장에서 싸우는 이들을 후원하고 싶어 합니다." 케빈 페히의 말이다.

시작은 서서히 이뤄졌지만 곧바로 속도가 붙었다. 2004년, 미군은 이라크와 아프가니스탄에서 162대의 로봇을 사용했다. 2008년

말에는 미군이 보유한 로봇이 6000대가 넘었다.[13] 처음에는 아이로 봇에서 만든 팩봇처럼 동굴을 폭파하거나 폭탄을 제거하는 형태이거나 노스롭 그루먼Northrop Grumman에서 만든 글로벌 호크Global Hawk 같은 무인정찰기 형태였다. 포식자를 뜻하는 프레데터Predator, 수확 기계를 뜻하는 리퍼 등 소름끼치는 이름을 단 무인정찰기 겸 공격 기가 그 뒤를 이었다. 제너럴 아토믹스General Atomics에서 개발한 무인 항공기로 수천 킬로미터 떨어진 네바다 주 군사기지에서 원격조종 으로 가동시켰다. 곧 포스터 밀러에서 만든 마르스MAARS와 아이로 봇에서 만든 워리어Warrior 같은 지상 전투 로봇이 전장에 투입될 것이다. 총을 든 로봇이 돌아다닌다는 생각에 소름끼쳐 하는 사람들도 더러 있지만, 군사 전문가들은 이런 진화가 지극히 자연스러우며 자동차부터 비행기까지 모든 분야에서 변화가 일어나고 있다고 말한다. 아이로봇의 조 다이어는 이렇게 말한다. "군대에서 사용하는 거의 모든 기술은 정찰과 함께 시작되어 공격으로 발전하기 마련입니다. 결국은 예외 없이 공격 능력으로 나아갑니다."

미래전투시스템에 대한 비판이 전혀 없는 건 아니다. 2009년에 취임하면서 이 계획을 이어받은 버락 오바마 대통령도 그중 하나다. 오바마는 지체 없이 미래전투시스템 계획을 축소했다. 이런 행보는 보잉Boeing, 록히드 마틴Lockheed Martin 같은 대형 방위산업체에 해로울 수밖에 없다. 장기적으로 보면 소규모 로봇 제조업체들이 더 많은 수익을 거둘 것 같다. 2009년 4월에 오바마 행정부의 국방 장관 로버트 게이츠Robert Gates는 정부가 '냉전식 사고방식', 즉 미국이 명백한 우위에 서 있는 재래식 전쟁에 들이는 비용을 삭감하고 있다며, 대신 새로운 현실에 집중할 것이라고 발표했다. "오바마 행정부는 우리가 확실한 우위를 점하는 부분에서 자원을 가져다 우리에게 위협이 되는 부분에 투입하려고 애쓰고 있습니다. 비정규전과 비대칭 공격에 대비하려는 것이죠." 다이어의 말이다. "로봇은 비정규전에 대응할 수 있는 중요한 전략입니다. 이미 이라크전에서 급조 폭발물이 얼마나 큰 위협이 되는지 봐서 아시겠죠. 정부는 이미 군사적 우위에 있는 영역에서 자원을 끌어다 아이로봇 같은 로봇 산업에 투자할 겁니다."

이는 DARPA 무인자동차경주대회 같은 프로그램이 더 생길 수 있다는 뜻이다. 미국에서 인공지능 연구에 들어가는 기금의 80퍼센트 정도가 이미 군에서 나왔다.[14] 국방비를 그만큼 줄인 결과다. 한 가지는 확실하다. 이제 막 로봇에 입맛을 다시기 시작한 미군이 곧 걸신들린 듯 로봇을 더 요구할 거라는 점이다. 아이로봇의 콜린 앵글이 지적한 대로 미군이 로봇 업계의 주요 고객이 되면서 로봇 산업에 비교적 새로운 두 가지 개념을 밀어넣었다. 바로 유용성과 비용효율이다. 대규모 일본 자동차 회사와 전자 회사들이 로봇 기술을 통달하고 강아지 로봇 아이보^{AIBO}나 휴머노이드 아시모처럼 놀라운 로봇을 여럿 만들긴 했지만, 이제껏 로봇을 저렴하고 쓸모 있게 생산하는 데는 실패했다. 콜린 앵글은 이렇게 평가했다. "일본 로봇 산업은 꽤 멋집니다. 대형 전자 회사들은 자기들이 아주 멋진 로봇을 만들 수 있다는 걸 보여주려고 아이보와 아시모, 그리고 역동적인 보행 로봇 프로젝트를 여럿 진행했습니다. 마쓰시타가 소니보다 멋진 이유가 뭘까요? 그들이 만든 로봇을 보면 압니다. 대개 기술을 자랑하려고 만든 겁니다. 크기도 거대하죠. 사람들은 여기에 열광합니다. 그러나 일본이 쓸모 있는 로봇을 만드는 대신 보여주는 로봇에 치중하는 건 방향을 잘못 잡은 겁니다." 물론 일본인 관료들은 앵글과 생각이 다르다. "상업적으로야 미국이 훨씬 낫지만, 기술에 있어서만큼은 일본이 세계 제일입니다." 오사카 시청에서 일하는 도리야마 다카유키Toriyama Takayuki의 말이다. "지금은 일본 로봇 시장이 크지 않습니다. 가격이 너무 비싸니까요. 로봇을 살 능력이 있는 사람이 아무도 없습니다. 아주 심각한 문제죠."[15]

그렇다고 미국이 싸고 쓸모 있는 군사용 로봇을 찾는 유일한 고객은 아니다. 2008년 기준으로 국제무인차량시스템이라는 무역협회에 가입한 회원이 50개국 1400개 기업에 달한다. 또한 영국, 러시아, 중국, 파키스탄, 이란 등 42개국에서 기업이 정부와 계약을 맺고 군사용 로봇을 연구하는 것으로 조사되었다.[16] 전투 로봇 시장은 이제 막 열리기 시작했다. 이것은 곧 우리 주변에 보이는 가정용 로봇도 초기 단계에서 나온 파생 상품일 뿐이라는 얘기다. 룸바는 시작에 불과하다.

영리한 창녀

인공지능 연구는 이처럼 거의 대부분 군의 하청을 받아 진행되고 있다. 그런데 개중에는 깜짝 놀랄 만한 인물들이 이 연구에 뛰어들기도 한다. 바로 섹스에 열광하는 범죄자들이다. 실제로 군사용 로봇을 개발하는 연구자들이 인간과 비슷한 로봇 지능을 만들지 못하고 있을 때 해커들이 먼저 선수를 쳤다.

인터넷 신용사기는 단순한 스팸 메일로 시작되었다. 섹스 산업은 혁신 기술이 나올 때마다 앞장서서 도입했듯이 이번에도 스팸 메일에 몰려들었다. 사람들이 서로 전자메일을 보내기 시작한 바로 그 순간부터 윤락업자들은 이메일 주소를 수집해서 자사 상품을 홍보했다. 그 결과 웹을 샅샅이 훑으면서 이메일 주소를 수집하는 '스파이더'와 메일박스를 감염시키고 주소록에 있는 모든 이들에게 스팸 메일을 발송하는 바이러스가 등장했다. 웹 초창기에 이런 스팸 메일을 클릭하면 대부분 포르노 사이트로 연결되었다. 그렇게 해서 유료 서비스에 가입하도록 사람들을 유도했다. 스팸 메일을 걸러내는 필터가 더 영리해지고 더 강해질수록 이들의 속임수도 훨씬 더 복잡해졌다. 스팸 메일이 짜증나는 팝업 광고로 변하더니 사용자가 링크를 클릭하면 컴퓨터가 악성코드에 감염되는 피싱 공격으로 발전했다.

나는 2005년에 뉴질랜드에 사는 동안 진화에 진화를 거듭한 최신 신용사기에 걸려들 뻔했다. 프렌즈터Friendster에 가입하고 고향, 나이, 관심사 등 기본 정보를 담은 프로필을 작성했다. 프렌즈터는 마이스페이스MySpace, 페이스북 같은 소셜 네트워크의 선도자라 할 수 있는 사이트다. 캐나다에 있는 집을 방문하려던 참에 '젠'에게 메시지를 받았다. 내 프로필을 읽었다며, 저널리스트가 되고 싶은데, 토론토에 돌아올 때 블루제이스^{Blue Jays} 야구 경기를 같이 보지 않겠냐고 물었다. 당시 여자 친구도 없던 때라 내게 찾아온 행운에 깜짝 놀랐다. 감격스럽게도 내 프로필을 읽은 사람이 있는데, 거기다 관심사까지 같다니! 우선 젠의 프로필을 확인했다. 아무 문제가 없어 보였다. 그래서 젠에게 좀더 자세한 자기소개를 보내달라고 답장을 보냈다. 젠은 자기 웹사이트에 들어가서 보라며 링크를 하나 보내왔다. 의심 없이 링크를 따라갔더니 아주 교묘히 가장한 포르노 사이트였다. 들어가려면 유료 회원으로 가입해야 했다.

구글로 몇 번 검색해본 뒤 많은 남자가 똑같은 계략에 속아넘어갔다는 걸 알게 되었다. '젠'이라는 이름도 매번 바뀌고, 프렌즈터 프로필에서 얻은 정보를 토대로 당사자에게 맞게 내용을 조금 바꾸긴 했지만, 하는 이야기는 늘 똑같았다. 젠은 개인 신상에 맞춰 자동으로 프로필을 수정하도록 설정되어서 마치 사람처럼 사용자들에게 메시지를 보내는 정교한 '봇^{bot}'(봇은 로봇의 준말로 데이터를 찾아주는 소프트웨어 도구를 말한다. 웹사이트를 방문하고 요청한 정보를 검색, 저장, 관리하는 대리인 역할을 한다—옮긴이)이었던 것이다. 특정 봇이 어디에서 비롯되었는지 찾아낸 사람이 아무도 없었다. 오스트레일리아에 있는 한 로펌에 의뢰하여 해당 포르노 사이트를 추적하려고 애썼지만, 아무런 답변도 받지 못했다.

2007년에 연애 웹사이트를 돌아다니던 슬럿봇^{Slutbot}에 비하면 프렌즈터 신용사기는 아무것도 아니다. 슬럿봇은 사이버러버^{CyberLover}로도 알려져 있다. 시시덕거리기 좋아하는 이 로봇은 러시아 해커가 개발한 소프트웨어로, 30분 만에 열 명과 온라인에서 관계를 구축할 수 있게 만들어졌다. '낭만적인 애인'부터 '성적 포식자'까지 다양한 환경을 설정할 수 있는 이 프로그램은 마치 사람처럼 완벽한 대화 기능을 갖추고 있다. 슬럿봇이 다음과 같은 질문을 던지면 사람들은 개인정보를 술술 털어놓는다. "밸런타인데이 카드는 어디로 보내면 되나요?" 혹은 "깜짝 생일 파티를 하려고 하는데, 생일이 언제예요?" 등등.

보안 전문가들은 소프트웨어에 탑재된 인공지능 때문에 피해자들이 봇과 진짜 구혼자를 구분하기 어렵다고 말했다. 한 보안 분석가는 "해커들이 신분 사기를 저지를 때 사용할 수 있는 사이버러버라는 도구는 전례가 없을 정도로 아주 정교한 사회공학 사례를 보여준다"고 말했다. "오늘날 인터넷 사용자들은 수상쩍은 첨부파일을 열거나 URL을 방문하는 게 위험하다는 걸 다들 알고 있습니다. 그런데 사이버러버는 들어본 적이 없는 새로운 기술을 사용합니다. 이 때문에 더 위험합니다. 인간의 개입 없이도 혼자 알아서 피해자들을 유혹하는 로봇을 만들어낸 겁니다."[17]

이런 현상에 화가 난 몇몇 블로거는 전설적인 영국인 수학자이자 컴퓨터공학자인 앨런 튜링Alan Turing이 컴퓨터의 인공지능을 정의하기 위해 1950년에 고안해낸 일명 '튜링 테스트Turing Test'가 결국 두 손을 들고 말았다고 선언했다. 튜링 테스트에서 컴퓨터는 자기가 인간이라고 믿게 만듦으로써 인간의 판단을 속여야 한다. 인간이라 믿게 만들려고 속이고 있지만 사실은 컴퓨터라는 걸 인간의 지성이

알아채지 못하게 해야 하는 것이다. 여기에 성공하면 그 컴퓨터는 지능이 있는 것으로 간주된다. 기계가 지능이 있는지 판별하는 실험인데, 인간이 감쪽같이 속았으니 사이버러버는 확실히 튜링 테스트를 무의미하게 만들었다고 할 수 있다. 하지만 이렇게 지적하는 블로거들도 있었다. "이는 사람들이 성적으로 흥분할 때 지성이 급격히 떨어진다는 걸 보여준다."[18] 게다가 사이버러버 피해자들은 대부분 슬럿봇이 진짜 사람이길 바랐을 공산이 크다. 성적으로 흥분한 사람들은 자기를 흥분시킨 존재가 컴퓨터인지 아닌지 알아낼 생각조차 하지 않았을 것이다.[19] 사이머리비가 튜링 테스트를 정말로 이긴 건 아닐지 모르지만, 논의를 이끌어내기에는 충분했다.

온라인 신용사기는 분명히 발전을 거듭하고 있다. 전에는 십대들이 장난삼아 해킹을 했지만, 최근에는 이윤을 추구하는 사업체들이 치밀하게 해킹을 주도하면서 이런 경향이 강해졌다. 보안 회사 시만텍에서 정보국장으로 일하는 딘 터너Dean Turner는 이렇게 말한다. "이들은 포춘 100대 기업들처럼 경영을 하고 있습니다. 범죄자들은 원래 게으르거든요. 가능하면 일은 조금만 하고 돈은 많이 벌기를 바라죠. 이건 곧 그들이 인공지능 같은 분야를 연구하는 사람들에게 자기들이 가진 시간과 자원을 투자할 수밖에 없다는 것이죠."[20]

촉감이 살아 있는 포르노

인터넷에 숨어든 인공지능은 한마디로 대단하다. 그런데 이런 프로그램이 컴퓨터를 벌떡 일으켜서 걸어다니게 할 수 있다면 어떤 일이 벌어질까? 답은 자명하다. 바로 섹스 로봇이다. 하지만 이 이야기를 제대로 이해하려면, 그전에 하드웨어와 관련된 퍼즐 몇 조각을 살펴보아야 한다. 첫 번째 조각은 스콧 코프먼 같은 연구자들이 만들었다. 계속해서 새로운 사업에 도전하는 창업가들 말이다. 웨스트버지니아 주 토박이인 스콧 코프먼은 이제껏 살면서 만화 그리기, 보드게임 출시, 약초 보조식품 판매, 어린이용 페인트볼 총 개발, '그라울 타월Growl Towel' 제작 등 수많은 사업에 도전해왔다. 그라울 타월은 캐롤라이나 팬서스Carolina Panthers 하키 경기에서 한 팬이 손에 들고 흔들었던 헝겊조각을 제품으로 만든 거였다. 몇 년간 인터넷 포르노에 발을 담그고 놀던 코프먼은 드디어 자신의 소명을 발견하고 1999년에 AEBN이라는 사이트를 개설했다. 그리고 경쟁 업체들이 쓰는 월별 정액 요금제 대신 방문객들에게 분당 요금을 부과하는 혁신적인 결제 방식을 도입했다. 새로운 결제 방식은 놀라운 성과를 거뒀다. AEBN은 이용객이 가장 많은 유료 포르노 사이트 중 하나로 성장했다.[21] 코프먼에 따르면 한 달 평균 약 40만 명의 유료 고객이 AEBN을 이용한다고 한다. 1년 수익이 1억 달러에 이르는 세계에서 가장 규모가 큰 주문형 비디오VOD 회사다. 단순히 포르노 업계에서만이 아니라 주문형 비디오 산업을 통틀어 가장 많은 수익을 거두고 있다.[22]

코프먼은 기업가 정신과 기술혁신으로 부진에 빠진 포르노 사업을 다시 일으켜 세울 수 있다고 믿는다. 그런 취지에서 2009년에는 리얼 터치Real Touch라는 섹스토이 사업을 시작했다. 무료 온라인 콘텐츠가 주문형 비디오 시장을 잠식하자 이에 맞서 시작한 사업이다. 여성의 엉덩이 윤곽을 그대로 재현한 리얼 터치는 남성의 성기를 삽입할 수 있게 만든 덕분에 꽤 쓸모가 있다. 크기는 토스터만 하다. 안쪽에는 따뜻하고 부드러운 실리콘을 덧대고 윤활유를 공급하는 기계로 안을 촉촉하게 만들어 여성의 질 느낌이 나게 했다. 리얼 터치 안에 있는 모터가, 컴퓨터와 연결만 하면 볼 수 있는 특별하게 코드화된 영화에 맞춰 움직이게 되어 있다.

150달러짜리 리얼 터치는 컴퓨터와 상호작용이 가능한 섹스토이 혹은 원격 *가상섹스*를 일컫는 '텔레딜도닉스 teledildonics' 분야에서도 최신품에 속한다. 코프먼은 리얼 터치가 앞으로 포르노 사업이 나아가야 할 자연스러운 방향이라고 말한다. "영화에 나오는 여자가 남자에게 해주는 것과 똑같은 촉감을 느낄 수 있습니다. 돈을 쓸 가치가 있어요. 이것이 바로 성인 엔터테인먼트 사업이 나아가야 할 방향입니다."

리얼 터치는 시각적인 경험에 만지는 느낌을 도입한 촉각 기술을 사용한다. 엑스박스와 플레이스테이션으로 게임을 할 때 느끼는 충격이나 진동과도 다르고 휴대전화 진동과도 차원이 나르다. 촉각 장치는 센서를 사용해 무언가를 만지는 순간을 감지한다. 그런 다음 그 정보를 미묘한 떨림으로 바꿔 사용자에게 전달한다. 그래서 무언가를 살짝 만지는 느낌을 만들어낸다. 주류 영화계인 할리우드도 포르노 산업과 마찬가지로 불법 복제가 불가능한 경험을 창출할 방법으로 촉각 기술을 고려하고 있다. 일례로 몬트리올에 있는 디

박스 테크놀로지스D-Box Technologies는 요즘 미국과 캐나다에 있는 영화관에 영화 속 움직임에 맞춰 동시에 움직이는 의자를 납품하고 있다(가정용으로도 판매한다). 예를 들어 자동차 추격 장면에서는 화면에 나오는 동작에 맞춰 의자가 좌우 앞뒤로 흔들리며 쿵쾅거린다. 토론토 바로 위에 있는 또 다른 캐나다 회사 퀸서Quanser처럼 오락과 관련이 없는 회사들도 외과 수술 분야에 촉각 기술을 실험하고 있다. 전통적인 로봇 팔을 이용하면 조작자가 물체를 들어 올리고 조종할 수는 있지만, 덜거덕거리는 미련퉁이라 느끼는 감각을 전달하지는 못한다. 그래서 정교하거나 예민한 작업에는 적합하지 않다. 미군에 무인항공기를 납품하기도 하는 퀸서는 촉각 기술을 사용하여 조작자에게 만지는 느낌을 전해주는 팔을 개발했다. 이 팔을 조종하는 사람은 막대기처럼 생긴 조종 장치를 이용해 로봇 팔이 느끼는 것을 함께 느낄 수 있다. 보스턴에서 열린 로봇공학 박람회에서 퀸서가 만든 손을 시험해보았다. 손에 쥐고 있는 연필로 표면을 쿡 찔렀더니 놀랍게도 실제로 감각이 느껴졌다. 촉각을 강화한 로봇공학은 외과 수술에만 유망한 것이 아니라 인공 팔다리 제작에도 크게 기여할 것으로 보인다. 팔이나 다리를 절단한 사람들에게도 얼마 안 있으면 촉감이 살아 있는 의수와 의족으로 잃어버린 팔다리를 완전히 대체할 수 있다는 희망이 생겼다. 실제로 이런 연구가 진행 중이다. 여기에 대해서는 다음 장에서 살펴보겠다.

또 하나의 퍼즐 조각은 캘리포니아에 있는 어비스 크리에이션스Abyss Creations 같은 회사들이 만들었다. 이 회사는 1996년에 리얼 돌

Real Doll이라는 섹스인형을 팔기 시작했다. 17세기 무렵부터 사람들은 다양한 섹스인형을 사용해왔다. 그런데 리얼 돌은 기존의 섹스인형과는 비교할 수 없을 정도로 기술적으로 세련됐다. '할리우드 특수효과'를 사용해 놀랍도록 실물과 똑같은 여자 인형을 만들었다. 강철로 골격을 만들어 연결하고 '살과 아주 똑같은 느낌'이 나도록 부드러운 실리콘으로 겉을 씌웠다. 어비스 크리에이션스는 이 인형을 개당 6500달러에 팔고 있는데, 1년에 약 350개가 팔린다.[23] 2009년에는 모델을 16가지로 다양하게 만들어 출시했다. 사진에 나와 있는 모델들은 진짜 여성과 구분이 안 될 정도다. 찰리라는 남자 인형도 만들었다가 2009년에 폐기하고 새로운 모델을 개발중이다. 물론 이 인형들은 모두 남성의 성기를 삽입할 수 있는 구멍을 가지고 있다. 찰리의 경우에는 성기가 달려 있다. 고객이 원하는 대로 맞춤 제작도 가능하다. 6500달러를 지불할 능력이 있는 사람들은 이 인형의 효험에 대해 열변을 토한다. 일부러 충격적인 발언을 하는 라디오 진행자이자 섹스광으로 소문난 하워드 스턴Howard Stern은 이렇게 소리쳤다. "이제까지 해본 섹스 중에 최고! 신에게 맹세할 수 있습니다! 리얼 돌이 진짜 여자보다 느낌이 더 좋아요!"[24]

리얼 돌이 성공을 거두자 미국은 물론 다른 나라에서도 비슷한 제품이 홍수를 이뤘다. 어비스 크리에이션스가 생길 무렵 일본에서는 섹스인형 사업이 이미 자리를 잡고 있었다. 섹스인형을 바라보는 문화적 견해가 달라서였을 것이다. 오늘날에도 많은 서구인은 인형과 섹스하는 걸 이상하게 보거나 꺼림칙해하거나 한심하게 생각한다. 하지만 일본 사회에서는 이런 행동을 이상하게 생각하지 않는다. 일본은 여러 가지 이유로 섹스인형을 오래전부터 받아들였다. 섹스인형은 배우자와 오랜 기간 떨어져 지내는 남성들에게 여흥을 제공함으로써 불륜에 빠지지 않게 해준다. 또한 신체적 결함 때문이든 사교성이 없어서든 여러 가지 이유로 여성과 섹스를 할 수 없는 사람들에게 배출구를 제공한다. 실제로 1960년대에 일본 과학자들이 남극 대륙에 있는 일본 연구소에 갈 때 공기인형을 가지고 갔다는 사실이 언론에 알려지기도 했다. 믿기 힘들겠지만, 일본에는 돈을 내고 인형과 섹스를 할 수 있는 윤락업소도 있다.

세계 최대의 섹스인형 제조업체 오리엔트 인더스트리^{Orient Industry}는 한 달에 섹스인형을 50개씩 판다. 가격은 1300달러에서 6900달러로 다양하고 아시아, 유럽, 미국에 수출까지 한다. 더욱이 이 회사는 포르노 업계를 넘어 주류 시장에 진출하기 시작했다. 오리엔트 인더스트리 관계자는 이렇게 말했다. "우리는 오타쿠나 인형을 보고 성적 쾌감을 느끼는 사람들을 대상으로 장사를 하지 않습니다. 유행은 왔다 가기 마련입니다. 지금 우리는 좀더 건강하고 정상적인 사람들에게 제품을 홍보하고 있습니다."[25]

마음대로 프로그램을 설정하다

누군가가 나서서 기존의 퍼즐 조각을 맞추는 건 이제 시간문제다. 실물과 똑같은 리얼 돌의 몸, 리얼 터치의 촉각 기술, 슬럿봇의 인공지능, 인간처럼 움직이는 도요타 아시모의 보행 능력을 모두 결합하면 꽤 괜찮은 섹스 로봇을 손에 넣을 수 있다. 오늘날 이런 기계가 조립될 수 있고, 분명히 누군가는 어디에선가 이 작업을 하고 있을 것이다. 초기 섹스 로봇은 완벽할 필요가 없다. AEBN 창업자 코프먼은 이렇게 말한다. "섹스 로봇이 실생활에서 가능한 모든 기능을 갖출 필요는 없습니다. 남자들이 원하는 것만 있으면 됩니다. 쓸데없이 많은 대화 기능을 입력할 필요도 없습니다. 솔직히 저는 머리를 만져주는 걸 좋아합니다. 집에 들어갔을 때 하루 종일 머리를 쓰다듬어주는 로봇이 있다면, 그걸로 충분할 겁니다." 2006년에 유럽로봇연구네트워크 회장 헨리크 크리스텐센은 5년 안에 인간이 로봇과 섹스를 하게 될 거라고 전망했다.

그러면 사람들은 섹스 로봇을 받아들일 준비가 되어 있을까? 최소한 언론매체는 수십 년째 소설과 영화에서 그려온 섹스 로봇을 현실로 받아들일 준비가 된 것 같다. 2008년에 토론토 인근에 사는 레 트룽Le Trung이라는 남자가 나이 든 부모님을 돌볼 수 있도록 실물과 똑같은 여성 로봇을 만들었다. 전 세계 언론은 '위안부 여자 친구를 만든 남자'라며 트룽의 이야기를 앞다퉈 보도했다. 인터뷰하는 내내 온화하고 예의 발랐던 트룽은 언론의 관심에 정신이 없을뿐더러 아이코Aiko를 성노예로 묘사하는 기사에 모욕감을 느낀다고 했다. 아이코는 일본어로 '사랑스러운 사람'이라는 뜻이다. "타블로이드 신문은 돈을 벌어야 하니까요. 기자들이 묻더군요. '아이코와 함께 지내는 시간이 얼마나 되나요?' 그래서 하루에 다섯 시간이라고 대답했습니다. 기사에는 제가 아이코와 하루에 다섯 시간씩 성관계를 갖는다고 나왔더군요."[26]

그렇다고 트룽이 아이코의 성감대에 센서를 만들고 오르가슴을
느끼는 것처럼 보이게 설정하여 선정적인 보도에 어떤 근거를 제공
한 것도 아니다. 아이코는 내가 가슴을 만지려고 하자 내 손을 찰싹
때렸다. 만지는 걸 거부하도록 프로그램을 설정해놓은 탓이었다.
트룽은 "당신이 만질 때 철썩 때리지 않고 좋아하게 프로그램을 바
꿀 수도 있다"고 말했다. 그렇지만 아이코를 만든 주요 목적은 부모
님을 돌보고 즐겁게 해드리는 거라고 했다. 아이코는 약병에 붙어
있는 안내문도 읽을 수 있고 내장된 무선인터넷으로 날씨를 확인해
서 알려줄 수도 있고 일본어로 노래도 부를 수 있다. 그런데 개인이
2만 달러를 들여 만들었다는 걸 감안하더라도 아이코는 무척이나
허약했다. 걷지도 못하고 자기 몸무게를 지탱하지도 못할뿐더러 판
지로 만든 손에는 장갑을 끼고 있다. 설사 트룽이 원한다고 해도 아
이코와 섹스를 하기는 어려울 것 같았다.

뉴저지에 있는 트루 컴패니언True Companion 사에서 일하는 소프트
웨어 기술자 더글러스 하인스Douglas Hines는 여기에서 한 걸음 더 나
아가 말도 할 수 있고 생각도 할 수 있고 섹스도 할 수 있는 로봇을
만들었다. 다른 이들이 만들어놓은 퍼즐 조각을 하나로 조립한 결
과였다. 걷는 기능만 빠졌다. 이제 곧 리얼 돌과 비슷한 가격에 팔
생각이다. 하인스가 록시Roxy라고 이름을 붙인 이 로봇은 다양한 감
정을 표출할 수 있고 성격도 다양하게 설정할 수 있다. "섹스 기능
을 더하는 건 쉽습니다. 그런데 아무도 여기에 기술력을 통합하지

않았던 거죠. 록시는 남성을 받아들이고 거기에 반응합니다. 그리고 관계를 맺는 동안 감정을 표출하죠. 특정한 감정으로 바뀌는 데 필요한 자극이 충분히 주어지면 그 감정으로 바뀌기도 하고요. 예를 들어 록시가 자고 있다가 당신이 일어나서 관계를 맺으려 하는 소리를 들으면 거기에 맞춰 감정이 바뀝니다. 그러다 충분히 관계를 맺고 자극이 일정 수준에 달하면 다시 잠에 듭니다. 이런 일을 계속 반복할 수 있습니다."[27]

트루 컴패니언이 사업에 성공하든 안 하든, 대부분의 사람들은 여전히 인형과 성관계를 갖는 것과 똑같이 로봇과 성관계를 갖는 걸 이상하게 보고 꺼림칙해하고 한심하게 여길 것이다. 그러나 성심리학자들은 이런 태도도 바뀌기 마련이라고 말한다. 불과 60년 전만 해도 사람들은 대개 동성애와 혼전 성관계, 자위행위를 부도덕하고 잘못된 행동이라 여겼다. 21세기에 들어선 지금은 정도의 차이는 있지만 세 가지 모두 별 무리 없이 받아들이고 있다. 미국에서 아주 독실하고 보수적인 지역에 속하는 주에서도 게이 커플의 결혼을 허용하고, 결혼하기 전에 성관계를 갖는다고 해서 놀라거나 당황하지도 않는다. 자위용 바이브레이터 매출도 쑥쑥 오르고 있다. 좀더 최근의 예를 들어보자. 얼마 전까지만 해도 사람들은 온라인 데이트를 사회 부적응자나 가망 없는 사람들의 은신처로 보고 업신여겼다. 하지만 이제는 누구도 온라인 데이트를 나쁘게 이야기하지 않는다. 너나 할 것 없이 온라인 데이트를 즐기기 때문이다.

2007년에 출간한 『로봇과 나누는 사랑과 섹스Love+Sex With

Robots』에서 영국인 인공지능 연구자 데이비드 레비 David Levy는 남성이든 여성이든 2050년쯤에는 로봇과 섹스를 하는 것은 물론이고 결혼하는 것도 흔하게 볼 수 있을 거라고 주장했다. 그런가 하면 발명가이자 미래학자인 레이먼드 커즈웨일 Raymond Kurzweil 같은 이들은 그보다 빠른 2029년에 그런 일들이 일어날 거라고 생각한다. 데이비드 레비는 인간이 다른 인간이나 애완동물과 사랑에 빠지고, 심지어 자동차나 컴퓨터 같은 무생물에 열렬히 집착하는 것과 똑같은 이유로 로봇을 사랑하게 될 거라고 말한다. 〈스타 트렉〉에 나오는 인공지능 안드로이드 커맨더 데이터처럼, 사람과 똑같이 지적이고 재밌고 낭만적이고 배려심이 많은 로봇을 만들 수 있다. 데이비드 레비는 로봇이 인간보다 좋은 섹스 파트너가 될 거라고 말한다. 전 세계 모든 섹스 기술을 프로그램화할 수 있기 때문이다. 『카마수트라Kama Sutra』에 담긴 모든 성교 기술에 통달한 로봇이 있다고 상상해보라!

또한 로봇은 자기 파트너의 행동을 학습하고 그에 따라 프로그래밍을 다양화함으로써 관계에 묘미를 더할 수 있다. 목소리나 성격, 겉모습까지 바꿀 수도 있다. 또한 사람들이 여러 가지 이유로 실행에 옮기지 못하는 성적 판타지를 충족시킬 수도 있을 것이다. 일례로 많은 커플이 장난삼아 서로에게 일명 '석방카드'를 주곤 한다. 파트너 몰래 자기가 선택한 연예인과 바람을 피우다 걸려도 눈감아주겠다는 뜻이다. 여자 친구에게 그런 허락을 받는다고 해서 진짜 안젤리나 졸리와 섹스를 할 수 있는 건 아니지만, 그녀와 비슷한 대

용품과 관계를 가질 수는 있다. 에둘러 말하는 것 같지만, 어비스 크리에이션스는 이미 위키드 픽처스에서 일하는 진짜 포르노 스타의 얼굴을 본떠 리얼 돌을 만들고 있다. 앞으로는 섹스 로봇 제작자들에게 자신의 얼굴을 사용할 수 있게 허가하는 것만으로도 연예인들과 포르노 스타들은 엄청난 돈을 벌 수 있을 것이다.

이건 분명하다. 섹스 로봇이 시장에 나오고 이에 대한 사람들의 태도가 바뀌면, 아마 모르긴 몰라도 제법 잘 팔릴 것이다. 매춘과 포르노그래피 시장이 걸어온 역사를 돌이켜볼 때 로봇은 오르가슴을 발견한 이래 섹스로 경험할 수 있는 최상의 것을 경험하게 해줄지도 모른다. 로봇이 사람들에게서 일자리를 뺏을 거라는 해묵은 두려움이 매춘에서도 현실이 될 거라고 말하는 이들도 있다. "섹스 로봇이 쏟아져 나오면, 관련 업종 종사자들에게 찬바람이 불고 심각한 실업 사태가 발생할지도 모릅니다."[28] 데이비드 레비의 말이다.

어쨌든 나는 도요타가 이런 사업을 주도할 거라고 보지 않는다.

십대들 대체하기

십대들도 위험하기는 마찬가지다. 주로 청소년기 아이들이 아르바이트로 해왔던 따분하고 단조롭고 특별한 기술이 필요 없는 일자리를 로봇에게 빼앗길 가능성이 크다. R. 크레이그 콜터R. Craig Coulter가 패스트푸드 기업을 위해 로봇 시스템을 개발한 것도 이 부분에서 충분한 가능성을 보았기 때문이다.

카네기멜론 대학에서 로봇 프로그램을 전공한 크레이그 콜터는 자기가 가지고 있는 높은 학위가 시간당 임금으로 환산하면 겨우 6.5달러밖에 안 된다는 걸 정확히 알았다. 그런데 상황이 더 나빠질 수도 있다. 사실 지금 콜터가 받는 임금은 맥도날드에서 일반 종업원이 받는 시급보다 25센트나 많다. 콜터는 로봇공학 박사과정을 마친 다음 맥도날드에서 일한 적이 있다. "그러고 나서 일 년 뒤에 카네기멜론 대학교 컴퓨터공학 학장님과 저녁을 같이 먹을 일이 있었어요. 학장님께 제 박사학위가 실제로 쓸모가 있다는 실증적 증거를 얻었노라고 말씀드렸죠." 이 말을 하며 콜터는 소리 내어 웃었다.[29]

콜터는 졸업 후에 자동 주문 접수 시스템 하이퍼액티브 밥^{Hyper-Active Bob}을 연구했다. 이 시스템이 패스트푸드 산업을 완전히 바꿔놓길 바랐다. 하이퍼액티브 밥을 떠올린 건 패스트푸드 드라이브 스루에서 주문이 한꺼번에 밀려들자 직원이 당혹스러워하는 걸 보고 나서였다. 그런 일을 경험한 다른 이들과 마찬가지로 콜터는 어쩔 수 없이 이런 생각을 했다. '얼마나 힘들까? 주문을 제대로 기억이나 할까?' 콜터는 맥도날드에서 일하는 동안 문제가 뭔지 깨달았다. 패스트푸드 사업은 세계에서 가장 큰 외식사업 중 하나로 발돋움했지만 여전히 저임금 미숙련 노동력에 의존하고 있었다. 대개 십대인 종업원들은 반복되는 따분한 작업에 흥미를 잃곤 했다. 군에서는 이런 일을 따분하고^{dull} 더럽고^{dirty} 위험한^{dangerous} 일이라 하여 스리디^{3D}라 부른다. 어쨌거나 다른 업계에서는 어떻게 하면 이런 일거리를 로봇에게 맡길 수 있을지 적극적으로 연구하는데, 패스트푸드

산업은 패스트푸드라는 이름에 걸맞지 않게 신기술을 검토하는 속도가 아주 느렸다. 콜터에 따르면 "지구상에서 아직 자동화가 이뤄지지 않은 사업이 1년에 1000억을 버는 패스트푸드 산업이다".

그 점을 염두에 두고 콜터는 카네기멜론 대학에서 같이 공부한 키어런 피츠패트릭Kieran Fitzpatrick과 함께 하이퍼액티브 기술을 개발했다. 2001년에 두 사람은 패스트푸드 산업 분석가들에게 자문을 구하다가 식당 부엌의 효율성을 높이기 위해 할 수 있는 일이 많지 않다는 걸 알게 되었다. 그렇지만 패스트푸드 식당 건물에 들어서자마자 방문객이 고객이 된다는 네 주목했다. 대개는 먼저 주차장으로 진입하는데, 이들이 판매대로 가서 주문을 하기 전까지는 누구도 개입하지 않는다. 바로 그 시간이 고객을 위해 음식을 준비할 수 있는 너무나도 귀중한 시간이었다.

첫 번째 버전에서는 새로운 차량이 건물 안으로 들어오는 걸 감지하는 센서를 식당 지붕에 설치하여 문제를 해결하려고 했다. 차량이 건물 안으로 들어온 다음에는 소프트웨어 프로그램이 각 차량에 타고 있는 사람이 무엇을 주문할지 예측한다. 예를 들어 미니밴이 들어오면 아이들이 타고 있다고 짐작할 수 있다. 그러면 어린이 메뉴를 미리 준비한다. 그러나 차량 정보를 토대로 한 예측은 정확성이 떨어졌다. 그래서 콜터와 피츠패트릭은 차량 정보 대신 방문자의 숫자에만 집중했다. 그동안의 매출 자료를 충분히 입력한 새 시스템은 불과 몇 분 안에 필요한 메뉴를 예측하고 그 정보를 식당에 있는 종업원들에게 쌍방향 터치스크린으로 보여주었다. "통계상한 사람이 식당에 들어올 때는 '저 남자는 치즈버거를 시킬 거야'라고 짐작하기가 매우 어렵습니다. 하지만 열 명이 식당에 들어오면, 그중에 두세 명은 치즈버거를 시킬 거고 또 몇 사람은 치킨을 시킬 거란 걸 예측할 수 있죠."

맥도날드, 버거킹, 타코벨^{Taco Bell}, 그 밖의 대형 패스트푸드 업체 몇 곳에서 밥 시스템을 시험 삼아 도입했다. 그러다 2005년에 중간 규모의 미국 치킨 체인점 잭스비스^{Zaxby's}에서 이 시스템을 정식으로 도입했다. 잭스비스는 고객들에게 방금 조리한 치킨만 내놓는다는 경영 철학에 자부심을 느꼈다. 하지만 이 때문에 대기 시간이 길어지고 주문할 메뉴를 대충 예상해서 조리에 들어가다 보니 버리는 음식이 많아졌다. 설치하는 데 약 5000달러가 드는 밥 시스템은 직원들에게 얼마나 많은 음식이 언제 필요할지 좀더 정확한 근사치를 제공함으로써 대기 시간을 줄여주었다. 잭스비스는 밥 시스템을 도입한 매장들이 음식물 쓰레기를 줄임으로써 일 년에 약 5000달러를 절약하고 있다고 추정했다. 일을 그만두는 직원이 줄어든 것도 이 시스템을 도입하고 얻은 소득이다. "대기 시간이 길어지면 고객들은 짜증을 내기 일쑤죠. 호통치는 소리가 듣기 싫어서 그만두는 사람이 많았어요. 이직률이 높은 편이었죠. 밥이 들어오고 나서는 고함 소리가 사라졌어요."[30] 잭스비스 매장 주인의 말이다.

그러나 대형 체인점들은 밥 시스템을 도입하지 않았다. 작은 회사들도 마찬가지였다. 후자는 이 시스템에 입력할 매출 자료가 충분하지 않았기 때문이다. 하이퍼액티브는 잭스비스와 함께 매장과 매장을 연결하여 밥 시스템을 가동시킬 수 있었다. 맥도날드는 매장에 로봇 시스템이 필요하다는 제안 자체를 불쾌해하는 것 같았다. 대신 맥도날드 캐나다 사업 관리자는 매출 통계에 바탕을 둔 직원 일정관리 시스템을 도입하고 있다고 말했다. "직원들이 늦게 와서 적절히 대처하지 못하는 경우가 태반입니다. 사전대책을 마련하고 매출을 예측하는 데 더 관심을 쏟는 건 이 때문입니다."[31]

그러나 다른 가공업체와 마찬가지로 맥도날드에 식료품을 공급하는 업체들도 로봇 시스템 도입을 부정적으로 보지 않았다. 맥도날드에 쇠고기와 닭고기를 납품하는 로페즈 푸즈Lopez Foods와 타이슨 푸즈 둘 다 로봇 시스템을 사용하고 있다. 한쪽은 버거 패티를 포장하고 쌓는 데 사용하고, 다른 한쪽은 사람을 쓰지 않고 닭고기를 냉장하는 데 로봇의 힘을 빌린다. 실제로 오랜 기간 자동차 회사의 독점 분야였던 산업용 로봇 시장이 제조업자로서의 새로운 가능성을 확인하고 빠르게 성장하고 있다. 일례로 아이슬란드에 있는 식품가공 설비 제조업체 마렐Marel은 1분에 생선 스무 마리를 씻고, 내장을 제거하고, 머리를 잘라내고, 껍질을 벗기고, 살코기를 추려낼 수 있는 로봇 시스템을 완성했다. 독일 카니테크Carnitech 사는 한 달에 새우 500톤을 가공하고 포장할 수 있는 완전히 자동화된 배를 만들었다. 역시 독일에 있는 산업용 로봇 제조업체 쿠카Kuka는 한 식육 가공업자가 사람 손으로 하는 도축 작업을 완전히 자동화된 시스템으로 교체하도록 도왔다. 동물의 크기와 위치를 탐지하는 데 레이저를 이용하는 시스템이었다. 2009년, 전체 로봇 시장에서 산업용 식품가공 로봇이 차지하는 비중은 3퍼센트에 불과했다. 그러나 가공 업자들이 군인들이 스리디라 부르는 작업을 서서히 인식함에 따라 산업용 로봇의 비중도 계속 늘고 있다.[32]

　독자적인 식품 회사들도 로봇 패스트푸드 게임에 뛰어들기 시작했다. 토론토에 있는 메이븐스 코셔 푸즈Maven's Kosher Foods는 방금 조리한 핫도그가 나오는 자동판매기를 만들었다. 이탈리아에 있는 한 기업가는 3분 만에 주문 제작한 피자가 나오는 피자 자동판매기를 만들었다. '렛츠 피자Let's Pizza'라는 이상한 이름을 단 이 기계는 피자 한 판에 5유로를 받는다. 사람들은 기계에 달린 유리창으로 피자 도우를 섞고 빙빙 돌려서 모양을 잡은 다음 소스와 토핑을 추가하고 굽는 과정을 지켜볼 수 있다. 미국 회사 라 피자 프레스토La Pizza Presto도 비슷한 제품을 만들었는데, 미리 만든 파이를 19초 만에 조리해서 내놓는 기계다. 새로운 발명품을 어떻게 생각하느냐고 묻자 예상대로 이탈리아에서는 피자 자동판매기에 시큰둥한 반응을 보였다. "비교 자체가 불가능합니다. 질은 말할 것도 없고요. 유일한 매력은 가격뿐이에요."[33] 어떤 시민이 로이터와의 인터뷰에서 한 말이다.

　그러나 이는 완전히 틀린 판단이다. 요리사는 요리를 인간의 손길과 불가분의 관계에 있는 예술로 여기지만, 실제로는 로봇이야말로 요리에 딱 맞는 존재다. 자기만의 요리법을 개발하지는 못하지만, 설정된 프로그램에 따라 매번 완벽하게 요리를 재현할 수 있다. 반면에 딴생각에 빠지거나 실수할 때가 많은 인간은 매번 똑같은 요리를 만드는 게 불가능하다.

대형 패스트푸드 체인점도 로봇 기술을 계속 모른 척할 수 없을 것이다. 최근 몇 년간 수차례 교훈을 얻었듯이 사기가 떨어진 저임금 근로자들에게만 계속 의지하는 건 아주 위험한 일이다. 2008년, 버거킹은 종업원 한 명이 식당에 있는 대형 개수대에서 거품 목욕을 하고, 그 모습을 동영상으로 촬영해 마이스페이스에 올리는 바람에 큰 낭패를 보았다. 2009년에는 도미노피자 종업원이 음식에 콧물을 넣는 동영상이 유튜브에 올라와 곤욕을 치르기도 했다. 두 회사 다 해당 사건은 어쩌다 일어난 단일 사건이며 자기네 음식은 깨끗하고 안전하다고 고객들을 안심시켜야 했다. 수습하느라 진땀을 뺐지만, 이미 회사 이미지는 땅에 떨어진 뒤였다.

이런 사고들이 계속해서 수면으로 올라오고 있다. 유튜브 같은 소셜 미디어 때문에 사고를 숨길 수도 없다. 이 때문에라도 기업들은 저임금 노동력을 로봇으로 교체하는 작업에 동참할 수밖에 없다. 이 말은 결국 십대들과 여타 미숙련 근로자들이 직장에서 쫓겨나고 새로운 일자리를 구해야 할 거라는 뜻이다. 우리가 먹을 피자를 코딱지로부터 지키는 대가를 치르는 셈이다.

10 사막의 실험실 작전

근대사에서 중동은 과학과 기술이 번창하는 발명의 옥토였다. 유럽이 전쟁과 기아, 질병으로 점철된 암흑기를 보내는 동안 17세기 이후부터 중동은 삶의 질을 높이는 발명품이 끊임없이 쏟아져 나오는 황금시대를 구가했다. 수력 터빈부터 항해용 천문시계 아스트롤라베, 거울 유리, 시계, 만년필, 날짜를 계산하는 아날로그 컴퓨터까지, 그 시대에 나온 발명품을 열거하자면 끝이 없다. 유럽인들은 스스로 도서관에 불을 지르고 하느님이 누구를 더 좋아하는지를 두고 싸우느라 정신이 없었지만, 이슬람 학자들은 최초의 병원과 약국, 대학의 문을 여는 등 현대적인 기관이 들어설 터를 닦았다. 또한 물리학, 화학, 수학, 천문학, 의학 등 현대 과학의 초석을 다졌다.

그러나 최근에는 격세지감을 느낄 정도로 많은 게 변했다. 지난 몇십 년에 걸친 정치 혼란과 전쟁, 몇몇 지역에서 나타난 종교적 근본주의가 중동의 지적 기관들을 대부분 불구로 만들어버렸다. 진보적 사고로 세계의 부러움을 한 몸에 받던 지역이 이제 지성으로든 기술로든 모든 면에서 한참 뒤처지는 처지로 전락하고 말았다. 한때 강대한 페르시아제국을 이루었던 이란의 식자율率은 서구 세계와 비교할 때 현저히 떨어진다. 현대사에서 갈등의 중심을 이루고 있는 이라크와 아프가니스탄에서는 글을 읽을 수 있는 사람이 전체 인구의 40퍼센트에 불과하다. 인터넷 사용률도 선진국에 비해 많이 떨어지고 어디서나 검열이 횡행한다. 무슬림 국가이니 포르노 사이트를 차단하는 건 이해하겠지만, '의심스러운' 콘텐츠 목록에 정치 및 언론 사이트까지 포함시키는 건 이해하기 어렵다. 2009년에 부정선거에 항의하는 시위가 벌어졌을 때는 자세한 내용이 이란 밖으로 퍼져나가지 못하게 트위터를 차단한 적도 있다. 중동 지역에서 과학기술에 투자하는 예산은 세계 평균의 17퍼센트에 불과하다. 서구 세계와 비교할 때만 뒤처지는 게 아니라 아프리카와 아시아에 있는 제일 가난한 나라들보다도 떨어진다.[2]

그런데 최근 중동에서 기술 진보가 이뤄지고 있다. 하지만 어이없게도 그 주체는 중동 국가가 아니라 서양 군대다. 1990년대 초반부터 미국과 동맹국들은 중동 지역을 실험실로 활용했다. 다양한 신기술을 펼쳐놓고 제대로 작동하는 건 뭐고 문제가 있는 건 뭔지, 어떤 기술을 더 향상시켜야 할지 실험하고 관찰했다. 군에서 국민들에게 항상 하는 이야기가 있다. 새로운 전쟁기술을 개발하는 목적은 고귀한 생명을 살리기 위해서라는 것이다. 하지만 우리가 앞서 살펴보았듯이 산업계에 부산물을 안겨주는 것 또한 아주 중요한 추동력으로 작용한다. 군에서 나온 부산물은 서구 경제를 이끄는 핵심 동력이다. 중동에서 일어난 최근의 무력 충돌은 군사기술의 소름끼치는 이중성을 아주 잘 보여주었다. 새로운 전쟁 장비와 무기는 이편에 있는 사람들에게 끔찍한 고통과 고난을 안겨주지만, 저편에 있는 사람들에게는 번영과 편의, 안락함을 안겨준다.

또 하나의 녹색혁명

1990년 이라크의 쿠웨이트 침공은 서구 기술 발전에 새로운 도화선이 되었다. 물론 쿠웨이트를 해방한다는 명목으로 실시한 사막의 폭풍 작전에는 정유 회사들의 이권이 개입되었다. 하지만 더 중요한 건 이것이 미군에게 신기술을 현장에서 실험할 수 있는 좋은 기회를 제공했다는 점이다. 베트남전쟁 이후 오랫동안 선반에만 처박아두고 실전에서 써보지 못한 기술이 꽤 있었다.

스마트 폭탄이나 정밀유도무기PGM는 항공기에서 투하했을 때 단순한 중력을 이용해 목표물을 찾는 재래식 폭탄과는 완전히 달랐다. 베트남전쟁 때 개발한 스마트 폭탄은 레이저를 이용해 목표물을 찾는다. 레이저 광선이 목표물을 가리키면 목표물을 향해 곧장 날아간다. 따라서 스마트 폭탄을 사용하면 폭격 임무를 효율적으로 수행할 수 있었다. 쓸데없이 많은 폭탄을 쓸 필요가 없으니 전쟁비용을 줄일 수 있고, 목표물만 정확히 찾아 공격하기 때문에 애꿎은 민간시설을 파괴하거나 민간인 사망자를 내는 등의 부수적 피해를 줄일 수 있다. 미군은 베트남전쟁에서도 스마트 폭탄을 사용했다. 하지만 소규모였다. 1982년에 있었던 포클랜드전쟁에서는 영국군도 소규모로 스마트 폭탄을 사용했다. 그러나 궂은 날씨 때문에 제대로 효과를 보지 못했다. 그런 의미에서 걸프전쟁은 성능을 개선한 스마트 폭탄을 대규모로 투입한 첫 번째 전쟁이라 할 수 있다.

해방연합군 미국 사령관 노먼 슈워츠코프Norman Schwarzkopf 장군은 1991년 1월에 전쟁 분위기를 조성했다. 고층 지휘본부를 폭파하려고 이라크 벙커를 향해 쌩하고 날아가는 스마트 폭탄의 위용을 촬영한 동영상을 보고 황홀경에 빠져 있던 때였다. 전쟁 초반부터 정확히 예상했던 대로 일이 술술 풀렸다. 슈워츠코프는 믿을 수 없을 정도로 정확한 폭탄을 쓴 덕분이라고 공언했다. "지금 우리는 앞으로의 전투 상황을 보여주는 훨씬 더 정확한 청사진을 가지고 있습니다. 이전과는 차원이 다릅니다."[3] 1956년에 군복무를 시작한 이후 많은 경험과 지식을 쌓은 노회한 장군은 이렇게 말했다. 제2차 세계대전에서 처음 등장한 레이더를 보고 그랬던 것처럼, 언론매체는 스마트 폭탄이 이라크군을 곤란하게 만들고 이어지는 지상전을 단시간에 쉽게 끝낼 '기적의 무기'라고 묘사했다. 그러나 이라크에 투하된 폭탄 중 스마트 폭탄은 7퍼센트에 불과했고 나머지는 각양각색의 재래식 폭탄이었다.

그래도 스마트 폭탄은 자신의 가치를 충분히 입증했다. 그 결과 다음에 일어난 무력 충돌에서는 스마트 폭탄 사용량이 서서히 늘어 났다. 2003년에 벌어진 두 번째 전쟁에서 미군이 이라크에 퍼부은 폭탄의 90퍼센트가 스마트 폭탄이었다.[4] 한편, 스마트 폭탄에 사용 된 레이저 유도 장치는 최근 몇 년 사이에 산업계로 흘러들었다. 주 로 자동차 업계에서 충돌방지장치를 만드는 데 사용했다. 일례로 도요타는 2001년에 출시한 렉서스에 레이저 주행속도 유지장치를 도입했다. DARPA 자동차경주에 참여하는 대부분의 로봇차량이 사 용하는 것과 같은 장치로, 레이저 광선을 이용해 다른 차량이 주변 에 다가오는 걸 자동으로 탐지한다.

스마트 폭탄이 이라크에 있는 목표물을 향해 곧장 날아가는 장면 은 일반 대중에게 깊은 인상을 남겼다. 대부분은 CNN을 통해 이 장 면을 목격했는데, 처음 보는 사람들에게는 너무나 충격적인 광경이 었다. 하지만 그다음에 나온 야간 공중폭격 장면이 더 인상적이었 다. 눈에 보이지 않는 스텔스 폭격기를 향해 이라크군이 대공포화 를 엄청나게 쏘아 올리던 장면이 생생히 기억난다. 처음에는 폭포 수 같은 빛이 하늘을 향해 거꾸로 샘솟더니 잠시 후 땅에서 아주 밝 은 빛이 팽창하는 듯한 폭발이 있었다. 어느 쪽이 이기고 있는지를 한눈에 보여주는 명백한 증거였다. 나는 텔레비전으로 이 장면을 지켜본 많은 이들과 마찬가지로 그날 생명을 잃은 사람들에 대해서 는 생각지도 않고 기술이 보여준 놀라운 위력에 넋을 놓고 감탄했 다. 물론 TV 화면은 패리스 힐튼의 섹스 비디오처럼 초록색으로 물 들어 있었다.

야간 투시 기술 역시 한동안 한쪽에 처박아두어야 했다. 첫 번째 버전은 제2차 세계대전 중에 미군이 개발한 것으로, 태평양에서 장거리 라이플총에 장착해서 쓰는 조준용 소축적 망원경이었다. 약 300개의 라이플총에 대형 야시경을 장착했는데, 사거리가 100미터 정도밖에 되지 않았다. 나치 과학자들도 '밤피어Vampir'라는 야간 투시경 라이플총을 개발해서 몇몇 탱크에 탑재했다. 문제는 둘 다 야간 투시경을 장착한 포병들이 목표물을 볼 수 있도록 대형 적외선 탐조등을 사용한다는 점이었다. 탐조등 때문에 위치가 쉽게 노출되는 부작용이 있었다.

베트남전쟁 무렵 미국 과학자들은 달빛처럼 주변에 있는 불빛을 사용할 수 있게 이 기술을 개선했다. 하지만 이 역시 기상조건이 좋을 때만 사용할 수 있다는 단점이 있었다. 1990년에 야간 투시 기술은 3세대로 접어들어 전방적외선감지장치FLIR 광증폭기를 사용하는 일대 전기를 맞이했다. 텔레비전 모니터나 고글처럼 주변에 있는 불빛을 화면에 담아내고 증폭시키는 방식이었다.

전방적외선감지장치는 단색으로 된 화상을 보여주는데, 대개는 녹색이나 회색이다. 눈으로 볼 수 있는 스펙트럼 바로 아래에 있는 빛을 사용하기 때문이다. 따라서 광원을 따로 추가할 필요도 없고 일기 조건에 전혀 구애를 받지 않는다. 새로운 야간 투시 고글은 작고 가볍고 저출력에 값도 저렴하다(요즘에는 온라인에서 몇백 달러면 살 수 있다). 미군이 사막의 폭풍 작전 때 이 고글을 트럭에 가득 싣고 갔던 것도 이 때문이다. 군에서는 야간 투시 기법을 센서 기술과 비디오 기술에도 접목했다. CNN을 통해 내보낸 녹색에 물든 폭격 영상도 야간 투시 기법을 적용한 카메라로 촬영했다. 스마트 폭탄이 기적의 무기라면, 조종사들이 사용하는 야간 투시경과 지상군이 착용하는 고글은 그보다 훨씬 더 놀라운 기적이라 할 수 있었다. 덕분에 연합군이 밤을 지배할 수 있었으니까 말이다. 한 미군 장군은 이렇게 말했다. "야간 투시 능력은 이번 전쟁에서 우리가 보유한 가장 강한 이점이자 유일한 이점입니다."[5]

전쟁이 끝나자 산업계, 특히 보안 업계에서 이 기술을 발 빠르게 가져다 썼다. 주차 단속, 고속도로 휴게소, 터널 감시카메라, 교통 시스템, 항만, 교도소, 병원, 발전소, 해충 검역소 등 이 기술을 활용하는 예는 수도 없이 많다. 야간 투시 기술이 퍼져나가는 과정은 디지털카메라가 부상하는 과정과 상당히 유사했다. 둘 다 걸프전쟁에서 처음 사용되었다. 그리고 순식간에 가격이 떨어지면서 기술 확산 속도는 확 올라갔다. 그 결과 21세기 초반에는 둘이 하나로 합쳐져서 모든 비디오카메라가 야간 투시 기능을 기본으로 장착했다. 두 기술 모두 가격이 계속 떨어지면서 요즘에는 모든 카메라에 야간 투시 기능이 기본으로 들어 있다. 이 말은 곧 누구나 패리스 힐튼처럼 녹색으로 물든 섹스 비디오를 찍을 수 있다는 뜻이다.

군에서는 야간 투시 기술을 계속 발전시키고 있다. 과학자들은 지금 고글에 적외선 열화상 처리 능력을 더하는 건 물론이고 시야를 두 배로 넓히는 연구까지 하고 있다. 이 기술을 이용한 섹스 비디오가 어떤 모습일지 자못 궁금하다.

기술 전쟁

연합군은 적의 위치를 찾아내는 고급 기술도 가지고 있었다. 우리가 지피에스GPS로 알고 있는 위성항법장치다. 지피에스는 적의 위치와 움직임을 한 치의 오차도 없이 정확하게 찾아낸다. 덕분에 스마트 폭탄과 야간 투시경을 장착한 무기도 훨씬 효율적으로 사용할 수 있다. 지피에스는 스마트 폭탄, 야간 투시경과 더불어 "도망칠 순 있어도 숨진 못한다"는 속담에 한층 힘을 실어주는 미군 무기류의 3인방이 되었다. 하나가 찾지 못하면 다른 둘이 찾아내고 말 것이다.

지피에스는 1960년 미국 해군이 실험한 항행위성에서 처음 나온 기술이다. 최초의 항행위성 시스템은 위성 다섯 개를 사용했는데, 한 시간에 한 번 사용자의 위치를 파악하고 알려주었다. 1970년대를 거쳐 1980년대 초반 비극적인 사건이 발생할 때까지 과학자들은 이 기술을 천천히 향상시켰다. 1983년, 대한항공 여객기가 소련 상공에서 격추되는 사건이 벌어졌다. 사건 직후 레이건 대통령은 이런 재앙을 사전에 예방할 수 있는 지피에스의 개발이 완료되는 대로 민간에서도 사용할 수 있게 하겠다고 발표했다. 총 24개의 2세내 지피에스 위성이 1989년과 2000년 사이에 발사될 예정이었다. 그러나 1991년에 전쟁이 발발하자, 세계 전체를 포괄하기에는 8개가 부족한 16개만 발사되었다. 그런데도 하루 24시간 동안 3D 항법을 제공하는 이 미완성 시스템은 콜로라도 주 쉬리버 공군기지에 투입되었다. 주요 지형지물이나 도로 표시가 거의 없는 쿠웨이트 사막에서 지피에스는 지상전을 훨씬 수월하게 해주겠다던 우주공학의 오랜 약속을 마침내 실현했다. 미 공군 우주사령부 소속 장군은 이렇게 말했다. "이번 전쟁은 보병, 수병, 공병, 해병 할 것 없이 일반 병사들까지 우주 통신 시스템의 혜택을 본 최초의 전쟁이었습니다. 우주 통신 시스템이 우리 군의 전투 방식에 영향을 끼친 건 이번이 처음입니다."[6]

1996년에 빌 클린턴 대통령은 군사용으로 쓰던 지피에스 시스템을 민간에서도 사용할 수 있게 허가했다. 그러나 민간용 지피에스는 한 치의 오차도 없는 군사용 지피에스만큼 정확하지 않았다. 국방성에서 설정해둔 고의 잡음 탓이었다. 그러다 2000년에 고의적인 오차 요인이었던 고의 잡음이 사라지자 민간용 지피에스도 전보다 열 배는 더 정확해졌고 불과 몇 미터 이내까지 정확한 위치를 찾을 수 있었다. 클린턴 대통령은 이렇게 말했다. "이제는 응급구조대가 도움을 요청하는 시민의 위치를 정확히 파악하고 고속도로에서 방향을 정할 수 있으니 그만큼 귀중한 시간을 절약하게 될 것입니다. 정확성을 높인 새로운 지피에스 장치가 세계 곳곳에서 인명을 살리는 역할을 해내리라 믿습니다."[7]

1989년에 두 전기공학자가 캔자스 주에서 시작한 가민Garmin이라는 회사가 새롭게 개방된 시장에 곧장 뛰어들었다. 위치토 토박이 게리 버렐Gary Burrell과 대만 출신의 민 카오Min Kao는 자기들의 이름을 따서 회사 이름을 가민이라 짓고 초기에는 주로 군 하청업자로 경력을 쌓았다. 1990년에 출시한 첫 번째 제품은 계기판을 장착한 해병대용 지피에스로 2500달러를 받고 납품했다. 그다음에는 휴대용 지피에스를 만들어 납품했는데 사막의 폭풍 작전 때 크게 인기를 끌었다. 민간용 지피에스 시장이 열리자 가민은 큰돈을 거머쥘 수 있는 이 시장에 지체 없이 뛰어들었다. 2008년에 가민은 개인용 항법 장치를 4800만 개 넘게 팔았다.[8] 전 세계 시장의 반이 넘는 수치다. 이 시장은 2013년까지 매해 20퍼센트씩 꾸준히 성장하여 750억 달러에 이를 것으로 보인다.[9] 2004년부터 지피에스 칩을 부착한 스마트폰이 이런 성장세에 크게 일조하고 있다.

새로운 센서와 항법 기술은 곧 거기에 쏟아지는 전자 정보가 엄청나다는 것을 의미한다. 따라서 정보를 고속으로 처리할 방법이 있어야만 그 정보가 비로소 유용한 정보로 바뀔 수 있다. 공교롭게도 개인용 컴퓨터가 부상하면서 일대 전쟁이 벌어졌다. 최초의 데스크톱 컴퓨터는 1970년대 후반에 만들어졌지만, 표준화 및 단순화 작업을 거쳐 일반 사용자들이 사용할 수 있게 된 것은 1990년대 초반이 되어서였다. 개인용 컴퓨터를 가장 먼저 사용한 곳도 미군이었다. 걸프전쟁 당시 미군은 군대를 편성하고 위성사진을 통해 목표물을 분류하는 등 모든 작업에 컴퓨터를 사용했다. 심지어 미군 장성들은 미군의 전술에 이라크군이 어떻게 대응할지 컴퓨터로 모의실험을 하기도 했다. 그중 일부는 이라크군의 실제 반응보다 더 효율적인 것으로 드러났다.

1990년에 미군은 데스크톱 컴퓨터를 구매하는 데 일 년에 300억 달러를 썼다.[10] 이 엄청난 지출 덕분에 가장 큰 혜택을 본 곳이 개인용 컴퓨터의 운영체제를 표준화한 마이크로소프트다. 1990년 5월에 출시된 윈도우 세 번째 버전에는 처음으로 매끈한 비주얼 인터페이스를 적용했다. 조금만 배우면 바로 사용할 수 있어서 처음으로 사용자들에게 열띤 호응을 얻었다. 1991년, 윈도우 3.0은 1500만 개가 넘게 팔렸다. 물론 그중 꽤 많은 양을 군에서 구입했다. 어쨌든 이로써 전 세계 운영체제 사업 대부분을 마이크로소프트가 점령했다.[11] 전투가 끝나자 노먼 슈워츠코프 장군은 사막의 폭풍 작전을 기술 전쟁이라 부르며 "컴퓨터가 없었으면 해내지 못했을 것"이라고 말함으로써 컴퓨터에 공을 돌렸다.[12]

걸프전쟁은 실제로 최초의 기술 전쟁으로 흥미로운 선례를 남겼다. 모든 전투가 끝나는 데까지 채 3개월이 안 걸렸다. 지상에서 이뤄진 군사행동은 모두 합해도 100시간에 불과했다. 연합군 사상자는 얼마 안 되었고, 전체 결과를 종합해볼 때 미군을 위시한 연합군의 명백한 승리였다. 만일 완벽한 전쟁이란 게 있다면, 걸프전쟁이 바로 그랬다. 노먼 슈워츠코프 장군 역시 이런 시각을 가지고 있었고, 컴퓨터라는 신무기가 승리의 비결이었다는 그의 칭찬은 압도적인 기술력이야말로 미국의 가장 큰 강점이라는 오랜 신념을 단단히 굳혔다. 미국은 전쟁에서만이 아니라 사업에서도 기술을 가장 중요하게 여겼다.

거실 소파에 앉아 CNN으로 전쟁을 지켜보는 평범한 시민들 역시 여기에 동의하지 않을 수 없었다. 말 그대로 지옥 같았던 베트남전쟁은 엄청나게 많은 사상자를 내고 몇 년이나 질질 끌며 사람들을 힘들게 했다. 그런데 걸프전쟁은 빠르고 고통도 없고 아주 간단했고, 텔레비전으로 보기에도 좋았다. 초록 빛깔의 전투, 눈앞에서 펼쳐지는 폭격 장면, 생경한 스텔스 폭격기, 이 모든 것이 마치 마이클 베이Michael Bay 감독이 만든 공상과학영화처럼 매끈했다. 미국인들은 매일 밤 직장에서 돌아와 텔레비전을 켜고 최신 전투 장비를 갖춘 병사들이 이라크군을 때려눕히는 장면을 시청했다. 베트남전쟁에서 볼썽사납게 도망치던 모습을 볼 때와는 너무나 달랐다. 걸프전쟁 이후 군인과 민간인 할 것 없이 미국인의 사기가 하늘을 찔렀다. 기술이 미국의 공공연한 비밀 무기로서 자신의 입지를 다시 한 번 다지는 순간이었다.

휴먼 2.0

그러나 2001년 9월 11일 테러리스트의 공격으로 세계무역센터가 무너지면서 미국인의 사기는 땅에 떨어졌다. 걸프전쟁이 남긴 강한 자부심은 복수에 대한 열망으로 빠르게 바뀌었다. 알카에다를 비롯해 공격에 책임이 있는 사람들은 미국의 기술 무기가 격분하는 걸 느꼈을 것이다. 걸프전쟁 이후 10년간 개발해온 무기를 미국의 적을 상대로 다시 한 번 현장에서 실험해볼 기회가 생긴 것이다.

2001년에 알카에다의 수장 오사마 빈 라덴Osama bin Laden이 숨어 있던 아프가니스탄에 처음 배치했던 무기들이 2003년 두 번째 침공 때는 이라크에 배치되었다. 마치 걸프전쟁의 속편을 보는 듯한 장면이 연출되었다. 모든 시리즈물이 그러하듯 속편은 더 크고 더 시끄럽고 사망자 수도 훨씬 많았지만, 여러모로 원작보다는 감동이 덜했다. 새로운 이면전쟁은 미군이 주도하는 연합군에게 독특한 문제를 안겨주었다. 아프가니스탄에서 만난 적들은 산과 동굴에 몸을 숨겼다. 찾기도 어렵고 접근하기도 어려웠다. 이라크에서는 침공이 비교적 신속히 이뤄졌지만, 곧 도시 반란으로 이어졌다. 게릴라들이 도시 곳곳에서 민간인을 가장하여 군중과 섞여 다니는 통에 색출하기가 쉽지 않았다. 스마트 폭탄과 야간 투시경, 지피에스가 유용하긴 했지만, 이런 문제를 해결하려면 더 발전된 신기술이 필요했다.

아프가니스탄과 이라크에 배치되었던 몇몇 신기술은 이미 상업적인 용도로 활용되기 시작했다. 9장에서 살펴보았던 산업용 로봇을 기억할 것이다. 그러나 아프가니스탄과 이라크에서 전쟁을 질질 끌면 끌수록 이전과는 비교도 안 되게 새로운 기술이 앞으로도 개발되고 실험될 것이다. 그중에는 상업적인 용도를 추측만 해보고 마는 기술도 있을 테고, 실제로 상업화에 성공하는 기술도 있을 것이다. 후자의 대표적인 예가 생체공학과 의족, 의수 같은 인공기관이다. 여러 가지 점에서 이것들은 모두 로봇공학이 낳은 부산물이라 할 수 있다. 수족을 절단한 군인들을 돕기 위해 시작한 DARPA의 인공 수족 연구는 그야말로 장관이다. DARPA 과학자들은 최근 몇 년 동안 터미네이터 같은 로봇 팔을 개발했다. 이 팔은 전통적인 인공기관과는 비교도 안 될 정도로 많은 기능을 가지고 있다. 이 팔을 부착하면 문을 열거나 스프를 먹을 수 있고 머리 위에 손을 올리거나 병따개로 병뚜껑을 딸 수 있고 M16 소총을 장전하거나 분해할 수도 있다. 시제품은 무게가 4킬로그램밖에 안 나가고, 열 손가락을 각각 움직일 수 있으며, 배터리 수명은 11시간이나 된다. 보스턴 로봇박람회에서 내가 실험해본 팔처럼 충격이나 진동을 전달하는 기능이 있어서 무언가를 만졌을 때 실제로 감촉을 느낄 수도 있다. 2009년에 고급 임상실험에 들어간 이 로봇 팔을 상업용으로 사용할 날도 멀지 않았다. DARPA에 따르면, 환자가 신경으로 로봇 팔을 조종할 수 있도록 뇌에 칩을 심는 후속 연구를 진행 중이라고 한다. 이 칩은 무선으로 팔에 신호를 보내 환자가 생각만으로 팔을 조작할 수 있게 해줄 것이다. 공상과학소설에 나오는 이야기가 아니다. DARPA는 2010년에 식품의약국에 승인을 요청했다.

유사한 맥락에서 방위산업체 록히드 마틴은 2009년에 헐크_{HULC, Human Universal Load Carrier}라는 외골격 시스템을 공개했다. 헐크를 몸에 착용하면 군인들은 아주 적은 힘으로도 100킬로그램에 달하는 군장을 멜 수 있다. 짐작컨대 만화책에 나오는 녹색 괴물처럼 '작고 연약한 인간들'을 박살낼 수도 있을 것이다.

헐크는 배터리로 움직이는 티타늄 다리로 걸음을 옮기는데, 내장 컴퓨터가 헐크를 착용한 사람의 몸과 동시에 움직이게 해준다. 그렇지만 예상과 달리 아주 날렵해서 헐크를 입고도 쪼그려 앉거나 포복하는 데 아무 무리가 없다.

헐크는 원래 군인들이 무거운 군장을 메고 장거리를 행군할 때 힘이 덜 들게 하려고 만들었다. 하지만 록히드 마틴은 산업용이나 의학용으로도 사용할 수 있도록 연구를 진행하고 있다. 그중 몇 가지는 분명한 결실을 맺을 것이다. 〈에일리언Aliens〉에 나오는 시고니 위버가 사용했던 거대한 외골격처럼, 헐크를 조금만 변형하면 무거운 짐을 들어 올려야 하는 부두와 공장에서 짐을 부릴 때 사용할 수도 있다. 실제로 자동차 회사 혼다Honda가 비슷한 시스템을 실험하고 있는데, 팔은 없고 다리만 있다. 타조 다리 두 개가 달린 자전거 안장 모양의 이 보행 보조 장치는 몸무게를 지탱하고, 무릎이 받는 압박을 줄이고, 계단을 오르거나 쪼그리고 앉는 걸 도와주려고 개발했다. 미용사처럼 하루 종일 서 있어야 하는 사람들에게는 멋진 발명품이 아닐 수 없다. 혼다 엔지니어는 이렇게 말했다. "자전거만큼이나 사용하기 쉽습니다. 스트레스도 줄고 피곤도 덜 느끼죠."[13]

우리에게 전자레인지를 선물한 레이시언도 경쟁 업체인 록히드 마틴에 지지 않으려고 행동에 돌입했다. 레이시언도 록히드 마틴처럼 외골격 로봇을 개발했는데, 100킬로그램을 들어 올릴 수 있을 뿐 아니라 축구공을 차고 샌드백을 치고 계단도 쉽게 오를 수 있을 만큼 날렵하다. 레이시언이 이 시스템을 연구하기 시작한 건 2000년이다. "만일 인간이 로봇과 함께 일할 수 있다면, 로봇 안에서도 일할 수 있어야 한다"는 사실을 깨닫고 나서였다.[14] 언론에서는 레이시언이 개발한 외골격 로봇에 만화 캐릭터 이름을 따서 '아이언 맨'이라는 별명을 붙였다. 록히드 마틴의 헐크에 대항할 완벽한 호적수임을 입증한 셈이다(둘이 싸우면 누가 이길지 자못 궁금하다).

군 관련 기관에서 일하는 과학자들도 지난 몇 년간 의료 부문에서 아주 중요한 성과를 냈다. DARPA 연구원들은 간단한 감기약을 만들려고 애써왔다. 연구원들은 군인들이 심한 훈련을 하고 나면 자주 겪는 감기와 독감 증상을 완화하기 위해 케르세틴Quercetin이라는 천연 산화방지제를 발견했다. 군인들에게 사흘간 혹독한 훈련을 시키고 나니 대조군의 절반이 감기와 독감에 걸렸다. 반면 미리 케르세틴을 복용한 실험군의 발병률은 5퍼센트에 불과했다. 케르세틴은 씹어 먹을 수 있는 알약 형태로, 리얼에프엑스 큐플러스RealFX Q-Plus라는 제품으로 상용화되었디.

DARPA는 방대한 규모로 전 세계적인 유행병 퇴치에 영향을 끼치고 있다. DARPA에서는 의약품 제조 가속화 프로그램을 추진하고 있는데, 국방부가 특정 유행병을 발견하는 시점부터 치료제가 널리 보급될 때까지 걸리는 시간을 줄이기 위해서 시작했다. 통상적으로 치료제가 널리 보급될 때까지 15년이라는 긴 시간이 걸리기 때문이다. DARPA는 이 시간을 16주 내외로 줄이려고 애썼고 백신 생산법을 바꾸는 간단한 작업으로 성공을 거뒀다. 대개는 달걀 안에서 치료제를 배양하는 게 일반적이다. 그런데 DARPA는 식물 세포 안에서 배양하는 실험을 했다. 그 결과 세로 5미터 가로 3미터 높이 3미터 크기의 수경 재배용 랙rack에서 백신 100만 개에 필요한 단백질을 충분히 생산할 수 있다는 걸 알아냈다. 약 300만 개의 달걀이 있어야 할 수 있는 일을 아주 적은 비용을 들여 해결한 것이다. 게다가이 식물은 씨를 뿌리고 6주 안에 조류독감용 백신을 생산해냈다. 달걀로는 죽었다 깨어나도 할 수 없는 일이다. 지금은 많은 제약 회사가 이 신기술에 자극을 받아 다양한 세포배양 기술을 실험하고 있다. 일례로 2009년 11월에는 스위스 제약 회사 노바티스Novartis가 개 신장 세포를 사용해 신종 인플루엔자 백신 셀투라Celtura를 개발해 독일 보건당국으로부터 판매 승인을 받았다.

그냥 '글로브Glove'라고만 알려진 간단한 장치도 있다. 안쪽에 접촉 냉각 금속 반구가 들어 있는 것만 빼면 커피포트와 비슷하게 생겼다. 금속 반구는 사용자들이 손바닥을 대는 곳이다. 스탠퍼드 대학교 연구진은 1990년대 후반부터 이 장치를 연구하기 시작했고 2003년에 DARPA로부터 연구비를 지원받았다. 연구진은 인간이 피곤을 느끼는 건 근육이 당분을 모두 써버려서라기보다는 몸이 뜨거워지기 때문이라는 이론을 전개했다. 이때 손을 글로브 안쪽에 대면 올라갔던 체온이 급속히 내려가서 하고 있던 육체 활동을 즉시 재개할 수 있다. 따라서 사용자는 더 많은 활동을 할 수 있다. 이 장치를 만든 생물학자 크레이그 헬러Craig Heller는 이렇게 말한다. "이는 마치 혼다에다 트럭 회사 맥Mack에서 만든 강력한 냉각장치를 달아주는 것과 같습니다."

크레이그 헬러와 함께 일하던 공학자 한 명은 글로브를 운동 요법에 도입했다. 처음 시작했을 때는 한 세션에 턱걸이 100개를 간신히 했다. 그러나 글로브를 사용하고는 횟수가 늘었다. 6주 만에 180개로 횟수가 늘었고, 그 후 다시 6주 만에 600개로 늘었다. 헬러도 글로브를 이용해 예순 번째 생일에 엎드려 팔굽혀펴기를 1000번이나 했다.[15] 당연히 글로브는 군에서 아주 쓸모가 있었다. 사실상 스테로이드 효과를 복제해서 사용자들이 훈련을 더 강하고 더 자주 할 수 있게 해주었기 때문이다. 그 결과 군인들이 더 강해지고 빨라졌다. 상용화 전망도 아주 밝다. 전 세계 모든 운동선수와 체육관에서 하나씩은 구매할 테니 말이다. 운동선수들이 녹초가 되어 경기 기록을 망칠 것 같으면 잠깐 글로브를 끼도록 기다려주면 된다. 글로브를 거꾸로 작동시키면 인도주의적인 용도로 쓸 수도 있다. 체온을 급속히 올릴 수 있다면, 저체온증이나 체온저하 증세를 보이는 사람을 살릴 수 있을 테니 말이다.

조금 미심쩍은 연구도 진행 중이다. 역사적으로 DARPA는 생물학 연구를 피해왔지만, 9·11 이후 모든 게 변했다. 당시 DARPA 국장이었던 토니 테더는 좀더 열린 태도로 생명공학에 접근했고, 연구 책임자로 마이클 골드블래트Michael Goldblatt를 임명했다. 골드블래트는 맥도날드에서 10년 넘게 일했고 최근에는 맥도날드에서 과학기술 부문 부사장까지 역임한 인물이다. 한마디로 폭탄과 버거가 만나 최상의 사례라 할 수 있었다. 맥도날드를 위해 저지방 버거를 실험했던 인물이 갑자기 군인의 역량을 향상시키는 생명공학 연구를 책임지게 된 것이다. 골드블래트는 2002년 DARPA 연례 기술회의에서 자기가 맡은 우선 과제를 간략히 설명하면서 과거 경력을 언급하기도 했다.

체력의 한계가 없는 군인을 상상해보십시오. …… 생각에 따라 행동하는 대신에 실행에 옮길 수 있는 생각만 한다면 어떨까요? 군인들이 생각만으로 의사소통할 수 있다면 어떨지, 의사소통이 가로막힐 가능성이 전혀 없는 상태라면 어떨지 상상해보십시오. 생물학적 공격에 대한 위협이 전혀 중요하지 않은 상황을 상상해보십시오. 배우는 것이 먹는 것만큼이나 쉬운 세상, 부상당한 신체 일부를 갈아끼우는 것이 차를 타고 패스트푸드 매장에 들어가는 것만큼이나 편리한 세상을 상상해보십시오.[16]

생체공학을 통해 군인을 만든다는 생각은 수십 년간 있어왔지만, 대개는 공상과학 작품에나 등장했다. 마블 코믹스^{Marvel Comics}에서 출간한 동명의 만화책에서 '슈퍼 솔저' 혈청을 주입한 주인공 캡틴 아메리카^{Captain America}나 할리우드 영화 〈유니버셜 솔저^{Universal Soldier}〉에 출연한 장 클로드 반 담과 돌프 룬드그렌처럼 특수약물로 유전자를 조작한 안드로이드 특공대원이 생각날 것이다. 지난 몇십 년간 공상 속에나 등장했던 과학이 골드블래트의 말대로 '실행에 옮길 수 있는 과학'이 되었다. DARPA는 다양한 유전자 조작 및 칩 이식을 통해 인간의 능력을 극대화하는 '인간 증대' 프로그램 수십여 개에 연구비를 지원하고 있다. 모두 미군의 오랜 슬로건 "될 수 있는 건 무엇이든 되라"를 "될 수 있는 것 이상이 되라"로 바꾸는 연구이다.

일례로 뉴욕 컬럼비아 대학교 과학자들은 뇌에 자기자극을 가해 인간의 수면 욕구를 줄이는 연구를 한다. 방위산업체 허니웰^{Honeywell}

은 위성 분석가들이 자기가 보고 있는 것을 의식적으로 인식하기 전에 뇌신경의 움직임을 먼저 판독하는 뇌파전위기록장치를 이용하고 있다. 보잉은 근적외선 기술로 조종사들의 뇌를 관찰한다. 어쩌면 이를 통해 조종사가 한 번에 비행기 여러 대를 조종하는 날이 올지도 모른다. 앨라배마 대학교에서는 과학자들이 혈액의 60퍼센트를 잃은 실험용 쥐에게 에스트로겐을 주입함으로써 생명을 연장하는 데 성공했다. 연구진은 인간에게서도 똑같은 결과가 나타날 것으로 보고 있다.

우리가 아는 건 여기까지다. 공공연히 알려진 연구는 대부분 본격적인 유전공학 바로 앞에서 멈췄지만, 군과 관련된 복제 연구가 전혀 이뤄지지 않았다고 믿기는 어렵다. 미국 의회는 이런 종류의 생명공학 연구에 우려를 표했다. 그러나 이는 몇몇 프로젝트에 대한 연구비 지원이 보류되고 단순히 프로젝트 이름을 바꾸는 수준에서 영향을 끼쳤을 뿐이다. 일례로 '신진대사 지배Metabolic Dominance'라는 프로젝트는 조금 덜 꺼림칙한 '군사 수행 능력 끌어올리기Peak Soldier Performance'로 이름을 바꿨다.[17]

번역해서 찾다

잘나가는 사업체와 마찬가지로 군에서도 운영 시스템을 간소화하고 경비를 줄이고 효율성을 높일 방안을 찾고 있다. 네트워크 중심 작전NCO 또는 네트워크로 완벽하게 연결된 전투 병력을 갖추려고 애쓰는 것도 이 때문이다. 네트워크 중심 작전이란 전장에 있는 모든 로봇이 인간 주인과 의사소통을 더 잘하게 하고, 더불어 로봇들끼리도 더 잘 소통하게 하려는 것이다. 이는 또한 전쟁터에서 쏟아져 들어오는 엄청난 양의 데이터를 더 잘 처리할 방법을 찾는 것을 의미한다. 가능한 해결책 중 하나는 빈트 서프가 연구하고 있는 지연 허용 네트워크처럼 통신망을 개선하는 것이다. 인지컴퓨팅도 대안이 될 수 있다. 인지컴퓨팅이란 컴퓨터가 알아서 데이터를 걸러내게 함으로써 인간이 처리해야 할 데이터양을 줄이려는 노력이다. 이렇게 하면 컴퓨터는 인간에게 가장 관련성이 높은 세부사항만 전달한다. 어쩌면 행동방침까지 제안할 수 있을 것이다. 이런 기초 인공지능은 모두 군대의 이빨 대비 꼬리 비율을 줄이기 위한 것들이다. 이빨이란 실제 전장에 투입되는 전투부대를 가리키고 꼬리는 전투부대를 뒤에서 받쳐주는 지원부대를 가리킨다.

2009년, DARPA 국장직무대리 로버트 르헤니Robert Leheny는 하원 외교위원회 테러분과 소속 의원들 앞에서 더 똑똑한 컴퓨터에 대해 언급했다. "현 시스템은 경험이나 교육을 통해 학습하지 않으면 계속해서 인력에 크게 의존해야 하는 상태로, 실수를 반복할 경향이 있으며 수행 능력 향상을 기대하기 어렵습니다. 따라서 국방부는 현재 쓰는 컴퓨터처럼 데이터 처리 능력을 기본으로 탑재하고 노련한 보좌관처럼 행동할 수 있는 컴퓨터 시스템을 갖춰야 합니다."

DARPA의 학습 기능을 갖춘 개인비서PAL 프로그램은 이제 막 육군 병원에서 사용하기 시작했다. 이 컴퓨터 시스템은 엄청난 양의 데이터를 고속으로 처리한 다음 알아서 조치를 취한다. 예약이 비어 있는 시간을 찾아서 환자를 담당 부서에 보내는 법을 컴퓨터에게 가르치는 건 프로그래머가 아니라 접수 담당자다.

〈터미네이터〉에서나 본 대재앙이 시작되는 소리처럼 들리는가? 그러면 진행 중인 번역 연구에 대해 들으면 정말로 소름이 끼칠지도 모르겠다. 프란츠 조지프 오크 Franz-Josef Och는 전형적인 미친 과학자가 아닐까 의심이 들 만큼 독특한 독일식 억양 때문에 깜짝 놀랄 때가 있긴 해도 어느 모로 보나 평범하고 온화한 컴퓨터 프로그래머다. 뉘른베르크 근처에 있는 작은 마을에서 자란 오크는 일찍이 컴퓨터공학에 흥미를 느꼈다. 에어랑엔-뉘른베르크 대학에서 공부하던 1997년경 오크는 통계에 기반을 둔 기계번역에 관심을 갖게 되었다. 이것은 문법구조보다는 알고리즘을 이용해 언어를 이해하는 방법이다.

컴퓨터를 이용해 언어를 번역한다는 생각은 냉전 초기부터 시작되었다. 미국이 러시아를, 또 러시아가 미국을 이해하려고 힘을 쏟던 때였다. 하지만 그로부터 50년 넘게 연구를 계속하고도 만족할 만한 성과를 거두지 못했다. 오크가 설명한 바에 따르면 문제는 두 가지였다. 영어와 러시아어의 규칙을 컴퓨터에 프로그램화하는 문법적 접근은 소용이 없었다. 미묘한 차이가 너무 많은데다 은어나 저마다의 독특한 화법 때문에 정확한 번역이 이뤄지지 않았다. 컴퓨터 알고리즘이 두 언어에 나타난 패턴을 분석하고 다시 비교하는 통계적 접근이 훨씬 가능성 있어 보였다. 하지만 여기에도 커다란 문제가 있었다. 첫째로, 냉전시대 컴퓨터에는 디지털로 변환한 많은 양의 데이터를 분석하고 처리할 능력이 없었다. 둘째로, 알고리즘이 분석할 통계 표본을 만드는 데 지극히 중요한 많은 양의 데이터가 존재하지 않았다. 그러나 1990년대 후반에 컴퓨터 프로세서가 엄청난 마력을 탑재하는 동시에 인터넷이 디지털 데이터를 풍부하게 만들어내면서 이 두 가지 문제가 모두 해결되었다.

2002년, 오크는 서던캘리포니아 대학교 정보과학연구소에서 연구를 시작했다. 같은 해에 DARPA는 로봇자동차경주와 다르지 않은 한 대회를 후원했다. 통계 기반 기계번역에 필요한 새로운 알고리즘을 개발하는 대회로, 그중에는 아랍어를 영어로 번역하는 것도 있었다. 오크는 2003년에 이 대회에 참여하여 국제연합에서 공개한 문서를 이용해 번역 엔진을 만들었다. 국제연합 문서는 실제 번역가들이 아랍어, 중국어, 영어, 프랑스어, 러시아어, 스페인어 등 6개 언어로 번역해둔 문서였다. 국제연합 문서는 비교 가능한 디지털 문서의 보고였다. 알고리즘은 이것을 토대로 인상 깊은 적중률을 기록했고 오크는 대회에서 우승했다. 이듬해에 미군 못지않게 컴퓨터를 이용한 번역에 지대한 관심을 보이던 구글이 오크에게 접근했다. 그러나 미군과 구글은 관심사가 정반대였다. 미군은 아랍어와 중국어를 영어로 번역하는 데 특히 관심을 보였다. 늘 감시하고 견제해야 할 실재적이고 잠재적인 적이 아랍 국가와 중국이기 때문이다. 반대로 구글은 영어를 다른 언어로 번역하고 싶어 했다. 영어권 웹사이트를 나머지 나라에서 쉽게 볼 수 있다면 광고시장이 엄청나게 커질 거라고 기대했기 때문이다.

이미 2001년에 번역 서비스를 시작했던 구글은 오크와 손을 잡고 서비스를 개선해나갔다. 2009년부터는 사용자가 외국어로 된 문장을 복사해서 넣고 원하는 언어를 선택한 다음 버튼만 누르면 바로 번역된 문장이 나온다. 번역이 가능한 언어만 40개가 넘는다. 횡설수설하는 기존의 다른 번역 도구와 달리 구글 번역은 문장의 요지를 전달해준다. 구글은 미국 국립표준기술연구소에서 개최하는 연례 기계번역 테스트에서 높은 점수를 기록하는 편이다. 아직은 완벽하지 않지만, 성공률이 100퍼센트에 가까워지도록 연구를 계속하고 있다. 이 목표를 위해 구글은 2009년에 '사람 손으로 하는 번역'을 선언했다. 진짜 번역가가 알고리즘이 내놓은 결과를 보고 더 나은 표현을 제안하는 방식이다. 오크는 무료로 이용할 수 있는 더 좋은 시스템을 만들기 위해 툴을 개선하면 성공률이 더 높아질 거라고 말한다. "지금은 박사과정을 밟는 학생들이 모든 데이터와 다양한 사람들이 종단 연결로 만든 오픈소스 툴을 쉽게 다운받을 수 있기 때문에 훨씬 쉽습니다. 전에는 거의 불가능했던 일이죠."[18]

구글은 또한 통계 기반 방식을 음성 번역에도 적용했다. 2007년에 구글은 사람들이 자기가 원하는 업체의 전화번호를 찾을 때 이용할 수 있는 411 전화안내 서비스를 시작했다. 발신자가 전화에 대고 질문을 하면 구글 컴퓨터가 음성으로 답변을 하거나 문자메시지로 답을 해준다. 이 서비스는 오크가 사용했던 국제연합 문서처럼 구글 알고리즘을 가동할 수 있는 음성 표본 자료가 많이 축적된 덕분에 가능했다. 이 실험은 뜻밖의 열매를 하나 더 맺었다. 2008년부터 구글은 애플의 아이폰에 음성 검색 서비스를 제공하고 있다. 사용자가 검색어를 타이핑하는 대신 아이폰에 대고 말하면 알아서 찾아주는 서비스다.

지금 DARPA는 이라크에서 비슷한 기술을 실험하고 있다. 이라크전에 참전한 군인들은 아랍어를 번역하고 말할 수 있는 아이팟 크기의 범용번역기를 장착하고 다닌다. 이 번역기는 사회기반시설이나 반란군에 관한 논의 등 기본 자료를 숙지하고 있다. 지금은 이라크 외에 다른 지역까지 범위를 확장하려고 개량중이다. DARPA에서 번역 프로그램을 진행하는 마리 매다Mari Maeda는 이렇게 말한다. "거의 99퍼센트의 성공률을 보이는 번역기를 만들 수 없다는 건 압니다. 90퍼센트도 어렵겠지요. 하지만 군사용으로만 초점을 맞추면 성공률이 80퍼센트만 되어도 꽤 유용할 겁니다. 특히 통역이 없거나 어떤 식으로든 의사소통을 해야 하는 절박한 상황에서는 아주 유용할 겁니다."[19]

언어학자들 중에는 컴퓨터가 인간보다 체스를 더 잘 두는 것처럼, 결국엔 우리보다 언어를 더 잘 통역할 거라고 믿는 이들도 있다. 역시 독일에서 태어나 DARPA를 위해 번역 연구를 하고 있는 카네기멜론 대학교의 알렉스 바이벨Alex Waibel은 이렇게 말한다. "사실 통역가들은 그리 대단하지 않습니다. 한 문장을 어떻게 통역할지 고심하는 사이 다음 문장을 놓치곤 하죠. 그리고 그들은 사람입니다. 그래서 피곤도 느끼고 지루해하기도 하죠."[20]

로봇 지배자를 환영합니다

기계번역은 단순히 군사용이나 상업용 번역기 말고도 적용할 수 있는 분야가 무궁무진하다. 인터넷이 등장하면서 사람들은 남녀노소 빈부귀천에 상관없이 정보를 공유하고 이를 토대로 무언가를 할 수 있는 기회를 더 많이 얻었다. 여기에 모든 언어를 이해하는 능력이 더해진다면, 이제까지와는 비교도 안 되는 비약적인 발전이 이뤄질지 모른다. 아마도 세계평화를 이룰 수 있는 기회도 더 많아질 것이다. 대중매체의 출현 이후 일반 시민들은 신문, 책, 라디오, 텔레비전, 영화 등 제삼자의 입장에서 다른 세계 사람들을 바라보는 여러 가지 시선을 접했다. 그리고 뒤이어 나온 인터넷 덕분에 전 세계 사람들이 곧바로 연결될 수 있는 길이 열렸다. 그렇지만 여전히 언어 장벽이 진정한 의사소통을 막아왔다. 정확하고 즉각적인 문자 및 언어 번역이 이뤄진다면(몇 년 안에 그렇게 될 거라고 믿는다), 언어라는 마지막 장벽도 곧 무너지고 말 것이다. 몇 년 후에는 중동 무슬림에 대한 미국 언론매체의 보도를 곧이곧대로 믿을 필요가 없어진다. 뉴욕타임스를 보거나 CNN 뉴스를 보는 것처럼 손쉽게 아랍 뉴스를 읽고 시청하고 이해할 수 있을 테니까 말이다. 게다가 전 세계 사람들이 직접 소통하고 교류할 수 있을 것이다. 곧 우리는 페이스북과 트위터에서 중국과 탄자니아, 브라질에 사는 사람들로부터 친구 요청을 받을 것이다. 교제 범위가 엄청나게 넓어질 테고 우리와는 전혀 다르다고 생각했던 사람들에 대해 더 많은 것을 알아갈 것이다. 구글의 프란츠 조지프 오크가 말한 대로 "번역 기술은 사람들의 삶에 영향을 끼치고 이 기술이 없었다면 얻을 수 없는 정보를 얻게 해줄 것이다. 기계번역은 시장을 통째로 바꾸는 진정한 게임 체인저^{game changer}가 될 수 있다. 어느 모로 보나 좋은 일이다."

실제로 소통이 원활해지면 사람들은 서로를 훨씬 잘 이해하게 될 테고, 그러면 전쟁을 하기가 더 어려워질 것이다. 오늘날 민주적으로 선출된 많은 정부가 다른 나라를 공격하는 문제에서 대중의 지지를 얻지 못하고 있다. 그런데 만일 두 나라 국민이 직접 소통한다면, 군사 공격에 대한 대중의 지지를 얻기가 더 어려워지지 않겠는가.

통계 기반 기계번역을 언어 외에 다른 것에도 적용할 수 있다면 정말로 흥미로운 일이 벌어질 것이다. 번역 알고리즘은 패턴을 인식하도록 설계되어 있기 때문에 인공지능에 이 기술을 활용한다면 아주 재미있을 것이다. 구글도 이런 생각으로 아직 걸음마 단계이긴 하지만 연구를 진행 중이다. 2009년에 구글은 컴퓨터가 시각 패턴을 인식하게 해주는 컴퓨터 비전 프로그램을 발표했다. 아직 조사 단계지만 이 프로젝트는 구글 번역과 똑같은 종류의 통계 분석을 사용한다. 구글은 온라인 사진 서비스 업체 피카사^{Picasa}와 파노라미오^{Panoramio}를 통해 컴퓨터에 위치정보 태그가 달린 이미지를 4000개 이상 입력하고 80퍼센트의 정확도로 5만 개가 넘는 지형지물을 확인할 수 있는 시스템을 만들었다. 구글은 이 프로젝트를 발표하면서 이렇게 말했다. "공상과학 소설과 영화에서 오랫동안 상상해왔던 것처럼 언젠가는 컴퓨터가 세상을 보고 해석할 겁니다. 우리는 구글 컴퓨터 비전이 소비자들에게 엄청난 혜택을 안겨줄 거라고 생각합니다. 우리가 이 연구에 전념하는 것도 이 때문입니다."[21]

사실 공상과학 작품은 통계 기반 기계번역이 앞으로 나아갈 길까지 제시해주고 있다. 꽤 인기 있는 TV 시리즈 〈배틀스타 갤럭티카 Battlestar Galactica〉의 이전 이야기를 다룬 〈카프리카Caprica〉에서는 패턴 인식 알고리즘을 이용해 인공지능 인격을 만드는 이야기가 펼쳐진다. 첫 회에서 조이라는 이름의 십대 소녀는 알고리즘을 이용해 그동안 자신이 살면서 축적한 모든 개인정보를 주입하여 가상의 인공지능 인격을 만든다. 조이가 죽자 그녀의 아버지이자 로봇공학자인 대니얼 그레이스톤은 자기 딸이 가상세계에 만들어둔 인공지능 인격과 대면한다. 조이와 완벽하게 똑같은 이 복제품은 대니얼에게 무슨 일이 있었는지 설명해준다.

AI 조이 : 인격을 다운로드할 수는 없어요. 데이터를 해석할 방법이 없으니까. 하지만 우리 머릿속에 수용된 정보는 다른 데이터베이스에서 이용 가능해요. 사람들은 인생을 사는 동안 발자취 이상의 많은 것들을 남기죠. 의료 기록, 유전 정보, 정신 감정 기록, 학교 생활 기록, 이메일, 녹음 자료, 비디오, 오디오, CT 촬영 기록, 유전 소인, 신경 기록, 방범 카메라, 시험 성적, 쇼핑 목록, 장기 자랑, 구기경기, 교통카드, 식당 계산서, 통화 기록, 음악 목록, 영화표, TV쇼, 심지어 피임 처방전까지.

대니얼 : 인간은 가용 데이터 이상의 존재야. 넌 좋은 모방품일지

도 모르지. 사실 정말 뛰어난 모방품이긴 해. 하지만 어쨌든 그냥 모방품일 뿐이야. 복제품이란 말이야.

AI 조이 : 난 복제품이라고 생각하지 않아요.

섹스 로봇의 예에서 살펴보았듯이, 앞으로는 생각하고 감정을 느끼는 진짜 인간과 프로그램이 잘 짜인 기계와의 경계가 흐릿해질 가능성이 크다. 조이의 경우처럼 이전에 했던 모든 일을 토대로 한 사람이 어떻게 행동할지 통계적으로 추론하도록 컴퓨터를 프로그램화할 수 있다면, 우리는 그들을 진짜 인간처럼 대우해야 할지도 모른다. 〈배틀스타 갤럭티카〉를 시청한 프란츠 조지프 오크는 자기가 만든 알고리즘이 결국 조이의 인공지능 인격처럼 살인 로봇 사일론이 될 거라고는 생각지 않는다. 그러나 그 알고리즘은 분명히 기계를 더 똑똑하게 만들 것이다. "많은 이들이 저마다 인공지능이라는 용어를 다르게 해석합니다. 하지만 확실히 인공지능은 결국 더 지적인 소프트웨어를 만들어낼 겁니다."

미래는 눈에 보이지 않는다

이번 장에서 다룬 많은 기술이 이미 군대를 넘어 이 세상에 영향을 끼치고 있지만, 우리가 상상도 못한 방향으로 우리를 데려갈 수 있는 연구도 진행 중이다. 이 점에서 런던 임페리얼 과학기술대학의 이론물리학자 존 펜드리John Pendry 경은 언젠가 '눈에 보이지 않는 것의 대부'로 사람들에게 인식될 것이다.

펜드리는 영국 물리학계에서 아주 유명한 인물이다. 몇십 년에 걸친 광학, 렌즈, 굴절 연구로 많은 훈장을 받았고, 마침내 2004년에는 여왕으로부터 기사 작위까지 받았다. 2006년에 펜드리는 BBC에 출연해 어떻게 눈에 보이지 않는 물질이 존재하는지에 관한 자신의 이론을 설명했다.

물은 빛과는 조금 다르게 행동합니다. 연필을 흐르는 물 위에 놓으면, 물은 자연스럽게 연필 주변으로 흐릅니다. 연필 반대편에 이르면 물은 다시 모여듭니다. 특별한 물질들은 빛이 물처럼 어떤 대상 주변으로 흐르게 만들 수 있습니다. 하류에서 조금 떨어져 있으면 여러분은 물 위에 연필을 놓았다는 것도 알지 못할 겁니다. 물은 다시 부드럽게 흐릅니다. 물론 빛은 그렇게 움직이지 않습니다. 빛은 연필을 때리고 흩어집니다. 그래서 여러분은 연필 둘레에 막을 씌우고 싶어 합니다. 빛이 물처럼 멋지게 굽어지면서 연필 주변으로 흐르게 하려고요.[22]

결국에는 그것이 그리 어려운 일이 아니라는 게 밝혀졌다. 메타물질이라 불리는 새로운 물질이 열쇠였다. 메타물질은 화학적 단계에서가 아니라 구리 같은 전통적인 물질을 만들 때처럼 눈에 보이는 단계에서 형성되는 합성물질이다. 훨씬 미세한 단계에서 만들어지기 때문에 자연 상태에서 발견되지 않는 전자기를 여러 가지 방법으로 전도할 수 있다. 당연히 DARPA는 메타물질에 관심을 보였고 2004년에 텍사스 주에서 메타물질의 잠재 용도를 논의하는 학술 회의를 개최했다. 펜드리는 기조 연설자로 초대를 받았다. 거기서 그는 메타물질이 전자기력에 영향을 미쳐 빛을 굴절시키는 데 사용될 수 있다고 이야기했다. 펜드리는 이런 내용을 보고서로 작성해서 DARPA에 제출했다. DARPA는 미국에 우호적이기만 하면 미국 밖에서 이뤄지는 연구도 종종 후원했다. 그 후 버클리 대학교 연구진과 코넬 대학교 연구진이 각각 펜드리의 보고서를 기초로 메타물질 '투명 망토'를 만들었다. 이 망토는 폭이 몇 밀리미터밖에 안 되고 2차원 물체만 덮을 수 있다. 하지만 빛을 굴절시켜 액체처럼 물체 주변으로 흐르게 만드는 데는 성공했다. 연구비가 제대로 지원되면, 몇 년 안에 움직이지 않는 커다란 3차원 물체를 보이지 않게 만들 수도 있다. 군에서 연구비를 지원할 거라는 사실은 거의 틀림이 없다. 그러나 움직이는 물체를 안 보이게 만드는 건 훨씬 더 복잡하다. 그러므로 해리포터의 투명 망토가 현실이 되려면 시간이 더 걸릴 것이다. 아마도 처음 현실화되는 건 정지된 물체일 것이다. 해리포터의 망토보다는 포탑이 더 가능성이 있다.

메타물질은 가능성의 세계를 열어줬다. 눈에 보이지 않게 빛을 굴절시키는 것 말고도 자연을 거역하는 다른 능력을 보여줄 가능성이 충분하다. 과학자들이 메타물질을 더 많이 알아갈수록 적용 범위도 더 분명해지고 넓어질 것이다. 그 혜택은 소비 시장에도 고스란히 미칠 것이다. 한 가지 파급 효과는 벌써 나타나고 있다. 놀라울 정도로 가벼운 성질을 이용해 레이더 시스템에 메타물질을 접목시키는 연구가 진행 중이다. 메타물질을 이용해 레이더의 부피와 크기를 줄일 수 있다면 앞서 살펴보았던 자동차 충돌 감지기에도 레이더 시스템을 적용할 수 있을 것이다. 아이로봇의 조 다이어가 말한 대로 이런 참신하고 파격적인 기술들은 마치 고양이처럼 아주 조심스럽게 한 번에 한 걸음씩 전진하고 있다.

그러나 영국군은 보이지 않는 기술에 있어서만큼은 천천히 기어가는 걸 참고 기다리지 못하는 것 같다. 2007년에, 영국 국방부와 하청업체 키네티크QinetiQ는 보이지 않는 탱크를 만드는 데 성공했다고 발표했다. 그런데 메타물질이 아니라 훨씬 재미없는 기술로 만든 거였다. 키네티크 연구진은 탱크에 장착하는 비디오카메라와 영사기를 사용해서 탱크 표면에 주위 풍경을 영사함으로써 구경꾼들이 탱크를 전혀 볼 수 없게 만들었다. 이를테면 최첨단 위장술이라 할 수 있다. 실험 장면을 지켜본 군인은 이렇게 말했다. "이 기술은 정말로 놀랍습니다. 눈앞에 없다면 믿지 못했을 겁니다. 주변을 둘러봤지만 풀과 나무밖에 없었습니다. 그런데 실제로는 내가 전차포 포신을 노려보고 있었던 겁니다." 영국 군사 전문가들은 2012년이면 투명 탱크를 전장에 배치할 수 있을 거라고 전망한다. 어쩌면 아프가니스탄이나 이라크에서 전투에 참가할 수도 있다는 말이다.

60년 전에는 레이더를 이용해 사물을 보이게 만들려고 열심히 연구하던 영국 과학자들이 이제는 사물을 시야에서 사라지게 하려고 전력을 쏟고 있다니 참 재미있는 아이러니가 아닐 수 없다.

전쟁의 포르노그래피

아프가니스탄과 이라크에서의 전쟁이 길어질수록 더 많은 기술 진보가 이뤄진다는 점도 하나의 모순이다. 어떤 면에서는 서구 세력이 중동을 방문하여 더 많은 이들을 죽이고 더 많은 것을 파괴할수록 서구 경제는 더 많은 혜택을 볼 것이다. 오늘의 무기가 내일의 전자레인지가 되고 로봇 자동차가 되니 말이다. 배고픔과 가난이 갈등을 일으키는 중요한 동인이듯이 기술혁신이 낳는 혜택 역시 갈등을 일으키는 주요 동력으로 작용한다. 정치적인 이유로 테러리스트가 될 가능성이 있는 사람들은 이런 불쾌한 원인과 결과를 또 다른 형태의 제국주의로 바라볼 것이다. 그래서 알카에다와 탈레반에 가입하여 제국주의에 맞서 싸우려 할지도 모른다. 일반 시민들도 마음이 괴롭기는 마찬가지다. 지난 수세기 동안 아침에 눈을 뜨면 새로운 발명품이 나왔던 지역에서 이제는 발명품을 만들기는커녕 외국 기술이 들어와 자신들을 상대로 실험하는 모습을 지켜봐야 하니 말이다. 이슬람이 과학과 이성을 지배하던 황금시대와는 천지 차이다.

그러나 전쟁이란 원래 그런 것이다. 상대가 막상막하일 때 어느 한쪽이 과격한 행동을 할 가능성은 낮다. 광기에 사로잡힌 신기술이 최후의 승리를 약속하더라도 결국 그 기술이 재앙을 불러올 수도 있기 때문이다. 파격적인 신기술은 항상 철저하게 실험을 한 다음에만 배치되는 법이다. 그게 아니면 최소한 어느 한쪽이 확실한 이점을 가지고 있어야만 가능하다. 제2차 세계대전이 좋은 본보기다. 나치 독일은 전세가 이미 연합군 쪽으로 기울고 있을 때 성능이 불안한 V-2 로켓과 제트전투기 같은 초현대적인 무기들을 전장에 배치하기 시작했다. 반면에 미국은 여러 전선에서 승리를 거둔 다음, 결과가 어떨지 뻔히 보이는 원자폭탄을 투하함으로써 전쟁을 끝냈다. 그러나 전쟁이 길어지면 길어질수록 어느 쪽이 유리한 패를 쥐고 있는지 불분명해진다. 아프가니스탄과 이라크의 경우가 그렇다.

그러나 미국 정부는 이들과의 전쟁에서 자기네가 우위에 서 있다고 계속 믿고 있다. 그래서 아프가니스탄과 이라크에서 꾸준히 신기술을 선보인다. 미국 방위비 지출은 가까운 장래에 더 작고 더 유연하고 더 개인적인 기술을 개발하는 쪽에 집중될 것이다. 작고 가벼운 로봇 개발을 최우선으로 삼고, 도시 풍경과 하나로 섞인 테러리스트들을 색출할 수 있도록 병사 개개인에게 새로운 장비를 계속해서 나눠줄 것이다. 이 중에는 생물학 기술도 더러 있을 것이다. DARPA가 실험하는 재생 및 인지 강화 분야가 대표적이다. 또한 의사소통 및 센서와 관련된 기술도 포함될 것이다.

1990년대 초반에 이라크와의 첫 번째 전쟁을 치르고 나서 기술이 승패를 결정하는 핵심이라는 믿음은 전쟁을 바라보는 시각을 통째로 바꿔놓았다. 제2차 세계대전이나 베트남전쟁의 이미지는 대부분 끔찍한 몰골로 채색되어 있었다. 팔다리를 잃고 질병이 들끓는 참호나 육군 병원에서 고통스러워하는 병사들, 전장에서 실려 나오는 시체들, 때와 기름으로 더럽혀진 얼굴이 대부분이었다. 그러나 지금은 이런 이미지를 완전히 밀어내고 레이저 유도 폭탄과 초현대적인 전투기, 피도 피해자도 보이지 않는 파괴, 녹색으로 물든 전투 장면이 그 자리를 차지했다. 전쟁은 위생 처리를 하더니 더 안전해졌고 심지어 재미있어졌다. 제2차 세계대전에서는 노래를 부르며 사기를 북돋아야 했지만, 이라크전쟁에 참전한 군인들은 엑스박스 게임을 하며 여가시간을 보낼 수 있다. 그날그날의 공포를 체험하지 않아도 되는 우리 같은 사람들에게 전쟁은 오히려 게임에 가깝다. 적어도 게임처럼 잘 팔리는 건 사실이다. 비디오게임으로 가득 찬 공군 웹사이트가 이를 잘 대변한다.

이렇게 전쟁이 깔끔하게 위생 처리를 하고 비디오게임처럼 변하는 현상은 일반 대중에게도 영향을 끼친다. 노먼 슈워츠코프는 스마트 폭탄을 촬영한 동영상으로 '전쟁 포르노' 현상을 이끌어냈다. 이 현상은 인터넷의 부상과 발을 맞추었다. 유튜브에는 이라크와 탈레반을 날려버리는 미군 탱크와 제트기, 무인 비행 로봇을 촬영한 동영상이 홍수를 이룬다. 대부분 배경음악으로 신나는 헤비메탈이 흘러나온다. 정기적으로 그런 장면을 시청하며 즐거워하는 사람은 일부에 지나지 않다 하더라도, 최첨단 무인 로봇전투기 리퍼가 건물을 파괴하는 장면을 본 뒤의 반응은 대동소이하다. "이야, 깔끔하다." 그 건물 안에서 흔적도 없이 날아가버린 사람들은 신경도 쓰지 않는다.

이것이 잠재의식 속에서 우리가 전쟁을 대하는 방식이다. 전쟁이 벌어지고 있다는 것도 알고 진짜 인명이 희생되었다는 것도 알지만, 그런 것들보다는 그렇게 '깔끔한' 결과를 내야 하는 필요성을 먼저 생각한다. 이것이 지금 중동 사막에서 벌어지는 일들이다. 지난 20년간 무고한 사람 수천 명이 죽임을 당했고, 이를 발판으로 우리는 더 안락하고 편리한 삶을 살아왔다.

악덕이 베푸는 미덕

본능에 호소하는 자는 인간의 가장 깊은 곳에 호소하는 자이며
누구보다 가장 빠른 반응을 얻는다.[1]

미국 철학자 애모스 브론슨 올컷Amos Bronson Alcott

영화 〈파이트 클럽Fight Club〉에 이런 장면이 나온다. 카메라가 에
드워드 노튼의 집 안을 비추면 각각의 가구를 설명하는 라벨이 화
면에 뜬다. 관객에게 각각의 가구가 어디 제품이고 얼마짜리인지
말해주는 라벨이다. 이 책을 쓰는 동안 내게는 이 세상이 노튼의 집
같았다. 이케아 카탈로그 대신 전쟁과 섹스와 음식의 상관관계를
들여다본다는 게 차이라면 차이였다. 고개를 돌리면 어디에나 이
셋이 보였다. 결국 나는 이들의 관계를 의심하기 시작했고 일부러
찾아보기까지 했다. 나는 집에서도 이 세 가지에 둘러싸여 있었다.
우리 집은 아주 평범한 집인데도 그랬다. 이 말은 여러분 역시 이것
들에 둘러싸여 있다는 뜻이다.

SEX, BOMBS and BURGERS

거실을 한번 보자. 플라즈마 텔레비전이 있다. 플라즈마 스크린은 원래 컴퓨터 화면으로 쓰던 것이다. 초창기만 해도 컴퓨터는 군의 독점 영역이었다. 우리 집 TV 제조업체인 파나소닉은 제2차 세계대전이 끝나고 잠깐 문을 닫았다. 일본에서는 마쓰시타로도 알려져 있는 이 회사가 전시에 일본 정부를 위해 라디오부터 자전거까지 안 만드는 것 없이 만들어내면서 전쟁 내내 엄청난 이익을 얻었다는 사실을 연합국에서 알게 되었기 때문이다. TV 밑에 자리를 잡은 DVD/CD 겸용 플레이어(참고로 내가 가진 CD는 다 그 안에 들어 있다)는 레이저에 기반을 두고 있다. 최초의 레이저는 1950년대 후반에 방위산업체인 휴즈 연구소Hughes Research Laboratories가 만들었다. 이제 레이저는 어디에나 있지만, 컴퓨터와 마찬가지로 원래는 군사용으로 만들었다는 뜻이다. 한편 가정용 오락기기 시장은 모두 포르노 산업 덕분에 싹이 트고 쑥쑥 성장했다. 할리우드가 VCR 제조업체를 상대로 소송을 진행하느라 정신이 없을 때 포르노 제작자들은 비디오테이프를 쏟아냈다. 포르노 제작자들이 그렇게 하지 않았더라면 가정용 비디오 시장이 생기거나 DVD 플레이어가 개발되지도 않았을 거라고 말한다고 해서 정신 나갔다고 할 사람은 없을 것이다.

DVD 플레이어 옆에는 내가 제일 좋아하는 전자기기 두 가지, 바로 엑스박스 360과 플레이스테이션 3가 놓여 있다. 둘 다 랄프 베어와 그에게 하청을 받은 샌더스 어소시에이츠에 감사해야 할 품목이다. 소파에 앉아 콜 오브 듀티 게임을 하면서 온라인에서 사람들을 날려버릴 때마다 나는 그 아이러니를 생각하지 않을 수 없다. 아르파넷을 처음 시작했을 때 빈트 서프는 사람들이 결국 인터넷을 그렇게 사용할 거라고 상상이나 했을까? 그렇지 않았을 것 같다.

내 소파 안에는 메모리 폼이 들어 있다. 원래는 NASA가 1960년 대에 항공기 좌석의 쿠션을 좋게 하려고 만들었다. 요즘에는 침대에도 메모리 폼을 넣는다. 고개를 돌리면 창 쪽에 에어컨이 있다. 제2차 세계대전 기간에 완벽한 냉각법을 고안한 미국인 발명가 윌리스 캐리어 Willis Carrier에게 많은 빚을 지고 있는 시스템이다. 원래는 고고도를 비행하는 군용기가 결빙을 견딜 수 있는지 모의실험을 하기 위해 만들었다. 전쟁이 끝나자 캐리어는 이 기술을 이용해 주거용 에어컨 붐을 일으켰다. 캐리어가 에어컨을 발명해줘서 정말 기쁘다. 에어컨이 없었다면 심하게 끈적이는 토론토의 여름을 견디기 힘들었을 것이다.

이제 내 사무실을 둘러보자. 사무실에 비치된 거의 모든 것이 전쟁과 섹스에서 나왔다. 컴퓨터는 이 두 가지를 한꺼번에 보여주는 가장 좋은 본보기다. 애플 공동 창업자 스티브 잡스 Steve Jobs와 스티브 워즈니악 Steve Wozniak은 휴렛팩커드에서 하계 인턴사원으로 일을 시작했다. 1970년대에 휴렛팩커드는 군에 컴퓨터와 전자장치를 납품하는 대형 공급업체였다. 사실 두 사람이 다니던 회사를 그만두고 애플을 시작한 건 휴렛팩커드에서 소비 시장에 뛰어들려고 하지 않았기 때문이다. 지금은 휴렛팩커드가 세상에서 가장 큰 개인용 컴퓨터 제조업체라는 점을 감안하면, 이것도 하나의 아이러니다.

물론 컴퓨터에는 인터넷이 연결되어 있다. 앞서 살펴보았듯이 군에서 만들고 포르노에 안성맞춤인 기술이다. 그러고 보니 마우스까지 DARPA에서 연구비를 지원받아 만든 것이다.

벽 쪽으로 눈길을 돌리면 이런저런 생각과 계획을 적어두는 화이트보드가 걸려 있다. 주요 소재는 멜라민이라는 플라스틱이다. 다른 플라스틱과 마찬가지로 멜라민도 원래는 제2차 세계대전 때 해군 함정에서 사용하는 접시를 만드는 데 널리 쓰였다. 최근에는 중국산 분유와 이유식에서 멜라민이 검출되어 비난을 받기도 했다. 멜라민은 화학실험에서 단백질의 일종으로 나타났다. 그러니 지름길을 찾는 부도덕한 식품 제조업자들에게는 이보다 좋은 충전재가 없었을 것이다. 냠냠…… 플라스틱도 맛있군!

욕실에 있는 건 모두 식품사업부를 거느린 대기업에서 만든 것들이다. 도브Dove 비누와 큐팁스Q-Tips 면봉은 유니레버Unilever 제품이다. 유니레버는 벤 앤드 제리스 아이스크림, 립턴Lipton 음료, 라구Ragu 스파게티 소스 같은 식품 브랜드를 여럿 가지고 있다. 팬틴Pantene 샴푸, 크레스트Crest 치약, 질레트Gillette 면도기와 면도 크림, 오랄비Oral-B 칫솔과 치실은 모두 프록터 앤드 갬블Procter & Gamhle 제품이다. 이 회사는 프링글스Pringles 포테이토칩과 폴저스Folgers 커피도 만든다. 내 샴푸를 만드는 회사가 내 뱃속에 들어가는 음식을 만드는 회사와 같다니 조금 불쾌해지려고 한다. 라이트 가드Right Guard 탈취제를 쓰는 것도 조금 꺼림칙하긴 하다. 라이트 가드의 모기업 헨켈Henkel 은 다른 독일 회사와 마찬가지로 제2차 세계대전 기간에 죄수들의 노동력을 착취했다. 이 사실을 안 뒤로는 라이트 가드라는 이름도 정말 정이 안 간다.

부엌으로 가면 음식을 준비하는 곳이라기보다는 실험실 같다는 생각마저 든다. 물론 부엌에는 전자레인지가 있고, 오래된 웨스팅하우스Westinghouse 스토브와 냉장고도 있다. 웨스팅하우스는 레이더 시스템과 제트엔진을 비롯해 많은 전쟁 기술을 개발해 부자가 된 회사다. 싱크대 밑에 있는 각종 세제 역시 군납으로 부자가 된 화학 회사들이 만든 제품이다. 방향제와 스프레이 식 페인트 등 여러 가지 재미있는 물질을 보관하는 데 쓰는 보잘것없는 분무제 통마저도 화염방사기라는 아주 무시무시한 전쟁 무기에서 나왔다. 부엌에 있는 음식 역시 기술의 보고다. 냉동실에 있는 감자튀김부터 냉장고에 있는 딸기, 선반에 있는 레토르트 파우치 스프까지 종류도 다양하다. 그중에서도 리틀 데비Little Debbie에서 화학성분을 잔뜩 넣어 만든 초콜릿 스위스 롤스Swiss Rolls는 내가 아주 좋아하는 간식이다. 심지어 신선한 사과마저도 자연 그대로는 아니다. 더 윤이 나게 하려고 표면에 얇게 왁스를 뿌려놓았다. 바나나와 토마토는 에틸렌 가스를 뿌려 인공적으로 숙성시켰다(인체에는 무해하니 걱정하지 않아도 된다. 게다가 이런 과일들은 원래 에틸렌 가스를 분비한다. 가만히 두면 에틸렌 가스를 분비하면서 저절로 익을 텐데 빨리 수확하려고 에틸렌 가스를 뿌리는 것뿐이다).

이게 우리 집이다. 나쁜 전쟁 기술이 안락함으로 진화한 실례를 생생히 보여주는, 특별할 것 하나 없는 평범한 집 안 풍경이라고 생

각한다. 기술은 가치중립적이다. 문제는 우리가 기술을 가지고 무얼 하느냐에 달려 있다.

폭탄이 하는 선한 일

역사상 가장 파괴적인 발명품인 원자폭탄은 기술의 이중성을 보여주는 또 하나의 좋은 본보기다. 제2차 세계대전 때 일본에 투하된 원자폭탄은 수십만 명을 죽이고 수십 년간 수백만 명을 공포에 떨며 살게 했다. 그러나 원자폭탄에 숨겨진 기술은 수년에 걸쳐 진화를 거듭하더니 이제는 우리에게 치료를 약속하는 지점에 이르렀다.

샌프란시스코에서 서쪽으로 50마일쯤 떨어져 있는 로렌스 리버모어 국립연구소에서는 반세기 넘게 핵무기를 연구해왔다. 이 연구소는 냉전이 한창이던 1952년에 설립되었다. 뉴멕시코에 있는 로스앨러모스 기지에서 재래식 폭탄을 만들고 있었는데, 진행 중이던 연구를 마무리 짓고 폭탄의 성능을 개선하기 위해 설립했다. 원자폭탄 제조의 핵심 인물인 물리학자 어니스트 로렌스Ernest Lawrence가 맨해튼 프로젝트를 본떠서 캘리포니아 주립대학 버클리 캠퍼스에 연구소를 세웠다. 전공이 다양한 과학자들이 모여 대규모 연구를 진행했다. 잠수함에서도 발사할 수 있는 소형 핵탄두, 성능을 높인 컴퓨터, 핵융합 에너지 등 초창기에 개발한 기술이 성공하여 대형 프로젝트를 계속 추진할 수 있었다.

1960년대에 리버모어 과학자들은 원자력을 평화적으로 사용할 방법을 모색하고 방사선이 인체에 미치는 영향을 연구했다. 그리고

1970년대에는 레이저로 연구 범위를 넓혔다. 오늘날 이 연구소는 세계에서 내로라하는 레이저 연구시설로 꼽힌다. 연구소의 이니셜 LLNL이 로렌스 리버모어 국립연구소를 줄인 말이 아니라 사실은 레이저, 레이저, 앤드 레이저를 줄인 말이라고 우스갯소리를 할 정도다. 1992년, 미국이 핵실험을 중단한 후 리버모어와 로스앨러모스, 그리고 뉴멕시코에 있는 샌디아 국립연구소는 핵무기 비축분 관리 프로그램을 감독하는 책임을 맡았다. 미국이 보유한 핵무기를 안전하게 유지하고 관리하는 게 주요 골자다.

리버모어 연구소는 무기 기술을 너무 많이 개발해왔다. 하지만 모든 과학이 그러하듯 긍정적인 측면도 있다. 산업계에 도움이 되는 기술도 대량으로 만들어냈으니 말이다. 다이나Dyna라는 충돌 모형 소프트웨어 프로그램이 대표적인 예다. 1976년에 개발된 이 소프트웨어 덕분에 과학자들은 폭탄이 지면과 충돌할 때 어떻게 반응하는지, 포탄 원뿔이 지면에 부딪힐 때 어떤 반응이 나타나는지 확인할 수 있었다. 이런 자료는 군수품 개발에 치명적으로 중요하다. 폭탄이 콘크리트, 모래, 금속 등 각기 다른 표면과 접촉할 때 어떻게 폭발하는지 알려면 이런 자료가 꼭 필요하기 때문이다. 초기에 나온 소프트웨어는 단순한 수치 해석만 보여주는 정도였다. 그러다 1980년대에 들어 컴퓨터에 그래픽 인터페이스 기능이 생기면서 결과를 시각적으로 보여줄 수 있었다. 리버모어 과학자들은 이 소프트웨어를 상업적으로도 충분히 쓸 수 있다는 걸 알고서 1980년에 산업계와 기술을 공유하기 시작했다.

가장 먼저 이 기술을 받아들인 건 자동차 회사들이다. 충돌 실험을 실제로 하려면 한 번에 많게는 100만 달러까지 들었다. 그래서 자동차 회사들은 실제와 맞먹는 가상 실험 방법을 찾으려고 애를 써왔다. 리버모어에서 다이나 프로그램을 만든 에드 지비치는 이렇게 말했다. "그들은 시뮬레이션 도구를 이용해서 실제 충돌 분석을 할 수 있다는 걸 깨달았습니다."[2] 소프트웨어 코드를 무료로 이용할 수 있었던 까닭에 다이나는 자동차 업계를 통해 빠르게 퍼져나갔고 끊임없이 발전했다. 리버모어 연구소와 기업이 서로 피드백을 주고받으면서 기술을 개선한 덕분이다. 그러면 자동차 회사들이 소프트웨어 코드를 개선하여 리버모어 연구소에 되돌려줌으로써 무기 구축에 기여한 걸까? 에드 지비치는 틀림없는 사실이라고 말한다. "쌍방향으로 계속 왔다 갔다 했으니까요."

이 소프트웨어와 여기에서 나온 변형 제품들은 이제 충돌 결과를 미리 예상해야 하는 모든 회사에서 사용한다. 기차 제조업체들도 사용한다. 보잉에서는 새가 제트엔진과 충돌하면 어떤 영향을 미치는지 확인하기 위해 이 소프트웨어를 쓰며, 쿠어스Coors는 생산 라인에서 맥주캔 사고를 모의 실험하는 데 쓰고 있다. 다이나가 얼마나 많은 생명을 구했는지 정확히 파악하긴 어렵지만, 꽤 많은 인명을 구한 것만은 분명하다.

리버모어 연구소가 민간 부분에 가장 크게 기여한 건 유전학 부문이다. 방사선이 인체에 미치는 영향을 탐구한 것이다. 1990년대 초반에 리버모어 과학자들은 염색체채색染色體彩色 기법을 발명하는 엄청난 업적을 세웠다. 특정 염색체가 더 잘 보이도록 형광으로 채색하여 개별 염색체를 확인하는 기법이다. 사용 허가를 받으면 비교적 싼값에 이용할 수 있는 이 기술(1992년에 20가지 시험이 가능한 채색 세트를 단돈 400달러를 받고 팔았다)을 이용하면 질병과 유전적 결함을 아주 쉽게 확인할 수 있다. 1990년대 내내 과학자들은 이 시험 기법을 이용해 근육성 이영양증, 신장병, 편두통, 왜소증 등 건강에 문제를 일으키는 유전자의 정체를 밝혔다. 덕분에 치료제를 만들기도 수월해졌다.

리버모어의 유전학 연구는 DNA 염기 서열을 해석하는 인간게놈프로젝트를 시작하는 데도 크게 기여했다. 1987년에 리버모어 과학자들은 인간이 가지고 있는 23개 염색체 중 하나인 19번 염색체의 염기 서열을 해석하기 시작했다. 1990년에 인간게놈프로젝트가 전 세계적으로 시작되었을 때, 리버모어 연구소는 염색체 세 쌍의 염기 서열을 해석하는 일을 맡았다. 그리고 예정보다 빠른 2000년에 프로젝트를 완료했다. 이 연구 덕분에 우리는 인체를 더 깊이 이해할 수 있다. 적용 분야도 무궁무진하다. 앞으로 몇 년 동안 과학자들은 이 지식을 활용해 여러 질병을 뿌리뽑기 위해 애쓸 것이다. 연구 진행과 맞물려 다시 윤리 논쟁이 벌어질 것도 자명하다.

오늘날 리버모어 연구소는 333헥타르가 넘는 캠퍼스에 자리를 잡고 있다. 직원 수가 7000명이 넘고 그중 절반은 과학자들이다. 연간 예산은 약 15억 달러다. 연구원들은 노화 과정에서 생기는 골칫거리, 바로 암을 치료할 획기적인 치료법도 만들어냈다. 언제든 원하는 대로 가져다 쓸 수 있는 레이저와 빔을 총동원해 엑스레이 대신 양성자를 이용한 암 치료법을 개발했다. 원래는 양성자 빔으로 핵미사일 안쪽을 정밀 촬영함으로써 핵미사일의 안전성을 밝히는 데 쓰던 기술인데, 이를 인체에 적용할 방법을 찾아낸 것이다.

리버모어 연구소 양성자 프로젝트를 이끌고 있는 조지 카포라소에 따르면, 엑스레이는 암세포가 폭발할 때 정확성이 떨어졌다. 사람의 몸에 엑스레이 광선을 쏘면, 대부분은 피부 표면에 가 닿지만 일부는 의도했던 것보다 몸속으로 더 깊이 들어가 암세포에 침투한다. 그러나 양성자 빔은 저주파로 몸에 들어가 암세포를 강하게 찌르고 나서 바로 약해지도록 조절이 가능하다. 이는 암세포를 잘라내기 위해 야구방망이 대신 메스를 쓰는 것과 같다. 카포라소의 말대로[3] '진화가 아니라 혁명'이라 할 만하다. "내가 의학물리학자는 아니지만, 이것이 패러다임을 바꿀 거라고 분명히 말씀드릴 수 있습니다."

2007년, 리버모어 연구소는 위스콘신에 있는 암 치료제 개발 회사 토모테라피TomoTherapy와 특허권 계약을 맺고 이 기술을 상용화했다. 양성자 가속기는 여전히 너무 거대하고 비싸다. 그기는 농구 코트만 하고 값은 2억 달러가 넘는다. 2009년 기준으로 양성자 가속기를 갖추고 있는 의료기관은 전 세계에서 30군데가 채 안 된다. 부자가 아니면 엄두도 못 낼 만큼 치료비도 비싸다. 카포라소를 위시한 연구진은 향후 몇 년 안에 크기를 줄이고 값을 낮추기 위해 연구를 계속하고 있다. 길이는 2미터 가격은 2000만 달러에 맞추는 게 목표다. 그렇게만 되면 일반 대중도 양성자 암 치료를 받을 수 있을 것이다.

리버모어 연구소보다 기술의 이중성을 잘 보여주는 곳도 없다. 한쪽에서는 몇 번이고 세계를 파괴할 수 있는 발명품을 개발하고, 다른 한쪽에서는 생명을 구하고 더 좋은 세상을 만들려고 애를 쓰고 있다. 에드 지비치가 이런 이중성을 아주 잘 요약해주었다. "군사용 프로그램이 다이나처럼 민간 부문에서도 아주 중요하고 유용한 프로그램을 파생시키다니 정말 놀랍죠. 방위 연구에 돈을 쓰지 않았더라면 이런 일은 없었을 겁니다."

오늘의 적은 내일의 친구

전쟁에서 영감을 받은 기술은 의료 부문에만 도움을 주는 것이 아니다. 역설적이지만 평화를 이루는 데도 새로운 기회를 제공한다. 앞으로 미국과 중국 간에 마지막 결전을 피할 수 없다고 믿는 이들도 있지만, 과학기술 전문가들은 그런 전쟁이 일어날 가능성은 별로 없다고 생각한다. 두 나라의 경제가 인터넷에 기반을 둔 공급망을 통해 밀접하게 연결되어 있기 때문이다. 미국이 중국과 전쟁을 벌인다면, 제품 흐름이 완전히 중지되고 말 것이다. 미국인은 새 컴퓨터부터 옷, 기저귀까지 거의 모든 물건을 포기하고 살아야 할 것이다. 중국은 가장 큰 시장을 잃을 것이다. 두 나라 경제는 붕괴하고 주식시장이 무너지면서 세계 전체가 대공황에 빠질 것이다.

국가 간에 상호의존도가 덜할 때는 영토를 확장하겠다는 일념으로 전쟁을 시작하곤 했다. 제2차 세계대전이 대표적인 예다. 이제는 그런 행동이 우스꽝스러워 보인다. 이제 영토는 작아도 기술이 발달한 룩셈부르크와 아일랜드 같은 국가가 땅덩이가 큰 미국, 캐나다, 오스트레일리아보다 1인당 국내총생산이 더 많은 세상이 되었다. 땅을 빼앗기 위해 전쟁을 벌이는 건 이제 말이 안 된다. 미국이 이라크를 침공한 것처럼 자원을 빼앗는 일은 아직도 일어나지만, 이 문제에도 기술이 해답이 될 수 있다. 선진국에서 기름을 끊을 수 있다면(초기 단계이긴 하지만 하이브리드 및 전기 자동차를 개발중이다), 마침내 중동에는 평화가 찾아올 것이다. 이제 우리는 국가와 국가가 싸우는 전쟁에서 국가와 소외 집단이 싸우는 전쟁으로 나아가기 시작했다. 일보전진이라 생각한다. 우리가 풀어야 할 문제는 갈수록 심각해지는 식량 부족뿐이다.

기술 덕분에 마지막 남은 언어 장벽도 곧 무너질 것이다. 전 세계 사람들은 이전보다 훨씬 더 가까워질 것이다. 인터넷은 중국과 인도 경제를 서구 국가들과 통합시키고 떼려야 뗄 수 없게 만들었다. 우리는 앞으로 이런 관계를 더 돈독하게 만들 것이다. 그러면 미래에는 서로를 더 잘 이해할 수 있고 전쟁은 더 줄어들 것이다.

포르노 스타 대통령?

예부터 포르노그래피는 부정적인 영향을 많이 끼쳤다. 재능이라고는 눈곱만큼도 없는 호텔 상속녀가 유명해지도록 길을 닦아준 것도 그중 하나다. 그러나 포르노를 파는 데 쓰려고 발달시킨 기술이 우리를 더 가깝게 만들기도 했다. 포르노그래피는 종종 외설스럽고 음란하기는 하지만, 선구적인 통신 매체로서 우리를 서로 연결해주는 기술을 개발하는 데 필요한 연구비를 댔다. 개발도상국에 전화선을 개설하는 것이든, VCR 제조업자들에게 시장을 열어주는 것이든, 인터넷에 기능을 추가하는 것이든, 포르노 회사들은 누구도 투자하려 들지 않을 때 기꺼이 돈을 투자했다. 그리고 우리 모두가 그 혜택을 입고 있다. 앞으로도 이런 일은 계속될 것이다.

예를 하나 들어보자. 스코틀랜드에는 멀리 떨어져 있는 사람들을 연결해주는 일에 힘을 쏟는 디스턴스 연구소Distance Lab가 있다. 지금 이곳 연구원들은 무추고토Mutsugoto라는 것을 연구 중이다. 사용자들이 원격조종되는 빛을 통해 성관계를 갖게 해주는 시스템으로 인터넷에 기반을 두고 있다. 사용자들은 각자 자기 침실에 전자 빛 장치를 설치하고, 인터넷을 통해 상대방의 시스템에 연결한다. 각자 상대방의 침실에 있는 빛을 조종하는 특별한 반지도 착용한다. 반지는 상대방의 몸을 관능적으로 끌어당기는 데 사용한다. 디스턴스 연구소에 따르면 "끌어당기는 행위는 두 침대를 생중계하여 몸이 움직일 때마다 감정에 영향을 주는 동기식 통신을 가능하게 한다".4

특이하지만 실로 엄청난 가능성을 보여주는 대단히 흥미로운 발상이기도 하다. AEBN의 리얼 터치와 텔레딜도닉스처럼 섹스 관련 응용 기술은 우리가 이제껏 생각해본 적 없는 방향에서 통신을 시도할 만반의 채비를 갖춘 듯하다.

새로운 접속이 이뤄지면 우리는 지금보다 잘 소통할 것이다. 성

적인 부분에서는 특히 그렇다. 우리는 포르노그래피가 주류 매체를 서서히 잠식해나가면서 사회적으로 허용 가능한 수준이 어디까지인지 매번 다시 생각해야 했다. 어떤 이들은 오늘날 우리 사회가 지나치게 성적인 면에 집중하고 있다고 한탄한다. 어쨌거나 가장 긍정적인 변화는 과거에 비해 성의 문제를 공공연히 이야기할 수 있다는 점이다. 아직도 갈 길이 멀긴 하지만, 얼마 전까지만 해도 동성애자의 인권에 대한 논의 자체가 없었다. 싱글 맘이나 이혼한 부모는 사회적으로 멸시를 받는 대상이었다. 아무리 상상력을 동원해도 포르노와 기술이 의식의 변화를 끌어낸 것 같지는 않지만, 중요한 역할을 한 것은 사실이다. 포르노 스타 조안나 에인절Joanna Angel은 이렇게 말한다. "포르노 덕분에 이런 변화가 시작됐다고는 할 수 없어도 포르노가 그중 일부였던 건 사실이죠."[5]

포르노 기술은 섹스에 대한 우리의 시각을 계속 바꾸고 있다. 포르노는 전문적으로 제작해 소비자들에게 판매하는 전통적인 역할에서 벗어나 누구나 참여할 수 있는 영역으로 범위를 확장하고 있다. 젊은 일반인 여성들이 카메라 앞에 가슴을 노출하거나 알몸을 내보이는 TV쇼 〈걸스 곤 와일드Girls Gone Wild〉와 패리스 힐튼의 섹스 비디오가 그 예이다. 마이스페이스 같은 소셜 웹사이트와 곳곳에 깔린 카메라와 휴대전화 덕분에 아마추어들이 만든 포르노를 즉시 대량으로 유포하는 게 가능해졌다. 이로 인해 젊은이들 사이에 섹스와 누드에 대한 아주 다른 태도가 형성되고 있다. 부모 세대와 비교하면 현격한 차이가 난다. 필라델피아 출신의 젊은 포르노 스타 스토야는 자기가 아는 사람 중에서 반 정도는 재미로 인터넷에 자기 누드 사진과 동영상을 올린다고 말했다. 그녀가 거리낌 없이 포르노 업계에 뛰어든 이유도 그 때문이다. "큰 용기가 필요한 일이 아니에요. 내가 만난 애들은 포르노 회사를 사람들 머리에 총을 겨누고 착취하고 원치 않는 일을 강요하는 무시무시한 성인 회사라고 생각하지 않아요. 그 애들에게도 포르노 업계에서 일하는 친구가 한 명쯤은 있으니까요. 하다못해 마이스페이스에서 만난 친구라도 있을걸요."[6]

오늘날 포르노는 반항의 도구가 되기도 한다. 몇십 년 전만 해도 부모에게 반항하고 싶으면 가죽 재킷을 사거나 담배를 피웠지만, 요즘에는 녹색으로 물든 섹스 비디오를 촬영하고 온라인에 올린다. 먼 훗날에는 대통령에게 마리화나를 피웠느냐는 질문 대신 포르노 영화를 찍을 때 콘돔을 사용했느냐는 질문을 할지 누가 알겠는가.

이런 것들을 긍정적인 변화라 할 수 있을까? 어떤 이들은 문화가 성의 도구가 되는 현상은 타락과 부패를 보여주는 확실한 증표라고 주장할 것이다. 그러나 나는 자기와 다른 생활방식을 수용하는 태도와 성해방이 우리 사회를 긍정적인 방향으로 발전시킬 거라고 믿는다.

풍요의 역설[7]

부끄러운 욕망의 삼위일체 중에서 기술 때문에 가장 극적인 변화를 겪은 분야가 식량이다. 1950년대에 식량은 요즘보다 훨씬 더 귀했다. 일 년 내내 아무 때나 얻을 수 있는 것도 아니었다. 이 때문에 고기는 한번 냉동실에 들어가면 네 달 동안 냉동 상태로 있었고, 채소와 과일은 병이나 깡통에 담긴 채 오랫동안 선반을 지켰다. 사람들은 구할 수 있는 건 뭐든 먹어야 했다.

반세기가 지난 지금 우리는 먹을 게 너무 많아 탈인 풍요 속에서 허우적거리고 있다. 누군가는 그런 우리를 보고 불평분자들이라고 생각할 것이다. 배를 곯는 가난한 나라 사람들은 스테이크 하나, 돼지 갈비 하나를 얻으려고 무엇이든 하는데, 서구 사회에서는 많은 사람들이 채식주의자로 전향하고 있다. 코미디언 크리스 록^{Chris Rock}은 이런 우스갯소리를 했다. "미국에는 음식이 너무 많고 우리는 음식에 알레르기가 있습니다. 음식에 알레르기가 있어요! 배고픈 사람은 알레르기 같은 게 없습니다. 르완다에 사는 사람 중에 젖당 소화장애를 가진 사람이 있다고 생각합니까?"[8] 심지어 우리는 섹스 파트너를 고를 때보다 음식을 고를 때 더 까다롭게 군다. 한 사회학자가 말한 대로다. "정크푸드와 정크 섹스를 비교해보면 그 둘이 사실상 교환 가능한 비행非行이 되었다는 걸 알게 됩니다. 섹스를 비행의 범주에 넣지 않는 사람들도 음식에 대해서는 주저하지 않고 그렇게 할 겁니다."[9]

우리는 기술이 우리에게 값싸고, 일 년 내내 먹을 수 있고, 보관이 쉽고, 조리가 빠르고, 원치 않을 때나 쓰고 나서는 쉽게 버릴 수 있는 음식을 풍부하게 제공한다는 사실을 자주 간과하곤 한다. 음식은 우리가 누리는 모든 자유를 받쳐주는 척추 역할을 해왔다. 맨해튼 금융가 한복판에 있는 맥도날드 매장의 성공 사례가 그 증거다. 점심시간이면 세계경제가 계속 잘 굴러가게 힘을 쓰는 자본가들과 증권 중개인들이 몰려와 북새통을 이룬다. 빅맥과 쿼터 파운더는 바쁜 하루를 버티는 데 필요한 열량을 빠르게 보충해준다. 아이러니하지만 고기를 포기하고 부분 채식주의자나 완전 채식주의자가 되기로 선택하는 것도 식품 기술이 우리에게 안겨준 호사라 할 수 있다.

풍부한 음식은 비만을 비롯해 건강상의 문제를 불러오기도 한다. 그러나 의술 발전과 더불어 우리의 평균수명을 크게 늘리는 데에도 기여했다. 2009년, 가공식품을 많이 먹는 미국인과 캐나다인, 영국인, 오스트레일리아인의 평균수명은 78세에서 81세 사이였다. 대량 가공이 본격적으로 시작된 1950년대와 비교하면 10년이나 늘었다. 빅맥과 트윙키가 우리에게 아주 나쁘지만은 않았나 보다.

우리는 우리가 먹을 음식이 건강에 더 좋고 방부제와 화학물질은 덜 들어 있길 바라지만, 편리함과 싼 가격은 포기하려 들지 않는다. 이를 테면 우리가 기술을 더 자극하고 있는 셈이다. 식품공학자들은 나틱 연구소에서 개발한 가압 가공법처럼 새로운 기술을 계속 개발하고 있다. 앨버타 대학교의 과학자들은 화학 방부제 대신 밀과 보리에 들어 있는 지방산과 망고 씨 같은 천연재료를 사용하는 실험을 하고 있다. 이런 천연재료는 화학 방부제 못지않게 해로운 박테리아를 파괴하는 것으로 밝혀졌다. 한 과학자는 이렇게 말한다. "화학 방부제를 천연재료로 바꾸면, 안전 문제를 양보하지 않고도 식품의 질을 높일 수 있습니다."[10]

끊임없이 변하는 선진국 사람들의 입맛 외에 늘어나는 인구와 줄어드는 농지에 대한 불안도 기술 발전을 자극한다. 개발도상국은 서구 세계를 따라잡으려고 자국의 식품 시스템을 계속 발전시키고 있다. 이렇게 식품에 투입되는 기술의 양은 늘어나기만 한다.

적을 이길 수 없으면 적과 한패가 되라

전쟁과 포르노와 패스트푸드는 진공상태에서 존재하는 게 아니다. 이 세 가지 사업이 모든 기술 발전을 이끌어냈다고 말하는 건 어불성설이다. 다른 산업들도 각자 제몫을 성실하게 해냈고 앞으로도 그럴 것이다.

마이크로소프트와 애플 같은 컴퓨터 및 소프트웨어 거물들은 윈도우 운영체제부터 아이팟까지 아주 많은 기술혁신을 이뤄냈다. 곧 우리는 자판을 두드리고 마우스를 움직이는 대신 컴퓨터를 손끝으로 터치하고 컴퓨터에 대고 말을 하게 될 것이다. 자동차 제조업체들도 동력조향장치부터 충돌 탐지기까지 꾸준히 더 나은 제품을 선사했고 꽤 근사한 로봇도 만들었다. 앞으로 몇 년 안에는 계기판에 탑재된 음성 인식 컴퓨터로 우리가 인터넷 세계를 항해하는 동안 자동차가 스스로 운전을 하게 될 것이다. 제약 회사들도 그동안 혈압부터 발기부전까지 모든 질환을 치료하는 약을 개발함으로써 많은 기적을 이뤄냈다. 미래에 우리는 더 좋은 감기약과 더 효과 빠른 백신을 손에 쥘 것이다. 그런가 하면 통신 회사들은 인터넷부터 휴대전화까지 무수히 많은 방법으로 우리를 서로 연결해주었다. 인터넷에 바로 연결해주는 휴대용 칩을 우리 머릿속에 넣을 날도 멀지 않았다. 할리우드 스튜디오에서는 우리에게 홈비디오를 안겨주었고 아직은 새로운 3D와 4D 영화를 소개한다. 오락물은 우리를 점점 더 몰입하게 만들고, 가상현실이 초창기에 했던 약속은 이제 거의 다 이루어지고 있다.

이런 산업들은 군과 포르노, 패스트푸드 산업에 전혀 뒤지지 않는다. 그들도 신제품을 만드는 기술혁신과 그로 인한 이윤 증대에 크게 의존한다. 그러나 이들은 대부분 사업가나 독창성, 고상한 욕구를 통해 영감을 얻는 일명 깨끗한 산업이다. 우리는 앞에서 살펴본 부끄러운 삼위일체를 대하듯 이들 산업을 내려다보지 않는다. 재미있게도 이들 중 실제로 깨끗한 산업은 하나도 없다. 이제는 밝혀야 할 때가 된 것 같다. 사실상 모든 산업은 직접적으로든 간접적으로든 전쟁과 섹스, 패스트푸드가 이룬 기술혁신 덕분에 이득을 보았다.

결국 우리는 부끄러운 삼위일체가 모두 사라진 세상을 만들지는 못할 것이다. 전쟁과 섹스, 패스트푸드 기술이 앞으로도 우리가 사는 세상을 이런저런 모습으로 빚어갈 것은 자명하다. 20세기에 이들 산업을 주도한 것은 미국이었지만, 계속해서 세계화가 진행되고 있으니 이런 구도도 변할 것이다.

식품은 지금도 세계적인 산업이지만, 더 많은 나라가 시장을 개척하고 있으니 앞으로는 더욱 세계적인 산업으로 발돋움할 것이다.

포르노에 대한 수요도 세계적인 수준이지만, 플레이보이처럼 세계 무대에서 활동하는 기업은 소수다. 포르노 산업에는 개인이 운영하는 소규모 회사가 유독 많은 탓이다. 그러나 인터넷에서 불법복제가 성행하고 이로 인해 포르노 산업이 쇠퇴하면서 모든 이들이 합병에 대해 이야기하고 있다. 이제 곧 작은 회사들은 좀더 경쟁력 있는 큰 회사들과 합병을 해야 할 것이다. 그래도 전쟁만큼은 절대로 세계화가 이뤄질 수 없는 유일한 시장이라고 생각할지 모른다. 국방은 개별 국가의 영역이기 때문이다. 그러나 놀랍게도 이미 개발은 이뤄지고 있다. 역사적으로 북대서양조약기구와 바르샤바소약기구는 각각의 군사 산업을 공유하는 집단방위체제를 구축해왔다. 하지만 오늘날에는 서구 대 동구의 대결에서 국가 대 테러리스트의 대결로 시장이 재편되었다. 이에 따라 조금은 이상해 보이는 조합이 생겨날 수도 있다. 중국과 미국의 밀접한 관계를 감안하면, 언젠가 두 나라가 힘을 합쳐 테러리스트에 대항하고 군사기술을 공유할지도 모른다. 지금도 화웨이^{Huawei} 같은 중국 회사들이 미국 통신망을 구축하고 있다. 통신망은 한때 국가 안보에 아주 치명적이라는 이유로 DARPA가 직접 연구를 진행했던 사회기반시설이다. 상황이 이러니 벌써 절반은 지나온 셈이다.

실제로 다음 세기부터는 중국이 기술 발전을 주도할 것이다. 2008년, 중국은 처음으로 군사비 지출에서 세계 2위를 기록했다(3위는 프랑스, 4위는 영국이었다). 중국은 대부분 1950년대 소련제 무기로 이뤄진 무기고를 현대화하고 있다. 그러나 이를 두고 중국

이 전쟁을 준비하는 거라고 믿는 사람은 없다. 그동안 뒤처져 있던 부분을 만회하려는 것뿐이다.[11]

포르노를 금지하는 중국은 세계에서 가장 큰 포르노 시장이기도 하다. 중국 정부는 포르노를 근절하려고 냉혹한 조치를 취하고 있다. 마치 섹스가 종교나 민족성보다 체제를 전복할 위험이 더 크다고 보는 것 같다. 그러나 포르노에 대한 중국인의 수요가 다른 나라 사람들에 비해 떨어진다고 믿을 만한 이유는 하나도 없다. 그러니 중국에 포르노가 침투하는 것은 피할 수 없다. 언젠가는 중국 안에서도 성혁명이 일어날 것이다. 어쩌면 중국 정부는 사람들이 성적 자유를 추구하다가 정치적 자유도 요구하게 될까봐 두려워하는 것인지도 모른다.

지금 중국은 식품 가공기술에서 눈부신 발전을 이루고 있다. 이미 미국이 1950년대에 경험했던 일이다. 예상대로 패스트푸드가 단연 인기다. 중국은 지난 20년간 식품 산업이 두 자리 수로 성장했다. 10억 명이 넘는 사람들을 먹여야 하니 이런 성장세가 쉽게 꺾이지는 않을 것이다. 그리고 이런 성장 속에서 중국 과학자들은 새로운 식품 기술을 개발하기 위해 미국 과학자들만큼이나 많은 노력을 기울일 것이다. 지금으로부터 50년 뒤에는 우리 모두 〈스타 트렉〉에서처럼 복제기로 만든 인공 식품을 먹을지도 모른다.

개발도상국 중에서 우리가 기대할 수 있는 가장 크고 가장 분명한 예는 중국뿐이지만, 다른 나라들도 현대화 작업을 진행하면서 신기술을 개발하고 있다. 이런 신기술은 단순히 우리가 소유하는 물건만 바꾸는 것이 아니라 물건이 우리에게 영향을 끼치는 방법, 세상을 바라보는 우리의 시선, 우리가 관계를 맺는 방법까지도 바꿔놓을 것이다. 기술은 실용적인 새로운 장치를 가리키는 것이 아니라 우리의 삶을 향상시키는 것에 관한 이야기다. 러다이트와 기술 반대론자들의 생각과 달리 그동안 우리의 삶은 꽤 많이 나아졌다. 기술은 우리의 필요와 욕구를 채움으로써 암흑시대에서 우리를 끌어냈다. 우리는 집에 동력을 공급할 수 있고, 가족을 부양할 수 있고, 원하는 곳을 여행할 수 있고, 무엇이든 배울 수 있고, 질문에 답할 수 있고, 서로 소통할 수 있고, 원하는 것을 꽤 많이 손에 넣을 수 있고, 꽤 많은 일을 동시에 할 수 있다. 그러니 우리가 발전하고 있다는 이야기가 아닐까.

결국 욕망의 삼위일체는 보편적인 현상이다. 절대로 사라지지 않을 것이다. 우리가 미국에 살든 중국에 살든 그 어디에 살든, 전쟁과 포르노와 패스트푸드는 없어지지 않는다. 이들이 우리에게 가져다줄 신기술도 마찬가지다. 결과적으로 섹스와 폭탄과 버거는 계속해서 우리가 속한 세상과 우리의 삶을 이런저런 모습으로 빚어나갈 것이다.

들어가는 말 부끄러운 삼위일체

1 Aldous Huxley, *Ends and Means: An Enquiry into the Nature of Ideals and into the Methods Employed for their Realisation*, London: Chatto & Windus, 1937, p. 268.

2 2008년 4월, 제임스 브래든 대령과 저자의 인터뷰.

3 2009년 4월, 조 다이어와 저자의 인터뷰.

4 2009년 3월, 빈트 서프와 저자의 인터뷰.

5 P. W. Singer, *Wired for War: The Robotics Revolution and Conflict in the Twenty-first Century*, New York: Penguin Press, 2009, p. 140.

6 2009년 2월, 조지 카포라소와 저자의 인터뷰.

7 Reuters, "Global arms spending hits record in '08-think tank," June 8, 2009, http://www.reuters.com/article/marketsNews/idUSL8101212020090608.

8 The Associated Press, "Global arms spending rises despite economic woes," June 9, 2009, http://www.independent.co.uk/news/world/politics/global-arms-spending-rises-despite-economic-woes-1700283.html.

9 Wired, "Pentagon's Black Budget Grows to More Than $50 Billion," May 7,

2009, http://www.wired.com/dangerroom/2009/05/pentagons-black-budget-grows-to-more-than-50-billion.

10 P. W. Singer, Ibid., p. 140.

11 Ibid., p. 247.

12 Ibid., p. 239.

13 2009년 2월, 존 행크와 저자의 인터뷰.

14 2009년 2월, 에드 지비치와 저자의 인터뷰.

15 Salon.com, "The Great Depression: The Sequel," April 2, 2008, http://www.salon.com/opinion/feature/2008/04/02/depression.

16 CBS News, "The Cost Of War: $136 Billion In 2009," Jan. 7, 2009, http://www.cbsnews.com/stories/2009/01/07/terror/main4704018.shtml.

17 2009년 3월, 브래드 케이스모어와 저자의 인터뷰.

18 2009년 1월, 마이클 클레인과 저자의 인터뷰.

19 2009년 3월, 에번 세인펠드, 테라 패트릭과 저자의 인터뷰.

20 2009년 3월, 스토야와 저자의 인터뷰.

21 2009년 3월, 스콧 코프먼과 저자의 인터뷰.

22 2009년 1월, 알리 준과 저자의 인터뷰.

23 2009년 3월, 폴 브누아와 저자의 인터뷰.

24 통계자료는 다음 세 곳에서 인용했다. *Los Angeles Business Journal*, "Family guy: Steve Hirsch followed in his dad's footsteps by launching his own adult film company, now the leader in a very mainstream business," Nov. 12, 2007, http://www.accessmylibrary.com/coms2/summary_0286-33572982_ITM. Computerworld, "Porn industry may decide battle between Bluray, HD-DVD," May 2, 2006, http://www.computerworld.com/s/article/print/111087/Porn_industry_may_decide_battle_between_Blu_ray_HD_DVD_. Top Ten Reviews, "Internet Pornography Statistics," http://internet-filter-review.toptenreviews.com/internet-pornography-statistics.html#corporate_profiles.

25 2009년 3월, 조너선 쿠퍼스미스와 저자의 인터뷰.

26 통계수치는 탑 텐 리뷰스Top Ten Reviews가 2006년에 포르노 시장을 조사한 연구 자료에서 인용했다. http://internet-filter-review.toptenreviews.com/internet-pornography-statistics.html.

27 Harvey Levenstein, *Paradox of Plenty: A History of Social Eating in Modern America*, Berkeley: University of California Press, 2003, pp. 89-90.

28 Ibid., p. 96.

29 Ibid.

30 Index Mundi, "Food and Live Animals Exports by Country in US Dollars," http://www.indexmundi.com/trade/exports/?section=0.

31 P.W. Singer, *Wired for War*, p. 283.

32 Forbes, "The World's Biggest Industry," Nov. 15, 2007, http://www.forbes.com/2007/11/11/growth-agriculture-business-forbeslife-food07-cx_sm_1113big-food.html.

33 2009년 4월, 패트릭 던과 저자의 인터뷰.

34 Lisa Weasel, *Food Fray: Inside the Controversy Over Genetically Modified Food*, New York : Amacom, 2009, pp. 48-49.

35 Ibid.

36 2008년 11월, 데이브 로저스와 저자의 인터뷰.

37 P. W. Singer, Ibid., p. 285.

1장 대량소비의 무기

1 코번트리 시의회, www.coventry.gov.uk.

2 코번트리에 있는 대공습 체험 박물관Blitz Experience Museum 자료 인용.

3 The New York Times, " 'Revenge' by Nazis," Nov. 16, 1940.

4 The New York Times, "Bombs on Coventry," Nov. 16, 1940.

5 Rhodes, Richard, *The Making of the Atomic Bomb*, New York : Simon & Schuster, 1995, p. 336.

6 Alan R. Earls and Robert E. Edwards, *Raytheon Company: The First Sixty Years*, Great Britain : Arcadia Publishing, 2005, p. 9.

7 Ibid., p. 336.

8 Ibid., p. 338

9 2008년 5월, 노먼 크림과 저자의 인터뷰.

10 *Reader's Digest,* "Percy Spencer and His Itch to Know," August 1958, p. 114.

11 Ibid.

12 Alam R. Earls and Robert E. Edwards, Ibid., p. 21.

13 노먼 크림 인터뷰.

14 Alam R. Earls and Robert E. Edwards, Ibid., p. 21.

15 노먼 크림 인터뷰.

16 Richard Rhodes, Ibid., p. 343.

17 노먼 크림 인터뷰.

18 Vannevar Bush, *Science: The Endless Frontier*, New York : Arno Press, 1980, p. 330.

19 일본 방사선영향연구소RERF가 정리해둔 FAQ를 참고하라. www.rerf.or.jp/general/qa_e/qa1.html.

20 The New York Times, "Radar," May 23, 1943.

21 Budget of the United States Government Fiscal 2009, Historical Tables, www.whitehouse.gov/omb/budget/fy2009/pdf/hist.pdf, p.47.

22 The New York Times, "Raytheon MFG: Year's Earnings Off Sharply," July 13, 1956.

23 The New York Times, "Raytheon Shows Increased Profit," Aug. 29, 1945.

24 노먼 크림과 저자의 인터뷰.

25 The New York Times, "War Instrument Peace-Time Boon," May 18, 1952.

26 노먼 크림 인터뷰.

27 다음 웹사이트에 나오는 인플레이션 계산기를 참고하라. www.westegg.com/inflation.

28 Ibid.

29 The New York Times, "Cooking On No Burners," May 5, 1957.

30 The New York Times, "Microwaves Fail to Lure Home Cooks," Mar. 31, 1962.

31 Ibid.

32 The New York Times, "Microwave Sales Sizzle as the Scare Fades," May 2, 1976.

33 Ibid.

34 The New York Times, "Better Homes and Gadgets," Aug. 7, 2006.

35 UK National Statistics, *Living in Britain: General Household Survey*, 2004.

36 The Scotsman, "Microwaves in dire straits as iconic household purchase status is lost," Mar. 18, 2008.

37 듀폰 기업의 역사, http://heritage.dupont.com/.

38 Richard Rhodes, Ibid., pp. 431-432.

39 Ibid.

40 Ibid., p. 603.

41 테팔 기업의 역사, www.tefal.co.uk/tefal/about/history.asp.

42 The New York Times, "Dow Explains Sales Rise," May 30, 1950.

43 The New York Times, "New Uses Shown For Saran Fiber," Sept. 17, 1952.

44 The New York Times, "Peak Net Posted By Dow Chemical," Aug. 14, 1959.

45 Stephen Fenichell, *Plastic: The Making of a Synthetic Century*, New York :

HarperCollins, 1996, p. 232.

46 Ibid.

47 Ibid., p. 152.

48 Ibid., p. 183.

49 Ibid., p. 184.

50 이게 파르벤 재판 기록, www.profit-over-life.org/rolls.php?roll=97&pageID=1&expand=no.

51 Stephen Fenichell, Ibid., p. 314.

52 다음 웹사이트에 올라온 맥리벨 소송 증언 기록, www.ejnet.org/plastics/poly-styrene/mclibel_p6.html.

53 The New York Times, "Packaging And Public Image: McDonald's Fills A Big Order," Nov. 2, 1990.

2장 화학물질로 더 맛있게 먹기

* 도입부 인용문은 퍼핀 북스의 허락을 받아 사용했다.

1 Dan Armstrong and Dustin Black, *The Book of Spam*, New York : Atria Books, 2007, p. 136.

2 Ibid.

3 Ibid., p. 140.

4 Ibid., p. 110.

5 Ibid., p. 70.

6 Harvey Levenstein, Ibid., p. 85.

7 Dan Armstrong and Dustin Black, Ibid., p. 73.

8 Cleveland Plain Dealer, "Soldiering on: Spam and World War II," Sept. 14, 2007.

9 Dan Armstrong and Dustin Black, Ibid., p. 101

10 The Daily Telegraph, "Spam at heart of South Pacific obesity crisis," Feb. 17, 2008.

11 The Cambridge World History of Food, 2000, www.cambridge.org/us/books/kiple/potatoes.htm.

12 Funding Universe, www.fundinguniverse.com/company-histories/The-Minute-Maid-Company-Company-History.html.

13 Ibid.

14 The New York Times, "Frozen Food Sales Growing Steadily," Mar. 9, 1950.

15 Eric Schlosser, *Fast Food Nation: The Dark Side of the All-American Meal*, New York: Houghton Mifflin Company, 2005, p. 114.

16 John F. Love, *McDonald's: Behind the Golden Arches*, New York: Bantam Books, 1995, p. 329.

17 Ibid. p. 330.

18 Eric Schlosser, Ibid., p. 115.

19 G. I. Jobs., www.gijobs.net/magazine.cfm?issueId=61&id=809.

20 American Frozen Food Institute, www.answers.com/topic/frozen-fruits-fruit-juices-vegetables.

21 Market Line Frozen Food Global Industry Guide, www.globalbusinessin-sights.com/content/ohec0101m.pdf.

22 World Health Organization, www.who.int/topics/obesity/en.

23 The Daily Plate, www.thedailyplate.com/nutrition-calories/food/generic/french-fries.

24 Journal of Dairy Science, 1956, pp. 844-845.

25 Ibid.

26 Ibid.

27 Ibid.

28 2008년 8월, 하워드 로저스와 저자의 인터뷰.

29 WWII Navy Food Remembered, www.foodhistory.com/foodnotes/leftovers/ww2/usn/pla/.

30 달걀에 관한 인포샵 보고서, www.the-infoshop.com/study/mt42271-us-eggs.html.

31 레핑웰과 협회 보고서, http://www.leffingwell.com/top_10.htm.

32 2009년 6월, 스콧 스미스와 저자의 인터뷰.

33 Harvey Levenstein, Ibid., p. 109.

34 Ibid., p. 112.

35 Ibid., p. 21.

36 Ibid., p. 22.

37 Ibid.

38 Ibid., p. 69.

39 John M. Connor, & William A. Schiek, *Food Processing: An Industrial Powerhouse in Transition*, Second Edition, New York: John Wiley & Sons, 1997, p. 33.

40 John F. Love, Ibid., p. 16.

41 Ibid., p. 121.

42 Ibid., p. 334.

43 Company website, www.keystonefoods.com.

44 John F. Love, Ibid., p. 342.

45 Ibid., p. 342.

46 서브웨이는 전체 매장 수에서 맥도날드를 크게 앞지를 기세였지만, 수익 면에서는 한참 못 미쳤다.

47 Ibid., p. 347.

3장 아마추어 무장시키기

1   Al Di Lauro and Gerald Rabkin, *Dirty Movies: An Illustrated History of the Stag Film 1915-1970*, New York: Chelsea House Publishers, 1975, p. 52.

2   Playboy, "The History of Sex in Cinema: The Stag Film," November 1976.

3   Di Lauro and Rabkin, Ibid., p. 55.

4   Ibid., pp. 53-54.

5   Playboy, "The History of Sex in Cinema."

6   Al Di Lauro and Gerald Rabkin, Ibid., p. 59.

7   Patricia R. Zimmerman, *Reel Families: A Social History of Amateur Film,* Bloomington: Indiana University Press, 1995, p. 96.

8   Editors of Look, *Movie Lot to Beachhead: The Motion Picture Goes to War and Prepares for the Future*, Garden City, N.Y.: Doubleday, 1945, pp. 58-59.

9   Carl Preyer, "Movies Report on Defense Programs," American Cinematographer, August 1943, p. 445.

10 C. E. Eraser, "Motion Pictures in the United States Navy," Journal of the Society of Motion Picture Engineers, December 1932, pp. 546-552.

11 Patrica R. Zimmerman, Ibid., p. 97.

12 The New York Times, "Fastest Movie Camera Scans the War Machine," Aug. 15, 1943.

13 Patrica R. Zimmerman, Ibid., p. 108.

14 American Cinematographer, "A.S.C. and the Academy to Train Cameramen for Army Services," June 1942, p. 255.

15 George Raynor Thompson, "Overview: the Signal Corps in World War II",

Army Communicator, Special Edition: The Signal Corps in World War II, vol. 20, no. 4.

16 Patrica R. Zimmerman, Ibid., p.115-116.

17 Ibid., pp. 120-121.

18 Jonathan Coopersmith, "Pornography, Technology and Progress," ICON 4, 1998, p. 101.

19 Frederick S. Lane III, *Obscene Profits: The Entrepreneurs of Pornography in the Cyber Age*, New York: Routledge, 2001, p. 47.

20 U.S. Commission on Obscenity and Pornography, The Report of the Commission on Obscenity and Pornography, Washington D.C., GPO, 1970, p. 129, p. 190.

21 Steven Watts, *Mr. Playboy: Hugh Hefner and the American Dream*, Hoboken: N.j, John Wiley & Sons Inc., 2008, p. 59.

22 Ibid., p. 70.

23 Jimmy McDonough, *Big Bosoms and Square Jaws: The Biography of Russ Meyer, King of the Sex Film*, New York: Crown, 2005, p. 125.

24 Ibid., p. 108.

25 Ibid., p. 109.

26 Ibid., p. 4.

27 Frederick S. Lane III, Ibid., p. 29.

28 Jimmy McDonough, Ibid., p. 99.

29 Ibid., p. 210.

30 Frederick S. Lane, Ibid., p. 29.

31 라세 브라운의 공식 웹사이트를 참고했다. www.lassebraun.com.

32 Frederick S. Lane, Ibid., p. 48.

33 미국 역대 대통령 기록, www.presidency.ucsb.edu/ws/index.php?pid=2759.

34 Jonathan Coopersmith, "Do-It-Yourself Pornography," *Ars Electronika*, 2008.

35 2009년 5월, 게리 콜과 저자의 인터뷰.

36 Jonathan Coopersmith, "Do-It-Yourself Pornography."

37 Chicago Tribune, "The strange allure of photo booths," May 25, 2005, http://www.chicagotribune.com/topic/chi-040512photostory,0,6382269.story.

38 Jonathan Coopersmith, Ibid.

39 2009년 3월, 조너선 쿠퍼스미스와 저자의 인터뷰.

40 Jonathan Coopersmith, Ibid.

41 2009년 3월, 브래드 케이스모어와 저자의 인터뷰.

4장 전쟁 게임

1 The New York Times, "G. I. Joe Doll Is Capturing New Market," July 24, 1965.

2 Slinky history, http://www.poof-slinky.com/Slinky-Museum/Slinky-History.

3 The New York Times, "Talking Toys With Betty James," Feb. 21, 1996.

4 슬링키의 역사.

5 실리 퍼티 연대표, www.sillyputty.com.

6 Ibid.

7 The New Yorker, "Talk Of The Town," Aug. 25, 1950.

8 실리 퍼티 연대표.

9 MIT 이달의 발명가, http://web.mit.edu/invent/iow/sillyputty.html.

10 M.G. Lord, *Forever Barbie: The Unauthorized Biography of a Real Doll*, New York:William Morrow, 1994, p. 25.

11 Ibid., p. 26.

12 Ibid., p. 27.

13 Ibid., p. 20.

14 Ibid., p. 24.

15 노먼 크림과 저자의 인터뷰.

16. People, "Jack Ryan and Zsa Zsa: A Millionaire Inventor and His Hungarian Barbie Doll," July 14, 1975.

17 Zsa Zsa Gabor, *One Lifetime is Not Enough*, New York: Delacorte Press, 1991, p. 235.

18 M. G. Lord, Ibid., p. 30.

19 Ibid., p. 32.

20 BBC News, "Vintage Barbie struts her stuff," Sept. 22, 2006.

21 핫휠 역사, www.swflorida-hwc.com/page_14.htm.

22 노먼 크림과 저자의 인터뷰.

23 Creative Computing Video & Arcade Games, "Who really invented the video game?" Vol. 1, No. 1, Spring 1983.

24 맨해튼 프로젝트, 상호의 역사, www.mbe.doe.gov/me70/manhattan/trinity.htm.

25 The New York Times, "There Is No Defense Against Atomic Bombs," Nov. 3, 1946.

26 Creative Computing Video & Arcade Games, "Who really invented the video game?"

27 2008년 9월, 디 카츠와 저자의 인터뷰.

28 2008년 9월, 로버트 드보르작 주니어와 저자의 인터뷰.

29　Creative Computing Video & Arcade Games, "Who really invented the video game?"

30　2008년 10월, 랄프 베어와 저자의 인터뷰.

31　미국 특허 번호 3,728,480.

32　PBS 일대기, http://www.pbs.org/transistor/album1/shockley/index.html.

33　"The Time 100", http://www.time.com/time/time100/scientist/profile/ shock-ley.html.

34　Computerworld, "The Transistor: The 20th Century's Most Important Invention," Jan.3, 2008, http://www.arnnet.com.au/article/202801/transistor_ 20th_century_most_important_invention.

35　1956년 윌리엄 쇼클리 노벨상 수상 강연.

36　The New York Times, "G.I. Joe Doll Is Capturing New Market," July 24, 1965.

37　Seeking Alpha, "The video game industry: an 18-billion entertainment jugger-naut," Aug. 5, 2008, http://seekingalpha.com/article/89124 the video game-industry-an-18-billion-entertainment-juggernaut.

38　CBC News, "U.S. Army forms unit to enlist video games," Nov. 24, 2008, http://www.cbc.ca/technology/story/2008/11/24/tech-army.html?ref=rss.

39　P. W. Singer, Ibid., p. 365.

40　Ibid., p. 395.

5장 하늘에서 내려온 음식

1　Plutarch, *Parallel Lives*.

2　연간 총계는 다음 자료를 참고했다. The New York Times, "Starship Kimchi: A Bold Taste Goes Where It Has Never Gone Before," Feb. 24, 2008, http://www.nytimes.com/2008/02/24/world/asia/24kimchi.html. 소비량을 2008년 가구 수로 나누었더니 약 1670만이 나왔다. The Hankyoreh, "Household debt soars to record high of 660 trillion won," Sept. 5, 2008, http://english.hani.co.kr/arti/english_edition/e_business/308655.html.

3　The New York Times, "Starship Kimchi."

4　Ibid.

5　Ibid.

6　동맹국 사상자 수는 다음 자료를 참고했다. Peter G. Cooksley, *Flying Bomb*, New York:Charles Scribner's Sons, 1979, p. 175. 강제 수용소 숫자는 다음 사이트에

나온 대량 살상 무기의 역사를 참고했다. http://www.globalsecurity.org/wmd/ops/peenemunde.htm.

7 미국, 러시아, 영국, 프랑스, 중국, 인도, 파키스탄, 이스라엘, 북한 등 9개국이 핵무기를 개발했다. 이란이 열 번째 국가가 될 가능성이 있다. 12개국이 우주에 로켓을 발사했다. 파키스탄과 북한을 제외한 핵보유국 전체, 그리고 이란, 캐나다, 오스트레일리아, 일본, 우크레이나다.

8 John Glenn, *John Glenn: A Memoir*, New York: Bantam Books, 1999, p.264.

9 2009년 4월 1일에 방문했다.

10 구운 콩은 구드에서 먹은 게 더 맛있었다.

11 Terry White, *The SAS Fighting Techniques Handbook*, Guilford, Connecticut: Globe Pequot Press, 2007, p.28.

12 2009년 3월, 나틱 연구소 영양생화학 수석 고문 패트릭 던 박사와의 인터뷰 내용을 인용했다.

13 NASA 웹사이트, http://www.nasa.gov/offices/ogc/about/space_act1.html#FUNCTIONS.

14 사례는 다음 자료에서 인용했다. NASA's Spinoff, 2008.

15 NASA, "Thought for food," Spinoff, 1977, p. 85.

16 NASA, "Food Service System," Spinoff, 1992, pp. 78-79.

17 캠핑을 아주 좋아하지만, 진짜로 맛이 괜찮은 캠핑 음식은 아직 찾지 못했다.

18 NASA, "Tenderness Tester," Spinoff, 1977, p. 86.

19 NASA, "Poultry Plant Noise Control," Spinoff, 1982, pp. 94-95.

20 NASA, "Spinoff from Space Fuel," Spinoff, 1982, pp. 46-49.

21 공식적으로는 '팝핀 프레시'라 부르는 필스버리 도우보이 캐릭터는 사실 1965년에야 나온 작품이다.

22 NASA, "A Dividend in Food Safety," Spinoff, 1991, pp. 52-53.

23 Ibid., pp. 53-54.

24 NASA, "Space Research Fortifies Nutrition Worldwide," Spinoff, 2008, pp. 106-107.

25 NASA, "Eating on Demand," Spinoff, 1998, p. 73. 에너지스트 사 보고서도 참고했다. http://ift.confex.com/ift/2002/techprogram/paper_10060.htm. 요리 시간은 다음 자료에서 인용했다. "Enersyst's Speed Cooling, Thawing Technology Available for Home Use," Appliance Design, Aug. 22, 2001, http://www.appliancedesign.com/Articles/Breaking_News/8731be2d0b938010VgnVCM100000f932a8c0____.

26 The National Provisioner, "Retort pouches heating up," May 1, 2005,

http://www.allbusiness.com/manufacturing/food-manufacturing/460996-1.html.

27 2009년 3월, 데이브 윌리엄스와 저자의 인터뷰.

28 Brian Harvey, *The Rebirth of the Russian Space Program: 50 Years After Sputnik, New Frontiers*, Chichester, UK: Praxis Publishing, 2007, p. 80.

29 Ibid., p. 284.

30 Ibid., 283.

31 Space.com, "Russia opens space tech transfer office," July 6, 2000, http://www.space.com/businesstechnology/technology/russian_technology_000706.html.

32 George Cohon, *To Russia With Fries*, Toronto: McClelland & Stewart Inc., 1997, p. 176.

33 John F. Love, Ibid., p. 439.

34 George Cohon, Ibid., p. 178.

35 2009년 4월, 쇼이치 다치바나와 저자의 인터뷰.

36 2009년 4월, 암린더 싱 바와와 저자의 인터뷰.

37 The Telegraph, "Giant space vegetables 'could feed the world,'" May 12, 2008, http://www.telegraph.co.uk/news/uknews/1949129/Giant-space-vegetables-could-feed-the-world.html.

38 Hindu Business Line, "McDonald's growth in India hit by poor infrastructure," Aug. 15, 2004, http://www.thehindubusinessline.com/bline/2004/08/16/stories/2004081600510500.htm. 2009년 수치는 각 회사의 웹사이트에서 인용했다.

6장 눈을 점령한 전자 기기

1 Larry Flynt, *Sex, Lies and Politics: The Naked Truth*, New York: Kensington Books, 2004. 켄싱턴 출판사와 협의하에 재판을 찍었다. www.kensingtonbooks.com. All rights reserved.

2 2008년 2월, 레나 셰블롬과 저자의 인터뷰.

3 Terry Watts, Ibid., p. 209.

4 Playboy, "Swedish Accent," November 1972.

5 Signal & Imaging Processing Institute history, http://sipi.usc.edu.

6 2008년 2월, 제프 시드먼과 저자의 인터뷰 자료에서 인용했다.

7 2008년 2월, 알렉산더 소척과 저자의 인터뷰.

8 현 레이시언 프로그램 관리자 W. 스콧 존스턴에 따르면 그렇다. 존스턴은 그 사진을 처음 살펴보았다.

9 IEEE Personal Communication Society Newsletter, "Culture, communication and an information age Madonnna," May/June 2001.

10 2008년 2월, 제프 시드먼과 저자의 인터뷰.

11 Optical Engineering, "Editorial," January 1992.

12 2008년 2월, 데이비드 먼슨과 저자의 인터뷰.

13 2009년 5월, 케빈 크레이그와 저자의 인터뷰.

14 세부사항은 제프 시드먼과의 인터뷰 및 이미지기술학회IS&T 총회 자료집에서 인용했다. The Journal of the Photographic Historical Society of New England, issue 1, 1999.

15 이스트먼 코닥 기업 연혁, www.kodak.com.

16 플러그드인 코닥 블로그, "We had no idea," Oct. 16, 2007, http://stevesasson.pluggedin.kodak.com/default.asp?item=687843.

17 2009년 12월, 스티븐 새손과 저자의 인터뷰.

18 세계화상처리협회 2001-2002 PMA 국제시장 사업동향 보고서.

19 CNET News, "Cheaper DLSRs to drive digital camera sales," Aug. 13, 2007, http://news.cnet.com/8301-10784_3-9759018-7.html.

20 국가 정찰 프로젝트, www.nro.gov/corona/facts.html.

21 Ray Kroc, *Grinding it Out: The Making of McDonald's*, New York: St. Martin's Paperbacks, 1987, p. 6.

22 Eric Schlosser, Ibid., p. 66.

23 나사의 지상원격탐사정책, http://geo.arc.nasa.gov/sge/landsat/15USCch82.html.

24 2009년 2월, 존 행크와 저자의 인터뷰.

25 The New York Times, "The Stock? Whatever. Google Keeps On Innovating," Oct. 31, 2004.

26 The New York Times, "Google Offers A Bird's-Eye View, And Some Governments Tremble," Dec. 20, 2005.

27 *Broadcasting and Cable Yearbook 1995*, New Providence, New Jersey, 1995, p. xxi.

28 The Economist, "An adult affair," January 4, 1997.

29 Los Angeles Times, "Porn quietly becoming pay-TV gold mine," July 6, 2000.

30 The New York Times, "Videotapes For Homes," June 13, 1979.

31 Ibid.

32 The New York Times, "Sex Films Find Big Market In Home Video," April 5,

1979.

33 Icon: Journal of the International Communittee for the History of Technology, volume 4, 1998, p. 105.

34 The New York Times, "Sex Films Find Big Market In Home Video," April 5, 1979.

35 Frederick S. Lane, Ibid., p. 51.

36 The New York Times, "Company News: Sony, In A Shift, To Make VHS Units," Jan. 12, 1988.

37 The New York Times, "U.S. Move In Video Cameras," Jan. 5, 1984.

38 Forbes, Sept. 18, 1978.

39 2002년 11월 29일자부터 지금까지 라디오 녹취록, www.onthemedia.org.

40 Video Review, March 1984.

41 The New York Times, "Camcorder, CD Sales May Double In 1986," June 2, 1986.

42 Department of Justice, Attorney General's Commission on Pornography. Final Report, two volumes, Washington, 1986.

43 Ibid.

44 New Society, Sept. 18, 1987.

45 The New York Times, "Justices Uphold Businesses' Right To Sell Phone Sex," June 24, 1989.

46 The Economist, "Heavy breathing," July 30, 1994.

47 Washington Post, "Money flows into poor countries on X-rated phone lines," Sept. 23, 1996.

48 패밀리 세이프 미디어 포르노그래피 통계, www.familysafemedia.com/pornography_statistics.

49 India Weekly Telecom Newsletter, "Teledensity growing in double digits," April 2006.

50 China Daily, "Ninety-seven phone sex lines closed in China," Jan. 8, 2005.

51 Adult Video News, "Report: Adult mobile market still growing," May 6, 2009, http://business.avn.com/articles/35226.html.

52 2009년 1월, 마이클 클라인과 저자의 인터뷰.

53 2009년 3월, 킴 카이자와 저자의 인터뷰.

7장 인터넷 : 군에서 만들고 포르노에 안성맞춤

1 Dallas Morning News, "Unlikely innovators: Many online technologies were first perfected by the adult industry," Apr. 26, 2001.

2 2009년 3월, 테라 패트릭과 저자의 인터뷰.

3 Thomas L. Friedman, *The World is Flat*, New York: Farrar, Straus & Giroux, 2005.

4 Katie Hafner, *Where Wizards Stay Up Late: The Origins of the Internet*, New York: Simon & Schuster, 1998, p. 20.

5 2007년 8월 7일, 다르파테크DARPAtech 행사에서 토니 테더가 했던 연설을 인용했다.

6 2008년 3월 13일, 토니 테더가 미국 하원 테러리즘 분과위원회에 제출한 보고서에서 인용했다.

7 2009년 2월, 빈트 서프와 저자의 인터뷰.

8 빈트 서프는 또한 공식적으로 부회장이 되었다.

9 Hossein Bidgoli, *The Internet Encyclopedia*, Hoboken, New Jersey: Wiley & Sons, 2001, p. 118.

10 Icon: Journal of the International Committee for the History of Technology, volume 4, 1998, p. 110.

11 Dallas Morning News, "Unlikely innovators," Apr. 26, 2001.

12 The Telegraph, "Three loud cheers for the father of the web," Jan. 28, 2005.

13 Publishing Executive, "Integrated publishing ad sales strategies that work," Feb. 9, 2007.

14 Jonathan Coopersmith, "Pornography, Technology and Pregress," Ibid., p. 110.

15 Ibid., p. 111.

16 The New York Times, "Digital 'watermakrs' assert internet copyright," June 30, 1997.

17 CNET News, "Playboy wins Net copyright suit," April 2, 1998, http://news.cnet.com/Playboy-wins-Net-copyright-suit/2100-1023_3-209775.html.

18 Jonathan Coopersmith, "Pornography, Technology and Pregress", Ibid., p. 113.

19 2009년 3월, 스티브 오렌스테인과 저자의 인터뷰.

20 인터뷰는 2009년 4월에 있었다.

21 2009년 3월, 폴 브누아와 저자의 인터뷰.

22 2009년 4월, 잭 다우랜드와 저자의 인터뷰.

23 ZDNet, "Naughton looks set to escape prison," http://news.zdnet.co.uk/emergingtech/0,1000000183,2080719,00.htm.

24 Techcrunch, "Internet pornography stats," May 12, 2007, http://www. techcrunch. com/2007/05/12/internet-pornography-stats.

25 Jonathan Coopersmith, "Pornography, Technology and Pregress", Ibid., p. 113.

26 Ibid., p. 112.

27 The Independent, "Danni Ashe: Danni's drive to Net profits," Aug. 6, 2001.

28 Dallas Morning News, "Unlikely innovators," Apr. 26, 2001.

29 Ibid.

30 VUNet.com, "ISPs get an eyeful of porn bonanza," Sept. 10, 2001.

31 BBC News, "Porn and music drive broadband," May 20, 2003, http:// news.bbc.co.uk/2/hi/technology/2947966.stm.

32 VUNet.com, "ISPs get an eyeful of porn bonanza," Sept. 10, 2001.

33 30억 달러라는 수치는 테크크런치 2006년도 추정치에서 나왔다. http://www. techcrunch.com/2007/05/12/internet-pornography-stats/. 50억 달러라는 수치는 인터넷 필터 리뷰에서 나왔다. http://internet filter review.toptenreviews.com/ internet-pornography-statistics.html.

34 Adult Video News, "Analysis: Porn cheaper than ever online," Apr. 21, 2009, http://business.avn.com/articles/printable/35077.html.

35 Techcrunch, "Internet pornography stats," May 12, 2007, http://www. techcrunch. com/2007/05/12/internet-pornography-stats/.

36 Adult Video News, "Analysis: Porn cheaper than ever online," Apr. 21, 2009, http://business.avn.com/articles/printable/35077.html.

37 Wired, "Turns out porn isn't recession proof," http://blog.wired.com/business/2008/07/turns-out-por-1.html.

38 2009년 4월, 서맨사 루이스와 저자의 인터뷰.

39 2009년 3월, 킴 카이자와 저자의 인터뷰.

40 2009년 1월, 마이클 클레인과 저자의 인터뷰.

41 Boston.com, Nov. 5, 2006, "Miles away, 'I'll have a burger,'" http://www.boston. com/business/globe/articles/2006/11/05/miles_away_ill_have_a_burger/.

42 Customer Management Insight, "McDonald's, cell centers and Joe Fleischer," Apr. 11, 2006, http://www.callcentermagazine.com/blog/archives/2006/04/ mcdonalds_call.html.

43 The New York Times, "The long-distance journey of a fast-food order," Apr. 11, 2006, http://www.nytimes.com/2006/04/11/technology/11fast.html.

8장 갈등의 씨앗

1 존 보이드 오어의 1949년 노벨상 강연, http://nobelprize.org/nobel_prizes/peace/laureates/1949/orr-lecture.html.

2 CNN.com, "President George W. Bush's address on stem cell research," Aug. 11, 2001, http://edition.cnn.com/2001/ALLPOLITICS/08/09/bush.transcript/index.html.

3 Ian Wilmut and Roger Highfield, *After Dolly: The Promise and Perils of Human Cloning*, New York: W.W. Norton & Company Ltd., 2006, p 186.

4 MSNBC.com, "Bush administration in hot seat over warming," Jan. 30, 2007, http://www.msnbc.msn.com/id/16886008.

5 The New York Times, "The science of denial," June 4, 2008.

6 United Nations wire, "U.S. mulls action against Europe," Jan. 10, 2003, http://www.unwire.org/unwire/20030110/31347_story.asp.

7 The Independent, "George Bush: Europe must accept GM food," May 23, 2003, http://www.independent.co.uk/opinion/commentators/george-bush-europe-must-accept-gm-food-590957.html.

8 Lisa Weasel, Ibd., p. 61.

9 Ibid. pp. 61-62.

10 Ibid., p. 62.

11 노먼 볼로그의 노벨상 강연, "The Green Revolution, peace and humanity," Dec. 11, 1970, http://nobelprize.org/nobel_prizes/peace/laureates/1970/borlaug-lecture.html.

12 National Creutzfeldt-Jakob Disease Surveillance Unit, http://www.cjd.ed.ac.uk/index.htm.

13 Daily Mail, "Questions about genetically modified organisms," June 1, 1999.

14 The Wall Street Journal, "McDonald's, other fast-food chains pull Monsanto's bio-engineered potato," Apr. 28, 2000.

15 Reuters, "Eli Lilly and Company to acquire Monstanto's Posilac brand dairy product and related business," Aug. 20, 2008, http://www.reuters.com/article/pressRelease/idUS127863+20-Aug-2008+PRN20080820.

16 Lisa Weasel, Ibid., p. 6.

17 통계 자료는 국제농업생명공학정보센터 2008 전 세계 GM작물 상업화 현황에서 인용했다.

18 식품안전센터 통계 자료.

19 Reuters, "Monsanto sues Germany over GMO maize ban," Apr. 21, 2009,

http://www.reuters.com/article/marketsNews/idUSLL62523620090421.

20 The Daily Telegraph, "Prince Charles warns GM crops risk causing the biggest-ever environmental disaster," Nov. 10. 2008.

21 P. W. Singer, Ibid., p. 283.

22 P. W. Singer, *Children at War*, Los Angeles: University of California Press, 2006, p. 39.

23 미국 식품기술자협회 2009년도 추정치.

24 Wired, "The future of food," Nov. 2008.

25 Living History Farm, "The Green Revolution," http://www.livinghistoryfarm.org/farminginthe50s/crops_13.html.

26 Billy Woodward, Joel Shurkin and Debra Gordon, *Scientists Greater than Einstein: The Biggest Lifesavers of the Twentieth Century*, Fresno, California: Linden Publishing, 2009, chapter 5.

27 몬산토 웹사이트, www.monsanto.com.

28 2009년 5월, 피터 싱어와 저자의 인터뷰.

29 P. W. Singer, Ibid., pp. 39-40.

30 Ibid., p. 45.

31 Ibid., p. 63.

32 Ibid.

33 2009년 5월, 그램 스미스와 저자의 인터뷰.

34 USA Today, "Root out seeds of terrorism in sub-Saharan countries," Apr. 14, 2003, http://www.usatoday.com/news/opinion/columnist/wickham/2003-04-14-wickham_x.htm.

35 The New York Times, "War in the Gulf: The troops-blacks wary of their big role as troops," Jan. 25, 1991.

36 The New York Times, "'Counter-recruiter' seeks to block students' data from the military," Oct. 23, 2008.

37 2009년 5월, 에릭 다리어와 저자의 인터뷰.

38 Lisa Weasel, Ibid., p. 68.

39 Ibid., p. 69.

40 2009년 5월, 브루스 크래니와 저자의 인터뷰.

41 Lisa Weasel, Ibid., p. 79.

9장 완벽한 기능을 갖춘 로봇

1 The Economist, "Trust me, I'm a robot," June 8, 2006, www.economist.com/
   sciencetechnology/tq/displaystory.cfm?story_id=7001829.

2 2008년 1월, GM 차량제어시스템 관리자 바크티아르 리르코우히와 저자의 인터뷰.

3 2008년 추정치와 214억 달러라는 수치는 다음 보고서를 참고했다. Electronics.ca
   Publications, "Global robotics market to Reach $21.4 Billion in 2014," Apr. 23,
   2009, at http://www.pcb007.com/pages/zone.cgi?a=49647. 1000억 달러라는 수
   치는 다음 자료를 참고했다. Robotics TCMNet, "S.Korean gov't aims to turn
   robot industry into global leader," Apr. 17, 2008, http://robotics.tmcnet.com/
   news/2009/04/17/4137987.htm.

4 Scientific American, "A robot in every home," January 2007, http://www.
   sciam.com/article.cfm?id=a-robot-in-every-home.

5 2009년 4월, 보스턴 로보비즈니스 컨퍼런스에서 한 연설에서 인용했다.

6 2008년 4월, 콜린 앵글과 저자의 인터뷰.

7 2008년 한 해 동안 아이로봇이 벌어들인 수익.

8 2008년 4월, 케빈 페히와 저자의 인터뷰.

9 미국 방위고등연구계획국 보도 자료, "DARPA plans grand challenge for robotic
   ground vehicles," Jan. 2, 2003, http://www.darpa.mil/grandchallenge04/
   media_news.htm.

10 Ibid.

11 P. W. Singer, *Wired For War,* p. 137.

12 Washington Post, "The Army's $200 billion makeover," Dec. 7, 2007, http://www.
   washingtonpost.com/wp-dyn/content/article/2007/12/06/AR2007120602836.
   html?sid=ST2007120602927.

13 CBCNews.ca, "U.S. Army praises robot makers for help in wars," Apr. 8, 2008,
   http://www.cbc.ca/news/story/2008/04/08/tech-robo-show.html.

14 P. W. Singer, Ibid., p. 78.

15 2009년 4월, 다카유키 도리야마와 저자의 인터뷰.

16 P. W. Singer, Ibid., p. 241.

17 The Daily Telegraph, "Cyberlover flits its way to internet fraud," Dec. 11, 2007,
   http://www.telegraph.co.uk/news/uknews/1572077/Cyberlover-flirts-its-way-
   to-internet-fraud.html.

18 Rough Type, "Slutbot aces Turing test," Dec. 8, 2007, http://www.roughtype.
   com/archives/2007/12/slutbot_passes.php.

19 Hacker News, Dec. 9, 2007, http://news.ycombinator.com/item?id=87426.

20 2009년 3월, 닌 터너와 저자의 인터뷰.

21 전 세계 웹사이트 페이지뷰 및 인기도 순위를 집계하는 알렉사닷컴(www.alexa. com)에서 AEBN은 상위 500위권에 들었다.

22 2009년 3월, 스콧 코프먼과 저자의 인터뷰.

23 리얼 돌 웹사이트에서 인용했다. www.realdoll.com. 리얼 돌 매출액은 다음 자료에서 인용했다. David Levy, *Love + Sex With Robots: The Evolution of Human-Robot Relationships*, New York: Harper Perennial, 2007, p. 244.

24 David Levy, Ibid., p. 175.

25 Japan Today, "Plastic fantastic: Japan's doll industry booming," May 19, 2008.

26 2009년 3월, 리 트룽과 저자의 인터뷰.

27 Levy, Ibid., p. 215.

28 2009년 12월, 더글러스 하인스와 저자의 인터뷰.

29 2008년 4월, 크레이그 콜터와 저자의 인터뷰.

30 CNET News, "HyperActive Bob gets fries to go," Mar. 27, 2007, http://news. cnet.co.uk/gadgets/0,39029672,49288771,00.htm.

31 2008년 4월, 맥도날드 캐나다 사업통합 담당 상무 데이브 로저스와 저자의 인터뷰.

32 Robotics Business Review, March/April 2009 issue, pp. 30-31.

33 로이터 뉴스 동영상은 내 블로그에서 볼 수 있다. http://www.bombsboobsburg-ers.net/2009/05/pizza-making-robots-no-boogers.html.

10장 사막의 실험실 작전

1 Thornton Wilder, *The Skin of Our Teeth*, New York: Samuel French, 1942, p. 117.

2 P. W. Singer, Ibid., p. 310.

3 The Associated Press, "Video shows direct hit by smart bomb," Jan. 19, 1991.

4 New Scientist, "US gambles on a 'smart' war in Iraq," Mar. 19, 2003, http:// www.newscientist.com/article/dn3518-us-gambles-on-a-smart-war-in-iraq.html.

5 Global Security, "Night vision goggles," http://www.globalsecurity.org/mili-tary/systems/ground/nvg.htm.

6 The Gazette (Colorado Springs), "Military learns from Gulf War glitches, updates space technology," Jan. 27, 2001, http://www.globalsecurity.org/org/ news/2001/010127-space2.htm.

7 백악관 공보비서관실, "Statement by the President regarding the United States'

decision to stop degrading Global Position System accuracy," May 1, 2000, http://clinton4.nara.gov/WH/EOP/OSTP/html/0053_2.html.

8   가민 2008년 연례보고서.

9   Marketresearch.com, "World GPS market forecast to 2013," http://www.marketresearch.com/product/display.asp?productid=2215740.

10 P. W. Singer, Ibid., p. 58.

11 마이크로소프트 윈도우 운영체계 연대표, http://www.islandnet.com/~kpolsson/windows/win1990.htm.

12 P. W. Singer, Ibid., p. 58.

13 CBC News, "Honda unveils wearable walking device," http://www.cbc.ca/world/story/2008/11/07/walk-assist.html.

14 레이시언 보도 자료, http://www.raytheon.com/newsroom/technology/rtn08_exoskeleton/.

15 Wired, "Be more than you can be," March 2007.

16 Michael Goldblatt speech, DARPAtech 2002

17 Wired, "Be more than you can be," March 2007.

18 2009년 2월, 프란츠 조지프 오크와 저자의 인터뷰.

19 Washington Post, "Tongue in check," May 24, 2009, http://www.washingtonpost.com/wp-dyn/content/article/2009/05/21/AR2009052104697.html.

20 Ibid.

21 구글 블로그, "A new landmark in computer vision," http://googleblog.blogspot.com/2009/06/new-landmark-in-computer-vision.html.

22 BBC News, "Plan for cloaking device unveiled," May 25, 2006, http://news.bbc.co.uk/2/hi/5016068.stm.

23 The Sun, "Boffins invent invisible tank," Oct. 30, 2007, http://www.thesun.co.uk/sol/homepage/news/article403250.ece.

결론 악덕이 베푸는 미덕

1   Amos Bronson Alcott, *Table Talk*, Boston: Roberts Brothers, 1877, p. 90.

2   2009년 2월, 에드 지비치와 저자의 인터뷰.

3   2009년 2월, 조지 카포라소와 저자의 인터뷰.

4   무추고토 웹사이트, http://www.mutsugoto.com/concept.html.

5   2009년 7월, 조안나 에인절과 저자의 인터뷰.

6   2009년 3월, 스토아와 저자의 인터뷰.

7   이 절의 제목은 하비 레빈스타인의 동명의 책 제목에서 따왔다.

8   Chris Rock: Bring the Pain, 1996.

9   Hoover Institution Policy Review, "Is Food the New Sex?" February & March 2009, http://www.hoover.org/publications/policyreview/38245724.html.

10 CBC News, "Researchers working on natural food preservatives," Sept. 7, 2009, http://www.cbc.ca/health/story/2009/09/07/natural-organic-food-preservatives.html.

11 The Independent, "Global arms spending rises despite economic woes," June 9, 2009, http://www.independent.co.uk/news/world/politics/global-arms-spending-rises-despite-economic-woes-1700283.html.

12 USDA, "China's food service sector continues sustained growth," July 2006, http://www.fas.usda.gov/info/fasworldwide/2006/07-2006/ChinaHRIOverview.htm.

감사의 말

거의 반평생 동안 책을 한 권 쓰고 싶었다. 하지만 책을 쓸 거리가 없었고 쓸 거리가 생겼을 때는 어떻게 써야 할지 몰랐다. 많은 이들이 돕고 기다리고 이해해주지 않았다면 이 책은 세상에 나오지 못했을 것이다. 누구보다 먼저 존 피어스에게 감사하고 싶다. 존은 내가 생각의 파편을 묶어 설득력 있는 논지로 풀어낼 수 있게 도와주었다. 처음에는 존도 기술에 관한 이 기묘한 책을 어떻게 대해야 할지 알지 못했지만, 곧 여기에 따뜻한 온기를 더해주었다. 글을 쓰는 내내 롤러코스터를 타는 듯했다. 어떤 때는 내가 쓴 글이 아주 좋아졌다가 어떤 때는 아주 싫어지기도 했다. 그럴 때도 존은 항상 열정을 잃지 않았고 내가 제자리로 돌아올 수 있게 힘을 실어주었다.

SEX, BOMBS
and BURGERS

웨스트우드 크리에이티브 아티스츠에서 일하는 다른 에이전트들도 존과 똑같은 열정과 끈기로 나를 대해주었다. 특히 나타샤 데인만과 마이클 러바인은 때때로 좋은 소식을 들고 와서 기분 좋게 이 여행을 마칠 수 있게 도와주었다.

출판업계에서 일했던 내 오랜 친구 니콜 포인턴이 없었다면 시작부터 끝까지 모든 게 불가능했을 것이다. 좋은 에이전트를 아느냐고 물었을 때 존을 소개해준 것도 니콜이다.

세 가지 산업을 모두 조사해야 했기에 책을 쓰는 작업은 고되고 힘에 부쳤다. 과학자와 엔지니어, 발명가, 회사 경영자, 애널리스트, 교수, 작가, 저널리스트, 우주 비행사와 포르노 스타까지, 개인적으로 감사를 전해야 할 사람이 너무나 많다. 다들 몇 시간씩 자기 전문 분야에 대해 이야기를 들려주었다. 바쁜 시간을 내준 이들에게 진심으로 감사를 전하고 싶다.

이들 모두에게 감사하지만, 그중에서도 아주 특별한 시간을 내어준 구글과 디지털 플레이그라운드에 특별히 감사하고 싶다. 타마라 미크너, 댄 마틴, 캐런 워커는 검색엔진부터 위성에 이르기까지 거의 모든 기술에 관해 깊이 있는 이야기를 들려준 구글 직원들이다. 정보를 수집하고 책의 논지를 정하는 데 아주 큰 도움을 받았다. 지식을 나누어주고 열린 마음으로 대해준 빈트 서프와 릭 휘트, 매트 커츠, 프란츠 오크, 존 행크, 댄 슬래터에게도 감사하고 싶다.

디지털 플레이그라운드의 크리스 루스는 계속해서 나와 연락을 취하며 내가 만나야 할 사람들과 연결해주었다. 덕분에 내 인생에서 가장 흥미로운 경험을 했다. 포르노 스타와 함께 저녁을 먹은 저자가 몇이나 되겠는가. 여러 번 나를 만나 사업 이야기를 들려준 알리 준, 서맨사 루이스, 팔리 카헨에게도 감사하고 싶다. 또한 포르노 스타 제시 제인과 스토야에게도 고마운 마음을 전하고 싶다. 그들이 들려준 이야기 덕분에 전과 다른 관점에서 많은 것을 생각해볼 수 있었다.

이 책을 쓸 수 있도록 시간을 허락해준 상사와 사장님께도 감사의 말을 전하고 싶다. 친구들과 동료들에게도 감사를 전한다. 이안 존슨, 안드레 메이어는 원고를 교정해주고 비평을 아끼지 않았다. 수정해야 할 부분을 지적해주고 잘못된 문장을 바로잡아주었다. 펭귄 출판사의 알렉스 슐츠와 헬렌 리브스도 예리한 눈으로 원고를 검토하고 바로잡아주었다. 스콧 스티드먼도 교정 작업에 수고를 아끼지 않았다. 앨런앤드언윈Allen & Unwin을 위해 본문에 다뤄진 사안들을 오스트레일리아인의 시각에서 검토해준 조 폴과 원고를 처음부터 끝까지 읽어준 수 하인스에게도 감사의 마음을 전한다. 원고를 편집해준 모든 이들에게 말할 수 없이 많은 신세를 졌다. 모두들 날 것 같은 문장을 이해하기 쉬운 문장으로 고쳐 쓰도록 조언을 아끼지 않았다.

가족에게도 감사를 전한다. 바쁘다는 핑계로 함께 시간을 보내지 못하고 자주 찾아보지 못한 점을 너그러이 용서해주길 바란다. 마감일을 맞추느라 정신이 없어서 생일 파티와 기념일을 챙기지 못하고 그냥 넘어간 적이 많았다. 부디 너그러운 마음으로 이해해주길 바라며, 다음번에는 시간 관리를 더 잘하겠노라는 말을 전하고 싶다. 누구보다 이런 나를 잘 견뎌준 클로데트에게 감사하고 싶다. 그녀가 참고 이해하고 격려해준 덕분에 여기까지 올 수 있었다.

마지막으로 이 책을 구입한 독자들에게 감사하고 싶다. 부디 내가 글을 쓰며 그랬던 것처럼 즐겁게 읽었길 바란다.

패리스 힐튼에게도 고마움을 전하고 싶다. 그녀가 없었다면 이 책도 세상에 나오지 않았을지 모른다.

옮긴이 **이은진**

전북대학교 정치외교학과를 졸업하고 경희대학교 평화복지대학원에서 국제및공공정책학을 전공
했다. 미국 워싱턴 D. C.에 있는 비정부기구 APPA(Action for Peace by Prayer and Aid) 인턴으로
일하며 워싱턴 D. C. 시정부 아시아태평양 담당관실에서 번역 업무를 담당했다. 옮긴 책으로는
『콜디스트 윈터』(공역) 『슈퍼 브랜드의 불편한 진실』 『위 제너레이션』 『이그노벨상 이야기』 『아직
도 끝나지 않은 여행』 등이 있다.

섹스, 폭탄 그리고 햄버거

1판 1쇄 | 2012년 3월 1일
1판 9쇄 | 2019년 11월 14일

지은이 피터 노왁
옮긴이 이은진
펴낸이 염현숙

기획 · 책임편집 강명효 | 편집 강지혜 정이순 | 디자인 윤종윤 최미영
저작권 한문숙 김지영 | 마케팅 정민호 이숙재 양서연 안남영
홍보 김희숙 김상만 오혜림 지문희 우상희 | 제작 강신은 김동욱 임현식 | 제작처 영신사

펴낸곳 (주)문학동네
출판등록 1993년 10월 22일 제406-2003-000045호
주소 10881 경기도 파주시 회동길 210
전자우편 editor@munhak.com | 대표전화 031)955-8888 | 팩스 031)955-8855
문의전화 031)955-3578(마케팅) 031)955-2697(편집)
문학동네카페 http://cafe.naver.com/mhdn | 트위터 @munhakdongne
북클럽문학동네 http://bookclubmunhak.com

ISBN 978-89-546-1759-8 03500

www.munhak.com